高等职业教育规划教材

# 基础化学

## 第三版

唐迪　徐晓燕　主编
杨巍　孙成　副主编

化学工业出版社
·北　京·

## 内容简介

《基础化学》对传统的无机化学、分析化学、有机化学、生物化学等课程内容进行改革和整合。全书主要内容包括物质结构、溶液和胶体、化学反应速率和化学平衡、电解质溶液、配位化合物、氧化还原反应、常见金属元素及其化合物、常见非金属元素及其化合物；定量分析概述、滴定分析法、吸光光度法；烃，卤代烃，醇、酚、醚，醛、酮，羧酸、取代酸、酯，胺、酰胺，杂环化合物和生物碱；生物体中的重要有机物。为方便教师教学和学生复习，本书配套有相关知识点的微课视频、动画及习题库，扫描书中二维码可得。

本书在讲授基础化学知识的同时，有机融入了党的二十大报告精神，落实立德树人根本任务，培养德智体美劳全面发展的社会主义建设者和接班人。

本教材简明精练、深入浅出、图例丰富，具有实用性、针对性和先进性。适用于高职高专农、林、畜牧、水产、环境、食品等有关专业的学生，也可供其他高职高专学校相关专业的师生使用和参考。

图书在版编目 (CIP) 数据

基础化学/唐迪，徐晓燕主编. —3 版. —北京：化学工业出版社，2021.6（2024.8重印）
“十二五”职业教育国家规划教材
ISBN 978-7-122-39046-2

Ⅰ. ①基… Ⅱ. ①唐… ②徐… Ⅲ. ①化学-高等职业教育-教材 Ⅳ. ①O6

中国版本图书馆 CIP 数据核字（2021）第 079569 号

责任编辑：旷英姿 林 媛 刘心怡　　装帧设计：李子姮
责任校对：边 涛

出版发行：化学工业出版社（北京市东城区青年湖南街 13 号 邮政编码 100011）
印 装：河北延风印务有限公司
787mm×1092mm 1/16 印张 19½ 彩插 1 字数 475 千字 2024 年 8 月北京第 3 版第 8 次印刷

购书咨询：010-64518888　　售后服务：010-64518899
网 址：http://www.cip.com.cn
凡购买本书，如有缺损质量问题，本社销售中心负责调换。

定 价：49.00 元

# 前言

改革开放以来，职业教育为我国经济社会发展提供了有力的人才和智力支撑。随着我国进入新的发展阶段，产业升级和经济结构调整的加快，各行各业对技术技能型人才的需求越来越迫切，职业教育重要地位和作用越来越凸显。2021 年 3 月，十三届全国人大四次会议表决通过《中华人民共和国国民经济和社会发展第十四个五年规划和 2035 年远景目标纲要》，明确指出要“增强职业技术教育适应性”“大力培养技术技能人才”“建设高质量教育体系”。2021 年 4 月，习近平总书记对职业教育工作重要指示也强调，要增强职业教育适应性，加快构建现代职业教育体系，培养更多高素质技术技能人才、能工巧匠、大国工匠。为适应新时代变化，《基础化学》作为一门培养学生科学素养和基本技能的课程用书，也需要与时俱进。因此，我们根据学科发展特点，并针对高职院校培养对象，听取各院校老师对教材修改的建议，本着职业院校培养高技能人才的指导思想，对本教材进行了修订。

第三版教材是在第二版教材的基础上修订的。本书的突出之处在于“基础”二字。本着巩固、完善和提高的修订原则，力图在强调基础知识和基本技能的同时，反映化学理论及实验技术的科学性与先进性。本次修订注重了教学的启发性和学生思维能力的培养，力求做到深入浅出、难点分散；充实了部分与生产、环境保护相关的内容和图例；降低了部分习题难度；更换了贴近生产、生活的阅读材料，便于拓宽学生的视野。本次修订也注重了对学生素质方面的培养。

为顺应信息化教学改革的需要，第三版教材以立体化教材的形式呈现，书中增加了丰富的电子教学资源，有微课视频、动画、习题库（含答案）等，为学生利用碎片化时间，随时随地地进行扫码学习提供了方便。每个章节设计有思维导图及知识与技能目标及素质目标，为学生自主学习理清脉络。本书第一章至第八章为无机化学部分内容，主要包括物质结构、溶液和胶体、化学反应速率和化学平衡、电解质溶液、配位化合物、氧化还原反应、常见金属元素及其化合物、常见非金属元素及其化合物；分析化学部分从第九章至第十一章，主要介绍定量分析的基本理论及滴定操作技术和吸光光度法的相关内容；有机化学部分从第十二章至第十八章，主要介绍烃、烃的衍生物、杂环化合物和生物碱等内容。第十九章为生物化学基础部分，主要介绍糖、脂类、蛋白质等生化静态部分的内容。附录包括各类常用的常数表等，可供使用者查阅。教材中标有“*”的，为选学内容。

本书由唐迪、徐晓燕任主编并负责全书的统稿，杨巍、孙成任副主编，王林、蒋新宇、刘凌、赵忠涛也参与了修订。具体分工如下：思维导图由杨巍设计；前言、附录、第一章至第十章文字部分由唐迪修订；第十一至第十九章文字部分由徐晓燕修订；阅读材料及习题由孙成修订。信息化资源包括微课视频、动画等，分别由杨巍、唐迪、徐晓燕、王林、蒋新宇、刘凌、赵忠涛完成。习题库（含答案）由唐迪完成。编者在超星学习平台建设了《基础化学》学习网站，配套的《基础化学实验》网站建设在爱课程平台上。

本书第三版第五次印刷有机融入“推动绿色发展，促进人与自然和谐共生”“广泛践行社会主义核心价值观”等党的二十大精神，提高学生的道德素养。

本书修订过程中参考、引用、借鉴了国内同类出版物，谨向有关作者表示感谢。

虽然编者在修订过程中力求严谨和正确，但限于学识水平与能力，书中不足及疏漏在所难免，敬请读者批评指正。

编者

# 第一版前言

本教材是根据教育部高职高专人才培养方案，按照教育部高职高专教材建设要求，结合高职高专院校教学改革和教学实践的基础上编写的。编者都是工作在教学第一线，具有多年教学经验的老师。在编写过程中，本着“适用性、实用性、通俗性、灵活性”的原则，广泛听取了专业学科相关专家的建议，根据相关专业对教学内容的要求，对传统的教学内容进行了改革和整合。在内容的编写上，力求做到简明扼要，重点鲜明，强调理论联系实际，注重化学知识与农、林、牧、医药等学科的有机结合。在文字叙述上，力求做到深入浅出、通俗易懂。本教材中加注“*”章节部分，各院校可按需要酌情选用。本教材供三年制高职高专农学、园林、牧医、生物工程、生物制药、资源环境、医药等专业使用。总教学时数为 100～120 学时，全书共分二十章，第一章至第八章为无机化学部分，内容包括物质结构、溶液和胶体、化学反应速率和化学平衡、电解质溶液、配位化合物、氧化还原反应、常见金属元素及其化合物和常见非金属元素及其化合物等。第九章至第十一章为分析化学基础部分，内容包括定量分析概述、滴定分析法和吸光光度法等。第十二章至第十八章为有机化学部分，内容包括烃、烃的衍生物、杂环化合物和生物碱等。第十九章和第二十章为生物化学基础部分，内容包括糖、脂类、蛋白质、核酸、酶与维生素及三大营养物质的代谢等。

本书由唐迪主编，任志刚、车音、孙成、张丽任副主编，第一、三章由车音编写，第二章由孙成编写，第四、五、十二章由唐迪编写，第六、十七、十八章由赵忠涛编写，第七、八章由杨巍编写，第九、十、十一章由任志刚编写，第十三、十四章由张丽编写，第十五、十六章由陶程编写，第十九章由徐晓燕编写，第二十章、附录及其他部分由李树炎编写。唐迪、徐晓燕负责全书的统稿。

教材编写过程中得到了江苏农林职业技术学院基础部张田林和王小丽老师以及化学工业出版社的大力支持和帮助，在此表示衷心的感谢。

由于时间仓促和理论水平有限，书中疏漏、不妥之处在所难免，恳请同行和广大读者批评指正。

编　者

2010 年 6 月

# 第二版前言

《基础化学》作为一本面向高职院校相关专业学生的教材，自2010年8月出版以来，已在多所高职院校中使用，受到广大师生的好评与欢迎。随着化学学科的发展，特别是化学理论与技术在农业等领域越来越广泛的应用，高职院校的学生对化学理论及技能有了新的需求，教材内容需要更新、充实。因此，我们根据学科发展特点，并针对高职院校培养对象，听取各相关院校老师对教材修改的建议，本着培养高技能人才的指导思想，对本教材进行修订。

第二版教材是在第一版教材的基本框架和基本内容的基础上进行修订的。编者一致认为，本书的突出之处在于“基础”二字。本着巩固、完善和提高的修订原则，力图在强调基础知识与基本技能的同时，反映化学理论及实验技术的科学性与先进性。本次修订注重了教学的启发性和学生思维能力的培养。力求做到深入浅出，难点分散。充实了部分与生产、环境保护相关的内容和图例。降低了部分习题难度，更换了贴近生产、生活的阅读材料，便于拓宽学生的视野。

本书从第一章至第八章为无机化学部分，内容主要包括物质结构、溶液和胶体、化学反应速率与化学平衡、电解质溶液、配位化合物、氧化还原反应、常见金属元素及其化合物、常见非金属元素及其化合物；分析化学部分，从第九章至第十一章，主要介绍定量分析的基本实验理论及滴定操作技术和吸光光度法的相关内容；有机化学部分，从第十二章至第十八章，主要介绍烃、烃的衍生物、杂环化合物和生物碱等内容；生物化学基础部分，第十九章和第二十章，主要介绍糖、脂类、蛋白质、核酸、酶和维生素及三大营养物质的代谢等内容；附录中包括各类常用的常数表等，可供使用者查阅。教材中标有“*”的，为选学内容。本书由江苏农林职业技术学院唐迪、李树炎、徐晓燕，苏州农林职业技术学院杨巍、王和才，扬州职业大学孙成、车音，在综合其他学院老师建议的基础上执笔修订的。孙成、车音负责第一、二、五章内容的修订；杨巍、王和才负责第六、七、八、九、十、十一章内容的修订；

李树炎负责第十二、十三、十四、十五、十六章内容的修订；徐晓燕负责第十九、二十章内容的修订。唐迪负责绪论、第三、四、十七、十八章及附录内容的修订，并负责全书的统稿。

为方便教学，本书配套有电子教学资源。

本书修订过程中参考、引用、借鉴了国内一些同类出版物，谨向有关作者表示感谢。

虽然编者在本次修订过程中力求严谨和正确，但限于学识水平与能力，书中不足及疏漏在所难免，殷切希望读者批评指正。

编者

2014 年 1 月

# 目录

## 第八章　常见非金属元素及其化合物 102



## 第九章　定量分析概述 114



## 第十章　滴定分析法 125



## 第十一章　吸光光度法 150

## 第十二章 烃 160



## 第十三章 卤代烃 192



## 第十四章 醇、酚、醚 201



## 第十五章 醛、酮 220



## 第十六章 羧酸、取代酸、酯 231

# 绪 论

## 一、化学研究的对象

世界是由物质构成的，物质最主要的性质是运动。物理变化和化学变化都是物质运动的不同形式。自然科学是研究物质及其运动的形式，化学则是研究物质的化学运动形式的科学。具体地说，化学是在分子、原子或离子层次范围内，研究物质的组成、结构、性质、化学变化等及其应用的科学。它涉及存在于自然界的物质——地球上的矿物、空气中的气体、海洋里的水和盐、在动物身上找到的化学物质，以及由人类创造的新物质。它涉及自然界的变化——与生命有关的化学变化。

物质的各种运动形式是彼此联系的，并在一定条件下互相转化。物质的化学运动形式与其他运动形式也是有联系并互相转化的。化学变化总伴随有物理变化。生物过程总伴随着不断的化学变化。因此，研究化学时还要结合到其他许多有关学科的理论和实践。

## 二、化学与农业科学的关系

现代农业的特点主要是：有强大的技术支撑和驱动。农业生产领域已由动物、植物向微生物，农田向草地、森林，陆地向海洋，初级农产品生产向食品、生物化工、医药、能源等多种产品方向拓展；传统农业的概念和内涵正在改变，工农业界线渐趋模糊等等。农业生产的对象主要是有生命的动物、植物、微生物等生物体。农业院校中的农林类专业主要学科都是以揭示自然界生命活动的奥秘为宗旨。而生命起源于无机元素，周期表中的元素普遍存在于生物体中，并参与一切生命活动。可以说，在原子、分子和离子水平上，研究生命的生物学可以分享化学已经建立的全部原理。生命科学中的很多问题已经成为化学和生物学共同研究的对象。因此，在探索生命起源及其奥秘的过程中，酶、蛋白质、基因遗传、细胞生物学、有关医学等方面的迅速发展，使得当今研究微量元素与生物体的关系，成为生命科学中一个极富活力的领域。例如生物无机化学是 20 世纪 60 年代逐渐兴起的无机化学和生物学交叉的领域，在很多生物过程，诸如氮的固定、光合作用、氧的运输、能量转换及很多金属酶的生物活性中，金属离子及其配合物都起着核心作用。研究有关生物活性的结构、性能和机理的关系，不仅加速了对生命现象的了解，而且对于生物技术的发展有着重要的作用。例如，光合作用的物质基础和机理、血红蛋白的输氧机理、神经对信号的快速传递等问题，都是靠生物学家和化学家共同努力才得以圆满地解决。

由上可见，处于新技术革命时期的现代化农业科学工作者，学习现代化学的基础理论知识与方法，以及实验技能是非常必要的。

## 三、基础化学课程的性质、任务与学习方法

### 1. 基础化学课程的性质

基础化学是高职高专农、林、牧、资源环境、医药类等专业的一门重要的必修基础课，主要介绍无机化学、有机化学、分析化学及生物化学等学科中的基础知识、基本原理和基本操作技术。在化学的各门分支学科中，无机化学是研究所有元素的单质和化合物（烃类化合物及其衍生物除外）的组成、结构、性质和反应的学科。有机化学是研究烃类化合物及其衍生物的组成、结构、性质和反应的学科。分析化学是研究物质组成成分及其含量的测定原理、测定方法和操作技术的学科。生物化学一方面是研究生物体的基本物质（糖类、脂类、蛋白质、核酸）及对体内生物化学反应起催化作用的酶和维生素的结构、性质和功能；另一方面研究构成生物体的基本物质在生命活动过程中进行的化学变化，也就是新陈代谢及在代谢过程中能量的转换和调节规律。

### 2. 基础化学的教学任务

通过学习，掌握与农林科学、生物科学有关的化学基本理论、基本知识、基本技能；在学习溶液基础知识上，重点掌握四大平衡理论的原理和以滴定分析方法、吸光光度法为主的测定物质含量的方法，建立准确的“量”的概念；以有机物的结构与性质为主线，学习并掌握有机物的一般特点、命名方法、反应规律；了解有机化学理论、知识和技能在实践中的应用；通过学习生物体的物质组成与结构及其在体内的化学变化，深入了解体内的各种生命现象与代谢之间的关系，为后续课程的学习和今后的工作打下良好的化学基础。总之，培养学生自学能力、分析和解决日常生活和生产实践中一些化学问题的能力以及培养学生严谨的科学态度和习惯，是基础化学教学的重要任务。

### 3. 基础化学的学习方法

（1）要有动力　做任何事情都需要有动力，学习化学同样需要有动力。只有明确了为什么要学化学，自己想学化学，才有可能学好化学。

（2）要重视实践的指导作用　要做好实验，要认真完成作业，要善于思考，要做研究，要学会自学。

（3）要讲究方法　要找出最适合自己的学习方法。在学习的过程中，应努力学习前人是如何进行观察和实验的，是如何形成分类法，归纳成概念、原理、理论的，并不断体会、理解、创造的过程，形成创新的意识，努力去尝试创新。在学习的过程中，应努力把握学科发展的最新进展，努力用所学的知识、概念、原理和理论等去理解新的事实，思索其中可能存在的矛盾和问题，设计并参与新的探索。

# 第一章　物质结构

## 思维导图

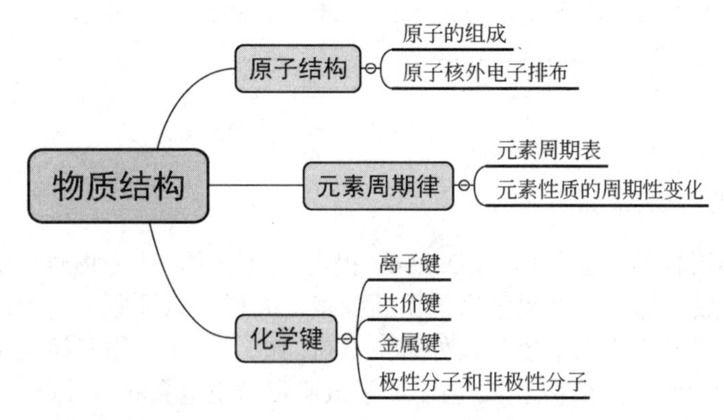


## 知识与技能目标

1. 能理解原子结构与电子云的关系。
2. 能理解四个量子数的意义和相互关系。
3. 能理解原子结构与元素周期律的关系。
4. 能了解离子键、共价键等化学键的形成特征。
5. 能利用键参数判断分子的稳定性。
6. 能使用元素周期表确定元素性质的变化规律。

## 素质目标

培养学生具备辩证的科学思维方法，树立科学的世界观。

自然界的物质种类繁多，其性质各不相同，而物质在性质上的差异是由物质的内部结构不同引起的。因此要了解物质的性质、深刻地认识物质世界的变化规律，就必须进一步了解物质的内部结构。

# 第一节 原子结构

## 知识探究

约翰·道尔顿（1766—1844）英国化学家、物理学家、近代化学之父，他继承了古希腊朴素原子论和牛顿微粒说，于1808年提出原子学说。他最先从事测定原子量工作，提出用相对比较的办法求取各元素的原子量，并发表第一张原子量表。

## 一、原子的组成

### （一）原子的组成

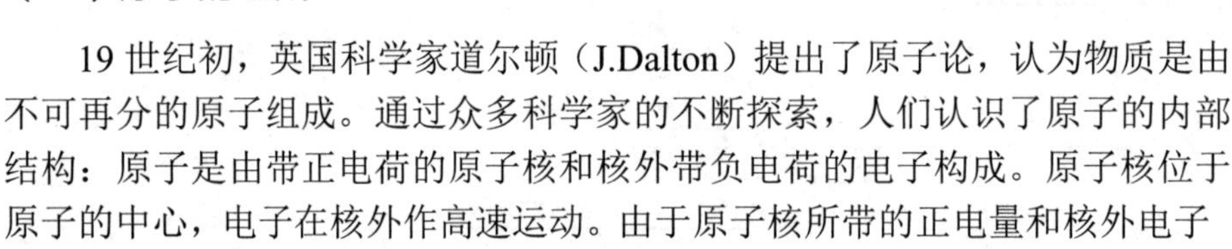

19世纪初，英国科学家道尔顿（J.Dalton）提出了原子论，认为物质是由不可再分的原子组成。通过众多科学家的不断探索，人们认识了原子的内部结构：原子是由带正电荷的原子核和核外带负电荷的电子构成。原子核位于原子的中心，电子在核外作高速运动。由于原子核所带的正电量和核外电子所带的负电量相等，因此，整个原子是电中性的。

原子核由质子和中子构成。质子带1个单位的正电荷，中子是电中性的，因此，核电荷数由质子数决定。按核电荷数由小到大的顺序给元素编号，所得的序号称为该元素的原子序数。原子中存在以下关系：

原子序数=核电荷数=核内质子数=核外电子数

例如，6号碳元素，碳原子的核电荷数为6，原子核内有6个质子，核外有6个电子。

质子的质量为$1.6726\times10^{-27}$kg，中子的质量为$1.6748\times10^{-27}$kg。由于质子、中子的质量很小，计算不方便，所以通常用它们的相对质量。原子量衡量的标准为$^{12}C$原子质量的$\frac{1}{12}$，其质量为$1.6606\times10^{-27}$kg。质子和中子对它的相对质量分别为1.007和1.008，取近似整数值为1。由于电子的质量很小，约为质子质量的$\frac{1}{1836}$，所以在原子的质量中，电子的质量可以忽略不计，因此原子的质量主要集中在原子核上。将原子核内所有的质子和中子的相对质量取近似整数值相加，所得的数值称为原子的质量数。用符号$A$表示质量数，用符号$N$表示中子数，用符号$Z$表示质子数，则：

质量数($A$)=质子数($Z$)+中子数($N$)

如以$^{A}_{Z}X$代表一个质量数为$A$、质子数为$Z$的原子，则构成原子的粒子间的关系可以表示如下：

$$
\text{原子}\left(^{A}_{Z}X\right)\begin{cases}\text{原子核}\begin{cases}\text{质子} & Z\text{个}\\ \text{中子} & (A-Z)\text{个}\end{cases}\\ \text{核外电子} \quad Z\text{个}\end{cases}
$$

例如，$^{12}_{6}C$ 表示原子质量数为 12，核电荷数为 6，质子数为 6，中子数为 6，核外电子数为 6 的碳原子。

### （二）同位素

质子数相同而中子数不同的原子，在周期表中位置相同，互称为同位素。如氢元素有三种不同的原子，分别为氕（$^{1}_{1}H$ 或 H）、氘（$^{2}_{1}H$ 或 D）、氚（$^{3}_{1}H$ 或 T）。它们的原子核内都只有 1 个质子，但中子数不同，分别为 0、1、2，是质量不同的三种氢原子。其中氘是紫外光源的重要材料，而重水（$D_2O$）则是核工业的冷却剂和核反应堆的中子“减速剂”。

大多数元素都有同位素，碳元素的同位素有 $^{12}_{6}C$、$^{13}_{6}C$ 和 $^{14}_{6}C$，其中 $^{12}_{6}C$ 就是人们把它质量的 $\frac{1}{12}$ 作为原子量标准的碳原子，通常表示为 C-12；钴元素的同位素有 $^{59}_{27}Co$、$^{60}_{27}Co$ 等。同一元素的各种同位素原子，它们的核电荷数（质子数）相同，核外电子数相同，而中子数不同，质量数不同，它们物理性质有差异，但化学性质几乎完全相同。

同位素可分为稳定性同位素和放射性同位素两类。放射性同位素能自发地放出不可见的 α 射线、β 射线或 γ 射线，这种性质称为放射性。稳定性同位素没有放射性。放射性同位素又分为天然放射性同位素和人造放射性同位素。

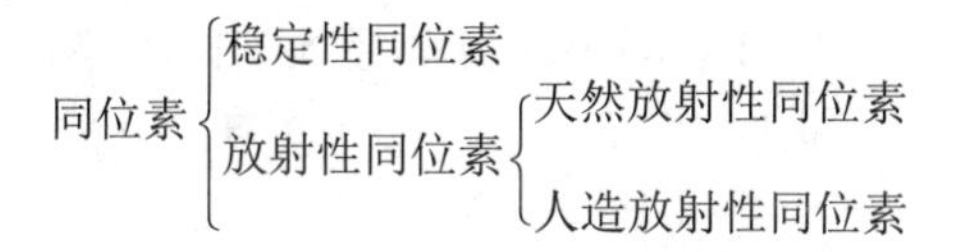


放射性同位素的原子放出的射线，可以用灵敏的探测仪器，测定出它们的踪迹。所以放射性同位素的原子又称为“示踪原子”。放射性同位素在能源、工业、农业、医疗、环境、考古等诸多方面都有着广泛的应用。例如，$^{131}_{53}I$ 用于甲状腺功能亢进的诊断和治疗；用放射性同位素的能量，作为航天器、人造心脏能源等；$^{14}_{6}C$ 含量的测定可推算文物或化石的“年龄”。

**知识探究**

同位素示踪法是利用放射性核素作为示踪剂对研究对象进行标记的微量分析方法，示踪实验的创建者 Hevesy，由于其开创性贡献于 1943 年获得了诺贝尔化学奖。

## 二、原子核外电子排布

### （一）电子云

由于电子具有波粒二象性，既具有波动性，又具有粒子性，电子的运动规律与宏观世界物体的运动规律完全不同，只能采用统计规律，即用电子在空间某一区域内出现机会的多少描述原子核外电子运动状态。

假如我们能够设计一个理想的实验方法，对氢原子的一个电子在核外运动的情况多次反复观察，并记录电子在核外空间某一瞬间出现的位置，统计结果，可以得到一个空间图像，其形象犹如笼罩在原子核周围的一层带负电荷的云雾，故称为电子云。如图 1-1 所示。

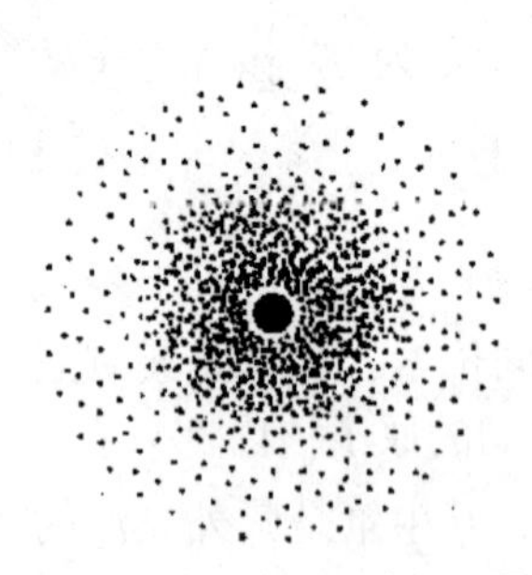
图 1-1 基态氢原子电子云图

图中小黑点密集的地方，表示电子出现的概率大，黑点稀疏的地方，表示电子出现的概率小。图像表明氢原子的电子云呈球形对称，在核附近出现的概率大，在离核 53pm 的球壳处电子出现的概率最大，而在球壳以外的地方，电子出现的概率极小。因此把电子出现概率相等的地方连接起来，作为电子云的界面，这个界面所包括的空间范围称为原子轨道。由此可见，原子轨道实际上就是电子经常出现的区域，与宏观的轨道有着完全不同的含义。

## （二）原子核外电子运动状态的描述

电子在原子核外一定区域内做高速运动，都具有一定的能量。实验证明，电子离核越近，能量越低；离核越远，能量越高。电子离核的远近，反映出电子能量的高低。氢原子核外只有一个电子，它在离核 53pm 的球壳处电子出现的概率最大，这时的能量最低，称为基态。如果给氢原子增加能量，电子就会跃迁到离核较远的区域运动，这时的状态称为激发态。

由此可知，核外电子的分层运动是由于能量不同而引起。对于多电子原子，其核外电子的运动状态比较复杂，需要用四个参数 $n$、$l$、$m$、$m_s$ 来描述，这些参数被称为“量子数”。

### 1. 主量子数——电子层

主量子数 $n$ 是描述电子在核外空间出现概率最大的区域离核的远近的参数（即电子层）。$n$ 可以取非零的任意正整数，即 1，2，3，4，…，$n$。每个 $n$ 值对应着一个电子层，所以 $n$ 也可称为电子层数。

| $n$ 取值 | 1 | 2 | 3 | 4 | 5 | 6 | 7 |
|---|---|---|---|---|---|---|---|
| 电子层 | K | L | M | N | O | P | Q |

现在已经发现的元素中，最复杂的原子电子层数不超过七层。

电子层按离核由近到远的顺序，依次称为第一层或 K 层（$n$=1），第二层或 L 层（$n$=2），……主量子数 $n$ 是决定电子能量高低的主要因素。对于单电子原子（氢原子）来说，电子的能量完全由 $n$ 来决定，但对于多电子原子，电子的能量除了与 $n$ 取值有关外，还与电子云形状有关。

### 2. 角量子数——电子亚层

角量子数 $l$ 决定电子云的形状（或原子轨道的形状），也表示电子亚层。$l$ 的取值受主量子数的限制，可取 0，1，2，3，…，($n$−1)，共 $n$ 个整数值。

| 角量子数（$l$） | 0 | 1 | 2 | 3 | … |
|---|---|---|---|---|---|
| 原子轨道符号 | s | p | d | f | … |
| 电子云形状 | 球形对称 | 哑铃形 | 花瓣形 | — | … |

s 和 p 电子云形状如图 1-2 所示。

图 1-2 s 和 p 电子云形状

s 亚层的电子称为 s 电子，p 亚层的电子称为 p 电子，d 亚层的电子称为 d 电子，f 亚层的电子称为 f 电子。在同一电子层中，亚层电子的能量按 s、p、d、f 的顺序依次增大，即 $E_{ns}<E_{np}<E_{nd}<E_{nf}$。由此可

知，电子亚层是决定电子能量高低的次要因素。

### 3. 磁量子数——电子云的伸展方向

磁量子数 $m$ 描述原子轨道在空间的伸展方向。$m$ 的取值受角量子数的限制，$m$ 可取 0，±1，±2，…，$\pm l$ 等整数，即 $m$ 可以取 $-l$ 到 $+l$ 并包括 0 在内的整数值，每一个数值代表一个原子轨道。因此，每一电子亚层所具有的原子轨道的总数为（$2l+1$）个。

例如 $l=1$ 时，$m=-1$，0，+1 三个取值，表示 p 亚层有三个分别以 $x$、$y$、$z$ 轴为对称轴的 $p_x$、$p_y$、$p_z$ 原子轨道（见图 1-3），这三个轨道的伸展方向相互垂直。

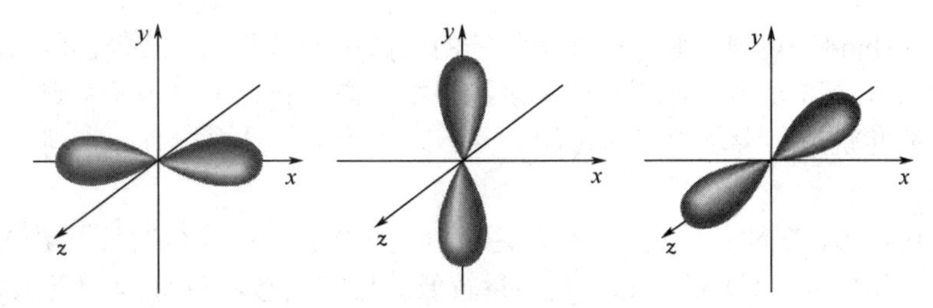


图 1-3　p 电子云的三种伸展方向

电子层、亚层及原子轨道数归纳如下：

| 电子层 | 亚层 | 原子轨道数 |
|---|---|---|
| $n=1$ | 1s | $1=1^2$ |
| $n=2$ | 2s、2p | $1+3=4=2^2$ |
| $n=3$ | 3s、3p、3d | $1+3+5=9=3^2$ |
| $n=4$ | 4s、4p、4d、4f | $1+3+5+7=16=4^2$ |
| $n$ | | $n^2$ |

由此可知，每个电子层中可能有的最多轨道数应为 $n^2$。

### 4. 自旋量子数——电子的自旋

自旋量子数 $m_s$ 描述电子的自旋方向。$m_s$ 可能的取值只有两个，即 $m_s=+\frac{1}{2}$ 和 $-\frac{1}{2}$。这说明电子的自旋有两种相反方向，即相当于顺时针和逆时针两种方向，通常用符号 ↑ 和 ↓ 表示自旋方向相反的电子。

研究证明，自旋方向相同的两个电子相互排斥，不能在同一个原子轨道内运动。而自旋方向相反的两个电子相互吸引，能在同一个原子轨道内运动。由此可知，每个原子轨道最多可以容纳自旋方向相反的两个电子。

综上所述，电子在原子核外的运动状态是相当复杂的。原子核外每个电子的运动状态都要由它所处的电子层、电子亚层、电子云在空间的伸展方向和自旋状态来决定。在同一原子中，不可能有运动状态完全相同的电子存在。也就是说，在同一原子中，各个电子的四个量子数不可能完全相同。

## （三）原子核外电子排布

### 1. 原子核外电子的排布规律

根据原子光谱实验和量子力学理论，总结出原子核外电子的排布遵循以下三个规律：

（1）泡利（Pauli）不相容原理　1925 年奥地利物理学家泡利提出，每个原子轨道最多只能容纳 2 个自旋方向相反的电子。或者说，在同一原子中，没有运动状态完全相同的电子存在，这就是泡利不相容原理。根据这个原理，可以推算出各电子层中最多可容纳的电子数为 $2n^2$。

（2）能量最低原理　在不违背泡利不相容原理的前提下，核外电子总是尽先占有能量最低的轨道，只有当能量最低的轨道占满后，电子才依次进入能量较高的轨道，这个规律称为能量最低原理。即电子在原子中所处的状态总是要尽可能使体系的能量最低，这样的体系最稳定。

（3）洪德（Hund）规则　原子中能量相等的轨道称为简并轨道或等价轨道，如同一亚层的 3 个 p 轨道或 5 个 d 轨道。德国科学家洪德根据光谱实验总结出一条规则：在同一亚层的各个轨道（即简并轨道）中，电子尽可能分占不同的轨道，且自旋方向相同。这个规则称为洪德规则。

洪德规则还指出，在简并轨道（等价轨道）中，当电子全充满（$p^6$、$d^{10}$、$f^{14}$）、半充满（$p^3$、$d^5$、$f^7$）或全空（$p^0$、$d^0$、$f^0$）的状态都是能量较低的稳定状态。例如 24 号元素铬的电子排布式为 $1s^22s^22p^63s^23p^63d^54s^1$（半充满），而不是 $1s^22s^22p^63s^23p^63d^44s^2$；29 号铜的电子排布式为 $1s^22s^22p^63s^23p^63d^{10}4s^1$（全充满和半充满），而不 $1s^22s^22p^63s^23p^63d^94s^2$。

## 2. 多电子原子体系轨道的能级

光谱实验的结果显示，同一电子层的轨道出现能级分裂，不同电子层、不同亚层的轨道出现能级交错。鲍林（Linus Pauling）据此总结出了多电子原子中原子轨道的近似能级图［如图 1-4（a）所示］，用小圆圈代表原子轨道，按能量高低顺序排列起来，将轨道能量相近的放在同一个方框中组成一个能级组。

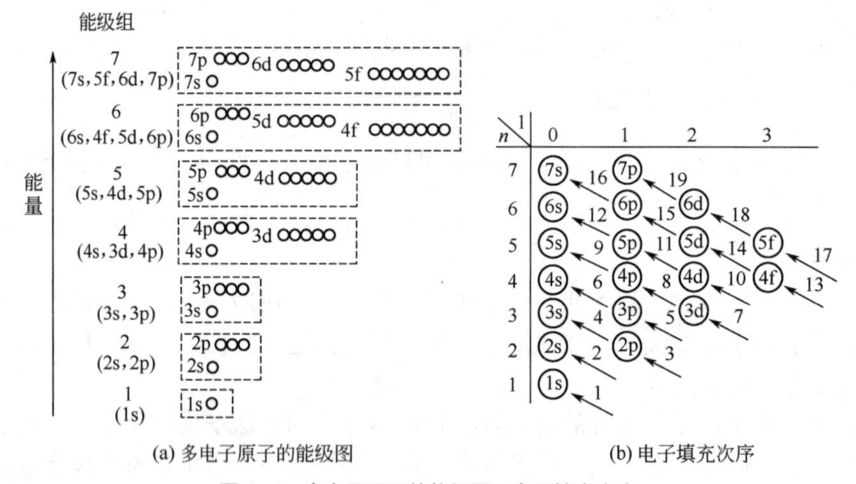

(a) 多电子原子的能级图　　(b) 电子填充次序

**图 1-4　多电子原子的能级图和电子填充次序**

## 3. 基态原子核外电子排布

根据核外电子排布的三原则，电子在原子轨道中填充排布的顺序如图 1-4（b）所示。例如：

氧（$_8O$）　$1s^22s^22p^4$

钠（$_{11}Na$）　$1s^22s^22p^63s^1$

钙（$_{20}Ca$） $1s^22s^22p^63s^23p^64s^2$，而不是 $1s^22s^22p^63s^23p^63d^2$（因为 $E_{4s}<E_{3d}$）

铬（$_{24}Cr$） $1s^22s^22p^63s^23p^63d^54s^1$（半充满），而不是 $1s^22s^22p^63s^23p^63d^44s^2$

铁（$_{26}Fe$） $1s^22s^22p^63s^23p^63d^64s^2$

# 第二节 元素周期律

元素的性质随着原子序数的增加而呈现周期性的变化，这个规律叫元素周期律。元素性质的周期性变化是元素原子核外电子排布的周期性变化的必然结果。

根据元素周期律，把已知元素中电子层数相同的各种元素，按原子序数递增顺序从左到右排成横行，再把不同横行中最外电子层上电子数相同、性质相似的元素，按电子层数递增顺序由上而下排成纵行，这样制成的表称为元素周期表。元素周期表是元素周期律的具体表现形式，它反映了元素之间相互联系和变化的规律。

## 知识拓展

### “超级显微镜”——中国散裂中子源

被称为“超级显微镜”的散裂中子源，是用中子散射的方式探索微观世界的顶尖工具。其工作原理是把质子束当成‘子弹’，将质子加速到 0.9 倍光速，去轰击金属靶，将其原子核撞击出中子，再利用这些中子开展各种实验。当中子与研究对象的原子核发生相互作用，中子会向四周散射，从其散射轨迹及能量动量变化，可以反推出研究对象的物质微观结构和动力学。

中国散裂中子源是科研领域的“国之重器”，对我国探索前沿科学问题、攻克产业关键核心技术、解决“卡脖子”问题具有重要意义。它使我国成为世界上第四个拥有脉冲型散裂中子源的国家。

2018 年 8 月 23 日，经过十余年的筹备和六年半的建设，中国散裂中子源工程圆满通过了国家验收，投入正式运行，填补了国内脉冲中子应用领域的空白，设备国产化率超过 90%，性能全部达到或优于批复的验收指标。中国散裂中子源这个大科学装置，我们国家是第一次做。大部分研制工作都是从零开始的，创新无处不在。

中国散裂中子源是一个由数以千计的高精尖设备组成的复杂整体，其建造工程本身，就是一个从“0 到 1”的巨大挑战，是三代老中青科学家智慧与心血的结晶。中国散裂中子源装置中，自研设备超过 90%，这是一个非常了不起的数字。通过自主创新和集成创新，在相关领域里实现了跨越式的发展。

## 一、元素周期表

元素周期表

视频扫一扫

### 1. 周期

元素周期表中，具有相同电子层数而又按照原子序数递增的顺序从左到右排列成一横行的一系列元素，称为一个周期。

周期的序数等于该周期元素原子具有的电子层数。周期表中共有 7 个周期，正好与能级组相对应。

除了第一周期外，同一周期中，从左到右，各元素原子最外层的电子数都是从 1 个逐渐增加到 8 个。除第一周期从气态元素氢开始，每一周期的元素都是从活泼的金属元素开始，逐渐过渡到活泼的非金属元素，最后以稀有气体结束。

第六周期中的 57 号元素镧（La）到 71 号元素镥（Lu），共 15 种元素，它们的结构和性质非常相似，总称镧系元素。为了使表的结构紧凑，将镧系元素放在周期表的同一格里，并按原子序数递增的顺序，把它们另列在表的下方，实际上还是各占一格。第七周期类似有锕系元素。锕系元素中 92 号元素铀后面的元素多数是人工进行核反应制得的元素，称为超铀元素。

## 2. 族

周期表里有 18 个纵行，分为 18 个族。除 8、9、10 三个纵行称为ⅧB 族元素外，其余 15 个纵行，每个纵行为一族。由短周期元素和长周期元素共同构成的族称为主族；完全由长周期构成的族称为副族。即有 8 个主族（表示为ⅠA～ⅧA）、8 个副族（表示为ⅠB～ⅧB）。

## 3. 周期表中元素的分区

元素周期表中的元素，除了按周期和族划分外，还可以根据原子的价层电子构型将元素周期表中的元素划分为 s 区、p 区、d 区、ds 区和 f 区（见图 1-5）。

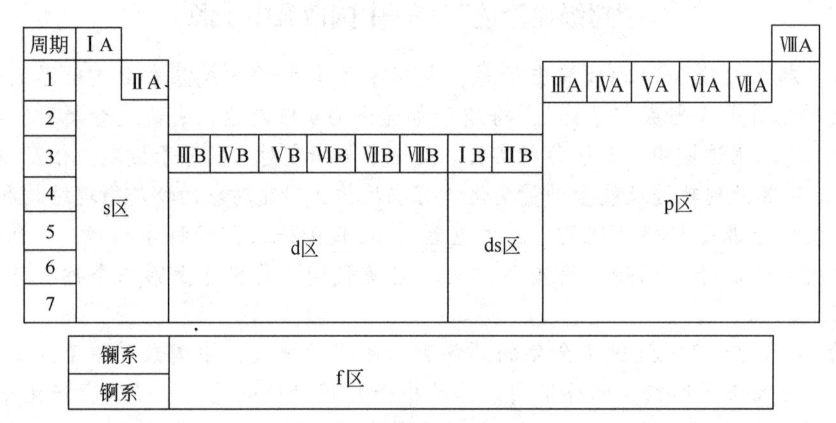


图 1-5 周期表中元素的分区

（1）s 区元素　包括ⅠA 和ⅡA 族元素，价层电子构型为 $ns^{1\sim2}$。它们都是活泼的金属元素（除 H 外），发生化学反应时总是失去最外层 s 电子而成为+1 价或+2 价的阳离子。

（2）p 区元素　包括ⅢA～ⅧA 族元素，价层电子构型为 $ns^2np^{1\sim6}$。该区有金属元素、非金属元素和稀有气体元素。它们在发生化学反应时，只涉及最外层的 s 电子或 p 电子发生得失或偏移，不涉及内层电子。

（3）d 区元素　包括ⅢB～ⅧB 族元素，价层电子构型为 $(n-1)d^{1\sim9}ns^{1\sim2}$。d 区元素又称为过渡元素，它们都是金属元素，常有多种化合价。它们在发生化学反应时，不仅有最外层的 s 电子，而且可以有部分次外层的 d 电子失去或偏移。

（4）ds 区元素　包括ⅠB、ⅡB 族元素，价层电子构型为 $(n-1)d^{10}ns^{1\sim2}$，性质与 d 区元素相似，都是金属元素，属于过渡元素。

（5）f 区元素　包括镧系和锕系元素，价层电子构型是（$n$−2）$f^{0\sim14}$（$n$−1）$d^{0\sim2}ns^2$。它们的最外层电子数目相同，次外层电子数目也大部分相同，只有倒数第三层的 f 轨道上的电子数目不同，所以镧系和锕系元素的化学性质极为相似，都是金属元素，又称它们为内过渡元素。它们在发生化学反应时，不仅有最外层的 s 电子、次外层的 d 电子，而且可以有倒数第三层的部分或全部 f 电子失去或偏移。

## 二、元素性质的周期性变化

元素性质包括原子半径、电离能、电负性等。

### 1. 原子半径

由于原子在物质中所处的状态不完全相同，要确定单个原子在任何环境都适应的半径是不可能的。根据原子存在形式不同，通常分为共价半径、范德华半径和金属半径。表 1-1 列出了元素的原子半径（金属原子取金属半径，非金属原子取共价半径，稀有气体原子取范德华半径）。从表中可以看出，同一周期元素，从左到右，随着原子序数的递增，原子半径逐渐减小（由于电子层数不变，核电荷依次增加对外层电子的引力增强）；同一主族，从上到下，随着原子序数的递增，原子半径逐渐增大（由于电子层数增加）。

表 1-1　元素的原子半径　单位：pm

| H | | | | | | | | | | | | | | | | | He |
|---|---|---|---|---|---|---|---|---|---|---|---|---|---|---|---|---|---|
| 37 | | | | | | | | | | | | | | | | | 122 |
| Li | Be | | | | | | | | | | | B | C | N | O | F | Ne |
| 152 | 111 | | | | | | | | | | | 88 | 77 | 70 | 66 | 64 | 160 |
| Na | Mg | | | | | | | | | | | Al | Si | P | S | Cl | Ar |
| 186 | 160 | | | | | | | | | | | 143 | 117 | 110 | 104 | 99 | 191 |
| K | Ca | Sc | Ti | V | Cr | Mn | Fe | Co | Ni | Cu | Zn | Ga | Ge | As | Se | Br | Kr |
| 227 | 197 | 161 | 145 | 132 | 125 | 124 | 124 | 125 | 125 | 128 | 133 | 122 | 122 | 121 | 117 | 114 | 198 |
| Rb | Sr | Y | Zr | Nb | Mo | Tc | Ru | Rh | Pd | Ag | Cd | In | Sn | Sb | Te | I | Xe |
| 248 | 215 | 181 | 160 | 143 | 136 | 136 | 133 | 135 | 138 | 144 | 149 | 163 | 141 | 141 | 137 | 133 | 217 |

### 2. 电离能

基态的气态原子失去一个电子形成+1 价气态阳离子时所需的能量称为元素的第一电离能（$I_1$），单位为 kJ/mol。电离能越小，电子越容易被夺走。

从图 1-6 可以看出，元素的电离能在周期表中具有明显的变化规律：

（1）同周期主族元素从左到右，由于核对外层电子的引力增大，第一电离能呈逐渐增大的趋势；故同周期元素从强金属性逐渐变到非金属性，直至强非金属性。

（2）同周期副族元素从左至右，由于有效核电荷增加不多，原子半径减小缓慢，电离能增加不如主族元素明显。由于最外层只有两个电子，过渡元素均表现金属性。

（3）同一主族元素从上到下，原子半径增加，有效核电荷增加不多，则原子半径增大的影响起主要作用，电离能由大变小，元素的金属性逐渐增强。

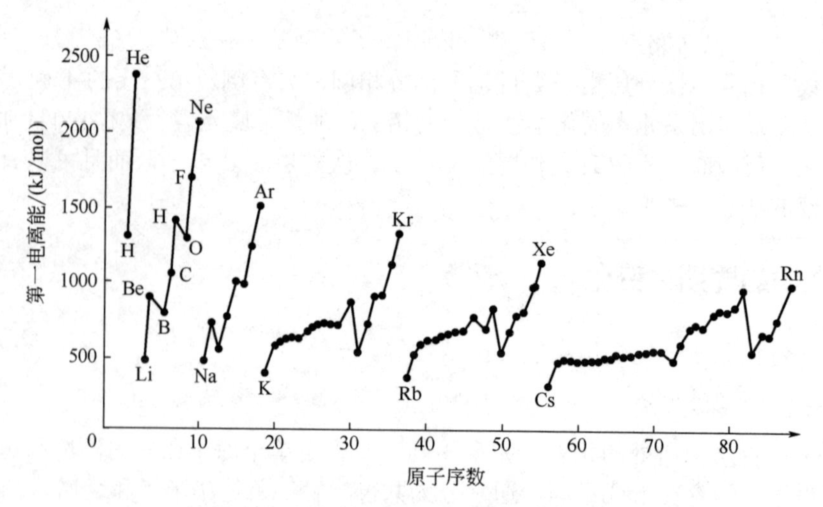


图 1-6 原子第一电离能和原子序数的关系

（4）同一副族元素电离能变化不规律。

## 3. 电负性

元素的电负性是用来度量元素相互化合时原子对电子吸引能力的相对大小，可以用来衡量元素金属性和非金属性的相对强弱。鲍林提出了元素电负性概念，他指定最活泼的非金属元素氟电负性 $\chi_F$=4.0，然后通过计算得到其他元素的电负性值（见图 1-7）。元素的电负性愈大，吸引电子的倾向愈大，非金属性也愈强。

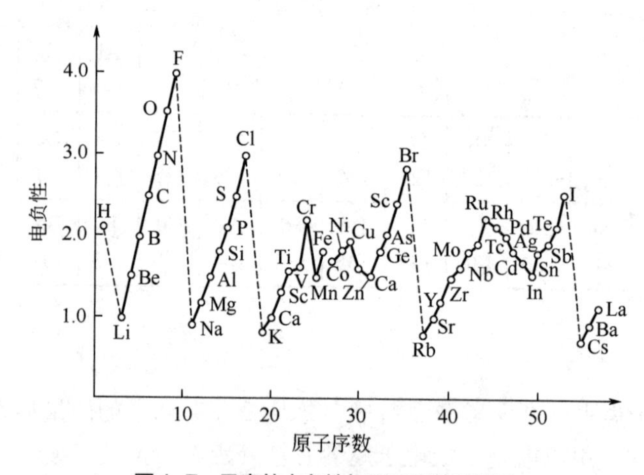


图 1-7 元素的电负性与原子序数的关系

从图中可以看出，元素的电负性在周期表中具有明显的变化规律：

（1）同周期主族元素从左到右，电负性逐渐增大，故同周期元素非金属性逐渐增强，金属性逐渐减弱。

（2）同一主族元素从上到下，电负性逐渐降低，元素的金属性逐渐增强，非金属性逐渐减弱。

（3）副族元素电负性的变化规律较差，同周期元素从左到右，总的趋势增大。同族元素的电负性变化很不一致。

# 第三节　化学键

迄今为止，已发现了 118 种元素，正是这些元素的原子组成了千千万万种性质不同的物质。这些物质的分子是由原子构成的，原子之间能相互结合成分子，说明原子之间存在着相互作用力，这种分子中直接相邻的原子（或离子）之间强烈的相互作用，称为化学键。化学键可分为离子键、共价键和金属键。

## 一、离子键

### （一）离子键的形成

当电负性相差较大的金属元素和非金属元素的原子化合时，金属原子失去电子形成阳离子，非金属原子获得电子形成阴离子，相邻的阴、阳离子之间通过静电作用，形成离子键。例如，当 Na 原子和 Cl 原子相互靠近时，Na 原子失去 1 个电子形成 $Na^+$，Cl 原子得到 1 个电子成为 $Cl^-$，$Na^+$与 $Cl^-$带相反电荷，由于静电引力，存在着相互吸引，阴、阳离子彼此接近。由于核与核、电子与电子间还存在着相互排斥作用，这种静电排斥作用随着离子的互相接近而迅速增大。当两种离子接近到一定程度时，离子间的静电吸引作用和排斥作用达到平衡，体系能量最低，便形成了稳定的化学键。

离子键的形成条件：元素的电负性差要比较大（$\Delta\chi>1.7$），发生电子转移，形成离子键。

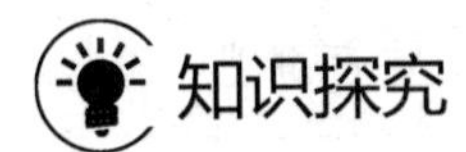

1916 年，德国的科学家柯赛尔测定了许多有代表性的化合物的离子所带有的电子数，结果与惰性气体的某种元素的电子数相等。因此，他发表了著名的离子键理论。由于柯塞尔在这方面的贡献，他被公认为离子键的创始人。

### （二）离子键的特点

由于离子的电荷分布基本是球形对称的，离子可以从不同的方向同时吸引带有相反电荷的离子，所以没有方向性；只要空间条件许可，一个离子周围可以同时吸引几个带有相反电荷的离子，因此离子键也无饱和性。

### （三）离子化合物的性质

由离子键构成的化合物称为离子化合物，例如 NaCl、$MgBr_2$ 等。阴、阳离子通过离子键所形成的有规则排列的晶体称为离子晶体。离子晶体的性质与离子键有关。离子晶体熔化或汽化时都必须破坏离子键，需要消耗较多的能量，所以离子晶体具有较高的熔点、沸点。

对于不同的离子化合物，离子键的强度不同。离子所带电荷越大，离子半径越小，离子键越强。例如 MgO 的离子键比 NaCl 的离子键更强，前者的熔点也比后者更高。离子晶体在水溶液中或受热熔融时都能导电。

## 二、共价键

视频扫一扫
共价键

### （一）共价键的形成

以 $Cl_2$ 的形成为例说明。两个氯原子相互靠近时，各提供一个未成对的 3p 电子形成一对共用电子，最外层都达到稳定的 8 电子结构。这种原子间通过共用电子对形成的化学键叫做共价键。根据共用电子对数目，共价键包括共价单键、双键、三键。这种形成共价键的理论称为价键理论，又称电子配对理论。

### （二）共价键的特征

#### 1. 饱和性

一个原子含有几个未成对电子，就可以和几个自旋相反的电子配对成键，这就是共价键的饱和性。例如氢原子和氯原子各有一个未成对电子，当它们的电子配对形成 HCl 分子后，氢原子就不能再和第二个氯原子结合，氯原子也不能再和第二个氢原子结合。

#### 2. 方向性

除了 s 轨道的电子云是球形对称外，其他轨道的电子云都具有一定的方向性。共价键的形成实质就是电子云的重叠，重叠程度越大，共价键就越稳定。为了达到电子云最大程度重叠，电子云必须沿着原子轨道伸展的方向发生重叠，所以共价键具有方向性。

### （三）键参数

能表征共价键性质的物理量，称为共价键的键参数。共价键的键参数主要有键能、键长、键角和键的极性等。

#### 1. 键能

在 101.3kPa，298.15K 下，将 1mol 理想气态分子 AB 解离为理想气态原子 A 和 B 所需的能量称为键能。一般来说，键能愈大，键愈牢固，由该化学键形成的分子也就愈稳定。

#### 2. 键长

分子中两原子核间的平衡距离称为键长。一般来说，两个原子之间形成的键越短，键越牢固。

#### 3. 键角

分子中键和键之间的夹角称为键角。键角是反映分子空间结构的一个重要参数。如 $H_2O$ 分子中的键角为 104.5°，这就决定了水分子是 V 形结构；$CO_2$ 分子中的键角为 180°，表明 $CO_2$ 分子为直线形结构。一般来说，根据分子的键角和键长可确定分子的空间构型。

#### 4. 键的极性

根据元素的电负性可以衡量分子中原子对成键电子吸引能力的相对大小。在 $H_2$、$Cl_2$、$N_2$ 等单质中，由于成键的两原子电负性相同，对成键电子的引力相等，因此形成的共价键没有极性，这种键称为非极性共价键，简称非极性键。在化合物中，如 H—Cl、C═O、Br—I，由于成键的两原子电负性不同，成键电子将偏向于电负性较大的原子一端，使之带部分负电荷，电负性较小的原子一端带部分正电荷，这样形成的共价键具有极性，称为极性共价键，简称极性键。成键原子间电负性相差越大，形成的共价键的极性也越大。

### （四）共价键的类型

按原子轨道的重叠方式的不同，可以将共价键分为 σ 键和 π 键两种类型。

#### 1. σ 键

成键轨道沿键轴方向（即两原子核间的连线）以“头碰头”的方式发生有效重叠，形成的共价键为 σ 键。σ 键的特点是重叠部分沿键轴旋转时，其重叠程度及符号不变。如图 1-8（a）所示。

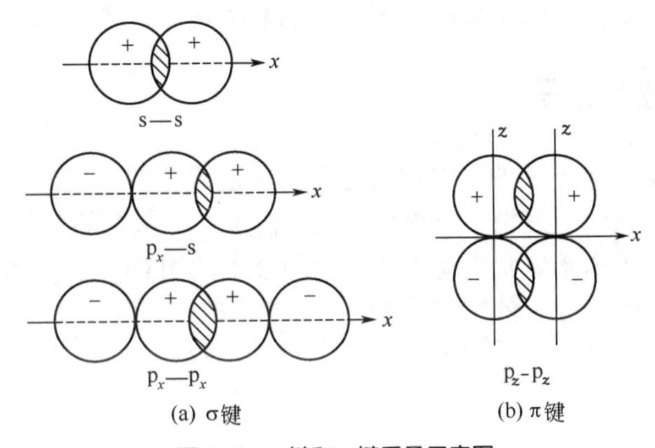


图 1-8　σ 键和 π 键重叠示意图

#### 2. π 键

伸展方向相互平行的成键原子轨道以“肩并肩”的方式发生有效重叠，形成的共价键称为 π 键。如图 1-8（b）所示。

一般地，形成 σ 键的原子轨道的重叠程度比形成 π 键的重叠程度高，因此 π 键不如 σ 键稳定，在化学反应中容易被断开。

### （五）配位键

共价键是由成键原子一方提供共用电子对，另一方提供空轨道的特殊共价键，称为配位键。例如：在铵盐中，$NH_4^+$ 的 N 原子的价层电子构型为 $2s^22p^3$，有 3 个单电子，H 的价层电子构型 $1s^1$，3 个氢原子的 1s 电子与 N 的 3 个 p 电子形成 3 个 σ 键。若形成 $NH_4^+$，则 H 提供空的 1s 轨道，N 原子提供 2s 上的一对 s 电子，该电子对称为孤对电子，由两者共用，这种成键方式所形成的共价键称为配位键，用“→”表示。因此，配位键的形成需满足下面两个条件：

（1）成键原子的一方需有孤对电子；

（2）成键原子的另一方需有接受电子对的价层空轨道。

## 三、金属键

1. 金属键的形成

金属键主要在金属晶体中存在。由自由电子及排列成晶格状的金属离子、金属原子之间的静电吸引力组合而成。由于电子的自由运动，仿佛为许多金属离子、金属原子所共有，因此金属键没有饱和性和方向性。

2. 金属晶体

因为金属原子核间存在斥力，自由电子间也存在斥力，故当金属原子核间距达到某一定值，引力与斥力才能到达暂时平衡，这时，金属离子或金属原子在其平衡位置附近振动，形成稳定的晶体。在金属中，每个原子将在空间允许的条件下，与尽可能多数目的原子形成金属键，所以金属晶体一般总是按最紧密的方式堆积起来，具有较大的密度、良好的导电性、导热性和延展性；大多数副族的金属键较强，所以晶体熔点、沸点高。

## 四、极性分子和非极性分子

分子从总体上看是不显电性的。但因为分子内部电荷分布情况的不同，分子可分为非极性分子和极性分子。极性分子是指分子内正、负电荷重心不重合的分子，如 HCl、$H_2O$、$NH_3$ 等。非极性分子是指分子内正、负电荷重心重合的分子，如 $Cl_2$、$O_2$、$N_2$、$CO_2$、$CH_4$ 等。分子的极性取决于键的极性和分子的空间构型。

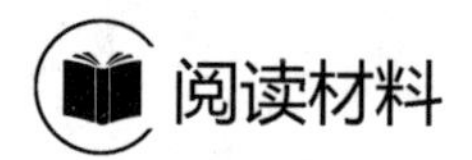

### 中国量子化学之父——唐敖庆

唐敖庆（1915—2008），化学教育家，江苏宜兴人。1940 年毕业于西南联合大学化学系，1949 年获美国哥伦比亚大学物理化学博士学位，回国后，历任北京大学教授，吉林大学教授、副校长、校长，中国科学院主席团成员，国务院学位委员会委员兼第一届化学学科评议组组长，国家自然科学基金委员会主任，中国化学会第二十一届理事长，《高等学校化学学报》主编，国际量子和分子科学研究学会成员，中国科学院化学部委员，中国科协第三届全国委员会副主席。1958 年加入中国共产党，是中共十大至十二大代表，第二、三届全国人大代表，第六、七届全国政协委员，1979 年获全国劳动模范称号。

唐敖庆教授是一位德高望重、诲人不倦、功绩卓越的教育家，他于 1978 年创建的吉林大学理论化学研究所是国内的理论化学研究中心，在国际上享有一定声誉。唐敖庆教授学术造诣精深，远见卓识，抱有为国争光的雄心壮志，数十年如一日，始终把握住国际学术前沿的新动向、开拓新课题，不断地取得一系列的卓越成就。

20 世纪 50 年代初，唐敖庆教授提出计算复杂分子旋转能量变化规律“势能函数公式”，为从结构上改变物质性能提供了比较可靠的依据；1955 年这项研究成果发表后，受到国内外化学界的高度评价，被国际学术界誉为 “分子内旋转的先驱者”。

20 世纪 50 年代中期为解决国家建设急需的高分子合成和改性问题，他转入高分子反应与结构关系的研究，对高分子缩聚、交联与固化、同聚、共聚及裂解等反应逐一进行深入研究，形成了明显特色高分子反应统计理论体系。1955 年这项研究成果发表后，引起国内外学术界广泛重视，并获得国家自然科学二等奖。

20 世纪 60 年代初投入以化学键理论的重要分支——配位场理论这一科学前沿课题的研究，带领其研究集体取得了突破性成果，创造性地发展完善了配位场理论及其研究方法。此项成果荣获国家自然科学一等奖。

20 世纪 70 年代以来唐敖庆教授与江元生教授共同着手分子轨道图形理论的系统研究，经过 10 多年努力，提出了本征多项式的计算、分子轨道系统计算、对称性约化三条定理，使量子化学形式体系，不论就计算还是对有关实验现象的解释，均表达为概括性高、含义直观、简便易行的分子图形的推理形式。1987 年，该成果获得国家自然科学一等奖。“分子轨道图形理论方法及其应用”得到国内外学术界的好评和广泛应用，被誉为中国学派的分子轨道图形理论，唐敖庆教授被誉为中国量子化学之父。

## 习题

### 一、选择题

1. 下列原子轨道不存在的是（　　）。

A. 6s　　B. 4d　　C. 3f　　D. 5p

2. 某原子的核外电子排布式表示为 $1s^22s^22p^63s^23p^63d^44s^2$，违背的是（　　）。

A. 能量最低原理　　B. 泡利不相容原理

C. 洪德规则　　D. 能量守恒原理

3. 如果一个原子的主量子数是 3，则它有（　　）。

A. s 电子　　B. s 和 p 电子　　C. s、p 和 d 电子　　D. d 电子

4. 电子云形状为哑铃形的是（　　）。

A. s 亚层　　B. p 亚层　　C. d 亚层　　D. f 亚层

5. 半充满的简并轨道是（　　）。

A. $2s^2$　　B. $2p^6$　　C. $3d^5$　　D. $4f^1$

6.下列说法不正确的是（　　）。

A. 周期序数=电子层数　　B. 质量数=质子数

C. 过渡元素都是金属元素　　D. 主族序数=最外层电子数

7.下列元素原子电负性最大的是（　　）。

A. F　　B. Br　　C. Mg　　D. N

8. 形成 π 键的条件是（　　）。

A. s 与 s 轨道重叠　　B. s 与 p 轨道重叠

C. p 与 p 轨道“头碰头”重叠　　D. p 与 p 轨道“肩并肩”重叠

9. 原子半径最小的是（　　）。

A. C　　B. F　　C. B　　D. N

10. 下列物质中既有离子键又有共价键的是（　　）。

A. KCl　　B. $H_2$　　C. NaOH　　D. $MgBr_2$

## 二、填空题

1. 根据元素电负性的大小，可判断元素的________强弱。同一周期主族元素从左到右电负性______，同一主族元素从上到下电负性________。副族元素电负性变化规律不明显。

2. 原子中核外电子排布必须遵循的原则是：________；________；________。K 原子的电子排布式写成 $1s^22s^22p^63s^23p^63d^1$，违背了________，应改为________。

3. 在 $n$=5 的电子层，最多能容纳电子数是________。

## 三、简答题

1. 简述 σ 键和 π 键的区别。

2. 共价键为什么既有饱和性又有方向性？

# 第二章　溶液和胶体

## 思维导图

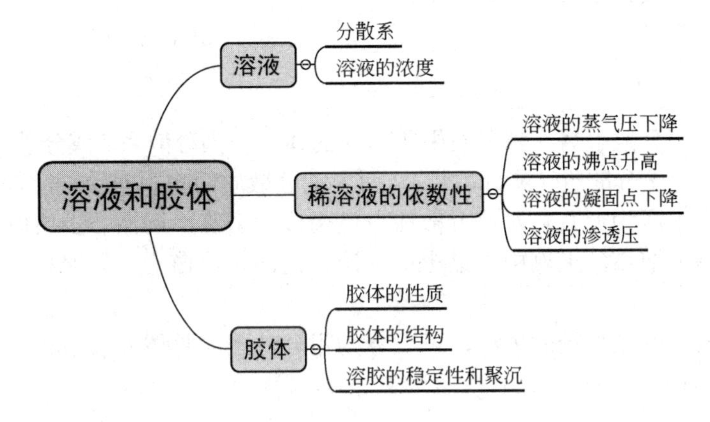


## 知识与技能目标

1. 理解分散系的类型、组成、特征，并了解其在生产上的应用。
2. 理解稀溶液的依数性原理。
3. 理解胶体的性质、结构、胶体稳定的原因。
4. 掌握胶体性质的应用。
5. 掌握几种常见溶液浓度的表示方法并能应用相关知识进行计算。
6. 能应用依数性原理解决生产生活中的相关问题。

## 素质目标

培养学生具备透过现象看本质的能力，理解事物个性与共性的关系。

溶液和胶体是物质的不同存在形式，在自然界中普遍存在，与工农业生产以及人类生命活动过程有着密切的联系。江河湖海就是最大的水溶液，生物体和土壤中的液态部分大都是溶液或胶体。

# 第一节 溶液

溶液与工农业生产、科学实验、生命过程有着密切的联系。生物赖以生存的养分常常是形成溶液后才能被有效地吸收；人体内的新陈代谢必须在溶液中才能进行；许多化学反应只有在溶液中才能进行得比较迅速、完全；临床上需将一些药物配制成溶液才能使用等。溶液广泛地存在于自然界，对于人们的日常生活、工农业生产和生物的生命现象都具有十分重要的实际意义。本节主要介绍溶液的有关知识。

## 一、分散系

一种或几种物质分散于另一种物质中所形成的体系称为分散系（或分散体系）。在分散系中，被分散的物质叫做分散质（或分散相），而容纳分散质的物质叫做分散剂（或分散介质）。例如黏土分散在水中成为泥浆，水滴分散在空气中成为云雾，奶油、蛋白质和乳糖分散在水中成为牛奶等都是分散系。上例中，黏土、水滴、奶油、蛋白质、乳糖等是分散质，水、空气是分散剂。

分散系按分散质颗粒直径的大小，可以分为粗分散系、胶体分散系和分子或离子分散系三种类型（见表 2-1）。

表 2-1 不同分散系的类型和特征

| 分散系类型 | | 分散质粒子 | 粒子直径/nm | 主要特征 | 实例 |
|---|---|---|---|---|---|
| 分子、离子分散系 | 真溶液 | 小分子或离子 | <1 | 透明、均匀、稳定、能透过滤纸及半透膜 | 蔗糖溶液、氯化钠溶液、醋酸溶液等 |
| 胶体分散系 | 溶胶 | 分子或离子的聚集体 | 1～100 | 透明度不一、不均匀、相对稳定、不易聚沉，能透过滤纸、不能透过半透膜 | $Fe(OH)_3$溶胶、$As_2S_3$溶胶、$Al(OH)_3$溶胶等 |
| | 高分子溶液 | 单个高分子 | | 透明、均匀、稳定、不聚沉，能透过滤纸，但不能透过半透膜 | 蛋白质溶液、核酸溶液等 |
| 粗分散系 | 悬浊液 | 固体颗粒 | >100 | 浑浊、不透明、不均匀、不稳定、容易聚沉、不能透过滤纸及半透膜 | 泥浆 |
| | 乳浊液 | 液体小液滴 | | | 牛奶、豆浆等 |

## 二、溶液的组成量度

溶液是指一种或几种物质以分子或离子的状态分散于另一种物质中所形成的均匀稳定的体系。其中包括溶质和溶剂，溶液的浓或稀常用其组成量度表示。

溶液的组成量度是指一定量的溶液或溶剂中所含溶质的量。溶液的组成量度的表示方法很多，常用的有以下几种。

### 1. 物质的量浓度

视频扫一扫 物质的量浓度

物质的量浓度是指单位体积溶液中所含溶质的物质的量，其表达式为：

$$c_B=\frac{n_B}{V}$$

式中，$c_B$为溶质 B 的物质的量浓度，$mol/m^3$，mol/L；$n_B$为物质 B 的物质的量，mol；$V$为溶液的体积，$m^3$，或 $dm^3$ 或 L。

使用物质的量浓度时必须指明“基本单元”，如 $c(NaOH)$ 或 $c\left(\frac{1}{2}NaOH\right)$。同一物质，若基本单元不同，物质的量浓度也不相同。例如，有 1L$H_2SO_4$溶液中含有 98.08g$H_2SO_4$，则 $c(H_2SO_4)$=1mol/L，而 $c\left(\frac{1}{2}H_2SO_4\right)$=2mol/L。又如 $c(KMnO_4)$=0.010mol/L 与 $c\left(\frac{1}{5}KMnO_4\right)$=0.010mol/L 的两种溶液，虽然浓度值相同，但它们所表示的 1L 溶液中所含 $KMnO_4$的质量并不相同，分别为 1.58g、0.316g。

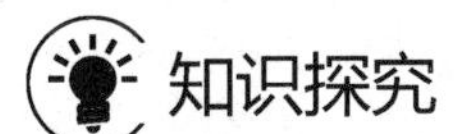

知识探究

摩尔一词来源于拉丁文 moles，原意为大量和堆集。早在 20 世纪 40～50 年代，就曾在欧美的化学教科书中作为克分子量的符号。1961 年，化学家 E.A.Guggenheim 将摩尔称为“化学家的物质的量”，并阐述了它的含义。1971 年，第 14 届国际计量大会上，正式宣布了国际纯粹和应用化学联合会、国际纯粹和应用物理联合会和国际标准化组织关于必须定义一个物质的量的单位的提议，并作出了决议。从此，“物质的量”就成为了国际单位制中的一个基本物理量。

**【例 2-1】** 临床用生理盐水的物质的量浓度为 0.154mol/L，若配制生理盐水 1000mL，需 NaCl 多少克？

**解**

$$n(NaCl)=c(NaCl)V=0.154\times1=0.154(mol)$$

$$m(NaCl)=n(NaCl)M(NaCl)=0.154\times58.5=9(g)$$

答：若配制生理盐水 1000mL 需用 NaCl 9g。

## 2. 质量摩尔浓度

质量摩尔浓度是指单位质量溶剂中所含溶质 B 的物质的量，其表达式为：

$$b_B=\frac{n_B}{m_A}$$

式中，$b_B$为溶质 B 的质量摩尔浓度，SI 单位为 mol/kg；$n_B$为物质 B 的物质的量，SI 单位为 mol；$m_A$为溶剂的质量，SI 单位为 kg。

**【例 2-2】** 250g NaCl 溶液中含有 40g NaCl，计算此溶液的质量摩尔浓度。

视频扫一扫
溶液浓度计算

**解**

$$m(H_2O)=250-40=210(g)$$

$$b(NaCl)=\frac{40}{58.5\times210}\times1000=3.26(mol/kg)$$

答：NaCl 溶液的质量摩尔浓度是 3.26mol/kg。

质量摩尔浓度与体积无关，不受温度变化的影响，常用于稀溶液依数性的研究和一些精密的测定中。对于较稀的水溶液，质量摩尔浓度近似地等于其物质的量浓度。

### 3. 摩尔分数

摩尔分数表示溶质的物质的量占溶液各组分的物质的量总和的分数。常用下式表示：

$$x_B=\frac{n_B}{n}$$

式中，$x_B$ 表示溶质 B 的摩尔分数，无量纲；$n_B$ 为物质 B 的物质的量，SI 单位为 mol；$n$ 为混合物的总物质的量，SI 单位为 mol。对于双组分的溶液，溶质的物质的量分数与溶剂的物质的量分数分别为：

$$x_B=\frac{n_B}{n_A+n_B};\quad x_A=\frac{n_A}{n_A+n_B}$$

所以

$$x_A+x_B=1$$

若将这个关系推广到任何一个多组分系统中，则$\sum x_i=1$。

**【例 2-3】** 将 10g NaOH 溶于 90g 水中，求此溶液中溶质的摩尔分数。

**解**

$$n(NaOH)=\frac{10}{40}=0.25(mol)$$

$$n(H_2O)=\frac{90}{18}=5(mol)$$

$$x(NaOH)=0.25/(0.25+5)=0.048$$

答：NaOH 溶液中溶质的摩尔分数是 0.048。

### 4. 质量分数

质量分数指溶质的质量与溶液的质量之比，常用下式表示：

$$w_B=\frac{m_B}{m}$$

式中，$w_B$ 表示溶质 B 的质量分数，无量纲；$m_B$ 为物质 B 的质量；$m$ 为溶液中各物质的质量之和。

**【例 2-4】** 欲配制 0.5kg 0.1%的速克灵，提高番茄坐果率，需要 50%的速克灵多少克？

使用溶液质量×使用质量分数=原药质量×原药质量分数

$$原药质量=0.5kg\times0.1\%\div50\%=1g$$

称取 1g 50%速克灵，加入 499g 水中，搅拌均匀，即为 0.1%的速克灵药液。

### 5. 质量浓度

溶质的质量与溶液的体积之比，称为质量浓度，用符号 $\rho_B$ 表示。单位为 g/L、mg/L、μg/L 等，常用下式表示：

$$\rho_B=\frac{m_B}{V}$$

**【例 2-5】** 0.1mol/L 的氯化钠溶液，其质量浓度是多少？

**解** $\rho(\mathrm{NaCl})=\frac{m(\mathrm{NaCl})}{V}=\frac{n(\mathrm{NaCl})\ M(\mathrm{NaCl})}{V}=c(\mathrm{NaCl})\ M(\mathrm{NaCl})$

$=0.1\times58.5=5.85(\mathrm{g/L})$

答：该溶液的质量浓度为5.85g/L。

# 第二节　稀溶液的依数性

溶液的性质，有些是由溶质的本性决定的，如溶液的颜色、密度、酸碱性、导电性等；还有一些性质与溶质的本性无关，只与溶液中所含溶质的粒子数有关，如蒸气压、沸点、凝固点和渗透压等。难挥发非电解质稀溶液的蒸气压下降、沸点升高、凝固点降低和溶液的渗透压等性质与溶质的本性无关，只与溶液中所含溶质粒子数的多少有关，这就是稀溶液的依数性，又称稀溶液的通性。

## 一、溶液的蒸气压下降

### 1. 液体的蒸气压

在一定温度下，将纯水放在一抽成真空的密闭容器中，水表面能量较大的分子能克服水分子间的吸引力，逸出水面而汽化，这种分子冲破表面张力进入空间成为蒸汽分子的现象叫做蒸发。由液面逸出的水蒸气分子在空间会相互碰撞，当液面上的蒸汽分子受到表面水分子的吸引或外界压力重新进入液体的现象叫做凝聚。在一定的温度下，当蒸气变成液体的速率与液体变成气体的速率相等时，蒸气所产生的压力叫做该液体的饱和蒸气压，简称蒸气压，用 $p^{\circ}$ 表示。

每一种液体在一定温度下都有一定的蒸气压，不同液体的蒸气压不同（见表2-2）。蒸气压越大，液体越易挥发。

表2-2　20℃不同液体的饱和蒸气压

| 物质 | 水 | 乙醇 | 苯 | 乙醚 | 汞 |
|---|---|---|---|---|---|
| 饱和蒸气压/kPa | 2.34 | 5.85 | 9.96 | 57.74 | $1.6\times14^{-4}$ |

同一种液体在不同温度下的蒸气压也不相同（见表2-3）。液体的蒸气压随着温度的升高而增大。

表2-3　不同温度时纯水的饱和蒸气压

| 温度/℃ | 0 | 20 | 40 | 60 | 80 | 100 |
|---|---|---|---|---|---|---|
| 饱和蒸气压/kPa | 0.611 | 2.34 | 7.38 | 19.92 | 47.37 | 101.33 |

### 2. 溶液的蒸气压下降

如果在纯溶剂中加入难挥发的非电解质后，达到平衡时，溶液的蒸气压小于同温度下纯溶剂的蒸气压，即溶液的蒸气压下降。

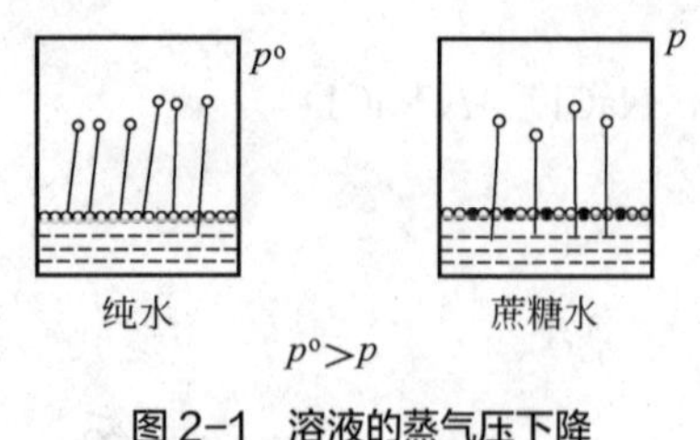

图 2-1 溶液的蒸气压下降

如图 2-1 所示，在纯水中加入一定量的难挥发的非电解质蔗糖，溶液的表面被一部分难挥发非电解质的蔗糖分子所占据，减少了单位面积上水的分子数；同时，由于溶质和溶剂分子之间的相互作用，也阻碍了水分子的蒸发。因此，在同一温度下，单位时间内从溶液的液面逸出的水分子比相应的纯水少。达到平衡时，溶液的蒸气压总是低于该温度下纯溶剂的蒸气压。

### 3. 拉乌尔定律

1887 年法国物理学家拉乌尔根据大量的实验结果总结出：在一定温度下，难挥发非电解质稀溶液的蒸气压等于纯溶剂的饱和蒸气压与溶液中溶剂的摩尔分数的乘积。

$$p=p^{o}x_A$$

式中，$p$ 为溶液的蒸气压，单位为 Pa 或 kPa；$p^{o}$ 为溶剂的蒸气压，单位为 Pa 或 kPa；$x_A$ 为溶剂的摩尔分数。对于两组分体系：$x_A+x_B=1$，$x_A=1-x_B$

所以

$$p=p^{o}(1-x_B)=p^{o}-p^{o}x_B$$

$$p^{o}-p=p^{o}x_B$$

所以，拉乌尔定律也可表示为：

$$\Delta p=p^{o}-p=p^{o}x_B$$

在一定温度下，难挥发非电解质稀溶液的蒸气压下降与溶质的摩尔分数成正比，而与溶质的本性无关，故称为依数性。拉乌尔定律的适用条件是溶质为难挥发的非电解质，溶液为稀溶液。如果溶质易挥发，则溶液的饱和蒸气压就包括溶质的饱和蒸气压和溶剂的饱和蒸气压两部分，其数值常常大于同温度下纯溶剂的饱和蒸气压。例如乙醇水溶液的饱和蒸气压就大于纯水的饱和蒸气压。

溶液的蒸气压降低对植物生长过程有着重要的作用。近代生物化学研究证明，当外界气温突然升高时，引起有机体细胞中可溶物大量溶解，从而增加细胞汁液的物质的组成量度，降低了细胞汁液的蒸气压，使水分蒸发减慢，表现出一定的抗旱能力。

## 二、溶液的沸点升高

### 1. 沸点

液体的蒸气压与外界大气压相等时的温度称为该液体的沸点。例如，当外界大气压为 101.33kPa 时，纯水的沸点为 373.15K；高山顶上空气稀薄，外界大气压小于 101.33kPa，纯水的沸点则低于 373.15K。

### 2. 溶液的沸点升高

在纯水中加入少量难挥发性非电解质形成稀溶液，由于溶液的蒸气压下降，温度达到 100℃ 时，溶液蒸气压小于 101.33kPa，溶液不会沸腾；要使溶液沸腾必须升高温度直至溶液的蒸气压与外界压力相等。如图 2-2 中，在 $T_b^{o}$（373.15K）时，溶液的饱和蒸气压小于 101.33kPa，溶液未达到沸点，只有温度升高到 $T_b$ 时（B′点 $T_b>T_b^{o}$），溶液的饱和蒸气压才达到 101.33kPa，溶液才会沸腾。可见，由于溶液的蒸气压下降，导致沸点升高，即溶液的沸点总是高于纯溶剂的沸点。

### 3. 拉乌尔定律

拉乌尔定律：在一定温度下，难挥发非电解质稀溶液的沸点升高与溶液的质量摩尔浓度成正比。而与溶质的本性无关。

$$\Delta T_b = T_b - T_b^\circ = K_b b_B$$

式中，$K_b$ 为溶剂的沸点升高系数，K·kg/mol，$K_b$ 数值的大小取决于溶剂本性；$b_B$ 为溶质的质量摩尔浓度。表 2-4 是几种常见溶剂的沸点 $T_b$ 和沸点升高系数 $K_b$。

**表 2-4　几种常见溶剂的 $T_b$ 和 $K_b$**

| 溶　剂 | $T_b$/K | $K_b$/(K·kg/mol) | 溶　剂 | $T_b$/K | $K_b$/(K·kg/mol) |
|---|---|---|---|---|---|
| 水($H_2O$) | 373.15 | 0.512 | 丙酮 [$(CH_3)_2CO$] | 329.65 | 1.71 |
| 苯($C_6H_6$) | 353.35 | 2.53 | 三氯甲烷 ($CHCl_3$) | 334.45 | 3.63 |
| 四氯化碳($CCl_4$) | 351.65 | 4.88 | 乙醚 [$(CH_3CH_2)_2O$] | 307.55 | 2.16 |

**【例 2-6】** 将 50g 葡萄糖溶于 100g 水中，测得溶液的沸点为 374.57K，求葡萄糖的分子量。

**解**　根据拉乌尔定律：$\Delta T_b = K_b b_B$

$$374.57 - 373.15 = 0.512 b_B$$

解得

$$b_B = 2.77\text{mol/kg}$$

$$M = \frac{50}{b_B} \times \frac{1000}{100} = \frac{50}{2.77} \times \frac{1000}{100} = 180(\text{g/mol})$$

答：葡萄糖的分子量为 180。

## 三、溶液的凝固点下降

### 1. 水的凝固点

在一定的压力下，纯液体的蒸气压与其固相蒸气压相等时的温度为该液体的凝固点，也叫冰点。例如，当外界大气压为 101.33kPa 时，水的凝固点为 273.15K。

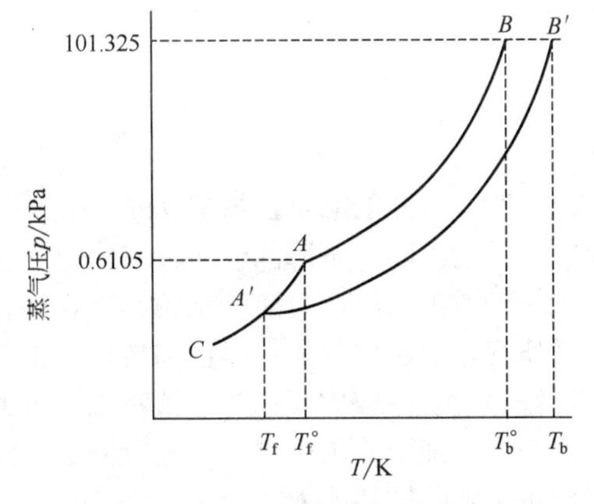

**图 2-2　稀溶液的沸点升高、凝固点下降**

AB—纯水的蒸气压曲线；A′B′—稀溶液的蒸气压曲线；AC—冰的蒸气压曲线

### 2. 溶液的凝固点下降

溶液的凝固点是溶液与其固态纯溶剂具有相同蒸气压而能平衡共存的温度，通常是指溶液中纯固态溶剂开始析出时的温度。对于水溶液，凝固点就是指溶液中的水开始有冰析出时的温度。

溶液的凝固点下降是指在纯溶剂中加入难挥发性非电解质后，溶液的凝固点总是低于纯溶剂的凝固点。与稀溶液中沸点升高的原因相似，如图 2-2 所示，溶液和冰的蒸气压曲线只有在 0℃以下的某一温度时才能相交，即在 0℃以下才是溶液的凝固点。冰线和水线的交点（A 点）处，冰和水的饱和蒸气压相等。此点的温度 $T_f^\circ$ 为 273.15K，$p$=0.6105kPa，是水的凝固点。在此温度时，溶液饱和蒸气压低于冰的饱和蒸气压则冰融化，欲使冰与溶液共存必须降低体系的温度直至冰与溶液的蒸气压相等，只有降温到 $T_f$ 时，冰线和溶液线相交（A′点），溶液开始结冰，此时对应的温度即为溶液的凝固点，$T_f$<273.15K，所以溶液的凝固点比纯溶剂低。

### 3. 拉乌尔定律

拉乌尔定律：在一定温度下，难挥发性非电解质稀溶液的凝固点下降与溶液的质量摩尔浓度成正比。而与溶质的本性无关。

$$\Delta T_f = T_f^o - T_f = K_f b_B$$

式中，$K_f$ 为溶剂的凝固点下降系数，单位为 K·kg/mol，$K_f$ 的数值大小取决定于溶剂本性；$b_B$ 为溶质的质量摩尔浓度。表 2-5 是几种溶剂的凝固点 $T_f$ 和凝固点下降系数 $K_f$。

表 2-5 几种溶剂的 $T_f$ 和 $K_f$

| 溶　剂 | $T_f$/K | $K_f$/(K·kg/mol) |
|---|---|---|
| 水($H_2O$) | 273.15 | 1.86 |
| 苯($C_6H_6$) | 278.66 | 5.12 |
| 硝基苯($C_6H_5NO_2$) | 278.85 | 6.90 |
| 萘($C_{10}H_8$) | 353.35 | 6.80 |
| 醋酸($CH_3COOH$) | 289.75 | 3.90 |
| 环己烷($C_6H_{12}$) | 279.65 | 20.20 |

**【例 2-7】** 将 2.76g 甘油溶于 200g 水中，测得凝固点为−0.279℃，求甘油的摩尔质量。

**解** 甘油的质量摩尔浓度为：

$$b_B = \frac{2.76}{M \times 0.2}$$

$$\Delta T_f = K_f b_B = 1.86 \times \frac{2.76}{M \times 0.2}$$

$$M = \frac{1.86 \times 2.76}{0.279 \times 0.2} = 92(\text{g/mol})$$

答：甘油的摩尔质量是 92g/mol。

溶液凝固点下降的性质具有广泛的应用。例如，在冬天往汽车散热器的冷却水水箱里加入甘油或乙二醇，可防止水箱结冰损坏设备；冰雪天，向路面撒盐，防止路面结冰。现代科学研究表明，植物的抗旱性和抗寒性也与溶液蒸气压下降和凝固点下降有关。当植物所处的环境温度发生较大变化时，植物细胞中的有机体就会产生大量的可溶性的糖类来提高细胞液的浓度，细胞液浓度越大，其凝固点下降越大，使细胞液能在温度较低的环境中不结冻，表现出一定的抗寒能力。

## 四、溶液的渗透压

### 1. 半透膜和渗透现象

半透膜是只允许某些分子、离子、原子通过而不允许其他分子、离子、原子通过的薄膜。如水果皮、蔬菜皮、动物的皮肤、血管、膀胱、肠衣、完整的植物根茎等。

图 2-3 是中间装有半透膜的连通器，在膜两边分别放入纯水和蔗糖溶液，并使两边液面高度相等。经过一段时间以后，可以观察到纯水液面下降，而蔗糖溶液的液面上升。

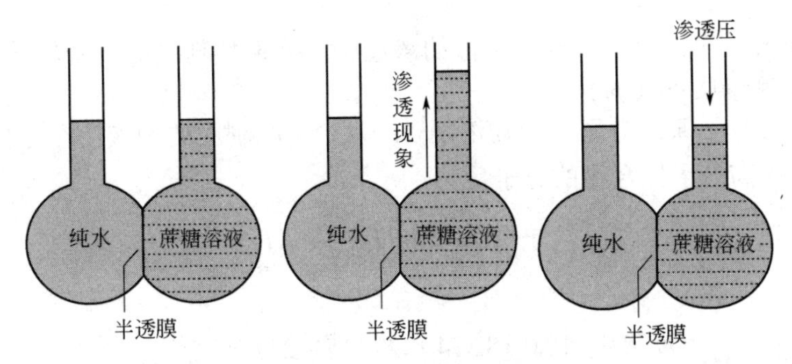


图 2-3 渗透压示意图

原因是水分子可以自由地穿过半透膜，水分子从纯水侧透过半透膜向糖水侧扩散，同时也有水分子从糖水侧向纯水侧扩散，由于糖水中水分子浓度较纯水低，使得单位时间内纯水中水分子透过半透膜进入糖水的速率大于糖水中水分子透过半透膜进入纯水的速率，故使糖水体积增大，液面升高。像这种溶剂分子通过半透膜单向扩散的现象称为渗透。随着糖水溶液液面的升高，液柱的静压力增大，使糖溶液中水分子通过半透膜的速率加快。当压力达到一定值时，单位时间内从两个相反方向通过半透膜的水分子数相等，此时达到渗透平衡，两侧液面不再发生变化。这样就在溶液与纯溶剂之间产生了一压力差 $\pi$，$\pi$ 的产生是由于溶剂的渗透造成的，所以称为渗透压。

渗透现象不仅可以在纯溶剂与溶液之间进行，也可以在两种不同浓度的溶液之间进行。溶剂（水）渗透的方向为：从稀溶液向浓溶液渗透。渗透作用发生的条件是必须有半透膜存在，而且半透膜两边溶液浓度不等。

## 2. 渗透压

渗透现象是由于半透膜两边的溶液单位体积内水分子数目不同而引起稀溶液溶剂分子渗透到浓溶液中的倾向。渗透压也就是阻止渗透作用进行时所需加给溶液的最小压力。

如果半透膜两侧溶液的浓度相等，则渗透压相等，这种溶液称为等渗溶液。如果半透膜两侧溶液的浓度不同，则渗透压就不相等，渗透压高的溶液称为高渗溶液，渗透压低的溶液称为低渗溶液。

如果外加在溶液上的压力超过了溶液的渗透压，则溶液中的溶剂分子可以通过半透膜向纯溶剂方向扩散，纯溶剂的液面上升，这一过程称为反渗透。反渗透原理在海水淡化、废水处理等方面有着广泛的应用。

## 3. 范特霍夫（van 't Hoff）定律

对难挥发非电解质稀溶液有：

$$\pi V=nRT$$

$$\pi=\frac{n}{V}RT=c_{B}RT$$

式中，$\pi$ 是溶液的渗透压，Pa；$c_B$ 是溶液的浓度，mol/L；$R$ 是气体常数，为 8.31kPa·L/(mol·K)；$T$ 是温度，K。

范特霍夫定律说明：在一定温度下，稀溶液的渗透压只决定于单位体积溶液中所含溶质粒子数，而与溶质的本性无关。因此，稀溶液的渗透压也具有依数性。

与凝固点下降、沸点上升一样，溶液的渗透压下降也是测定溶质摩尔质量的方法之一，而且特别适用于摩尔质量大的分子。

**【例 2-8】** 10.0g 某高分子化合物溶于 1L 水中所配制成的溶液，在 27℃时的渗透压为 0.432kPa，计算此高分子化合物的分子量。

$$\pi V = nRT = \frac{m_B}{M_B} RT$$

**解**

$$M_B = \frac{m_B RT}{\pi V} = \frac{10.0 \times 8.314 \times (273.15 + 27)}{0.432 \times 1.00} = 5.78 \times 10^4 \text{ (g/mol)}$$

答：此高分子化合物的分子量是 $5.78 \times 10^4$。

渗透作为一种自然现象，广泛地存在于动植物中。生物体中的细胞液和体液都是水溶液，它们具有一定的渗透压，而且生物体内的绝大部分膜都是半透膜，因此渗透压的大小与生物的生存与发展有着密切的关系。例如，将淡水鱼放入海水中，会因细胞大量失去水分而死亡；当给植物施肥过多，会造成植物细胞脱水而枯萎。由于人的血液的渗透压基本恒定，因此，给病人输液时，要求输液的渗透压必须与病人血液的渗透压相等，否则会使血管胀裂或堵塞，给生命带来危险。因此，在医药生产中等渗液的配制要求非常严格。

蒸气压下降，沸点上升，凝固点下降，渗透压都是难挥发的非电解质稀溶液的通性；它们只与溶剂的本性和溶液的浓度有关，而与溶质的本性无关。需要注意的是，稀溶液的依数性不适用于浓溶液和电解质溶液。

# 第三节　胶体

胶体是分散质颗粒直径在 1～100nm 之间的分散系。胶体分散系包括溶胶（胶体溶液）和高分子溶液。若分散质和分散剂组成的是有界面的非均相热力学不稳定体系叫疏水胶体（即溶胶），即通常所说的胶体溶液，如 $Fe(OH)_3$ 溶胶。若分散质和分散剂组成的是无界面的均相热力学稳定体系叫亲水胶体（即高分子溶液），如蛋白质溶液。胶体分散系的共同特征是扩散速率慢，能透过滤纸，不能透过半透膜。本节主要学习疏水胶体的有关知识。

## 一、胶体的性质

### 1. 吸附作用

由于胶体的微粒是由很多分子聚集而成的，具有一定的表面积，处于物质表面的分子由于剩余价力的存在，可以吸附周围介质中小的分子或离子。

吸附作用是在物质表面进行的也叫表面吸附。由于胶体的微粒具有较大的表面积，所以具有较强的吸附能力。

## 2. 溶胶的光学性质——丁达尔效应

1869 年，丁达尔（Tyndall）在研究胶体时，将一束光线照射到透明的溶胶上，在与光线垂直方向上观察到一条发亮的光柱。这一现象称为丁达尔效应，见图 2-4。由于丁达尔效应是胶体所特有的现象，因此，可以用来鉴别溶液与溶胶。丁达尔现象是胶体微粒对光的散射作用的宏观表现。如果物质的颗粒直径略小于入射光的波长，则发生光的散射作用而出现丁达尔现象。

## 3. 溶胶的动力学性质——布朗运动

溶胶粒子时刻处于无规则的运动状态，因而表现出扩散、沉降等与胶粒大小及形状等属性有关的运动特性，称为溶胶的动力学性质。

1827 年植物学家布朗（Brown）用显微镜观察到悬浮在液面上的花粉粒子不断地做无规则的运动，人们称微粒的这种不规则热运动为布朗运动，见图 2-5。溶胶的胶粒，在介质中不停地做不定向的、无规则的运动现象，称为布朗运动。胶粒处于不停的无秩序运动状态，其运动方向和运动速度随时会发生改变，从而使胶体微粒聚集变难，这是胶体稳定的原因之一。

图 2-4 丁达尔效应示意图

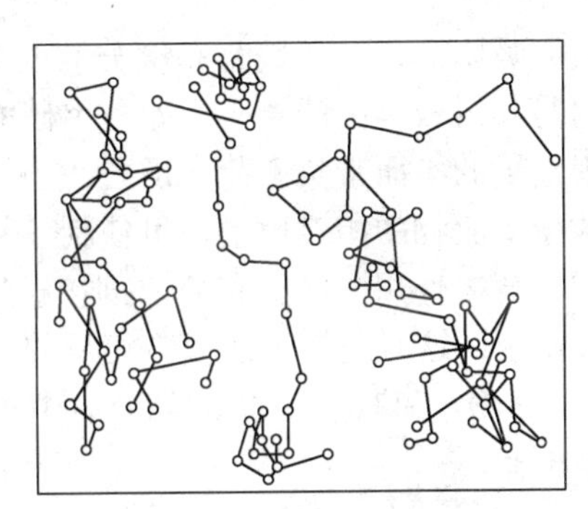

图 2-5 布朗运动示意图

## 4. 溶胶的电学性质——电泳

如图 2-6 所示，在 U 形管中注入棕红色的 $Fe(OH)_3$ 溶胶，小心地在 $Fe(OH)_3$ 溶胶上面注入适量的 NaCl 溶液。然后分别插入电极，接通直流电源，一段时间后，可以看到负极一端的棕红色界面上升，正极一端的棕红色界面下降。实验结果表明，$Fe(OH)_3$ 溶胶的胶粒带正电，在电场中向阴极移动。

在外加电场的作用下，分散质颗粒在分散剂中的定向移动叫做电泳。溶胶向阳极迁移，胶粒带负电，称为负溶胶；溶胶向阴极迁移，胶粒带正电，称为正溶胶。根据溶胶在电场中的移动方向可以判断胶粒的电性。大多数金属氢氧化物是正溶胶；大多数金属硫化物、非金属氧化物、硅胶等是负溶胶。

## 5. 渗析作用

如图 2-7 所示，把混有离子或分子杂质的胶体装入半透膜袋，并把半透膜袋放在溶剂中，使得离子或分子从胶体溶液里分离出来的操作叫做渗析。应用渗析的方法可提纯和分离胶体。

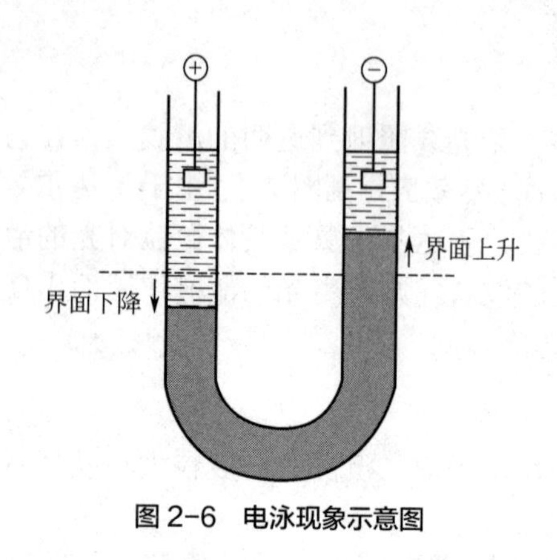

图 2-6 电泳现象示意图

图 2-7 渗析作用示意图

## 二、胶体的结构

从溶胶的电学性质可知胶粒是带电的。

### 1. 胶粒带电的原因

（1）吸附作用 溶胶是高度分散的多相体系，分散质具有较大的表面积，通常会选择性地吸附与其组成有关的离子。如利用硝酸银和碘化钾制备碘化银溶胶，当 KI 过量时，AgI 胶核吸附过量的 $I^-$ 而带负电荷；反之，当 $AgNO_3$ 过量时，AgI 胶核则吸附过量的 $Ag^+$ 而带正电荷。改变反应物的相对用量，可使制备的碘化银胶粒带有不同符号的电荷。

（2）解离作用 胶核和分散剂接触后，胶核表面上的分子会解离，解离后的一种离子扩散到介质中，这时胶核表面便带相反的电荷。例如，硅酸胶核表面的 $H_2SiO_3$ 分子可以解离成 $HSiO_3^-$、$SiO_3^{2-}$ 和 $H^+$，$H^+$ 扩散到介质中去，而 $HSiO_3^-$ 和 $SiO_3^{2-}$ 则留在胶核表面，结果使硅酸胶粒带负电荷。

### 2. 胶体的双电层结构

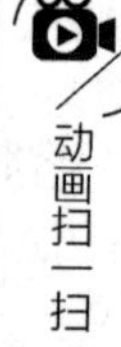

胶体的双电层结构

根据大量的实验事实，斯特恩（Stern）提出了溶胶的双电层结构。下面以 AgI 溶胶为例说明溶胶的双电层结构。AgI 溶胶可用 $AgNO_3$ 和 KI 反应的方法来制备。

$$AgNO_3 + KI \longrightarrow KNO_3 + AgI$$

首先是大量的 AgI 分子聚集成直径为 1～100nm 的固体粒子，它是溶胶粒子的核心，称为胶核。胶核本身不带电，由于是大量分子的聚集体，因此具有较大的表面积，优先吸附溶液中与其组成有关的离子。如果制备时所用的 $AgNO_3$ 过量，胶核将优先吸附溶液中过量的 $Ag^+$ 而带正电。这种首先被胶核所吸附的离子称为电位离子（或定位离子）。胶核吸附电位离子后成为带电粒子，通过静电作用吸引溶液中带相反电性的离子。溶液中与电位离子带相反电性的离子称为反离子（或称补偿离子）。$AgNO_3$ 过量时反离子是 $NO_3^-$，溶液中的反离子，因电位离子的静电引力有靠近胶核表面的趋势，同时因离子的扩散运动又有远离胶核表面的趋势。结果，一部分反离子受电位离子的静电引力作用较强被束缚在胶核表面，与电位离子一起形成吸附层；另一部分反离子以扩散作用为主，分布在吸附层周围形成扩散层。胶核与吸附层中的电位离子和反离子一起构成胶粒。胶粒和扩散层中的反离子一起组成胶团。由于胶粒所带的电荷数与扩散层中反离子所带的电荷总数相等，且电性相反，因此，胶团是电中性的。在电场中，胶粒能够定向移动，是独立运动的单位。

$AgNO_3$ 过量时，制得的 AgI 胶团结构可用下式表示：

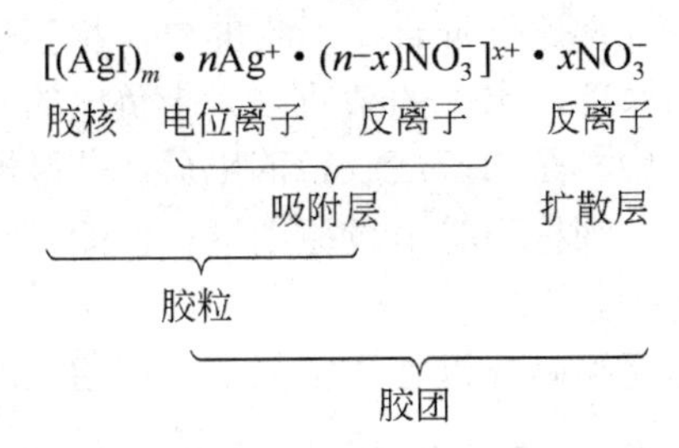


AgI 胶团结构示意图见图 2-8。

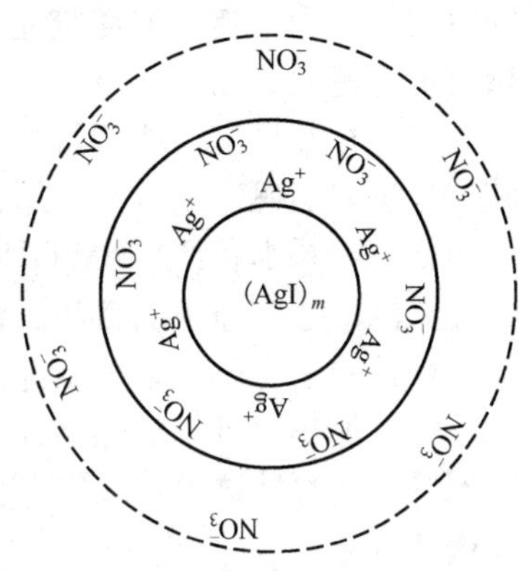

图 2-8　AgI 胶团结构示意图

又如，在氢氧化铁溶胶中，由多个 $Fe(OH)_3$ 分子聚集成胶核，胶核选择性地吸附电位离子 $FeO^+$和部分反离子 $Cl^-$，组成带正电的胶粒；胶粒和扩散层中的反离子 $Cl^-$组成胶团。氢氧化铁溶胶的胶团结构，可用下式表示：

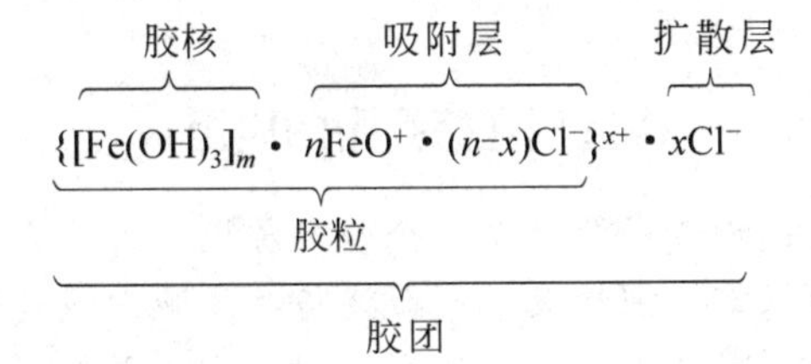


## 三、溶胶的稳定性和聚沉

### 1. 溶胶的稳定性

在外界条件不变的情况下，胶体溶液能够稳定存在。溶胶能够保持相对稳定的主要原因是胶粒带电、水化膜的保护作用和布朗运动。

（1）聚集稳定性（胶粒带电）　在同一胶体溶液里，胶粒只吸附同种电位离子而带上相同的电荷，同种胶粒之间相互排斥因而不易聚集，故胶体具有聚集稳定性。

（2）溶剂化作用（水化膜的保护作用）　胶粒带电并形成双电层，而双电层中的离子由于溶剂化作用形成水化膜，水化膜的存在可阻止溶胶粒子在热运动过程中近距离碰撞，使胶体具有一定的稳定性。

（3）动力学稳定性（布朗运动）　胶体微粒不停地做布朗运动，从而克服重力引起的沉降作用，使得胶体具有动力学稳定性。

### 2. 溶胶的聚沉

胶体溶液的稳定性是相对的，当外界条件改变时，如削弱或消除溶胶稳定的因素，胶粒就会聚集成较大的颗粒而沉降，胶体从分散剂中沉淀析出的现象称为胶体的聚沉。

（1）电解质聚沉　向溶胶中加入少量强电解质，使胶粒所带的电荷数减少甚至消除，使胶粒间的斥力减小，扩散层和水化膜随之变薄或消失，胶粒就会聚沉。例如，向 $Fe(OH)_3$ 溶胶中加入少量的饱和 $(NH_4)_2SO_4$ 溶液，立即析出氢氧化铁沉淀。

电解质对溶胶的聚沉作用主要是与胶粒所带电荷相反的离子，一般情况下，离子电荷越高，对溶胶的聚沉作用越大。电解质的聚沉能力通常用聚沉值的大小来衡量。聚沉值是指一定时间内，使一定量的溶胶完全聚沉所需要的电解质的最低浓度。电解质聚沉值越小，则其聚沉能力越大。

（2）相互聚沉 两种带相反电荷的溶胶按一定比例混合，所带的电荷相互抵消，引起溶胶的聚沉。明矾净水就是利用溶胶相互聚沉的原理，水中的杂质多为带负电的硅酸胶粒，加入明矾后，其水解产物 $Al(OH)_3$ 胶料带正电，中和杂质硅酸胶粒的电荷，并减薄水膜，胶体相互聚沉，达到净水的目的。溶胶的相互聚沉必须按照等电量原则进行，即两种互聚的溶胶离子所带的总电荷数必须相等，否则溶胶聚沉不完全。

（3）加热聚沉 加热增加了胶粒的运动速度和碰撞机会，削弱了胶粒的吸附作用和溶剂化程度，使胶体解吸附发生聚沉。如：长时间加热 $Fe(OH)_3$ 溶胶时，胶体就发生凝聚而出现红褐色沉淀。

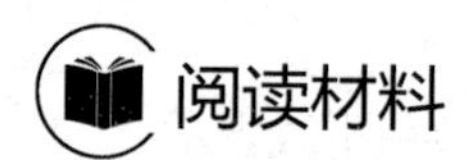


## 渗透压在医疗中的应用

临床给病人大量补液时，用等渗溶液是一个基本原则，即将药物溶于生理盐水或 50g/L 的葡萄糖溶液中使用，因为正常生理情况下，血浆与红细胞内液是等渗的，这对维持红细胞的正常形态和功能非常重要［图 2-9(a)］；静脉补液时，若大量输入低渗溶液，可使血浆浓度降低，血浆的渗透压随之降低，血浆中的水分子便透过细胞膜进入红细胞［图 2-9(b)］，最后导致溶血反应而可能会危及病人的生命；若大量输入高渗溶液，使血浆的渗透压高于红细胞内液的渗透压，红细胞内水分子透过细胞膜进入血浆，致使细胞皱缩［图 2-9(c)］而不能发挥正常的生理功能。

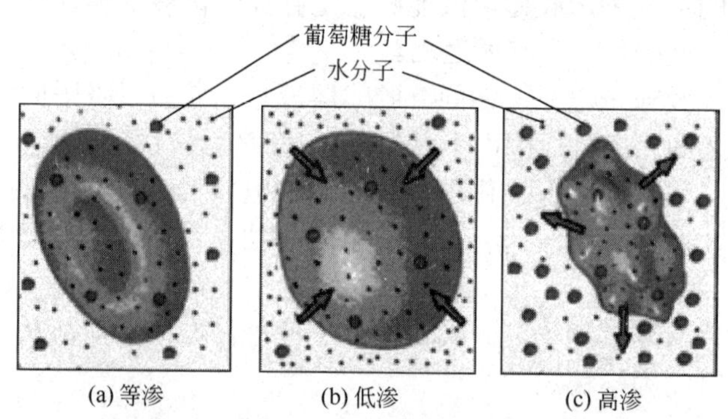


图 2-9 红细胞在等渗溶液、低渗溶液、高渗溶液形态变化示意图

医疗实践中，溶液的等渗、低渗或高渗是以血浆总渗透压为标准参照的。根据血浆中渗透活性物质的浓度，可知正常人血浆总渗透浓度为 303.7mmol/L，临床上规定血浆总渗透浓度正常范围是 280~320mmol/L。故临床上称渗透浓度在 280~320mmol/L 的溶液为等渗溶液；渗透浓度小于 280mmol/L 的溶液为低渗溶液；渗透浓度大于 320mmol/L 的溶液为高渗溶液。

常用的等渗溶液有：9g/L 生理盐水，渗透浓度为 308mmol/L；50g/L 葡萄糖溶液，渗透浓度为 278mmol/L；12.5g/L 碳酸氢钠溶液，渗透浓度为 298mmol/L。

医疗实践中，有时急需注射高渗溶液时，用量要小，速度要慢，使高渗溶液进入到人体时被适时稀释成等渗溶液，否则易造成局部高渗而引起红细胞皱缩。

常用的高渗溶液有：30g/L NaCl 溶液，渗透浓度为 1026mmol/L；50g/L 葡萄糖氯化钠溶液（生理盐水中含 50g/L 葡萄糖），渗透浓度应为 308+278=586mmol/L，其中生理盐水维持渗透压，葡萄糖则供给热量和水；500g/L 葡萄糖溶液，渗透浓度为 2780mmol/L。

## 习题

### 一、填空题

1. 物质的量浓度的数学表达式为________，常用的单位为________。质量浓度的符号为________，常用单位是________；若某患者补充 4.5g NaCl，需要 9g/L NaCl 溶液（生理盐水）________mL。

2. 用半透膜将浓度不同的两种溶液隔开，水分子的渗透方向是________。

3. 质量浓度相同的葡萄糖（$C_6H_{12}O_6$）、蔗糖（$C_{12}H_{22}O_{11}$）和 NaCl 溶液，在降温过程中，最先结冰的是________，最后结冰的是________。

4. 稀溶液的依数性包括________、________、________和________。

5. 溶液中的溶剂分子可以通过半透膜向纯溶剂方向扩散，这一过程称为________。利用这个原理可使海水________。

6. 溶胶具有相对稳定性是由________、________和________决定的。

7. Tyndall 现象可用来________溶液和胶体，电泳现象可用来判断胶粒的________。胶体具有________结构。

### 二、是非题

1. 液体的蒸气压与液体的体积有关，液体的体积越大，其蒸气压就越大。（　　）

2. 通常所说的沸点是指液体的蒸气压等于 101.325kPa 时的温度。（　　）

3. 一块冰放入 0℃的水中，另一块冰放入 0℃的盐水中，两种情况下发生的现象一样。（　　）

4. 难挥发非电解质的水溶液在沸腾时，溶液的沸点逐渐升高。（　　）

5. 当渗透达到平衡时，半透膜两侧溶液的渗透浓度一定相等。（　　）

6. 若两种溶液的渗透压力相等，其物质的量浓度也相等。（　　）

7. 胶体分散系不一定都是多相系统。（　　）

8. 由于乙醇比水易挥发，因此在室温下，乙醇的蒸气压大于水的蒸气压。（　　）

### 三、问答题

1. 为什么稀溶液定律不适用于浓溶液和电解质溶液？

2. 某学生用容量瓶配制溶液时，加蒸馏水超过了标线，于是就倒出一些，重新加水至标线。你认为该同学的做法对吗？会对实验造成什么样的结果？

3. 什么是分散体系？分散系可以分为哪几类？胶体溶液和真溶液有什么区别？

4. 解释下列现象：

（1）明矾为什么能净水？

（2）江河入海口为什么常常形成三角洲？

（3）为什么海水鱼不能生活在淡水中？

## 四、计算题

1. 将 7.00g 结晶草酸（$H_2C_2O_4 \cdot 2H_2O$）溶于 93.0g 水，所得溶液的密度为 1.025g/mL。求溶液（1）质量分数；（2）物质的量浓度；（3）质量摩尔浓度；（4）摩尔分数。

2. 35.0%$HClO_4$ 水溶液的密度为 1.25g/$cm^3$，已知 $HClO_4$ 的摩尔质量为 100.4g/mol。求其物质的量浓度和质量摩尔浓度。

3. 100mL NaCl 注射液中含 0.90NaCl，计算该溶液的质量浓度和物质的量浓度。

4. 将 4.60g 甘油（$C_3H_8O_3$，$M$=92.0g/mol）溶于 200g 水中，已知水的沸点升高系数 $k_b$=0.512K·kg/mol，试计算此甘油溶液的沸点。

5. 在严寒的季节里，为了防止仪器中的水结冰，欲使其凝固点下降到−3.00℃，试问在 1000g 水中应加甘油（$C_3H_8O_3$）多少克？

6. 在 1L 溶液中含有 5.0g 血红素，298K 时测得该溶液的渗透压为 182Pa，求血红素的平均摩尔质量。

7. 将 10mL0.002mol/L $AgNO_3$ 溶液和 100mL 0.0005mol/L NaCl 溶液混合制备 AgCl 溶胶。写出该溶胶的胶团结构，并指出胶粒的电泳方向。

8. 相同浓度的 NaCl、$MgCl_2$、$AlCl_3$ 溶液对同一溶液的聚沉力依次增强，试判断该溶胶胶粒的电泳方向。

# 第三章　化学反应速率和化学平衡

## 思维导图

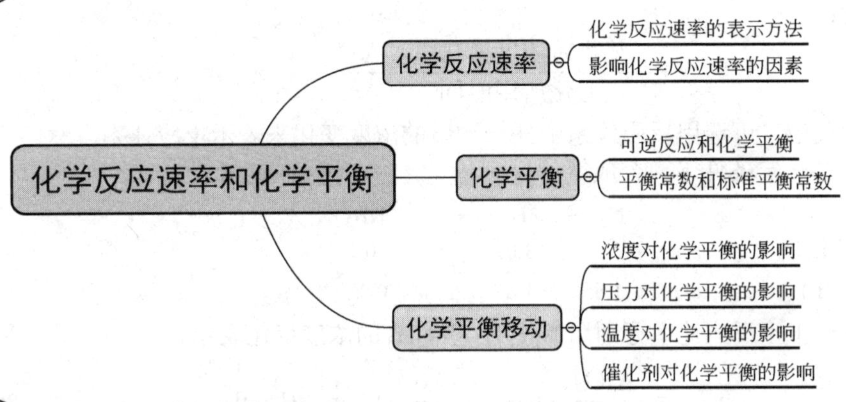


## 知识与技能目标

1. 理解化学反应速率、可逆反应、化学平衡、平衡常数等概念。
2. 掌握化学平衡、平衡常数的表达式书写、平衡常数的意义。
3. 理解影响化学平衡的外在因素。
4. 掌握化学反应速率、平衡常数相关计算。
5. 能应用相关原理分析浓度、温度、压力对化学平衡的影响。
6. 能用化学平衡理论解释生产、生活中的一些现象。

## 素质目标

培养学生理解量变引起质变的自然规律的能力，学会用平衡的观点动态地观察世界。

## 第一节　化学反应速率

化学反应进行得有快有慢，有些反应进行得很快，例如炸药爆炸、照相底片感光、酸碱中和反应等瞬时就能完成；有些反应却进行得慢，例如铁的生锈、塑料的老化、化肥失效、食品的变质和钟乳石的形成等需要较长时间才能完成。

## 一、化学反应速率的表示方法

化学反应速率是衡量化学反应快慢的物理量。一定条件下进行的化学反应，通常以单位时间内反应物或生成物浓度变化量的绝对值表示该化学反应的反应速率。浓度单位一般用 mol/L 表示，时间单位根据反应进行的快慢选用秒（s）、分（min）或小时（h）来表示，则化学反应速率的单位就为 mol/(L・s)、mol/(L・min)或 mol/(L・h)。选用不同的物质计算反应速率时，要在反应速率（$v$）的符号后括号内注明所选物质，例如 $v$(D)或 $v$(H)。化学反应速率的计算式可表示为：

$$v=\frac{\text{某物质浓度变化量}}{\text{变化所用时间}}=\frac{\Delta c}{\Delta t}$$

对于同一化学反应，可选用反应体系中任一物质的浓度变化来表示反应速率。

【例 3-1】 在某一定条件下，合成氨的反应：

| | $N_2$ | + | $3H_2$ | ⇌ | $2NH_3$ |
|---|---|---|---|---|---|
| 初始浓度/(mol/L) | 2.0 | | 3.0 | | 0 |
| 2s 末浓度/(mol/L) | 1.6 | | 1.8 | | 0.8 |

此反应在该条件下，反应速率分别用 $N_2$、$H_2$ 和 $NH_3$ 的浓度变化表示。

$$v_{(N_2)}=-\frac{\Delta c(N_2)}{\Delta t}=-\frac{1.6-2.0}{2}=0.2[\text{mol/(L·s)}]$$

$$v_{(H_2)}=-\frac{\Delta c(H_2)}{\Delta t}=-\frac{1.8-3.0}{2}=0.6[\text{mol/(L·s)}]$$

$$v_{(NH_3)}=\frac{\Delta c(NH_3)}{\Delta t}=\frac{0.8-0}{2}=0.4[\text{mol/(L·s)}]$$

上述计算结果表明，同一化学反应的反应速率，当选用不同物质的浓度变化表示反应速率时，其数值可能不同，但存在一定的比例关系，其数值与反应方程式中相应物质分子式前的系数比相一致，即 $v_{(H_2)}:v_{(N_2)}:v_{(NH_3)}=3:1:2$。因而它们所代表的都是同一反应的反应速率，实际工作中通常选择浓度变化量容易测定的物质作为计算依据。

化学反应实际进行过程中，反应物浓度的减少或生成物浓度的增加在不同时刻都不相同。即化学反应过程中，反应物的浓度和生成物的浓度都在不断地改变，反应速率也在不断地改变。为了了解反应进行的实际情况，常常采用瞬时速率和平均速率两种方法来表示。

## 二、影响化学反应速率的因素

影响化学反应速率的因素有内因和外因。例如氢气与氟气在低温、黑暗处就能迅速化合，发生猛烈爆炸。而在同样条件下，氢气与氯气反应就非常缓慢。这种反应速率的差别，是由反应物本身结构和性质即内因的不同所造成的。内因是决定化学反应速率的主要因素。此外，化学反应速率还受外界条件的影响。例如氢气与氯气，用强光照射或点燃时，就能迅速化合。影响化学反应速率的因素很多，对均相体系来说，主要有浓度、温度、压力和催化剂等。

1. 浓度对化学反应速率的影响

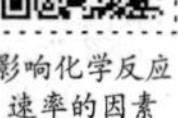


大量实验事实表明，在一定温度下，增大反应物的浓度，会加快其化学反应速率。例如，硫、磷等在纯氧中燃烧比在空气中燃烧剧烈得多，这是因为纯氧中氧气的浓度比空气中氧气浓度大的缘故。相反，若减小反应物的浓度，会减慢化学反应速率，这说明反应物浓度对化学反应速率有较大的影响。结论：当其他条件不变时，增大反应物的浓度，反应速率加快；减小反应物的浓度，反应速率减慢。

人们在长期的生产和科学实验中发现，对于一步完成的简单反应，有如下规律：在一定条件下，化学反应速率同反应物浓度方次的乘积成正比。这个规律称质量作用定律。

## 知识探究

质量作用定律由挪威化学家G.M.古德贝格和P.瓦格1867年提出，定义是：化学反应速率与反应物的有效质量成正比，其中的有效质量实际是指浓度。近代实验证明，质量作用定律只适用于基元反应，因此该定律可以更严格完整地表述为：基元反应的反应速率与各反应物的浓度的幂的乘积成正比。

对于一步完成的简单反应： $mA + nB \longrightarrow C$

质量作用定律的数学表达式： $v = k c_A^m c_B^n$

质量作用定律表达式中浓度的方次，等于反应式中各反应物的系数。

其中，$v$为反应速率；$c_A$、$c_B$分别表示反应物A和B的浓度（mol/L）；$k$是反应速率常数。在给定条件下，当反应物浓度都是1mol/L时，$v=k$，即速率常数在数值上等于单位浓度时的反应速率。$k$与温度有关，但不随浓度而变化。对于同一反应，在一定条件（如温度、催化剂）下，$k$是一个定值。不同的反应，$k$值不同，$k$值越大，反应速率越快，反之，则越慢。

在质量作用定律数学表达式中，不包括固态和纯液态反应物。例如：

$$C(s) + O_2 \longrightarrow CO_2$$

$$v = kc(O_2)$$

对于分几步完成的总反应，质量作用定律只适用于其中每一步反应，不适用于总反应。

2. 温度对化学反应速率的影响

我们在实验室里，常常通过加热来加快化学反应速率。1884年荷兰科学家范特荷夫在大量实验数据的基础上又归纳总结出一条更为直观的经验规则：在其他条件不变的情况下，化学反应的温度每升高10℃，大多数化学反应的反应速率约增加到原来的2～4倍。

温度与化学反应速率的关系，已被人们广泛应用于实践，通过对反应的温度调节已达到有效地控制反应速率的目的。例如：对容易发生变质的药物和食品在储藏中，通常保存在冰箱中或阴冷处；药物生产企业测定药物有效期时，往往常温下由于反应较慢，留样监测费时费事，通常采用加热的方法加快其反应速率，利用阿伦尼乌斯经验公式可求得其常温下的反应速率。

3. 压力对化学反应速率的影响

有气体参与的化学反应，压力的改变会影响到反应的速率。具体来讲，一定的温度下某一化学反应，压力的改变对固体和液体物质的体积影响很小，可以忽略不计，但对气体体积的影响却很大。

在保持温度不变的情况下，增大压力，等于减小气体的体积，增大了气体物质的浓度，加快反应速率；相反，减小压力，气体的体积增大，气体物质的浓度减小，反应速率减慢。所以，压力对化学反应速率的影响，从本质上讲，与浓度对化学反应速率的影响相同。

4. 催化剂对化学反应速率的影响

能改变化学反应速率而自身的质量、组成和化学性质在反应前后均不发生改变的物质，称为催化剂。催化剂改变化学反应速率的作用称为催化作用。能加快反应速率的催化作用称为正催化；能减慢反应速率的催化作用称为负催化，或叫抑制作用。

催化剂改变化学反应速率是因为改变了化学反应的历程。

5. 其他因素对化学反应速率的影响

如反应物颗粒的大小、溶剂的性质、光、超声波、磁场等都对化学反应速率有影响。

在其他条件相同时，固体颗粒越小，反应物的表面积越大，化学反应速率越快，固体颗粒越小，固体反应物的表面积越小，化学反应速率降低。

溶剂对化学反应速率的影响是个复杂的问题。其介电常数、极性、离子强度都对化学反应速率有影响。

光照一般会增大某些化学反应速率。

## 第二节 化学平衡

### 一、可逆反应和化学平衡

1. 可逆反应

化学反应可分为可逆反应和不可逆反应。不可逆反应是在一定条件下，向一个方向几乎能进行完全的反应。如实验室用 $MnO_2$ 作催化剂使 $KClO_3$ 分解制备 $O_2$。实际上，不可逆反应是很少的，大多数化学反应都是可逆反应。在同一条件下，既能向正反应方向进行，同时又能向逆反应方向进行的化学反应称为可逆反应。例如 $H_2$ 与 $N_2$ 在催化剂作用下可以生成 $NH_3$，同时，$NH_3$ 又分解为 $H_2$ 和 $N_2$，无论经过多长时间，只要外界条件不变，$H_2$ 与 $N_2$ 不可能完全转化为 $NH_3$。其反应方程式可表示为：

$$3H_2(g) + N_2(g) \rightleftharpoons 2NH_3(g)$$

通常把根据化学反应方程式从左向右进行的反应叫正反应，从右向左进行的反应叫逆反应。用两个相反的箭头“$\rightleftharpoons$”表示可逆反应。可逆反应的特点是：反应不能进行到底，即在密闭的容器中，反应物不能全部转化为生成物；不管反应进行多久，密闭容器中的反应物和生成物总是同时存在。

2. 化学平衡

在一定条件下，将一定量的氢气和氮气放入一密闭容器中，使其发生合成氨气的反应，即：

$$3H_2(g) + N_2(g) \rightleftharpoons 2NH_3(g)$$

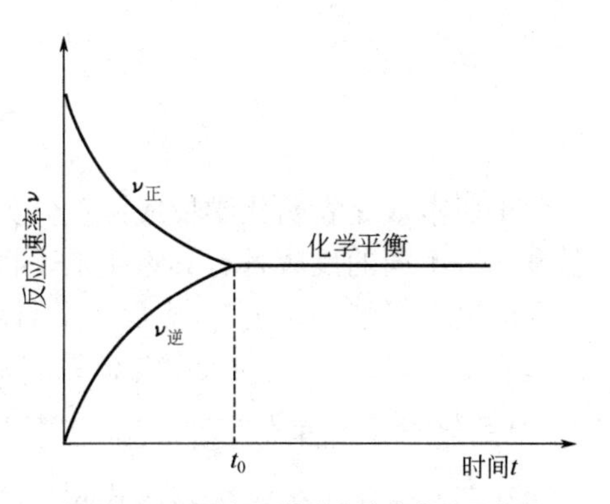

图 3-1 正反应和逆反应速率变化示意图

当反应刚开始的瞬间，容器中只有氢气和氮气，这时它们的浓度此时最大，氨气的浓度为零，所以容器中只发生合成氨气的反应，即正反应速率最大，逆反应的速率为零。随着反应的不断进行，氢气和氮气的浓度逐渐减小，氨气的浓度逐渐增大。因此，正反应的速率逐渐降低，逆反应速率逐渐加快。随着反应的不断进行，当到达时间 $t_0$ 时，反应进行到一定程度，此时，正反应速率等于逆反应速率，即 $v_正=v_逆$，这时单位时间内正反应消耗氢气和氮气的分子数等于逆反应氨气分解生成氢气和氮气的分子数，容器中反应物 $N_2(g)$ 和 $H_2(g)$ 及生成物 $NH_3(g)$ 的浓度已不再随时间而改变，反应进行到了最大限度。反应过程中正反应和逆反应速率随时间的变化，如图 3-1 所示。化学上，把在一定条件下，可逆反应的正反应速率等于逆反应速率，反应物和生成物的浓度已不再随时间的变化而变化，此时体系所处的状态叫做化学平衡状态。

化学平衡的主要特征是：当反应体系处于平衡状态时，从宏观上看表现为静止状态，但实际上反应仍在进行，只不过是正反应速率与逆反应速率相等，各物质的浓度保持不变。因而，化学平衡是一种动态平衡。化学平衡是有条件的、暂时和相对的平衡，一旦平衡所处的条件被打破，化学平衡将会随之被破坏而发生平衡的移动，反应的限度也将随之发生变化。

## 二、平衡常数和标准平衡常数

### 1. 平衡常数

对于任一可逆反应，不论反应的初始浓度（或分压）如何，也不管反应是从正反应还是从逆反应方向开始，最后都能建立化学平衡。平衡时，反应物和生成物的浓度（或分压）都相对稳定，这时反应物和生成物的浓度之间存在着一定的关系。

对于任一可逆反应

$$a\text{A} + b\text{B} \rightleftharpoons d\text{D} + e\text{E}$$

研究结果表明，不管反应始态如何，在一定温度下达平衡时，体系中各物质的浓度间有如下的关系：

$$K_c=\frac{c^d(\text{D})\ c^e(\text{E})}{c^a(\text{A})\ c^b(\text{B})}$$

式中，$K_c$ 称化学平衡常数，它表示在一定温度下，可逆反应达到平衡时，生成物的浓度以反应方程式中计量数为指数的幂的乘积与反应物的浓度以反应方程式中计量数为指数的幂的乘积之比值为一常数。

从上式可以看出，平衡常数 $K_c$ 一般是有量纲的量，只有平衡常数表达式中，反应物的计量数之和与生成物的计量数之和相等时，$K_c$ 才是无量纲的量。

上式中的平衡常数 $K_c$ 由平衡浓度算得，这种平衡常数又称为浓度平衡常数。如果化学反应是气相反应，平衡常数也可以用平衡时各气体的分压表示，称为压力平衡常数，用 $K_p$ 表示。例如反应：

$$aA(g) + bB(g) \rightleftharpoons dD(g) + eE(g)$$

$$K_p = \frac{p^d(D)\ p^e(E)}{p^a(A)\ p^b(B)}$$

平衡常数是表明化学反应限度（亦即反应可能完成的最大程度）的一种特征值。在一定温度下，不同的反应各有其特定的平衡常数。平衡常数越大，表示正反应进行得越完全（即逆反应进行得越不完全）；相反，平衡常数越小，表示正反应进行得越不完全（即逆反应进行得越完全）。平衡常数的大小与体系本身的性质有关，也受温度的影响，但与物质的浓度无关。

## 2. 书写化学平衡常数表达式的注意事项

在书写化学平衡常数表达式时，应注意以下几点。

（1）一定温度下，对于同一反应的化学平衡常数表达式和平衡常数的数值取决于反应方程式的书写形式，反应方程式不同，平衡常数也不相同。例如，合成氨反应方程式表达为：$N_2(g)+3H_2(g) \rightleftharpoons 2NH_3(g)$ 时，平衡常数表达式为：

$$K_c = \frac{c^2(NH_3)}{c(N_2)c^3(H_2)}$$

合成氨反应方程式表达为：$\frac{1}{2}N_2(g)+\frac{3}{2}H_2(g) \rightleftharpoons NH_3(g)$ 时，平衡常数表达式则为：

$$K'_c = \frac{c(NH_3)}{c^{1/2}(N_2)c^{3/2}(H_2)}$$

对于反应：$2NH_3(g) \rightleftharpoons N_2(g)+3H_2(g)$ 来说，则其平衡常数为：

$$K''_c = \frac{c(N_2)c^3(H_2)}{c^2(NH_3)} = \frac{1}{K_c}$$

（2）有固体或纯液体参加的反应，固体或纯液体的浓度不必写入平衡常数表达式。

例如，下列反应：$C(s)+O_2(g) \rightleftharpoons CO_2(g)$ 的平衡常数表达式为：

$$K_c = \frac{c(CO_2)}{c(O_2)}$$

（3）稀溶液中进行的反应，如反应中有水参与，水的浓度看作常数，不必写入平衡常数表达式。

（4）若某个反应是两个或几个反应的总结果，则该反应的平衡常数等于各分步反应的平衡常数的乘积。

## *3. 标准平衡常数

化学反应达到平衡时，体系中各物质的浓度不再随时间而改变，我们称这时的浓度为平衡浓度，若把浓度除以标准态浓度，即除以 $c^\ominus$ (1mol/L) 则得到一个比值即平衡浓度是标准浓度的倍数，称为平衡时的相对浓度。化学反应达到平衡时，各物质的相对浓度也不再变化。如果是气相反应，将平衡分压除以标准压力 $p^\ominus$ (101.1kPa)，则得到相对分压。相对浓度和相对分压的量纲都是 1。

可逆的化学反应进行到一定程度，达到动态平衡，则：

$$aA(g) + bB(g) \rightleftharpoons dD(g) + eE(g)$$

平衡时 A、B、C、D 各物质的相对浓度分别表示为：

$c(\mathrm{A})/c^{\ominus}$、$c(\mathrm{B})/c^{\ominus}$、$c(\mathrm{D})/c^{\ominus}$、$c(\mathrm{E})/c^{\ominus}$，其标准平衡常数 $K_c^{\ominus}$ 可以表示为：

$$K_c^{\ominus}=\frac{\left[c(\mathrm{D})/c^{\ominus}\right]\left[c(\mathrm{E})/c^{\ominus}\right]}{\left[c(\mathrm{A})/c^{\ominus}\right]\left[c(\mathrm{B})/c^{\ominus}\right]}$$

气相反应：

$$a\mathrm{A(g)}+b\mathrm{B(g)} \rightleftharpoons d\mathrm{D(g)}+e\mathrm{E(g)}$$

平衡时 A、B、C、D 各物质的相对分压分别表示为：

$p(\mathrm{A})/p^{\ominus}$、$p(\mathrm{B})/p^{\ominus}$、$p(\mathrm{D})/p^{\ominus}$、$p(\mathrm{E})/p^{\ominus}$，其标准平衡常数 $K_p^{\ominus}$ 可以表示为：

$$K_p^{\ominus}=\frac{\left[p(\mathrm{D})/p^{\ominus}\right]\left[p(\mathrm{E})/p^{\ominus}\right]}{\left[p(\mathrm{A})/p^{\ominus}\right]\left[p(\mathrm{B})/p^{\ominus}\right]}$$

对于复相反应，纯固体、纯液体、稀溶液中大量存在水，其相对浓度不写入标准平衡常数表达式中。

不论是溶液中的反应、气相反应还是复相反应，标准平衡常数 $K_p^{\ominus}$ 量纲都是 1。

### 4. 平衡常数的意义

（1）平衡常数的大小可以衡量反应进行的程度。

平衡常数是某一可逆反应的特征常数，是一定条件下可逆反应进行的程度的标度。一般来说，$K$ 值越大，反应向正方向进行的程度越大，正反应进行得越完全，反之亦然。

（2）由平衡常数可以判断反应是否处于平衡状态及非平衡状态时反应进行的方向。

对于任一可逆反应：

$$a\mathrm{A(g)}+b\mathrm{B(g)} \rightleftharpoons d\mathrm{D(g)}+e\mathrm{E(g)}$$

此时系统是否处于平衡状态？如果处于非平衡状态，则反应进行的方向如何？为了解决这些问题，引入浓度商 $Q$ 的概念。在一定条件下，对于任一可逆反应，将其各物质的浓度或分压按平衡常数的表达式列出，即得浓度商 $Q$，其表达式为：

$$Q=\frac{c^d(\mathrm{D})c^e(\mathrm{E})}{c^a(\mathrm{A})c^b(\mathrm{B})} \quad 或 \quad Q=\frac{[p(\mathrm{D})]^d[p(\mathrm{E})]^e}{[p(\mathrm{A})]^a[p(\mathrm{B})]^b}$$

必须指出的是，$Q$ 和 $K$ 的表达式的形式虽然相同，但两者的概念是不同的。$Q$ 表达式中各物质的浓度（分压）是任意状态下的浓度（分压），其商值是任意的；而 $K$ 表达式中各物质的浓度（分压）是平衡状态下的浓度（分压），其商值在一定温度下是一常数。

有了浓度商和平衡常数的概念，可以得出确定一个可逆反应进行的方向和限度的判据：

① $Q<K$，系统处于不平衡状态，反应向正反应方向进行；

② $Q=K$，反应达平衡状态（即反应进行到最大限度）；

③ $Q>K$，系统处于不平衡状态，反应向逆反应方向进行。

通过 $Q$ 与 $K$ 之间的比较即可判断反应进行的方向。

## 第三节　化学平衡移动

化学平衡是相对的、暂时的、有条件的平衡，一旦外界条件如浓度、压力和温度等发生改变时，化学平衡就会被破坏，系统中各物质的浓度也将随之发生改变，可逆反应从暂时的平衡变为不平衡，直到在新条件下建立新的平衡为止。在新的平衡状态，系统中各物质的浓度与原平衡时各物质的浓度不再相同，这种因反应条件的改变，使可逆反应从一种平衡状态向另一种平衡状态转变的过程叫做化学平衡的移动。

影响化学平衡移动的外界因素主要包括浓度、压力和温度等。

## 一、浓度对化学平衡的影响

以合成氨反应为例，来讨论浓度改变对化学平衡的影响。这个反应在一定温度下达到平衡时，有：

$$3H_2 + N_2 \rightleftharpoons 2NH_3$$

$$Q=\frac{c^2(NH_3)}{c^3(H_2)c(N_2)}=K$$

当增加 $N_2$ 或 $H_2$ 的浓度时，$c(H_2)$ 和 $c(N_2)$ 的乘积增大，即上式中分母增大，使 $Q$ 减小，此时 $Q<K$，系统不再处于平衡状态，平衡将向正反应方向移动。随着反应的进行，$N_2$ 或 $H_2$ 的浓度逐渐减小，即分母逐渐减小，而分子则逐渐增大，因此 $Q$ 逐渐增大，当 $Q=K$ 时，体系又达到一个新的平衡状态。反之，当增加生成物 $NH_3$ 的浓度时，上式中分子增大，这时 $Q>K$，系统也处于不平衡状态，平衡将向逆反应方向移动，直至达到一个新的平衡状态。

浓度对化学平衡的影响可以概括如下：对任何可逆反应，其他条件不变时，增加反应物浓度或减小生成物浓度，化学平衡向正反应方向移动；增加生成物浓度或者减小反应物的浓度，化学平衡向逆反应的方向移动。

## 二、压力对化学平衡的影响

压力的变化对固体和液体物质的体积影响较小，因此对于没有气态物质参加的反应，可以不考虑压力对化学平衡的影响。但对于有气体物质参加的反应，压力的改变，可能会引起化学平衡的移动。

1. 对反应前后气体分子数不等的反应

对于有气体参加，但反应前后气体分子数不等的反应。例如：

$$N_2(g) + 3H_2(g) \rightleftharpoons 2NH_3(g)$$

在一定温度下，当上述反应达到平衡时，各组分的平衡分压为 $p(NH_3)$、$p(H_2)$、$p(N_2)$。

$$\frac{p^2(NH_3)}{p^3(H_2)p(N_2)}=K$$

对于有气体参加的反应，改变系统的总压力势必引起各组气体分压同等程度的改变。如果平衡体系的总压力增加到原来的 2 倍，这时，各组分的分压也增加 2 倍，分别为 $2p(NH_3)$、$2p(H_2)$、$2p(N_2)$。

$$Q=\frac{[2p(NH_3)]^2}{[2p(H_2)]^3[2p(N_2)]}=\frac{1}{4}K<K$$

此时体系已经不再处于平衡状态，平衡向着生成氨（即气体分子数减小）的正反应方向移动。随着反应的进行，$p(NH_3)$ 不断增高，$p(H_2)$ 和 $p(N_2)$ 不断下降，$Q$ 逐渐增大，最后当 $Q$ 的值

重新等于 $K$，体系在新的条件下达到新的平衡。

如果将平衡体系的总压力降低到原来的一半，这时，各组分的分压也分别减为原来的一半，分别为 $1/2p(NH_3)$、$1/2p(H_2)$、$1/2p(N_2)$，则：

$$Q=\frac{\left[\frac{1}{2}p(NH_3)\right]^2}{\left[\frac{1}{2}p(H_2)\right]^3\left[\frac{1}{2}p(N_2)\right]}=4K>K$$

此时体系也已经不再处于平衡状态，平衡向氨分解为氮和氢（即气体分子数增加的方向）的逆方向移动。随着反应的进行，$NH_3$ 不断分解，$p(NH_3)$ 不断减小，$p(H_2)$ 和 $p(N_2)$ 逐渐增大，$Q$ 逐渐减小，最后当 $Q$ 的值重新等于 $K$，体系在新的条件下达到新的平衡。

由此可见，对任一有气体参加的可逆反应，在等温条件下，增大反应体系的总压，平衡向气体分子数目减少的方向移动。减小反应体系的总压，平衡向气体分子数目增加的方向移动。例如：

$$2NO(g)+O_2(g) \rightleftharpoons \underset{\text{红棕色}}{2NO_2(g)}$$

达到平衡时，颜色很稳定。若增加压力，化学平衡向正反应的方向移动，颜色加深；降低压力，化学平衡向逆反应方向移动，颜色变淡。

### 2. 对反应前后气体分子数相等的反应

对于有气体参加，但反应前后气体分子数相等的反应。如：

$$CO(g)+H_2O(g) \rightleftharpoons H_2(g)+CO_2(g)$$

等温下达平衡时，各组分的平衡分压为 $p(CO)$、$p(H_2O)$、$p(CO_2)$和 $p(H_2)$。

$$\frac{p(CO_2)p(H_2)}{p(H_2O)p(CO)}=K$$

当体系压力增加到原来的 2 倍时，各组分的压力各增加为原来分压的 2 倍，分别为 $2p(CO)$、$2p(H_2O)$、$2p(CO_2)$和 $2p(H_2)$。

$$Q=\frac{2p(CO_2)2p(H_2)}{2p(CO)2p(H_2O)}=K$$

平衡并未移动。反之，减小系统总压，结果也一样。

由此可见，在有气体参加的可逆反应中，如果气态反应物的总分子数和气态生成物总分子数相等，在等温条件下，增加或降低总压，对平衡没有影响。因为在这种情况下，压力改变将同等程度地改变了正反应和逆反应的速率。所以，改变压力只能改变达到平衡的时间，而不能使平衡移动。

## 三、温度对化学平衡的影响

化学反应总是伴随着热量的变化，若正反应是放热反应则逆反应必是吸热反应。

当可逆反应在某一温度下达平衡后，如果升高温度，正、逆反应速率都会增加，但是增加的程度不同。继续升高温度时，吸热反应速率增加的快；放热反应速率增加的慢，总的结果是平衡向吸热反应方向移动。反之，降低温度，平衡向放热反应方向移动。

取一支带有两个玻璃球的平衡仪，其中有二氧化氮和四氧化二氮气体处于平衡状态，它

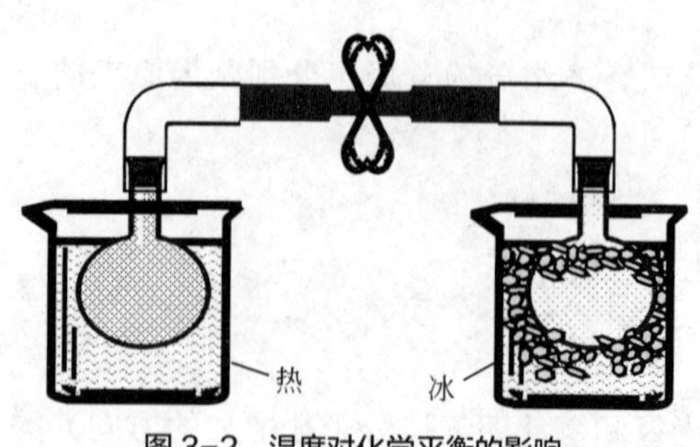

图 3-2 温度对化学平衡的影响

们之间的平衡关系为：

$$\underset{\text{棕色}}{2NO_2(g)} \rightleftharpoons \underset{\text{无色}}{N_2O_4(g)}$$

将两个玻璃球分别浸入热水浴和冰水浴中（见图 3-2）。实验证明，浸入热水浴中的玻璃球颜色变深，说明升高温度化学平衡向吸热反应（逆反应）方向移动；浸入冰水浴中的玻璃球颜色变浅，说明降低温度，化学平衡向放热反应（正反应）方向移动。说明上述正反应为放热反应。

温度对化学平衡的影响可以归纳如下：升高温度，平衡向吸热反应方向移动；降低温度，平衡向放热反应方向移动。

## 四、催化剂对化学平衡的影响

催化剂以同样倍数改变正、逆反应速率，平衡常数 $K$ 并不改变，故不会使化学平衡发生移动。因此，在工业生产上，利用催化剂缩短生产周期，提高单位时间内生产率。

1887 年，勒·夏特列（Le Chatelier）总结了上述各种因素对平衡的影响，得出如下结论：一定条件下，当可逆反应达到平衡时，如果对平衡体系施加外力，平衡将沿着减小此外力的方向移动。这一规律称为勒夏特列原理。

### 知识探究

勒·夏特列出生于巴黎的一个化学世家，他在热力学的研究领域取得非常大的成就。1888 年他宣布了一条闻名的定律——勒夏特列原理。勒·夏特列还发明了热电偶和光学高温计，高温计可顺利地测定 3000℃以上的高温。此外，他对乙炔气的研究，致使他发明了氧炔焰发生器，迄今还用于金属的切割和焊接。

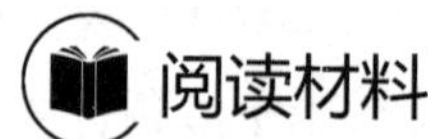

### 阅读材料

#### 催化剂的发现

催化剂最早由瑞典化学家贝采里乌斯发现。100 多年前，有个魔术“神杯”的故事。有一天，瑞典化学家贝采里乌斯在化学实验室忙碌地进行着实验。傍晚，他的妻子玛利亚准备了酒菜宴请亲友，祝贺她的生日。贝采里乌斯沉浸在实验中，把这件事全忘了，直到玛丽亚把他从实验室拉出来，他才恍然大悟，匆忙地赶回家。一进屋，客人们纷纷举杯向他祝贺，他顾不上洗手就接过一杯蜜桃酒一饮而尽。当他自己斟满第二杯酒干杯时，却皱起眉头喊道：“玛利亚，你怎么把醋拿给我喝！”玛利亚和客人都愣住了。玛丽亚仔细瞧着那瓶子，还倒出一杯来品尝，一点儿都没错，确实是香醇的蜜桃酒啊！贝采里乌斯随手把自己倒的那杯酒递过去，玛丽亚喝了一口，几乎全吐了出来，也说：“甜酒怎么一下子变成醋酸啦？”客人们纷纷凑近来，观察着，猜测着这“神杯”发生的怪事。

贝采里乌斯发现，原来酒杯里有少量黑色粉末。他瞧瞧自己的手，发现手上沾满了在实验室研磨白金时给沾上的催化剂。他兴奋地把那杯酸酒一饮而尽。原来，把酒变成醋酸的魔力是来源于白金粉末，是它加快了乙醇（酒精）和空气中的氧气发生化学反应，生成了醋酸。后来，人们把这一作用叫做触媒作用或催化作用，希腊语的意思是“解去束缚”。

1836 年，他还在《物理学与化学年鉴》杂志上发表了一篇论文，首次提出化学反应中使用的“催化”与“催化剂”概念。

## 习题

### 一、选择题

1. 反应 $NO(g)+CO(g) \rightleftharpoons 1/2N_2(g)+CO_2(g)$，且正反应方向为吸热反应方向，有利于使 NO 和 CO 取得最高转化率的条件是（　　）。

A. 低温高压　　B.高温高压　　C.低温低压　　D.高温低压

2. 密闭容器中 A、B、C 三种气体建立了化学平衡，它们的反应是 $A+B \rightleftharpoons C$，相同温度下，体积缩小 2/3，则平衡常数 $K_p$ 为原来的（　　）。

A. 3 倍　　B. 2 倍　　C. 9 倍　　D.不变

3. 关于催化剂的作用，下列叙述正确的是（　　）。

A. 能够加快反应的进行

B. 在几个反应中能选择性地加快其中一两个反应

C. 能改变某一反应的正逆向速率的比值

D. 能改变到达平衡的时间

4. 对可逆反应 $4NH_3(g)+5O_2(g) \rightleftharpoons 4NO(g)+6H_2O(g)$，则下列叙述中正确的是（　　）。

A. 达到化学平衡时，$4v_{正}(O_2)=5v_{逆}(NO)$

B. 若单位时间内生成 $x$mol NO 的同时，消耗 $x$mol $NH_3$，则反应达到平衡状态

C. 达到化学平衡时，若增加容器体积，则正反应速率减小，逆反应速率增大

D. 化学反应速率关系是：$2v_{正}(NH_3)=3v_{正}(H_2O)$

5. 对于可逆反应：$C(s)+H_2O(g) \rightleftharpoons CO(g)+H_2(g)$，下列说法正确的是（　　）。

A. 达到平衡时各反应物和生成物的浓度相等。

B. 达到平衡时各反应物和生成物的浓度为定值。

C. 由于反应前后分子数目相等，所以增加压力对平衡没有影响。

### 二、填空题

1. 在一定温度下，反应物浓度增加，化学反应速率________；在其他条件一定的情况下，温度升高，化学反应速率________。

2. 在反应 $A+B \rightleftharpoons C$ 中，A 的浓度加倍，反应速率加倍；B 的浓度减半，反应速率变为原来的 1/4，此反应的速率方程为________________。

3. 对于反应 $2Cl_2(g)+2H_2O(g) \longrightarrow 4HCl(g)+O_2(g)$（正反应为吸热反应），将 $Cl_2$、$H_2O$、HCl、$O_2$ 四种气体混合后，反应达到平衡。下列左面的操作条件改变对右面的平衡时的数值有何影响？（填“减小”“增大”或“不变”，操作条件中没加注明的，是指温度不变，容积

不变）

（1）加 $O_2$，$H_2O$ 的物质的量________；

（2）加 $O_2$，HCl 的物质的量________；

（3）提高温度，$Cl_2$ 的物质的量________；

（4）加催化剂，HCl 的物质的量________；

（5）增大压力，$Cl_2$ 的物质的量________；

（6）加 $H_2O$，平衡常数 $K$________。

## 三、简答题

简述平衡常数的物理意义。

# 第四章　电解质溶液

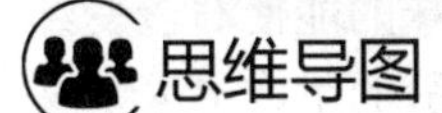

## 思维导图

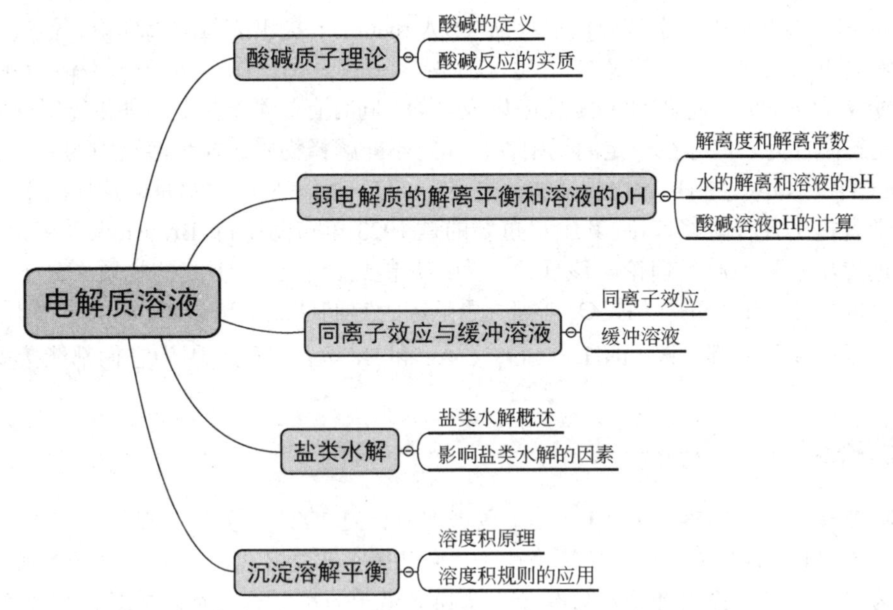


## 知识与技能目标

1. 理解强弱电解质、质子酸碱、解离度、解离常数、同离子效应、缓冲溶液等概念。

2. 掌握弱电解质解离平衡、溶液的酸碱性与氢离子浓度的关系、缓冲溶液的缓冲原理。

3. 理解盐类水解的原理及影响盐类水解的因素，会应用相关原理解决生产生活中的问题。

4. 掌握溶度积原理及规则，会应用相关规则解决生产生活中的问题。

5. 能运用相关知识进行强酸、强碱、弱酸、弱碱中氢离子浓度和氢氧根浓度的计算，溶液pH 的计算。

## 素质目标

培养学生科学创新意识和严谨的科研精神，树立良好的绿色环保意识。

电解质是指在水溶液中或熔融状态下能够导电的化合物。主要包括了酸、碱、盐等物质，电解质溶液广泛地应用于工农业生产、科研及日常用生活中。根据其在水中的解离程度，可将电解质分为强电解质和弱电解质，强电解质在水中全部解离，弱电解质则少部分解离。

# 第一节 酸碱质子理论

## 一、酸碱的定义

人们对酸碱的认识经历了一个由现象到本质的过程。最初人们认为有酸味的能使石蕊变红色的物质是酸；有涩味、滑腻感，能使石蕊变蓝的物质是碱。后来，人们从酸的组成上来定义酸碱。1884 年，瑞典物理化学家阿伦尼乌斯（S.Arrhenius）提出酸碱解离理论。他认为：在溶液中凡是解离出的阳离子全部都是 $H^+$ 的化合物是酸；凡是解离出的阴离子全部都是 $OH^-$ 的化合物是碱。酸碱反应的实质是 $H^+$ 和 $OH^-$ 反应生成 $H_2O$，同时有盐类产生。该理论能很好地解释一些电解质的解离行为，但存在一定的局限性，如它不能解释物质在非水溶液中的酸碱性，也不能说明 $Na_2CO_3$、NaAc、$NH_3$ 等物质虽然解离不出 $OH^-$，而在反应中却是碱这样的事实。

不少学者提出各种酸碱理论。其中最重要的是 1923 年布朗斯特（Bronsted）和劳莱（Lowry）同时独立地提出了酸碱质子理论。该理论认为：凡能给出质子（$H^+$）的物质（分子或离子）都是酸，例如 HCl、HI、$NH_4^+$、$HCO_3^-$ 等都是酸，因为它们都能给出质子；凡能接受质子（$H^+$）的物质（分子或离子）都是碱。$NH_3$、$SO_4^{2-}$、$Ac^-$ 和 $Br^-$ 等都是碱，因为它们都能接受质子。

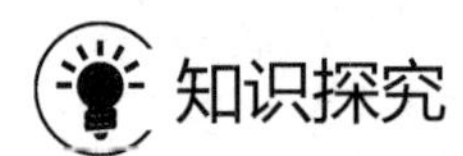


酸碱电子理论，也称路易斯（Lewis）酸碱理论，是 1923 年美国物理化学家吉尔伯特·牛顿·路易斯（G.N.Lewis）提出的一种酸碱理论，它认为：凡是可以接受外来电子对的分子、基团或离子为酸；凡可以提供电子对的分子、基团或离子为碱，这使得酸碱的范围更宽了。

有些物质既能给出质子成为碱，又能接受质子成为酸，如：

$$H_2O \rightleftharpoons H^+ + OH^-,\quad H_2O + H^+ \rightleftharpoons H_3O^+$$

$$H_2PO_4^- \rightleftharpoons H^+ + HPO_4^{2-},\quad H_2PO_4^- + H^+ \rightleftharpoons H_3PO_4$$

这样的物质称为两性物质。

根据酸碱质子理论，酸和碱不是彼此孤立的，酸（又称质子酸）给出质子后余下的那部分就是碱（又称质子碱）；反之，碱接受质子后就变成了酸，其关系为：

$$HA \rightleftharpoons A^- + H^+$$

$$\text{酸} \rightleftharpoons \text{碱} + H^+$$

这种对应关系称为共轭关系，右边的碱是左边的酸的共轭碱，左边的酸又是右边碱的共轭酸。我们称 HA 和 $A^-$ 为共轭酸碱对。例如：

$$HCl \rightleftharpoons Cl^- + H^+$$

$$HAc \rightleftharpoons Ac^- + H^+$$

$$NH_4^+ \rightleftharpoons NH_3 + H^+$$

$$H_2PO_4^- \rightleftharpoons HPO_4^{2-} + H^+$$

$$HPO_4^{2-} \rightleftharpoons PO_4^{3-} + H^+$$

$$H_2CO_3 \rightleftharpoons HCO_3^- + H^+$$

$$HCO_3^- \rightleftharpoons CO_3^{2-} + H^+$$

从上面的共轭酸碱对中可以看出，酸和碱可以是分子，也可以是阳离子或阴离子；有的物质在某个共轭酸碱对中是碱，而在另一共轭酸碱对中却是酸，如$HCO_3^-$等；质子理论中没有盐的概念，酸碱解离理论中的盐，在酸碱质子理论中都变成了离子酸和离子碱，如 $NH_4Cl$ 中的$NH_4^+$是酸，$Cl^-$是碱。

## 二、酸碱反应的实质

根据酸碱质子理论，酸碱反应的实质，就是两个共轭酸碱对之间质子传递的反应。例如：

$$\underset{\text{酸}_1}{HCl} + \underset{\text{碱}_2}{NH_3} \rightleftharpoons \underset{\text{酸}_2}{NH_4^+} + \underset{\text{碱}_1}{Cl^-} \quad (H^+: HCl \rightarrow NH_3)$$

$NH_3$和 HCl 的反应无论在水溶液中、苯溶液中或气相中，其实质都是一样。即 HCl 是酸，放出质子给$NH_3$，然后转变为它的共轭碱$Cl^-$；$NH_3$是碱，接受质子后转变为它的共轭酸$NH_4^+$。

强碱夺取了强酸放出的质子，转化为较弱的共轭酸，而强酸转化为较弱的共轭碱，即为酸碱反应的方向。

酸碱质子理论不仅扩大了酸和碱的范围，还可以把解离理论中的酸、碱、盐的离子平衡统统包括在酸碱反应的范畴之内，例如：

解离作用

$$\underset{\text{酸}_1}{HCl} + \underset{\text{碱}_2}{H_2O} \rightleftharpoons \underset{\text{酸}_2}{H_3O^+} + \underset{\text{碱}_1}{Cl^-} \quad (H^+: HCl \rightarrow H_2O)$$

$$\underset{\text{酸}_1}{H_2O} + \underset{\text{碱}_2}{NH_3} \rightleftharpoons \underset{\text{酸}_2}{NH_4^+} + \underset{\text{碱}_1}{OH^-} \quad (H^+: H_2O \rightarrow NH_3)$$

$$\underset{\text{酸}_1}{H_2O} + \underset{\text{碱}_2}{H_2O} \rightleftharpoons \underset{\text{酸}_2}{H_3O^+} + \underset{\text{碱}_1}{OH^-} \quad (H^+: H_2O \rightarrow H_2O)$$

水解作用

$$\underset{\text{酸}_1}{H_2O} + \underset{\text{碱}_2}{Ac^-} \rightleftharpoons \underset{\text{酸}_2}{HAc} + \underset{\text{碱}_1}{OH^-} \quad (H^+: H_2O \rightarrow Ac^-)$$

$$\underset{\text{酸}_1}{NH_4^+} + \underset{\text{碱}_2}{H_2O} \rightleftharpoons \underset{\text{酸}_2}{H_3O^+} + \underset{\text{碱}_1}{NH_3} \quad (H^+: NH_4^+ \rightarrow H_2O)$$

可见，按质子理论的观点，解离作用就是水与分子酸碱的质子传递反应；水解反应就是水与离子酸碱的质子传递的反应。

# 第二节 弱电解质的解离平衡和溶液的 pH

弱电解质在水中仅有少部分分子发生解离。在一定的温度下，弱电解质的解离是可逆的。当正、逆两个过程的速率相等时，分子与离子之间达到了动态平衡，这种平衡称为解离平衡。解离平衡是化学平衡的一种，服从化学平衡定律。

## 一、解离度和解离常数

### 1. 解离度

不同电解质在水中的解离程度是不相同的，弱电解质在水中的解离程度可以用解离度来表示。解离度是指当弱电解质在溶液中达到解离平衡时，溶液中已经解离的电解质分子数占原有电解质总分子数的百分比，用符号 $\alpha$ 表示。

$$\alpha=\frac{\text{已解离的电解质分子数}}{\text{溶液中原有电解质的分子总数}}\times100\%$$

例如，在 25℃时，0.1mol/L 的 HAc 溶液里，每 1000 个乙酸分子里大约有 13 个分子解离成 $H^+$和 $Ac^-$，故其解离度大约是 1.3%。

解离度的大小，可以表示电解质的解离能力的相对强弱。其大小主要取决于电解质的本性，同时又与溶液的浓度、温度等因素有关。对同一弱电解质，通常是溶液越稀，离子互相碰撞而结合成分子的机会越少，解离度就越大。例如，在 25℃时，0.1mol/L HAc 的解离度为 1.3%，0.01mol/L 的 HAc 的解离度为 4.2%。温度对解离度也有一定影响，但在常温范围内影响不大。

### 2. 解离常数

在一定温度下，弱电解质在水溶液中达到解离平衡时，解离所生成的各种离子浓度的乘积与溶液中未解离的分子的浓度之比是一个常数，称之为解离平衡常数，简称解离常数，用 $K_i$ 表示。弱电解质分为弱酸和弱碱，弱酸的解离常数用 $K_a$ 表示，弱碱的解离常数用 $K_b$ 表示。现以醋酸 HAc 和氨水 $NH_3 \cdot H_2O$ 为例，分别讨论一元弱酸、弱碱在水溶液中的解离平衡常数。

（1）HAc 的解离平衡

$$HAc \rightleftharpoons H^+ + Ac^-$$

根据化学平衡定律，其平衡常数表达式为：

$$K_a^\ominus=\frac{[c(H^+)/c^\ominus][c(Ac^-)/c^\ominus]}{c(HAc)/c^\ominus}$$

与前述相类似，若不考虑 $K_a^\ominus$ 的量纲，上式习惯上可简写为（下同）：

$$K_a=\frac{c(H^+)c(Ac^-)}{c(HAc)}$$

$K_a$ 为 HAc 的解离常数。

（2）$NH_3 \cdot H_2O$ 的解离平衡

$$NH_3 \cdot H_2O \rightleftharpoons NH_4^+ + OH^-$$

$$K_b=\frac{c(NH_4^+)c(OH^-)}{c(NH_3 \cdot H_2O)}$$

$K_b$ 为 $NH_3 \cdot H_2O$ 的解离常数。

从上式可以看出：$K_a$（$K_b$）的大小反映了弱酸（弱碱）解离能力的大小。$K_a$（$K_b$）越小，酸性（碱性）越弱，反之亦然。$K_a$（$K_b$）与其他化学平衡常数一样，其数值大小与酸（碱）的浓度无关，仅取决于酸（碱）的本性和体系的温度，但弱电解质的解离热效应较小，故 $K_a$（$K_b$）受温度的影响不大，常温范围内变化，通常不考虑温度对它的影响。常见弱酸弱碱的解离平衡常数见附录。

解离常数与解离度都能反映弱电解质解离能力的大小，那么二者之间存在着什么关系呢？

### 3. 稀释定律

下面仍以醋酸为例讨论弱电解质解离常数 $K_i$ 和解离度 $\alpha$ 的关系。

| | HAc $\rightleftharpoons$ | $H^+$ + | $Ac^-$ |
|---|---|---|---|
| 起始浓度/(mol/L) | $c$ | 0 | 0 |
| 平衡浓度/(mol/L) | $c-c\alpha$ | $c\alpha$ | $c\alpha$ |

$$K_a=\frac{c(H^+)c(Ac^-)}{c(HAc)}=\frac{(c\alpha)^2}{c-c\alpha}=\frac{c\alpha^2}{1-\alpha}$$

因为弱电解质的解离度 $\alpha$ 很小，$1-\alpha \approx 1$，所以：

$$\alpha=\sqrt{\frac{K_a}{c}}$$

写成通式

$$\alpha=\sqrt{\frac{K_i}{c}}$$

上式表明：在一定温度下，弱电解质的解离度 $\alpha$ 与溶液浓度成根号反比关系。即浓度越稀，解离度越大。此关系称为稀释定律。它表明了解离常数、解离度及溶液浓度之间的关系。

由此可见，$\alpha$ 和 $K_i$ 都可用来表示弱电解质的相对强弱。但 $\alpha$ 要随浓度而改变。而 $K_i$ 在一定温度下是个常数，不随浓度而改变，所以 $K_i$ 具有更广泛的实用意义。

**【例 4-1】** 已知在 298.15K 时，0.10mol/L 的 HAc 的解离度为 1.33%，求 HAc 的解离常数。

**解** $K_a=c\alpha^2=0.10\times(1.33\%)^2=1.77\times10^{-5}$

答：HAc 的解离常数为 $1.77\times10^{-5}$。

## 二、水的解离和溶液的 pH

实验证明，纯水有微弱的导电性，这说明水可以发生微弱的解离。但绝大部分水仍以分子的形式存在。水的解离过程可表示为：

$$H_2O+H_2O \rightleftharpoons H_3O^+ + OH^-$$

可简写为：

$$H_2O \rightleftharpoons H^+ + OH^-$$

在一定温度下，当达到解离平衡时，依据平衡移动原理，则有：

$$K_i=\frac{c(H^+)c(OH^-)}{c(H_2O)}$$

由于水的解离程度很小，纯水的浓度看作是常数，将它与 $K_i$ 合并，用新的常数 $K_w$ 表示。则有：水中 $H^+$ 的浓度与 $OH^-$ 的浓度的乘积是一个常数，即：

$$K_w=c(H^+)c(OH^-)$$

$K_w$ 为水的离子积常数，简称水的离子积。从纯水的导电实验测得在 298.15K 时，纯水中 $c(H^+)=c(OH^-)=1.0\times10^{-7}$mol/L，这时水的离子积 $K_w=(1.0\times10^{-7})^2=1.0\times10^{-14}$。

和其他平衡常数一样，$K_w$ 不随体系中物质的浓度改变而改变，而随温度的变化而变化。由于水在解离时要吸收大量的热，因此，温度升高，水的解离程度增大，离子积也随之增大。例如：333.15K 时，$K_w=9.6\times10^{-14}$；373.15K 时，$K_w=1.0\times10^{-12}$。在常温时，$K_w$ 的值一般可以认为是 $1.0\times10^{-14}$。

水的离子积不仅适用于纯水，对于电解质的稀溶液同样适用。根据平衡移动原理，若在水中加入少量盐酸，则 $H^+$ 浓度增加，水的解离平衡向左移动，$OH^-$ 浓度减少，但 $K_w$ 不变。若在水中加入少量氢氧化钠，则 $OH^-$ 浓度增加，水的解离平衡向左移动，$H^+$ 浓度减少，但 $K_w$ 不变。因此常温时，无论是在中性、酸性还是碱性的水溶液里，$H^+$ 浓度和 $OH^-$ 浓度的乘积都等于 $1.0\times10^{-14}$。

$c(H^+)>c(OH^-)$ 或 $c(H^+)>1.0\times10^{-7}$mol/L　　溶液呈酸性

$c(H^+)=c(OH^-)=1.0\times10^{-7}$mol/L　　溶液呈中性

$c(H^+)<c(OH^-)$ 或 $c(H^+)<1.0\times10^{-7}$mol/L　　溶液呈碱性

由于许多化学反应和几乎所有的生物生理现象都是在 $H^+$ 浓度很小的溶液中进行，若直接用 $H^+$ 浓度来表示溶液的酸碱性就很不方便，因此，在化学上常用 pH 来表示溶液的酸碱性。pH 等于溶液中 $H^+$ 浓度的负对数，即：

$$pH=-\lg c(H^+)$$

因此，pH<7，溶液呈酸性；pH=7，溶液呈中性；pH>7，溶液呈碱性。

pH 越小，溶液的酸性越强。pH 越大，溶液的碱性越强。同样 $c(OH^-)$、$K_w$ 的负对数也可以分别用 pOH 和 $pK_w$ 来表示，因而，对同一电解质溶液在常温时有：

$$pOH=-\lg c(OH)\quad pK_w=-\lg K_w\quad pK_w=pH+pOH=14.00$$

常见物质的 pH 值见图 4-1，作物生长适宜的土壤 pH 范围见表 4-1。

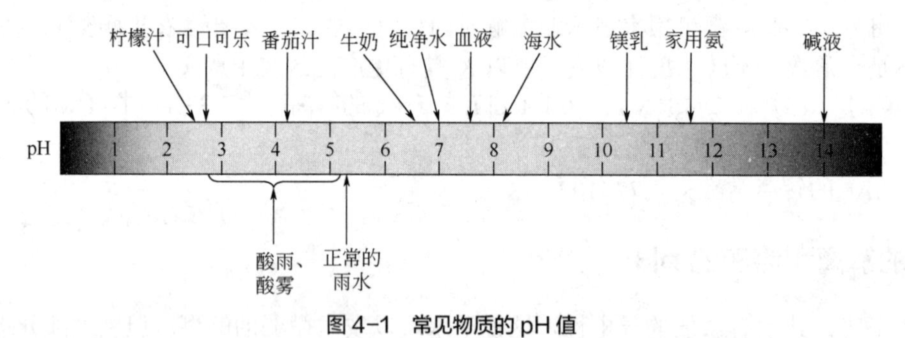


图 4-1 常见物质的 pH 值

表 4-1 作物生长适宜的土壤 pH 范围

| 作物 | 最适 pH 范围 | 作物 | 最适 pH 范围 |
|---|---|---|---|
| 棉花 | 6.5～8 | 小麦 | 5.5～6.5 |
| 水稻 | 6.0～7.5 | 大麦 | 6.8～7.5 |
| 油菜 | 5.8～6.7 | 花生 | 5.6～6.0 |
| 大豆 | 6.5～7 | 蚕豆 | 6.2～7.0 |

## 三、酸碱溶液 pH 的计算

### 1. 强酸、强碱溶液

强酸、强碱在水中几乎全部解离，虽然存在水的解离，但水的解离很微弱，只要酸、碱浓度不是很低，可以忽略水的解离。一元强酸溶液中氢离子的浓度就等于酸的浓度；一元强碱溶液中氢氧根离子的浓度就等于碱的浓度。

**【例 4-2】** 计算 0.1mol/L 的盐酸溶液中氢离子的浓度及溶液的 pH。

**解** 因为盐酸是一元强酸，所以有：

$$c(H^+)=c(HCl)=0.1mol/L$$

$$pH=-\lg c(H^+)=-\lg 0.1=1.0$$

答：盐酸溶液中氢离子的浓度为 0.1mol/L，溶液的 pH 为 1.0。

### 2. 一元弱酸（弱碱）溶液

设有一种一元弱酸 HA 溶液，总浓度为 $c$（mol/L），则

| | HA $\rightleftharpoons$ | $H^+$ + | $A^-$ |
|---|---|---|---|
| 起始浓度/(mol/L) | $c$ | 0 | 0 |
| 平衡浓度/(mol/L) | $c-c(H^+)$ | $c(H^+)$ | $c(A^-)$ |

$$K_a=\frac{c(H^+)c(A^-)}{c(HA)}=\frac{c(H^+)c(A^-)}{c-c(H^+)}$$

因为 $c(H^+)=c(Ac^-)$，故

$$K_a=\frac{c^2(H^+)}{c-c(H^+)}$$

经整理得：$c^2(H^+)+K_ac(H^+)-cK_a=0$

$$c(H^+)=\frac{-K_a+\sqrt{K_a^2+4cK_a}}{2}$$

由于上述推导过程没有考虑水的解离，所以上式是计算弱酸溶液 $H^+$浓度的近似公式。

当 $c/K_a \geqslant 500$ 时，$c-c(H^+)$可以认为近似等于原来弱酸的浓度，即 $c-c(H^+)\approx c$，上式可简化为：

$$\frac{c^2(H^+)}{c}=K_a$$

$$c(H^+)=\sqrt{cK_a}$$

上式是计算一元弱酸溶液 $H^+$浓度的最简式。

同理可得，一元弱碱溶液 $OH^-$浓度的计算公式。

当 $c/K_b<500$ 时，用近似公式

$$c(OH^-)=\frac{-K_b+\sqrt{K_b^2+4cK_b}}{2}$$

当 $c/K_b \geqslant 500$ 时，用最简式

$$c(OH^-)=\sqrt{cK_b}$$

**【例 4-3】** 求 0.010mo1/L HAc 溶液的 pH。

**解** 因 $\frac{c}{K_a}=\frac{0.010}{1.76\times10^{-5}}$=568>500，故可用最简式计算：

$$c(H^+)=\sqrt{cK_a}=\sqrt{0.010\times1.76\times10^{-5}}=4.2\times10^{-4}(mol/L)$$

$$pH=-\lg c(H^+)=-\lg(4.2\times10^{-4})=3.38$$

答：该溶液的 pH 为 3.38。

多元弱酸、弱碱的情况比较复杂，这里不加讨论。

# 第三节　同离子效应与缓冲溶液

溶液的 pH 是影响许多化学反应的因素之一。生物体内的各种生化反应要严格地在一定的 pH 范围才能正常进行。人体血液 pH 正常在 7.35～7.45，超出这个范围就有可能有生命危险。因此，应用缓冲溶液控制反应系统的 pH 十分重要。

知识探究

人体内血液的组成成分之一血浆的正常 pH 为 7.35～7.45。如果血浆 pH 低于 7.35，就会出现酸中毒，高于 7.45，就会出现碱中毒，严重的酸中毒（pH7.8）都将危及生命。人体是如何维持血浆 pH 相对稳定的？原来，缓冲溶液起了重要作用，体液中存在多种酸碱缓冲体系。

## 一、同离子效应

### 1. 同离子效应

取一支试管，加入 10mL 10mol/L 的 HAc 溶液及甲基橙指示剂 2 滴，试管中的溶液呈红色，然后在试管中加入少量固体 NaAc，振荡，结果发现试管中溶液的红色逐渐褪去，最后变成橙色。

实验表明，试管中的溶液中加入 NaAc 后，酸度降低了。这是因为 HAc-NaAc 溶液中存在下列解离关系：

$$HAc \rightleftharpoons H^+ + Ac^-$$

$$NaAc \longrightarrow Na^+ + Ac^-$$

由于 NaAc 在溶液中是以 $Na^+$和 $Ac^-$存在，溶液中 $Ac^-$的浓度增加（即生成物浓度增大），使得 HAc 的解离平衡向左移动，结果使溶液中的 $H^+$减小，HAc 的解离度降低。

这种在弱电解质溶液中加入一种与该弱电解质具有相同离子的易溶强电解质后，使弱电解质的解离度降低的现象称为同离子效应。

### 2. 盐效应

如果在弱电解质溶液中加入不含相同离子的强电解质，例如，在 HAc 溶液中加入 NaCl、$KNO_3$ 等时，由于 NaCl、$KNO_3$ 解离出来的离子与 HAc 解离出来的 $H^+$和 $Ac^-$相互牵制作用增强，这样就会降低 $H^+$和 $Ac^-$结合成 HAc 的机会，使得 HAc 的解离度略有增加。例如，在 1L 0.1mol/L 的 HAc 溶液中加入 0.10mol 的 NaCl 时，HAc 的解离度从 1.3%增加到 1.68%。

这种在弱电解质溶液中加入不含相同离子的易溶强电解质时，可稍增大弱电解质解离度的现象，称为盐效应。

事实上，在发生同离子效应的同时，总伴随着盐效应的发生，但与同离子效应相比，盐效应的影响很小。因此，一般不考虑盐效应对解离平衡的影响。

## 二、缓冲溶液

取纯水、氯化钠溶液和 HAc-NaAc 的混合液各 1.0L，分别加入等量的酸或碱，溶液 pH 变化见表 4-2。

表 4-2　强酸强碱的加入对溶液 pH 的影响

| 试　　液 | pH | 加入 0.010mol HCl | | 加入 0.010mol NaOH | |
|---|---|---|---|---|---|
| | | pH | ΔpH | pH | ΔpH |
| $H_2O$ | 7 | 2 | 5 | 12 | 5 |
| 0.1mol/L NaCl | 7 | 2 | 5 | 12 | 5 |
| 0.1mol/L HAc-NaAc | 4.75 | 4.66 | 0.09 | 4.84 | 0.09 |

由表 4-1 可知：一般的水溶液，容易受外加酸、碱或稀释的影响而改变其原有的 pH 值。而 HAc-NaAc 的混合液的 pH 改变不到 0.1 个单位。如加一定量的水稀释，HAc-NaAc 的混合液的 pH 基本不变。这种能够抵抗外加少量酸、碱或适量水稀释，而本身的 pH 值不发生明显改变的溶液叫缓冲溶液。缓冲溶液的这种作用，叫缓冲作用。

根据缓冲组分的不同，缓冲溶液主要有以下三种类型：

（1）弱酸及其盐　例如 HAc-NaAc 缓冲溶液。

（2）弱碱及其盐　例如 $NH_3 \cdot H_2O$-$NH_4Cl$ 缓冲溶液。

（3）多元酸的两种盐　例如 $NaH_2PO_4$-$Na_2HPO_4$ 缓冲溶液。

### 1. 缓冲溶液的缓冲原理

缓冲溶液为什么具有缓冲作用呢？这是因为在这种溶液中既含有足够量的能够对抗外加酸的成分即抗酸成分，又含有足够量的对抗外加碱的成分即抗碱成分。

下面以 HAc-NaAc 缓冲溶液为例来说明其缓冲原理。HAc 是弱电解质，在溶液中只能少部分解离，而 NaAc 是强电解质，在溶液中是全部解离的。

缓冲溶液作用原理

$$HAc \rightleftharpoons H^+ + Ac^-$$

$$NaAc \longrightarrow Na^+ + Ac^-$$

由于 NaAc 在溶液中完全解离，所以溶液中有大量的 $Ac^-$ 存在。而 HAc 本身是一种弱电解质，再加上 NaAc 引起的同离子效应，因此，在 HAc-NaAc 缓冲溶液中，HAc 和 $Ac^-$ 的浓度都较高，而 $H^+$ 浓度相对较小。

如果向该缓冲溶液中加入少量的酸，由于溶液中存在大量的 $Ac^-$，它就会与 $H^+$ 结合生成 HAc，促使平衡向左移动，结果溶液中 $H^+$ 的浓度不会明显增加。故溶液的 pH 保持相对不变。在该缓冲溶液中，$Ac^-$ 是抗酸成分。

如果向该缓冲溶液中加入少量的碱，$OH^-$ 就会与溶液中的 $H^+$ 结合生成弱电解质 $H_2O$。当溶液中的 $H^+$ 浓度稍有降低时，破坏了 HAc 的解离平衡，促使大量存在的 HAc 解离出相应的 $H^+$ 来补充，故溶液的 pH 几乎没有升高。HAc 是该缓冲溶液的抗碱成分。

当加水稀释时，其中 $H^+$ 浓度虽然降低了，但 $Ac^-$ 的浓度也同时降低了，结果同离子效应减弱，使 HAc 的解离度增加，由 HAc 解离产生的 $H^+$可维持溶液的 pH 基本不变。

其他类型的缓冲溶液作用原理，与上述相同。

## 2. 缓冲溶液的pH

缓冲溶液都有一定的 pH。其本身具有的 pH 称为缓冲 pH。不同的缓冲溶液具有不同的 pH。以 HAc-NaAc 缓冲溶液为例，设在该缓冲溶液中的 HAc 浓度为 $c_a$，NaAc 的浓度为 $c_b$，则：

$$\begin{array}{llll} & HAc & \rightleftharpoons H^+ & + \ Ac^- \\ \text{起始浓度/(mol/L)} & c_a & 0 & c_b \\ \text{平衡浓度/(mol/L)} & c_a-c(H^+) & c(H^+) & c_b+c(H^+) \end{array}$$

$$K_a=\frac{c(H^+)[c_b+c(H^+)]}{c_a-c(H^+)}$$

由于一般的弱酸解离度本身就不大，再加上同离子效应，使它的解离度就更小，所以 $c_b+c(H^+)\approx c_b$，$c_a-c(H^+)\approx c_a$，代入上式得：

$$K_a=\frac{c(H^+)c_b}{c_a}$$

$$c(H^+)=K_a\frac{c_a}{c_b}$$

两边取对数得：

$$pH=pK_a-\lg\frac{c_a}{c_b}$$

上式是弱酸及其盐所组成的缓冲溶液 pH 计算公式。式中，$c_a$为弱酸的浓度；$c_b$为盐的浓度；$c_a/c_b$称为缓冲比。

同理，以 $NH_3\cdot H_2O$-$NH_4Cl$ 为例，推出弱碱及其盐所组成的缓冲溶液 pH 的计算公式：

$$c(OH^-)=K_b\frac{c_a}{c_b}$$

$$pOH=pK_b-\lg\frac{c_b}{c_a}$$

$$pH=pK_w-pK_b+\lg\frac{c_b}{c_a}$$

式中，$c_b$为弱碱的浓度；$c_a$为其盐的浓度；$c_b/c_a$为缓冲比。

**【例 4-4】** 若在 90mL 的 HAc-NaAc 缓冲溶液中（HAc 和 NaAc 的浓度皆为 0.10mol/L），加入 10mL 0.010mol/L HCl 后，求溶液的 pH，并比较加 HCl 前后溶液 pH 值的变化。

**解** 加 HCl 之前，$pH=pK_a-\lg\frac{c(HAc)}{c(Ac^-)}=4.75-\lg\frac{0.10}{0.10}=4.75$

加 HCl 后，它与 NaAc 反应，生成 HAc。

$$c(HAc)=\frac{0.10\times90+0.010\times10}{90+10}=0.091(mol/L)$$

$$c(Ac^-)=\frac{0.10\times90-0.010\times10}{90+10}=0.089(mol/L)$$

$$pH=4.75-\lg\frac{0.091}{0.089}=4.74$$

答：该溶液的 pH 为 4.74。由此可见，在此缓冲溶液中加入 HCl 后，溶液的 pH 值仅降低了 0.01pH 单位。

### 3. 缓冲容量和缓冲范围

缓冲溶液的缓冲能力超过一定的限度，其缓冲能力就会丧失。缓冲能力的大小由缓冲容量来衡量。缓冲容量是指使单位体积缓冲溶液的 pH 值改变 1 个单位时所需外加的酸或碱的物质的量。

缓冲容量的大小与缓冲溶液的总浓度及其缓冲比有关。当总浓度一定时，缓冲比（$c_a/c_b$ 或 $c_b/c_a$）愈接近 1，则缓冲容量愈大；缓冲比等于 1 时，缓冲容量最大，缓冲能力最强。若组成缓冲溶液的两部分的浓度相等或两组分以同浓度同体积混合时，$pH=pK_a$，$pOH=pK_b$。当缓冲比一定时，缓冲溶液的总浓度越大，缓冲容量越大。一般认为：缓冲溶液的缓冲能力约在 $pH=pK_a\pm1$ 或 $pOH=pK_b\pm1$ 的范围内，该范围称为缓冲范围。超出此范围则认为失去缓冲作用。不同缓冲对组成的缓冲溶液，由于 $pK_a$ 或 $pK_b$ 不同，缓冲范围也不相同。

### 4. 缓冲溶液的选择

不同的缓冲溶液只有在有效的 pH 范围内才能起到缓冲作用。在实际工作中，选择缓冲溶液时，必须注意以下几点：

（1）所使用的缓冲溶液不能与在缓冲溶液中的反应物或生成物发生作用。

（2）缓冲对的选择原则是：所要配制的缓冲溶液的 pH（或 pOH）要等于或接近所选缓冲对中弱酸的 $pK_a$ 值。（或弱碱的 $pK_b$ 值）。如配制 pH=5 的缓冲溶液，可选 HAc-NaAc，因为 $pK_{HAc}=4.75$，与要配制的缓冲溶液的 pH 接近。又如，要配制 pH=9 的缓冲溶液，可选 $NH_3\cdot H_2O$-$NH_4Cl$。因为 pH=9 时，pOH=5，而 $pK_{NH_3\cdot H_2O}=4.75$，与要配制的缓冲溶液的 pOH 接近。

（3）选择合适的浓度。为了使缓冲溶液具有足够的抗酸、抗碱成分，以便获得适当的缓冲容量，缓冲组分的浓度应适当地控制得稍大一些，一般选择在 0.01～0.5mol/L 之间。

### 5. 缓冲溶液的配制

缓冲溶液的配制方法较多，下面介绍三种常见的方法。

（1）用相同浓度的弱酸（或弱碱）及其盐溶液，按一定的体积配制

**【例 4-5】** 如何配制 1000mL pH=5.00 的缓冲溶液。

**解** 缓冲溶液的 pH=5.00，而 HAc 的 $pK_a=4.75$，彼此接近。因此，可选 HAc-NaAc 缓冲对。先把它们分别配成一定浓度的溶液，如 0.10mol/L，然后按一定的体积比混合。

设应取 HAc 溶液 $V_a$（mL），NaAc 溶液 $V_b$（mL），混匀后，HAc、NaAc 的浓度分别为：

$$c_a=\frac{0.10V_a}{1000}，c_b=\frac{0.10V_b}{1000}，故\frac{c_a}{c_b}=\frac{V_a}{V_b}$$

因

$$pH=pK_a-\lg\frac{c_a}{c_b}=pK_a-\lg\frac{V_a}{V_b}$$

即

$$\lg\frac{V_a}{V_b}=pK_a-pH=4.75-5.00=-0.25$$

故
$$\frac{V_a}{V_b}=0.56$$

又因 $V_a+V_b=1000$，解之得：$V_a=359mL$，$V_b=641mL$。

答：取 0.10mol/L 的 HAc 溶液 359mL 与 0.10mol/L 的 NaAc 溶液 641mL 混合均匀，即可配成 pH=5.00 的缓冲溶液 1000mL。

（2）用过量的弱酸（或弱碱）中加入一定量的强碱（或强酸），通过中和反应配制

实际配溶液时，可用：过量的弱酸+强碱，如 HAc（过量）+NaOH 或过量的弱碱+强酸，如 $NH_3$（过量）+HCl。

**【例 4-6】** 取 0.10mol/L 某一元弱酸溶液 50.00mL，与 20mL 0.10mol/L NaOH 溶液混合后，稀释到 100mL。测此溶液的 pH=5.25，计算此一元弱酸的 $K_a$。

**解** 设此一元弱酸为 HA。

$$HA + NaOH \longrightarrow NaA + H_2O$$

则发生化学反应后的溶液为缓冲溶液，其组成是 $HA\text{-}A^-$。

由 $c(H^+)=K_a\dfrac{c_a}{c_b}$，即 $pH=pK_a+\lg\dfrac{c(A^-)}{c(HA)}$，得：

$$pK_a=pH-\lg\frac{c(A^-)}{c(HA)}=5.25-\lg\frac{(0.10\times 20.00)/100}{(0.10\times 50.00-0.10\times 20.00)/100}=5.43$$

故 $K_a=3.7\times10^{-6}$

答：此一元弱酸的 $K_a$ 为 $3.7\times10^{-6}$。

（3）在一定量的弱酸（或弱碱）溶液中加入对应的固体盐配制

**【例 4-7】** 欲配制 pH=9.00 的缓冲溶液，应在 500mL 0.10mol/L 的 $NH_3\cdot H_2O$ 溶液中加入固体 $NH_4Cl$ 多少克？假设加入固体后溶液的总体积不变。

**解** 查表得，$NH_3\cdot H_2O$ 的 $pK_b=4.75$，$NH_4Cl$ 的摩尔质量为 53.5g/mol。因：

$$pH=pK_w-pK_b+\lg\frac{c(NH_3\cdot H_2O)}{c(NH_4Cl)}$$

故
$$\lg\frac{c(NH_3\cdot H_2O)}{c(NH_4Cl)}=pH+pK_b-pK_w=9.00+4.75-14.00=-0.25$$

$$\frac{c(NH_3\cdot H_2O)}{c(NH_4Cl)}=0.56$$

$$c(NH_4Cl)=\frac{0.10}{0.56}=0.18(mol/L)$$

所以应加固体的质量为：$m=c(NH_4Cl)\times\dfrac{V}{1000}\times M(NH_4Cl)=0.18\times\dfrac{500}{1000}\times53.5=4.6(g)$

答：应在 500mL 0.10mol/L 的 $NH_3\cdot H_2O$ 溶液中加入固体 $NH_4Cl$ 4.6g。

应当指出：上面各个实例都是应用近似公式的计算结果，如果要配制 pH 值很精确的标准缓冲溶液，可查阅有关书籍和手册。

缓冲溶液在工业、农业、生物学、医学、化学等方面都有很重要的意义。许多化学反应必须在一定的 pH 范围内才能进行。生物体在代谢过程中不断产生酸和碱，但各种液体仍能维持在一定的 pH 范围内，就是因为生物体内存在着多种缓冲体系。

在土壤中，由于含有 $H_2CO_3$-$NaHCO_3$ 和 $NaH_2PO_4$-$Na_2HPO_4$ 以及其他有机酸及其盐类组成的复杂的缓冲体系，所以能使土壤维持一定的pH，从而保证了植物的正常生长。适宜作物生长的pH范围为5～8。

# 第四节 盐类水解

## 一、盐类水解概述

盐类大多数都是强电解质，在水中全部解离。为什么有些盐类的溶液会显示出酸性或者碱性？这是因为盐类水解的结果。当盐溶于水中，盐解离出的阳离子或阴离子与水解离出来的 $OH^-$ 或 $H^+$ 结合生成了弱碱或弱酸，导致水的解离平衡发生移动，从而使溶液中的 $H^+$ 和 $OH^-$ 浓度不同，表现出一定的酸性或碱性。这种盐解离出的离子和水解离出的 $H^+$ 或 $OH^-$ 结合生成弱电解质的反应，称为盐类的水解反应，简称盐类水解。它是中和反应的逆反应。

$$\text{盐} + H_2O \underset{\text{中和}}{\overset{\text{水解}}{\rightleftharpoons}} \text{酸} + \text{碱}$$

 知识探究

用盐（铁盐、铝盐）作净水剂时需考虑盐类水解。例如，明矾十二水合硫酸铝钾净水原理：铝离子水解生成氢氧化铝，氢氧化铝胶体表面积大，吸附能力强，能吸附水中悬浮的杂质生成沉淀而起到净水作用。

根据组成盐的酸碱强弱程度的不同，可将盐分为：强酸强碱盐、强酸弱碱盐、弱酸强碱盐、弱酸弱碱盐四大类。不同的盐类水解情况不同。下面分别讨论几种盐类的水解情况。

### 1. 弱酸强碱盐水解

以NaAc为例，NaAc在水中能全部解离成 $Na^+$ 和 $Ac^-$。由于溶液中 $Na^+$ 不与 $OH^-$ 结合，而 $Ac^-$ 能与 $H^+$ 结合成弱电解质HAc，从而破坏了水的解离平衡，使水分子继续解离。随着HAc的不断生成，$c(H^+)$ 不断降低，$c(OH^-)$ 不断升高，直至溶液中HAc和水同时建立新的平衡为止，这时，溶液中的 $c(OH^-)>c(H^+)$，pH>7，溶液显碱性。

$$NaAc \longrightarrow Na^+ + Ac^-$$

$$+$$

$$H_2O \rightleftharpoons OH^- + H^+$$

$$\updownarrow$$

$$HAc$$

写成离子方程式为：$Ac^- + H_2O \rightleftharpoons HAc + OH^-$

可见，弱酸强碱盐水解实质上是阴离子（酸根离子）与水发生反应，溶液呈碱性。

医疗上治疗胃酸过多或酸中毒使用碳酸氢钠，就是利用其水解呈碱性的性质。

### 2. 强酸弱碱盐水解

以 $NH_4Cl$ 为例，$NH_4Cl$ 在水溶液中全部解离成 $NH_4^+$ 和 $Cl^-$。由于溶液中 $Cl^-$ 不与 $H^+$ 结合，而 $NH_4^+$ 能与 $OH^-$ 结合成弱电解质 $NH_3 \cdot H_2O$，从而破坏了水的解离平衡，使水分子继续解离。随着 $NH_3 \cdot H_2O$ 的不断生成，$c(OH^-)$ 不断降低，$c(H^+)$ 不断升高，直至溶液中 $NH_3 \cdot H_2O$ 和水同时建立新的平衡为止。这时，溶液中 $c(H^+)>c(OH^-)$，pH<7，溶液呈酸性。

$$
\begin{array}{ccl}
NH_4Cl & \longrightarrow & NH_4^+ + Cl^- \\
 & & + \\
H_2O & \rightleftharpoons & OH^- + H^+ \\
 & & \updownarrow \\
 & & NH_3 \cdot H_2O
\end{array}
$$

写成离子方程式为：$NH_4^+ + H_2O \rightleftharpoons NH_3 \cdot H_2O + H^+$

由此可见，强酸弱碱盐的水解，实质上是弱碱的阳离子与水发生反应，溶液呈酸性。所以农业上称 $NH_4Cl$、$(NH_4)_2SO_4$、$NH_4NO_3$ 为酸性化肥。若使用不当，会使土壤酸化板结。

### 3. 弱酸弱碱盐水解

以 $NH_4Ac$ 为例，$NH_4Ac$ 在水中能全部解离成 $NH_4^+$ 和 $Ac^-$。由于溶液中的 $NH_4^+$ 能与水解离出的 $OH^-$ 结合成弱电解质 $NH_3 \cdot H_2O$；$Ac^-$ 能与水解离出的 $H^+$ 结合生成弱电解质 HAc，从而破坏了水的解离平衡，使水解反应强烈地进行，直至溶液中的 $NH_3 \cdot H_2O$、HAc 和水同时建立新的平衡为止。

$$
\begin{array}{cccccc}
NH_4Ac & \longrightarrow & NH_4^+ & + & Ac^- \\
 & & + & & + \\
H_2O & \rightleftharpoons & OH^- & + & H^+ \\
 & & \updownarrow & & \updownarrow \\
 & & NH_3 \cdot H_2O & & HAc
\end{array}
$$

写成离子方程式为：$NH_4^+ + Ac^- + H_2O \rightleftharpoons NH_3 \cdot H_2O + HAc$

至于这类盐溶液水解后显示酸性或碱性，要根据组成它的弱酸弱碱的相对强度而定。对于 $NH_4Ac$ 来说，由于 $NH_3 \cdot H_2O$ 和 HAc 的解离常数几乎相等，故其溶液显中性。

一般情况下，弱酸弱碱盐水解溶液呈现的酸碱性由其对应的弱酸、弱碱的 $K_a$、$K_b$ 值的相对大小决定。

### 4. 强酸强碱盐不水解

以 NaCl 为例，NaCl 在水中能全部解离成 $Na^+$ 和 $Cl^-$，它们不能与水解离出的 $H^+$ 或 $OH^-$ 结合成弱电解质，水的解离平衡不受影响，故其水溶液显中性。

## 二、影响盐类水解的因素

### 1. 盐类的本性

盐类水解程度的大小主要取决于盐的本性。当盐类水解后所生成的弱酸或弱碱酸碱性越弱时，水解程度越大。若水解产物为难溶性物质或挥发性物质时，水解进行得较完全。如 $Al_2S_3$ 遇到水会全部水解：

$$2Al^{3+} + 3S^{2-} + 6H_2O \longrightarrow 2Al(OH)_3 + 3H_2S$$

### 2. 盐的浓度

对同一种盐而言，盐溶液的浓度越小，水解程度越大，即溶液稀释时，可以加快盐的水解。

### 3. 酸度

由于盐类发生水解，使溶液显示不同的酸碱性，如果调节溶液的酸碱度，会使盐的水解平衡发生移动，从而达到促进或抑制盐类水解的目的。如测定土壤有机质时，常需配制一定量浓度的硫酸亚铁溶液，但硫酸亚铁在水溶液中发生如下水解：

$$FeSO_4 + 2H_2O \longrightarrow Fe(OH)_2 + H_2SO_4$$

为了防止水解，在配制硫酸亚铁溶液时，需加入适量的硫酸使平衡向左移动，以抑制水解反应的进行。

又如 $Na_2CO_3$ 的水解，可通过加酸的方法促进该盐的水解。

$$CO_3^{2-} + H_2O \rightleftharpoons HCO_3^- + OH^-$$

### 4. 温度

盐的水解是中和反应的逆反应，中和反应为放热反应，因此盐的水解反应为吸热反应。故升高温度，可以促进盐的水解反应。

在洗涤物品时，加热 $Na_2CO_3$ 溶液，可使 $Na_2CO_3$ 的水解程度加大，溶液中的氢氧根浓度增大，去污能力也就增强。

## 第五节 沉淀溶解平衡

任何难溶电解质在水溶液中总会或多或少地溶解，绝对不溶的物质是不存在的。一般认为：溶解度大于 0.1g/100g（$H_2O$）的电解质为易溶电解质；溶解度在 0.01～0.1g/100g（$H_2O$）的电解质为微溶电解质；溶解度小于 0.01g/100g（$H_2O$）的电解质为难溶电解质。

难溶电解质的饱和溶液中，存在着未溶解固体与已溶解的离子之间的平衡，称为沉淀溶解平衡。

### 知识探究

溶洞的形成是石灰岩地区地下水长期溶蚀的结果。石灰岩的主要成分是碳酸钙（$CaCO_3$），在有水和二氧化碳时发生化学反应生碳酸氢钙［$Ca(HCO_3)_2$］，后者可溶于水，石灰岩中的钙被水溶解带走，经过上百万年甚至上千万年，石灰岩地表就会形成溶沟、溶槽，地下就会形成空洞。当这种含钙的水，在流动中失去压力，或成分发生变化，钙有一部分会以石灰岩的堆积物形态沉淀下来，由于免受自然外力的破坏，便形成了石钟乳、石笋、石柱等自然景观。

## 一、溶度积原理

### 1. 溶度积常数

以氯化银为例，将氯化银晶体投入水中，晶体表面的 $Ag^+$和 $Cl^-$在水分子的作用下，不断从固体表面溶入水中，形成水合离子的过程为溶解。由于水合离子的热运动，当碰到固体的表面时又会沉积于固体表面，此过程为沉淀。这是两个相反的过程，当溶解的速率和沉淀的速率相等时，体系达到平衡状态，AgCl 的沉淀溶解平衡可表示为：

$$AgCl(s) \underset{沉淀}{\overset{溶解}{\rightleftharpoons}} Ag^+(aq) + Cl^-(aq)$$

此时，溶液中有关离子的浓度不再随时间而变化。因为 AgCl 是固体，根据化学平衡原理，则：

$$K^{\ominus}_{sp,\ AgCl}=[c(Ag^+)/c^{\ominus}][c(Cl^-)/c^{\ominus}]$$

$K^{\ominus}_{sp}$，称为难溶电解质的溶度积常数，简称溶度积。它是难溶电解质的特征常数。

若难溶电解质为 $A_mB_n$ 型，在一定温度下，其饱和溶液中的沉淀溶解平衡为：

$$A_mB_n(s) \rightleftharpoons mA^{n+}(aq) + nB^{m-}(aq)$$

溶度积常数的表达式为：

$$K^{\ominus}_{sp}=[c(A^{n+})/c^{\ominus}]^m[c(B^{m-})/c^{\ominus}]^n$$

不考虑 $K$ 的量纲时，上式可以简写为：

$$K_{sp}=c^m(A^{n+})c^n(B^{m-})$$

因此，溶度积可定义为：在一定温度下，难溶电解质的饱和溶液中，有关离子浓度幂的乘积为一常数，称为溶度积常数。$K_{sp}$ 的大小主要决定于难溶电解质的本性，与温度有关，与离子浓度改变无关。在一定温度下，$K_{sp}$ 的大小可以反映物质的溶解能力和生成沉淀的难易。$K_{sp}$ 值越大，表明该物质在水中溶解的趋势越大，生成沉淀的趋势越小；反之亦然。常见难溶电解质的溶度积常数见附录。

### 2. 溶度积与溶解度的关系

溶解度是指在一定温度下，达到溶解平衡时，单位体积溶液中能溶解溶质的物质的量浓度。它和溶度积都反映了物质的溶解能力，二者之间必然存在着一定的联系。

**【例 4-8】** 25℃时，$CaCO_3$ 在水中的溶解度为 $5.29\times10^{-5}$mol/L，求该温度下 $CaCO_3$ 的溶度积。

$$CaCO_3(s) \rightleftharpoons \underset{s}{Ca^{2+}} + \underset{s}{CO_3^{2-}}$$

**解**　平衡时：$CaCO_3$ 的溶度积 $K_{sp}=c(Ca^{2+})c(CO_3^{2-})=S^2=2.8\times10^{-9}$

答：25℃时，$CaCO_3$ 的溶度积为 $2.8\times10^{-9}$。

**【例 4-9】** 25℃时，AgCl 的 $K_{sp}=1.8\times10^{-10}$，$Ag_2CO_3$ 的 $K_{sp}=8.1\times10^{-12}$，求 AgCl 和 $Ag_2CO_3$ 的溶解度。

**解**　设 AgCl 的溶解度为 $x$(mol/L)，则 $K_{sp,AgCl}=c(Ag^+)c(Cl^-)=x^2$。

$$x=\sqrt{K_{sp,\ AgCl}}=\sqrt{1.8\times10^{-10}}=1.34\times10^{-5}(mol/L)$$

设 $Ag_2CO_3$ 的溶解度为 $y$（mol/L），则 $K_{sp,\ Ag_2CO_3}=c^2(Ag^+)c(CO_3^{2-})=(2y)^2y=4y^3$。

$$y=\sqrt[3]{\frac{K_{sp,\ Ag_2CO_3}}{4}}=\sqrt[3]{\frac{8.1\times10^{-12}}{4}}=1.27\times10^{-4}(mol/L)$$

答：AgCl 溶解度为 $1.34\times10^{-5}$mol/L，$Ag_2CO_3$ 溶解度为 $1.27\times10^{-4}$mol/L。

AgCl 比 $AgCO_3$ 的溶度积大，但 AgCl 比 $Ag_2CO_3$ 的溶解度反而小。由此可见，溶度积大的难溶电解质其溶解度不一定也大，这与其类型有关。如属同种类型（如 AgCl、AgBr、AgI 都属于 AB 型）时，可直接用 $K_{sp}$ 的数值大小来比较它们溶解度的大小，但属于不同类型（如 AgCl 是 AB 型，$Ag_2CO_3$ 是 $A_2B$ 型）时，其溶解度的相对大小须经计算才能进行比较。

不同类型的难溶电解质的 $K_{sp}$ 与 $S$ 的换算关系不同。

对 AB 型：$S=K_{sp}=S^2$，$S=\sqrt{K_{sp}}$

对 $A_2B$ 型或 $AB_2$ 型：$K_{sp}=4S^3$，$S=\sqrt[3]{K_{sp}/4}$

对 $AB_3$ 型或 $A_3B$ 型：$K_{sp}=27S^4$，$S=\sqrt[4]{K_{sp}/27}$

### 3. 溶度积规则

同其他化学平衡一样，难溶电解质的沉淀溶解平衡也是动态平衡。如果条件改变，平衡会向着生成沉淀或沉淀溶解的方向移动。

在难溶电解质的溶液中，有关离子浓度方次的乘积称为离子积，用符号 $Q_i$ 表示。

$$A_mB_n(s) \rightleftharpoons mA^{n+} + nB^{m-}$$

$$Q_i=c^m(A^{n+})c^n(B^{m-})$$

$Q_i$ 和 $K_{sp}$ 的表达式完全一样，但 $Q_i$ 表示任意情况下的有关离子浓度方次的乘积，其数值不定；而 $K_{sp}$ 仅表示达到沉淀溶解平衡时有关离子浓度方次的乘积，是定值。在任何给定的难溶电解质的溶液中，依据平衡移动原理得出：

（1）$Q_i<K_{sp}$ 时，为不饱和溶液，无沉淀析出。若体系中有固体存在，平衡向右移动，固体将溶解直至饱和为止。

（2）$Q_i=K_{sp}$ 时，是饱和溶液，溶液中的离子与沉淀之间处于动态平衡状态。

（3）$Q_i>K_{sp}$ 时，为过饱和溶液，平衡向左移动，有沉淀析出，直至饱和。

以上称为溶度积规则，它是难溶电解质多相离子平衡移动规律的总结。据此可以判断体系中是否有沉淀生成或溶解，也可以通过控制离子的浓度，使沉淀生成或使沉淀溶解。

### 4. 同离子效应和盐效应

如果向难溶电解质的饱和溶液中加入易溶的强电解质，将会产生同离子效应和盐效应。

（1）同离子效应　根据溶度积规则，若向 $BaSO_4$ 饱和溶液中加入 $BaCl_2$ 溶液，由于 $Ba^{2+}$ 浓度增大，使得 $Q_i>K_{sp}$，因此，$BaSO_4$ 溶液中有沉淀析出，从而使 $BaSO_4$ 的溶解度降低。同样，若加 $Na_2SO_4$ 也会产生相同效果。这种加入含有相同离子的易溶强电解质，而引起难溶电解质溶解度降低的现象称为同离子效应。

同离子效应在分析鉴定和分离提纯中应用很广。实际工作中常用沉淀剂来沉淀溶液中的离子。

**【例 4-10】**　计算 $BaSO_4$ 在 0.1mol/L $Na_2SO_4$ 溶液中的溶解度。

**解**　设 $BaSO_4$ 溶解度为 $x$（mol/L）。

$$BaSO_4(s) \rightleftharpoons Ba^{2+}(aq) + SO_4^{2-}(aq)$$

平衡时　　$x$　　$x+0.1$

$$K_{sp,\ BaSO_4}=c(Ba^{2+})c(SO_4^{2-})=x(x+0.1)=1.1\times10^{-10}$$

由于 $BaSO_4$ 溶解度很小，$x\ll0.1$，故 $x+0.1\approx0.1$，则：

$$0.1x=1.1\times10^{-10} \qquad x=1.1\times10^{-9}(mol/L)$$

答：$BaSO_4$ 在 0.1mol/L $Na_2SO_4$ 溶液中的溶解度为 $1.1\times10^{-9}$mol/L。

（2）盐效应　实验证明，有时在难溶电解质的溶液中加入易溶强电解质，难溶电解质的溶解度比在纯水中稍大。例如，AgCl 在 $KNO_3$ 溶液中的溶解度比其在水中的溶解度大，并且 $KNO_3$ 的浓度越大，$AgNO_3$ 的溶解度也越大。这种加入易溶强电解质而使难溶电解质溶解度增大的作用，叫作盐效应。

产生盐效应的并不只限于加入盐类，在不发生化学反应的前提下，加入强酸、强碱同样能使难溶电解质的溶解度增大。

加入具有相同离子的强电解质，在产生同离子效应的同时，也能产生盐效应。所以在利用同离子效应降低溶解度时，如果沉淀剂过量太多，将会引起盐效应，使沉淀的溶解度增大。

## 二、溶度积规则的应用

### 1. 沉淀的生成

根据溶度积规则，在难溶电解质的溶液中，如果 $Q_i>K_{sp}$ 就会生成沉淀，这是生成沉淀的必要条件。

**【例 4-11】** 将等体积的 0.004mol/L $AgNO_3$ 和 0.004mol/L $K_2CrO_4$ 混合时，有无红色的 $Ag_2CrO_4$ 沉淀析出？

**解**　等体积混合后，浓度变为原来的一半，则：

$$c(Ag^+)=0.002mol/L$$

$$c(CrO_4^{2-})=0.002mol/L$$

$$Q_i=c^2(Ag^+)c(CrO_4^{2-})=(0.002)^2\times0.002=8\times10^{-9}$$

查附录得 $Ag_2CrO_4$ 的 $K_{sp}$ 为 $1.1\times10^{-12}$，所以 $Q_i>K_{sp}$。

故有沉淀产生。

由于没有绝对不溶于水的物质，所以任何一种沉淀的析出，实际上都不能绝对完全。因为溶液中沉淀溶解平衡总是存在的，即溶液中总会有极少量的待沉淀的离子残留。一般认为，当残留在溶液中的某种离子浓度小于 $10^{-5}$mol/L 时，就可以认为这种离子沉淀完全了。

用沉淀反应来分离溶液中的某种离子时，要使离子沉淀完全，一般应采取以下几种措施：

① 选择适当的沉淀剂，使沉淀的溶解度尽可能小。例如，除去溶液中的钡离子有三种沉淀剂：$Na_2CO_3$、$Na_2SO_4$ 和 $Na_2C_2O_4$，其 $S$ 分别为 $7.1\times10^{-5}$ 和 $1.1\times10^{-5}$、$4.0\times10^{-4}$，其中 $BaSO_4$ 的 $S$ 最小，应选择 $Na_2SO_4$ 作沉淀剂。

② 可加入适当过量的沉淀剂。根据同离子效应，加入过量的沉淀剂使沉淀更加完全。但沉淀剂的用量不是越多越好，在分析化学中一般沉淀剂过量 20%～50%，再多就会引起盐效应、配位效应等。

③ 控制沉淀时溶液的 pH 值，使沉淀完全。如：在化学试剂生产中，控制 $Fe^{3+}$ 的含量是衡量产品质量的重要标志之一。要除去 $Fe^{3+}$，一般都要通过控制溶液的 pH 值，使 $Fe^{3+}$ 生成

$Fe(OH)_3$沉淀。

不同氢氧化物的组成不同，$K_{sp}$也不同，它们沉淀完全所需的 pH 值也不同，因此，通过控制溶液的 pH 值，就可以达到分离某些金属离子的目的。

## 2. 沉淀的溶解

根据溶度积规则，沉淀溶解的必要条件是 $Q_i<K_{sp}$。因此，只要降低溶液中某种离子的浓度，就可使沉淀溶解。

（1）生成弱电解质　例如 $Mg(OH)_2$ 等难溶氢氧化物能溶于酸或铵盐中，即：

$$
\begin{array}{ccc}
Mg(OH)_2(s) & \rightleftharpoons & Mg^{2+}(aq) + 2OH^-(aq) \\
 & & + \\
2HCl & \longrightarrow & 2Cl^- + 2H^+ \\
 & & \updownarrow \\
 & & 2H_2O
\end{array}
$$

总反应：$Mg(OH)_2(s) + 2H^+ \longrightarrow Mg^{2+} + 2H_2O$

$$
\begin{array}{ccc}
Mg(OH)_2(s) & \rightleftharpoons & Mg^{2+}(aq) + 2OH^-(aq) \\
 & & + \\
2NH_4Cl & \longrightarrow & 2Cl^- + 2NH_4^+ \\
 & & \updownarrow \\
 & & 2NH_3 \cdot H_2O
\end{array}
$$

总反应：$Mg(OH)_2(s) + 2NH_4^+ \longrightarrow Mg^{2+} + 2NH_3 \cdot H_2O$

由于反应生成了弱电解质 $H_2O$ 或 $NH_3 \cdot H_2O$，从而大大降低了 $OH^-$的浓度，使 $Q_i<K_{sp}$，沉淀溶解。

（2）利用氧化还原反应　加入氧化剂或还原剂，使某离子发生氧化还原反应，使沉淀溶解。例如：$As_2S_3$ 不溶于盐酸，这是由于其 $K_{sp}$ 数值特别小，在饱和溶液中存在的 $S^{2-}$ 浓度非常小，所以在盐酸溶液中难以形成 $H_2S$。用浓 $HNO_3$ 将 $As_2S_3$ 中的 $S^{2-}$ 氧化成 $SO_4^{2-}$，As（Ⅲ）氧化成 $AsO_4^{3-}$，$As_2S_3$ 完全溶解。

$$
\begin{array}{ccc}
As_2S_3(s) & \rightleftharpoons & 2As^{3+} + 3S^{2-} \\
 & & \downarrow[O] \quad \downarrow[O] \\
 & & 2AsO_4^{3-} \quad 3SO_4^{2-}
\end{array}
$$

$$3As_2S_3 + 28HNO_3 + 4H_2O \longrightarrow 6H_3AsO_4 + 9H_2SO_4 + 28NO\uparrow$$

（3）生成配合物　加入适当的配位剂与某一离子生成稳定的配合物，使沉淀溶解。例如 AgCl 沉淀溶于氨水中。

$$
\begin{array}{ccc}
AgCl(s) & \rightleftharpoons & Ag^+(aq) + Cl^-(aq) \\
 & & + \\
 & & 2NH_3 \\
 & & \updownarrow \\
 & & [Ag(NH_3)_2]^+
\end{array}
$$

总反应：$AgCl(s) + 2NH_3 \longrightarrow [Ag(NH_3)_2]^+ + Cl^-$

（4）沉淀的转化 在含有白色 $PbSO_4$ 沉淀的溶液中，加入 $Na_2S$ 溶液后，可观察到沉淀由白色转变为黑色，其反应式为：

$$
\begin{array}{ccc}
PbSO_4(s) & \rightleftharpoons & Pb^{2+}(aq) + SO_4^{2-}(aq) \\
 & & + \\
Na_2S & = & S^{2-} + 2Na^+ \\
 & & \Downarrow \\
 & & PbS\downarrow
\end{array}
$$

总反应：$PbSO_4(s) + S^{2-} \longrightarrow PbS\downarrow + SO_4^{2-}$

这是因为 $PbSO_4$ 沉淀在溶液中能少量地解离出 $Pb^{2+}$和 $SO_4^{2-}$，维持着沉淀溶解平衡。当向 $PbSO_4$ 饱和溶液中加入 $Na_2S$ 时 $SO_4^{2-}$、$S^{2-}$ 都极力争夺 $Pb^{2+}$生成相应的沉淀，由于生成了更难溶的 PbS 沉淀，降低了溶液中的 $Pb^{2+}$浓度，破坏了 $PbSO_4$ 的沉淀溶解平衡，使 $PbSO_4$ 沉淀转化为 PbS 沉淀。像这种由一种难溶电解质借助于某一试剂的作用，转变为另一难溶电解质的过程叫沉淀的转化。

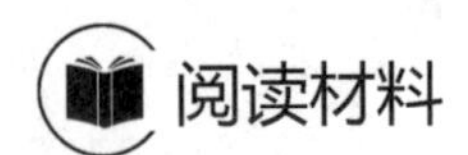


### 酸性肥料和碱性肥料

某些化学肥料施到土壤中后离解成阳离子和阴离子，由于作物吸收其中的阳离子多于阴离子，使残留在土壤中的酸根离子较多，从而使土壤（或土壤溶液）的酸度提高，这种通过作物吸收养分后使土壤酸度提高的肥料就叫生理酸性肥料，例如硫酸铵，作物吸收其中的 $NH_4^+$ 多于 $SO_4^{2-}$，残留在土壤中的 $SO_4^{2-}$与作物代换吸收释放出来的 H+（或解离出来的 H+）结合成硫酸而使土壤酸性提高。所以硫酸铵、氯化铵等都是生理酸性肥料。

某些肥料由于作物吸收其中阴离子多于阳离子，而在土壤中残留较多的阳离子，使得土壤碱性提高，这种通过作物吸收养分后使土壤碱性提高的肥料，叫做生理碱性肥料，例如硝酸钠，作物吸收其中的硝酸根多于钠离子，钠离子与作物交换出来的碳酸氢根结合成碳酸氢钠，碳酸氢钠水解即呈碱性，也可以是作物吸收硝酸根后在体内还原成氨的过程中消耗一定的酸。作物为了保持细胞 pH 的平衡而把多余的氢氧根（$OH^-$）排出体外，从而使土壤碱性提高，所以硝酸钠属于生理碱性肥料。

碱性肥料不要和铵态肥料、速效磷肥、腐熟的有机肥混用，否则会降低肥效，不利于作物生长。

## 一、选择题

1. 下列物质酸性最强的是（ ）。

A. 0.1mol/L 的盐酸　　B. 0.1mol/L 的醋酸

C. 氢离子浓度为 $1.0\times10^{-14}$mol/L 的溶液　　D. 氢氧根浓度为 $1.0\times10^{-14}$mol/L 的溶液

2. $NH_4^+$ 的共轭碱是（　　）。

A. $OH^-$　　B. $NH_3$　　C. $NH_2^-$　　D. $NH^{2-}$

3. 如果 0.1mol/L HCN 溶液中有 0.01%的 HCN 解离，那么 HCN 的解离常数是（　　）。

A. $10^{-2}$　　B. $10^{-3}$　　C. $10^{-7}$　　D. $10^{-9}$

4. 0.2mol/L 甲酸溶液中有 3.2%的甲酸解离，它的解离常数是（　　）。

A. $9.6\times10^{-3}$　　B. $4.8\times10^{-5}$　　C. $1.25\times10^{-6}$　　D. $2.1\times10^{-4}$

5. 0.50mol/L HAc 的解离度是（$K_a=1.76\times10^{-5}$）（　　）。

A. 0.030%　　B. 1.3%　　C. 0.60%　　D. 0.90%

6. 在 HAc 水溶液中加入 NaAc 使 HAc 解离度降低，在 $BaSO_4$ 饱和溶液中加入 $Na_2SO_4$ 使 $BaSO_4$ 沉淀定量增加，这是由于（　　）。

A. 前者叫同离子效应，后者叫盐析　　B. 前者叫盐效应，后者叫同离子效应

C. 两者均属同离子效应　　D. 两者均属盐效应

7. 下列各对酸碱混合物中，能配制 pH=9 的缓冲溶液的是（　　）。

A. HAc 和 NaAc　　B. $NH_4Cl$ 和 HAc

C. HAc 和 $NH_3$　　D. $NH_4Cl$ 和 $NH_3$

8. 下列各物质放入水中，因促使水的解离而使溶液显酸性的是（　　）。

A. $NaHSO_4$　　B. $Na_3PO_4$　　C. HAc　　D. $Al_2(SO_4)_3$

9. 在任何温度下，纯水都是中性，这是因为纯水中（　　）。

A. pH=7　　B. $c(H^+)=c(OH^-)$

C. $c(H^+)=c(OH^-)=10^{-7}$　　D. $c(H^+)c(OH^-)=10^{-14}$

10. 下列不发生水解的盐是（　　）。

A. NaAc　　B. $KNO_3$　　C. $NH_4Ac$　　D. $AlCl_3$

## 二、填空题

1. 下列物质 $CO_3^{2-}$、$HS^-$、$H_2O$、$NH_4^+$、$NH_3$ 中，属于质子酸的是________，其共轭碱是________。属于质子碱的是________，其共轭酸是________。$HPO_4^{2-}$ 的共轭碱是________；$HPO_4^{2-}$ 的共轭酸是________。

2. 0.4mol/L $NH_3\cdot H_2O$ 溶液的 $OH^-$浓度是 0.1mol/L $NH_3\cdot H_2O$ 溶液的 $OH^-$浓度的________倍。（已知 $K_b=1.76\times10^{-5}$）

3. pH=3 的 HAc（$K_a=1.76\times10^{-5}$）溶液其浓度为________mol/L，将此溶液和等体积等浓度为 0.03mol/L 的 NaOH 溶液混合后，溶液的 pH 约为________。

4. 相同温度下，$PbSO_4$ 在 $KNO_3$ 溶液中的溶解度比在水中的溶解度________，这种现象称为________；而 $PbSO_4$ 在 $K_2SO_4$ 溶液中的溶解度比在水中的溶解度________，这种现象称为________。

5. 在 0.1mol/L HAc 溶液中加入 NaAc 固体后，HAc 浓度________，解离度________，pH 值________，解离常数________。

6. 碳酸氢钠水溶液显________性，能使酚酞显________色。硝酸铵的水溶液显

性，能使石蕊显________色。氰酸铵的水溶液显________性。

## 三、计算题

1. 计算下列溶液的 pH

（1）$c(H^+)=1.34\times10^{-5}$mol/L

（2）$c(OH^-)=2.5\times10^{-9}$mol/L

（3）0.1mol/L $HNO_3$ 溶液

（4）0.05mol/L $Ba(OH)_2$ 溶液

2. 计算下列溶液的氢离子浓度和 pOH

（1）pH=3.00 的柠檬汁

（2）pH=5.00 的酸雨

（3）pH=4.00 的胃液

（4）pH=10.00 的缓冲溶液

3. 实验测得某氨水的 pH 为 11.2，已知氨水的 $K_b=1.76\times10^{-5}$，求氨水的浓度。

4. 已知 HCOOH $K_a=1.77\times10^{-4}$，HAc $K_a=1.76\times10^{-5}$，$NH_3\cdot H_2O$ $K_b=1.76\times10^{-5}$。

（1）欲配制 pH=3.00 缓冲溶液，选用哪一缓冲对最好？

（2）缓冲对的浓度比值为多少？

5. 0.10mol/L HAc 溶液 50L 和 0.10mol/L NaOH 溶液 25L 混合，溶液的 $c(H^+)$ 是多少？（HAc $K_a=1.76\times10^{-5}$）

6. 若在 0.050mol/L $K_2CrO_4$ 溶液中缓慢加入 $Ag^+$，问：

（1）开始生成沉淀时，$Ag^+$浓度是多少？

（2）当 $Ag^+$浓度为 $1.0\times10^{-4}$mol/L 时，有多少 $CrO_4^{2-}$ 仍在溶液中？

（3）要使 $CrO_4^{2-}$ 完全沉淀，则 $Ag^+$的浓度应是多少？（$K_{sp,\ Ag_2CrO_4}=9.0\times10^{-12}$）

7. 已知 $Ca(OH)_2$ 的 $K_{sp}=5.5\times10^{-6}$，试计算其饱和溶液的 pH 值。

8. 已知 25℃时，0.2mol/L 氨水的 pH=11.27。试计算该溶液中氢氧根的浓度、氨的解离常数和解离度。

9. 根据 AgI 的溶度积计算：

（1）AgI 在纯水中的溶解度；

（2）AgI 在 0.001mol/L KI 溶液中的溶解度。

10. 应选取何种共轭酸碱对来配制 pH=4.50 和 pH=10.50 的缓冲溶液？其缓冲比应为多少？

# 第五章　配位化合物

## 思维导图

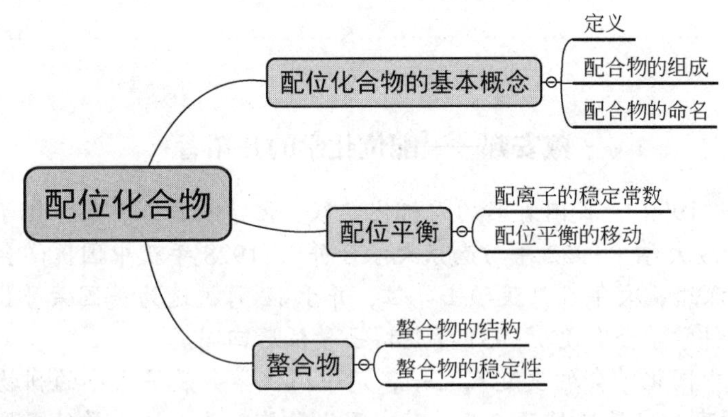


## 知识与技能目标

1. 理解配位化合物概念、组成，理解配位化合物命名规则。
2. 掌握中心离子、配体、配位原子、配位数、配离子的电荷数、螯合物等概念。
3. 理解配位平衡及影响配位平衡的因素。
4. 掌握常见配合物的命名及结构的书写。
5. 能应用配位平衡原理进行相关计算。
6. 了解配合物在生产科研上的应用。

## 素质目标

训练学生科学的思维方式，培养其科学精神和用科学造福人类的意识。

配位化合物简称配合物，是一类组成比较复杂的化合物。配合物应用很广，特别是在生物和医学方面更有其特殊的重要性。生物体内的金属元素多以配合物的形式存在，例如叶绿素是镁的配合物，植物的光合作用靠它来完成。又如动物血液中的血红蛋白是铁的配合物，在血液中起着输送氧气的作用。在医药上，许多药物本身就是配合物。例如治疗恶性贫血的维生素 $B_{12}$ 是钴的配合物；治疗癌症的药物顺铂就是铂的配合物；治疗糖尿病的胰岛素是锌的配合物。配位化学是目前化学学科中最为活跃的研究领域之一。配位化学打破了传统无机化学和有机化学的界限，并与物理化学、生物化学、环境化学等渗透，成为贯通众多学科的一个交叉点。

# 第一节 配位化合物的基本概念

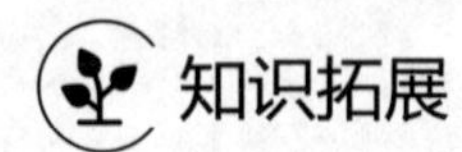

**戴安邦——配位化学的开拓者**

戴安邦（1901—1999），我国著名的无机化学家、化学教育家、配位化学的开拓者和奠基人。1919 年考入金陵大学（1952 年与南京大学合并），1928 年获中国医学会奖学金赴美国哥伦比亚大学化学系深造，次年 6 月获硕士学位，并于 12 月被选为美国荣誉化学学会会员，后又被选为美国荣誉科学学会会员。1931 年获博士学位后回国。

戴安邦先生是中国化学会的发起人之一，是中国化学会最早主办的刊物《化学》的创办者 ，为中国的化学事业发展奉献了一生，对中国化学特别是无机化学的发展和繁荣有极大的贡献。戴安邦先生认为化学是造福于人类的科学，化学家首先应热爱化学，有为事业为国家的献身精神。化学家对科学发展应有责任敏感性和创新意识，具团队协作精神和高尚的品德。戴安邦先生一生根据祖国科学技术的发展需要，从事了多个化学领域的教学和科研工作。先后在胶体化学及多酸多碱、化学模拟生物固氮、配合物固相反应研究、抗肿瘤金属配合物研究和新功能配合物设计与合成等领域取得重大成果。他是中国配位化学的主要奠基人之一，建立了南京大学配位化学研究所、配位化学国家重点实验室,为我国配位化学的繁荣发展及人才培养作出了重大贡献。

## 一、配合物

在硫酸铜溶液中逐滴加入氨水，开始时有蓝色 $Cu(OH)_2$ 沉淀生成，当加入氨水过量时，蓝色沉淀消失，变成深蓝色溶液。如果再向深蓝色溶液中加入稀碱溶液，却得不到 $Cu(OH)_2$ 沉淀，也无氨气放出，但加入 $BaCl_2$ 却立即产生白色沉淀。实验事实说明溶液中有大量的 $SO_4^{2-}$，而游离的 $Cu^{2+}$和 $NH_3$ 的浓度却很低。这是因为溶液中 $Cu^{2+}$与 $NH_3$ 分子已紧密地结合在一起，形成了稳定的复杂离子。

### 1. 配离子

像这种由一个中心离子（或原子）和几个配体（阴离子或分子）以配位键形成的复杂离子，通常称为配离子。

### 2. 配合物

含有配离子的化合物称为配合物。如在 $CuSO_4$ 溶液中加入过量的氨水可生成深蓝色的配合物：

$$CuSO_4 + 4NH_3 \longrightarrow [Cu(NH_3)_4]SO_4 \text{（深蓝色）}$$

像 $[Cu(NH_3)_4]SO_4$ 这类由中心离子和配体以配位键结合成的较复杂的化合物就是配合物。另外，像 $[Ni(CO)_4]$、$[Co(NH_3)Cl_3]$ 等无外界的配合物称为配分子。

## 二、配合物的组成

### 1. 内界和外界

配合物的结构比较复杂，通常将其划分为内界和外界两个部分。配离子部分称为内界，除配离子以外的其他离子称为外界。配离子的内界和外界通过离子键相结合。例：

| $[Cu(NH_3)_4]SO_4$ | $K_3[Fe(CN)_6]$ |
| --- | --- |
| 内界　外界 | 外界　内界 |

### 2. 中心离子（或中心原子）

在配合物中，接受电子对的离子或原子称为中心离子（中心原子）。中心离子是配合物的核心，它一般是阳离子，也有电中性原子，如 $[Ni(CO)_4]$ 中的 Ni 原子。中心离子绝大多数为金属离子特别是过渡金属离子，也可以是一些具有高氧化数的非金属元素的离子。如 $Na[BF_4]$ 中的 B(Ⅲ)。

### 3. 配体和配位原子

在配合物中与中心离子直接结合的阴离子或中性分子叫配体，如:$OH^-$、:$SCN^-$、:$CN^-$、:$NH_3$、$H_2O$:等。配体中具有孤电子对并与中心离子形成配位键的原子称为配位原子。上述配体中旁边带有“:”号的即为配位原子。一般常见的配位原子主要是周期表中电负性较大的非金属元素原子，如：F、O、Cl、N、S、C 等。

根据配位体所含配位原子的数目，可将配体分为单基配体和多基配体。只含有一个配位原子的配体称为单基配体，如 $X^-$、$NH_3$、$H_2O$、$CN^-$等。含有两个或两个以上配位原子并同时与一个中心离子形成配位键的配体，称为多基配体。此类配体常称作螯合剂。如乙二胺 $H_2NCH_2CH_2NH_2$（简写作 en）及草酸根等，其配位情况示意图如下（箭头是配位键的指向）：

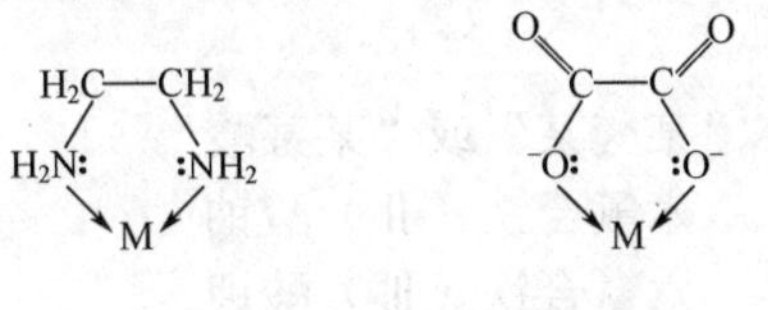

### 4. 配位数

配合物中直接同中心离子形成配位键的配位原子的数目称为该中心离子的配位数。一般简单配合物的配体是单基配体，中心离子配位数即是内界中配体的总数。例如，配合物 $[Co(NH_3)_6]^{3+}$，中心离子 Co 与 6 个 $NH_3$ 分子中的 N 原子配位，其配位数为 6。在配合物 $[Zn(en)_2]SO_4$ 中，中心离子 $Zn^{2+}$与两个乙二胺分子结合、而每个乙二胺分子中有两个 N 原子配位，故 $Zn^{2+}$的配位数为 4，因此，应注意配位数与配体数的区别。

在形成配合物时，影响中心离子的配位数是多方面的，在一定范围的外界条件下，某一个中心离子有一个特征配位数。多数金属离子的特征配位数是 2、4 和 6。

一些常见离子的配位数如下：

| 配位数 | 中心离子 |
| --- | --- |
| 2 | $Ag^+$、$Cu^+$、$Au^+$等； |
| 4 | $Cu^{2+}$、$Zn^{2+}$、$Ni^{2+}$、$Hg^{2+}$、$Cd^{2+}$、$Pt^{2+}$等； |
| 6 | $Fe^{3+}$、$Fe^{2+}$、$Al^{3+}$、$Pt^{4+}$、$Cr^{3+}$、$Co^{3+}$等。 |

### 5. 配离子的电荷数

配离子的电荷数等于中心离子和配体电荷的代数和，在 $[Cu(NH_3)_4]^{2+}$中，配体是中性分子，所以配离子的电荷数等于中心离子的电荷数+2。在 $[Fe(CN)_6]^{4-}$中，中心离子 $Fe^{2+}$的电荷为+2，6 个 $CN^-$的电荷为−6，所以配离子的电荷为 (+2)+(−1)×6=−4。

## 三、配合物的命名

### 1. 习惯命名法

| | |
|---|---|
| $K_3[Fe(CN)_6]$ | 铁氰化钾或赤血盐 |
| $K_4[Fe(CN)_6]$ | 亚铁氰化钾或黄血盐 |
| $H_2[PtCl_6]$ | 氯铂酸 |
| $[Cu(NH_3)_4]SO_4$ | 硫酸铜氨 |

但配合物数量多，运用习惯命名法不易掌握。

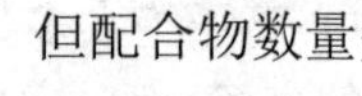

### 2. 系统命名法

配合物的系统命名与一般无机化合物的命名相同，先命名其阴离子部分，再命名阳离子部分，称为某化某、某酸某、氢氧化某和某某酸。

配离子一般按下列顺序依次命名：

配体数→配体名称→“合”→中心离子名称→中心离子氧化数（加圆括号，用罗马数字表示）。

若有几种阴离子配体，命名顺序是：简单离子→复杂离子→有机酸根离子；若有几种中性分子配体，命名顺序是：$NH_3$→$H_2O$→有机分子；若既有阴离子配体，又有中性分子配体时，命名顺序是：阴离子→中性分子。不同的配体之间以中圆点（·）分开。各配体的个数用数字一、二、三、……写在该种配体名称的前面。

### 3. 命名实例

（1）配阴离子配合物　称“某酸某”或“某某酸”。

| | |
|---|---|
| $Na_4[FeF_6]$ | 六氟合铁（Ⅱ）酸钠 |
| $K_3[Fe(CN)_6]$ | 六氰合铁（Ⅲ）酸钾 |
| $Na[Cr(SCN)_4(NH_3)_2]$ | 四硫氰·二氨合铬（Ⅲ）酸钠 |
| $H[AuCl_4]$ | 四氯合金（Ⅲ）酸 |
| $(NH_4)_2[PtCl_6]$ | 六氯合铂（Ⅳ）酸铵 |

（2）配阳离子配合物　称“某化某”“氢氧化某”或“某酸某”。

| | |
|---|---|
| $[Cu(NH_3)_4]SO_4$ | 硫酸四氨合铜（Ⅱ） |
| $[Co(NH_3)_6]Br_3$ | 溴化六氨合钴（Ⅲ） |
| $[CoCl_2(NH_3)_3(H_2O)]Cl$ | 氯化二氯·三氨·一水合钴（Ⅲ） |
| $[Ag(NH_3)_2]OH$ | 氢氧化二氨合银（Ⅰ） |

（3）配分子　中心原子的氧化数可不标明。

| | |
|---|---|
| $[PtCl_2(NH_3)_2]$ | 二氯·二氨合铂（Ⅱ） |
| $[Ni(CO)_4]$ | 四羰基合镍 |
| $[Fe(NCS)_3]$ | 三异硫氰合铁 |

# 第二节 配位平衡

## 一、配离子的稳定常数

将过量的氨水加到 $AgNO_3$ 溶液中，有 $[Ag(NH_3)_2]^+$ 生成。

$$Ag^+ + 2NH_3 \longrightarrow [Ag(NH_3)_2]^+$$

这类反应称为配位反应。当在此溶液中加入 NaCl 时，并无 AgCl 白色沉淀产生，说明溶液中游离的 $Ag^+$很少。在 $[Ag(NH_3)_2]^+$ 溶液中加入 KBr 溶液，便有浅黄色的 AgBr 沉淀生成，证明 $[Ag(NH_3)_2]^+$ 溶液中还有少许 $Ag^+$存在的。这说明 $Ag^+$和 $NH_3$ 发生配位反应的同时还存在着 $[Ag(NH_3)_2]^+$ 的解离反应。当配位反应和解离反应的速率相等时，就达到了平衡状态，称为配位平衡。

$$Ag^+ + 2NH_3 \underset{\text{解离}}{\overset{\text{配位}}{\rightleftharpoons}} [Ag(NH_3)_2]^+$$

$$K_f = \frac{c([Ag(NH_3)_2]^+)}{c(Ag^+)c^2(NH_3)_2}$$

该平衡常数叫做配离子的配位平衡常数。其数值越大，说明生成配离子的倾向越大，而解离的倾向越小，配离子越稳定，所以常把它称为配离子的稳定常数，一般用 $K_f$ 表示。不同配离子的 $K_f$ 值不同。一些常见配离子的稳定常数见附录。

同类型的配离子，即配位体数目相同的配离子，不存在其他副反应时，可直接根据 $K_f$ 值比较配离子稳定性的大小。如 $[Ag(CN)_2]^-(K_f=1.26\times10^{21})$ 比 $[Ag(NH_3)_2]^+(K_f=1.6\times10^7)$ 稳定得多。对不同类型的配离子不能简单地利用 $K_f$ 值来比较它们的稳定性，要通过计算同浓度时溶液中心离子的浓度来比较。例如，$[Cu(en)_2]^{2+}(K_f=1.0\times10^{20})$ 和 $[CuY]^{2-}(K_f=6.31\times10^{18})$，似乎前者比后者稳定，而事实恰好相反。

**【例 5-1】** 在 1.0mL 0.04mol/L $AgNO_3$ 溶液中加入 1.0mL 2.00mol/L $NH_3 \cdot H_2O$，计算平衡时溶液中的 $Ag^+$浓度。

**解** 查附录得 $K_{f,[Ag(NH_3)_2]^+}=1.6\times10^7$

由于等体积混合，浓度减半，$c(AgNO_3)$=0.02mol/L，$c(NH_3)$=1.00mol/L

设平衡时 $c(Ag^+)=x$(mol/L)，则

| | $Ag^+$ | $+ 2NH_3$ | $\rightleftharpoons$ $[Ag(NH_3)_2]^+$ |
|---|---|---|---|
| 起始浓度/(mol/L) | 0.02 | 1.00 | 0 |
| 平衡浓度/(mol/L) | $x$ | $1-2(0.02-x)$ | $0.02-x$(因 $x$ 较小) |
| | | ≈0.96 | ≈0.02 |

由 $K_f=\dfrac{c([Ag(NH_3)_2]^+)}{c(Ag^+)c^2(NH_3)}$ 有

$$c(Ag^+)=\frac{c([Ag(NH_3)_2]^+)}{K_f c^2(NH_3)}=\frac{0.02}{1.6\times10^7\times(0.96)^2}=1.36\times10^{-9}\text{(mol/L)}$$

答：平衡时溶液中 $Ag^+$浓度为 $1.36\times10^{-9}$mol/L。

## 二、配位平衡的移动

配位平衡与其他化学平衡一样，如果平衡体系的条件（如浓度、酸度）发生改变，平衡就会发生移动。下面分别讨论沉淀反应、溶液的酸度、氧化还原反应对配位平衡移动的影响，以及配离子的转化。

### 1. 配位平衡与沉淀溶解平衡

在生产中，常需要将一种沉淀溶解，或是在一种配合物溶液中将金属离子沉淀出来。例如：在含有 $[Cu(NH_3)_4]^{2+}$ 的溶液中，加入 $Na_2S$ 溶液，配位剂 $NH_3$ 和沉淀剂 $S^{2-}$均要争夺 $Cu^{2+}$，$S^{2-}$争夺 $Cu^{2+}$的能力更强，因而有黑色的 CuS 沉淀生成。

$$\begin{array}{l} Cu^{2+} + 4NH_3 \rightleftharpoons [Cu(NH_3)_4]^{2+} \\ + \\ S^{2-} \rightleftharpoons CuS\downarrow \end{array}$$

总反应为：$[Cu(NH_3)_4]^{2+} + S^{2-} \longrightarrow CuS\downarrow + 4NH_3$

这样沉淀平衡与配位平衡构成了一个竞争平衡体系。

同样，我们也能利用配位平衡使沉淀溶解。如：

$$\begin{array}{l} Ag^+ + Cl \rightleftharpoons AgCl(s) \\ + \\ 2NH_3 \rightleftharpoons [Ag(NH_3)_2]^+ \end{array}$$

总反应为：$AgCl(s) + 2NH_3 \longrightarrow [Ag(NH_3)_2]^+ + Cl^-$

总的平衡常数为：

$$K_j=\frac{c([Ag(NH_3)_2]^+)c(Cl^-)}{c^2(NH_3)}=\frac{c([Ag(NH_3)_2]^+)c(Cl^-)}{c^2(NH_3)}\times\frac{c(Ag^+)}{c(Ag^+)}=K_{f,[Ag(NH_3)_2]^+}K_{sp,AgCl}$$

由此可知：难溶物的 $K_{sp}$ 和配离子的 $K_f$ 越大，表示难溶物越易溶解；反之，$K_{sp}$ 和 $K_f$ 越小，表示配离子越易解离。

### 2. 配位平衡与酸碱平衡

由于很多配体本身是弱碱，如 $F^-$、$CN^-$、$NH_3$，因此，溶液酸度的改变能使配位平衡移动。当溶液中 pH 变小时，$H^+$便和配体结合成弱电解质分子或离子，从而导致配体浓度降低，使配位平衡向解离方向移动，此时溶液中配位平衡与酸碱平衡同时存在，是配位平衡与酸碱平衡之间的竞争反应。例如：

$$\begin{array}{l} Fe^{3+} + 6F^- \rightleftharpoons [FeF_6]^{3-} \\ + \\ 6H^+ \rightleftharpoons 6HF \end{array}$$

总反应式为：$[FeF_6]^{3-} + 6H^+ \rightleftharpoons Fe^{3+} + 6HF$

再如：

$$\begin{array}{l} Ag^+ + 2NH_3 \rightleftharpoons [Ag(NH_3)_2]^+ \\ + \\ 2H^+ \rightleftharpoons 2NH_4^+ \end{array}$$

总反应为：$[Ag(NH_3)_2]^+ + 2H^+ \longrightarrow Ag^+ + 2NH_4^+$

同理，当溶液 pH 升高到一定程度时，金属离子发生水解，$OH^-$浓度达到一定数值时，会生成氢氧化物沉淀，也使配位平衡向解离的方向移动。所以要使配离子在溶液中稳定存在，溶液的酸度必须控制在一定范围内。

3. 配位平衡与氧化还原平衡

如果在含有配离子的溶液中加入能与中心离子或配体发生氧化还原反应的试剂，则中心离子或配体的浓度变小，导致配离子的解离度变大，配位平衡发生移动。例如：

$$2[Ag(NH_3)_2]^+ \rightleftharpoons 2Ag^+ + 4NH_3$$

平衡移动方向

$$+$$

$$HCHO + 2OH^-$$

$$\rightleftharpoons$$

$$2Ag + HCOOH + H_2O$$

4. 配位平衡之间的转化

检测 $Fe^{3+}$时，经常采用向含有该离子的溶液中，加入 KSCN 溶液，生成血红色配合物 $[Fe(SCN)_6]^{3-}$，如向此溶液中加入 NaF，会出现血红色逐渐褪去，生成更稳定的无色配合物 $[FeF_6]^{3-}$，反应如下：

$$Fe^{3+} + 6SCN^- \rightleftharpoons [Fe(SCN)_6]^{3-}\ (\text{血红色})$$

$$+$$

$$6F^-$$

$$\rightleftharpoons$$

$$[FeF_6]^{3-}\ (\text{无色})$$

平衡移动方向

总反应为：$[Fe(SCN)_6]^{3-} + 6F^- \longrightarrow [FeF_6]^{3-} + 6SCN^-$

即在一种配合物的溶液中，加入另一种能与中心离子生成更稳定的配合物的配位剂，则发生配合物之间的转化作用。

# 第三节　螯合物

## 一、螯合物的结构

螯合物是指由中心体与多基配体形成的具有环状结构的配合物。例如 $Cu^{2+}$与乙二胺 $H_2N—CH_2—CH_2—NH_2$ 形成螯合物。“螯”指螃蟹的大钳，此名称比喻多基配体像螃蟹一样用两只大钳紧紧夹住中心体。

$$Cu^{2+} + 2\ \begin{matrix} CH_2—NH_2 \\ | \\ CH_2—NH_2 \end{matrix} \rightleftharpoons \left[ \begin{matrix} & H_2 & & H_2 & \\ H_2C & N & & N & CH_2 \\ & & Cu & & \\ H_2C & N & & N & CH_2 \\ & H_2 & & H_2 & \end{matrix} \right]^{2+}$$

通常把能形成螯合物的配体叫螯合剂。常见的螯合剂中含有 N、O、S、P 等配原子。如乙二胺（en）、草酸根、乙二胺四乙酸（EDTA）、氨基酸等。螯合剂中，乙二胺四乙酸（EDTA）最为重要，是最常用的螯合物。它是一个四元酸，可表示为 $H_4Y$，因其在水中溶解度不大，常用其二钠盐 $Na_2H_2Y$，在它的分子中有六个配位原子，两个是 N，四个是 O。乙二胺四乙酸的结构如图 5-1 所示。

乙二胺四乙酸可与绝大多数金属离子形成螯合物，其中心离子的配位数为 6，它包括五个五原子环，具有特殊的稳定性。螯合物结构中的环称为螯环，螯环上有几个原子称为几元环。中心离子与螯合剂分子或离子的数目之比称为螯合比。如：$Cu^{2+}$与乙二胺 $H_2N—CH_2—CH_2—NH_2$ 形成螯合物的螯合比为 1:2。

乙二胺四乙酸与 $Ca^{2+}$形成的螯合物的结构如图 5-2 所示。

螯合剂必须具备以下两点：

（1）螯合剂分子或离子中含有两个或两个以上配位原子，而且这些配位原子同时与一个中心离子配位。

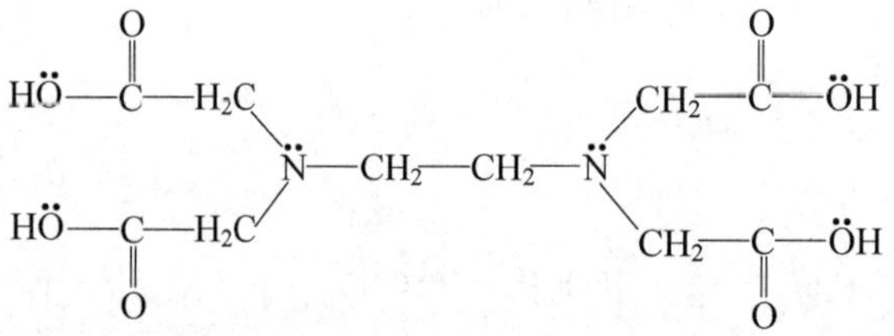

图 5-1 乙二胺四乙酸（EDTA）的分子结构

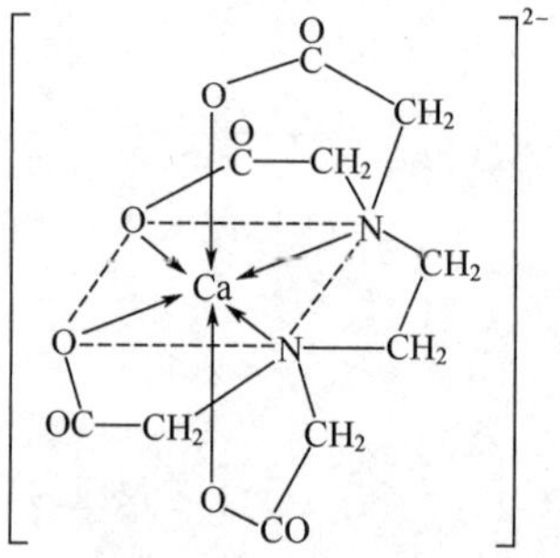

图 5-2 乙二胺四乙酸金属螯合物的结构

（2）螯合剂中每两个配位原子之间相隔二到三个其他原子，以便与中心离子形成稳定的五元环或六元环。一般多于或少于五元环或六元环都不稳定。

螯合剂在工业中用来除去金属杂质，如水的软化、去除有毒的重金属离子等。

## 二、螯合物的稳定性

螯合物的稳定性较高，很少有逐级解离现象。这种特殊的稳定性是由于环状结构形成而产生的，我们把这种由于螯环的形成而使螯合物具有特殊的稳定性称为螯合效应。例如：中心离子、配位原子和配位数都相同的两种配离子 $[Cu(NH_3)_4]^{2+}$、$[Cu(en)_2]^{2+}$，其 $K_f$ 分别为 $2.08\times10^{13}$ 和 $1.0\times10^{20}$。螯合物的稳定性与环的大小和多少有关，一般来说以五元环、六元环最稳定；一种配体与中心离子形成的螯合物其环数越多越稳定。如 $Ca^{2+}$与 EDTA 形成的螯合物中有五个五元环结构，因此很稳定。

螯合物的稳定性高，且具有特殊的颜色，又难溶于水，易溶于有机溶剂。利用这些特点可以进行物质的沉淀分离、有机溶剂萃取分离和定量比色分析等。

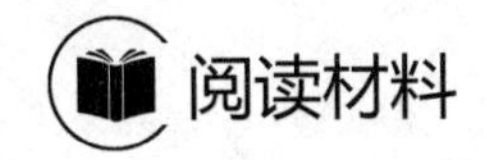

## 铂类抗癌药家族

自从 1967 年顺铂的抗癌活性被发现以来，铂类抗癌药物的研究和应用得到了迅速的发展。今天，顺铂和卡铂已成为癌症化疗中不可缺少的药物。

1. 顺铂

顺铂名为顺式-二氨·二氯合铂（Ⅱ），又称顺氯氨铂，最早于1844年制得，1898年分离得到其顺反异构体。到1967年，美国密执安州立大学教授Rosenberg等人发现，其顺式异构体有抗癌作用，而反式异构体无此作用。1969年，顺铂开始应用于临床。

顺铂的特点主要有：（1）抗癌作用显著，抗癌活性强。（2）毒副作用主要是肾毒性和恶心、呕吐，毒性谱与其他药物有所不同，因此易与其他抗癌药物配伍，包括与其他铂类抗癌药物配伍。（3）与其他抗癌药物较少产生交叉耐药，有利于临床联合用药。

2. 卡铂

卡铂名为1,1-环丁二羧酸·二氨合铂（Ⅱ），是由美国施贵宝公司、英国癌症研究所以及Johnson Matthey公司于20世纪80年代合作开发的第2代铂族抗癌药物。

卡铂的特点主要有：（1）化学稳定性好，溶解度比顺铂高16倍。（2）毒副作用低于顺铂，主要毒副作用是骨髓抑制，通过自身骨髓移植和应用克隆刺激因子可防止。（3）作用机制与顺铂相同，可以替代顺铂用于某些癌症的治疗。（4）与非铂类抗癌药物无交叉耐药，故可与多种抗癌药物联合应用。

3. 奥沙利铂

奥沙利铂名为左旋反式二氨·环己烷·草酸铂，是继顺铂和卡铂之后开发的第2代铂类抗癌药物。奥沙利铂为一个稳定的、水溶性的铂类烷化剂，是已上市的第一个环己烷二氨基络铂类化合物，也是第一个显现对结肠癌有效的络铂类烷化剂，同时还是一个在体内外均有广谱抗肿瘤活性的铂类抗肿瘤药物。它对耐顺铂的肿瘤细胞亦有作用。

4. 奈达铂

奈达铂名为顺式-乙醇酸·二氨合铂（Ⅱ），是日本盐野义制药公司开发的铂类抗肿瘤药物，1995年在日本获准上市，用于治疗头颈部肿瘤、小细胞和非小细胞肺癌、食道癌、膀胱癌、睾丸癌、子宫颈癌等。奈达铂对头颈部肿瘤的有效率超过40%，优于顺铂；对肺癌疗效与顺铂相当；对食道癌的有效率超过50%，高出顺铂约20%；对子宫颈癌的有效率超过40%。

### 一、选择题

1. 下列几种物质能做螯合剂的是（　　）。

A. $NH_3$　　B. F　　C. $H_2O$　　D. EDTA

2.下列物质属于配合物的是（　　）。

A. $Na_2S_2O_3$　　B. $H_2O_2$　　C.$[Ag(NH_3)_2]Cl$　　D. $KAl(SO_4)_2\cdot 12H_2O$

3. $[Ni(en)_3]^{2+}$中镍的价态和配位数是（　　）。

A. +2，3　　B. +3，6　　C. +2，6　　D. +3，3

4. $[Co(SCN)_4]^{2-}$中钴的价态和配位数分别是（　　）。

A. −2，4　　B. +2，4　　C. +3，2　　D. +2，12

5. 0.01mol 氯化铬（$CrCl_3 \cdot 6H_2O$）在水溶液中用过量 $AgNO_3$ 处理，产生 0.02mol AgCl 沉淀，此氯化铬最可能为（　　）。

A. $[Cr(H_2O)_6]Cl_3$　　B. $[Cr(H_2O)_5Cl]Cl_2 \cdot H_2O$

C. $[Cr(H_2O)_4Cl_2]Cl \cdot 2H_2O$　　D. $[Cr(H_2O)_3Cl_3] \cdot 3H_2O$

6. 下列配合物中，属于螯合物的是（　　）。

A. $[Ni(en)_2]Cl_2$　　B. $K_2[PtCl_6]$

C. $(NH_4)[Cr(NH_3)_2(SCN)_4]$　　D. $Li[AlH_4]$

7. $[Ca(EDTA)]^{2-}$配离子中，$Ca^{2+}$的配位数是（　　）。

A. 1　　B. 2　　C. 4　　D. 6

8.下列物质可用作配体的是（　　）。

A. $NH_4^+$　　B. $H_3O^+$　　C. $NH_3$　　D. $CH_4$

9.下列能用作中心离子的是（　　）。

A. $K^+$　　B. $Cu^{2+}$　　C. $Cl^-$　　D. $O^{2-}$

10.在配离子中中心离子与配体之间是以（　　）结合的。

A.配位键　　B.离子键　　C.氢键　　D.范德华力

## 二、填空题

1. 写出下列配离子、配合物的名称或结构：

（1）$[Zn(CN)_4]^{2-}$＿＿＿＿＿＿＿＿＿＿＿＿＿＿；

（2）$K_2[PtCl_6]$＿＿＿＿＿＿＿＿＿＿＿＿＿＿；

（3）$[Ni(en)_3]Cl_2$＿＿＿＿＿＿＿＿＿＿＿＿＿＿；

（4）$[PtCl_2(NH_3)_2]$＿＿＿＿＿＿＿＿＿＿＿＿＿；

（5）$[Cr(CO)_6]$＿＿＿＿＿＿＿＿＿＿＿＿＿＿；

（6）$[HgI_4]^{2-}$＿＿＿＿＿＿＿＿＿＿＿＿＿＿＿；

（7）四氯合铂（Ⅱ）酸四氨合铂（Ⅱ）的结构简式为＿＿＿＿＿＿＿＿＿＿＿；

（8）六氟合硅（Ⅳ）酸钠＿＿＿＿＿＿＿＿＿＿＿＿；

（9）$K_2[Zn(OH)_4]$＿＿＿＿＿＿＿＿＿＿＿＿＿；

（10）五氯·一水合铁酸（Ⅲ）铵＿＿＿＿＿＿＿＿＿＿＿。

2. 配位化合物 $H[PtCl_3(NH_3)]$ 的中心离子是＿＿＿＿＿＿，配位原子是＿＿＿＿＿＿，配位数为＿＿＿＿＿＿，它的系统命名的名称为＿＿＿＿＿＿＿＿＿＿＿＿＿＿＿＿＿＿＿。

3. 配合物 $(NH_4)_2[FeF_5(H_2O)]$ 的系统命名为＿＿＿＿＿＿＿＿＿＿＿＿＿＿＿＿＿，配离子的电荷是＿＿＿＿，配体是＿＿＿＿＿＿＿＿，配位原子是＿＿＿＿＿＿＿＿。中心离子的配位数是＿＿＿＿＿＿＿。

## 三、计算题

1. 200mL 1.0mol/L 的氨水可溶解 AgCl 多少克？已知：AgCl 摩尔质量为 144g/mol，$K_{sp,AgCl}=1.8\times10^{-10}$，$K_{f,[Ag(NH_3)_2]^+}=1.6\times10^{7}$。

2. 在 0.1mol/L $[Ag(NH_3)_2]^+$ 溶液中含有浓度为 1.0mol/L 的氨水，试计算 $Ag^+$的浓度。

# 第六章　氧化还原反应

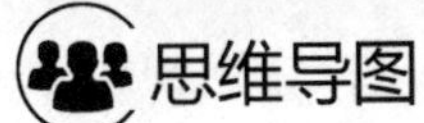

## 思维导图

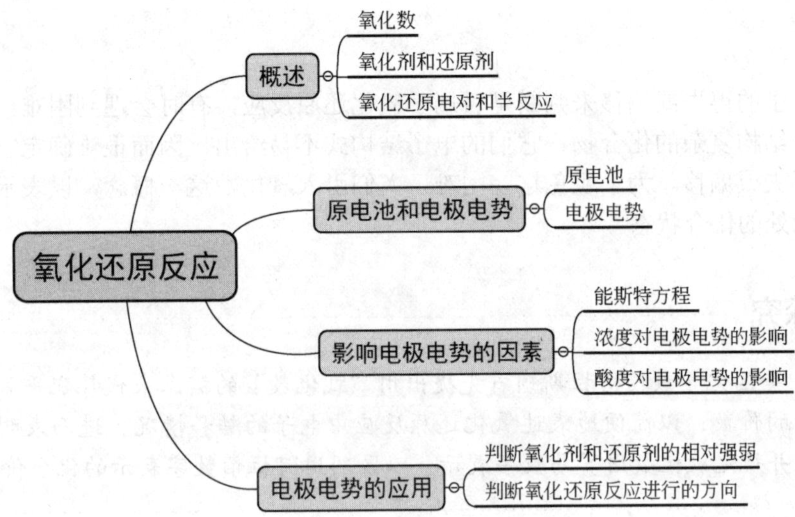


## 知识与技能目标

1. 理解氧化数概念，氧化数规则，氧化还原反应概念，氧化剂、还原剂概念，氧化还原电对、半反应概念。
2. 理解原电池工作原理，原电池电极反应，电池反应，标准氢电极构成，标准电极电势表。
3. 理解影响电极电势的因素及能斯特方程。
4. 能进行氧化数、电极电势、电池电动势的相关计算。
5. 能进行电池符号的书写、标准电极电势的测定。
6. 能判断氧化剂、还原剂相对强弱，判断氧化还原反应进行的方向。
7. 能正确使用标准电极电势表解释生产生活中的问题。

## 素质目标

培养学生勇于探索的科学精神。

氧化还原反应是一类普遍存在的化学反应，动植物体内的代谢过程、土壤中某些元素存在状态的转化、金属的腐蚀和防腐、基本化工原料和成品的生产都涉及氧化还原反应。将氧化还原反应设计成原电池，建立了衡量物质得失电子能力强弱的定量标准——电极电势。本章就是以电极电势为依据，讨论氧化剂和还原剂的相对强弱、氧化还原反应的方向和程度的。

# 第一节 氧化还原反应

## 一、氧化数

按有无电子的得失或偏移来判断是否属于氧化还原反应，有时会遇到困难。因为有些化合物，特别是结构复杂的化合物，它们的电子结构式不易给出，因而很难确定它在反应中是否有电子的得失或偏移。为了避免这些困难，人们引入氧化数这一概念，以表示各元素原子在化合物中所处的化合状态。

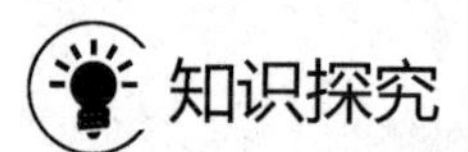


1948 年，美国化学教授格拉斯顿首先提出用“氧化数”的概念来代替配平氧化还原反应方程式时元素的价数，以简便地表述氧化还原反应中电子的转移情况，进而表明物质中各元素的氧化态。并规定氧化数用罗马数字表示，以区别用阿拉伯数字表示的化合价。

1970 年国际纯粹与应用化学联合会（IUPAC）较严格地定义了氧化数的概念：氧化数是某元素一个原子的荷电数，这个荷电数可由假设每个成键中的电子指定给电负性更大的原子而求得。根据此定义，确定氧化数的规则如下：

（1）在单质中，元素的氧化数为零。如 $H_2$、$O_2$ 等物质中元素的氧化数为零。

（2）在中性分子中各元素的氧化数的代数和等于零，单原子离子中元素的氧化数等于离子所带电荷数。在复杂离子中各元素的氧化数的代数和等于离子的电荷数。

（3）某些元素在化合物中的氧化数：通常氢在化合物中的氧化数为+1，但在活泼金属（ⅠA 和ⅡA）氢化物中氢的氧化数为−1；通常氧的氧化数为−2，但在过氧化物如 $H_2O_2$ 中为−1，在超氧化物中如 $NaO_2$ 中为−1/2，在臭氧化物如 $KO_3$ 中为−1/3，在氟氧化物如 $O_2F_2$ 和 $OF_2$ 中分别为+1 和+2；氟的氧化数皆为−1；碱金属的氧化数为+1，碱土金属的氧化数皆为+2。

根据以上规则，可确定出化合物中任一元素的氧化数。

**【例 6-1】** 求硫代硫酸钠 $Na_2S_2O_3$ 和连四硫酸根 $S_4O_6^{2-}$ 中 S 的氧化数。

**解** 设 $Na_2S_2O_3$ 中 S 的氧化数为 $x_1$，$S_4O_6^{2-}$ 中 S 的氧化数为 $x_2$，根据氧化数规则有：

$$(+1)\times2+2x_1+(-2)\times3=0$$
$$4x_2+(-2)\times6=-2$$

解得 $x_1=+2$，$x_2=+2.5$

答：$Na_2S_2O_3$ 和 $S_4O_6^{2-}$ 中 S 的氧化数分别为+2 和+2.5。

由此可知，氧化数是为了说明物质的氧化状态而引入的一个概念，它是人为规定的，可以是正数，也可以是负数，还可以是分数或小数。实质上，氧化数是一种形式电荷数，表示了元素原子平均表观的氧化状态。

## 二、氧化还原反应

在化学反应过程中，氧化数发生变化的化学反应称为氧化还原反应。元素氧化数升高的变化称为氧化，氧化数降低的变化称为还原。而在氧化还原反应中氧化与还原是同时发生的，且元素氧化数升高的总数等于氧化数降低的总数。

### 1. 氧化剂和还原剂

在氧化还原反应中，如果某物质的组成原子或离子氧化数升高，称该物质为还原剂。还原剂使另一物质还原，其本身在反应中被氧化，它的反应产物叫氧化产物；反之，若物质的组成的原子或离子氧化数降低，该物质称为氧化剂，氧化剂使另一物质氧化，其本身在反应中被还原，它的反应产物叫还原产物。如：

$$\underset{\text{氧化剂}}{2KMn^{+7}O_4} + \underset{\text{还原剂}}{5H_2O_2^{-1}} + 3H_2SO_4 \longrightarrow \underset{\text{还原产物}}{2Mn^{+2}SO_4} + K_2SO_4 + \underset{\text{氧化产物}}{5O_2^{0}} \uparrow + 8H_2O$$

分子式右上角的数字，代表各相应原子的氧化数。上述反应中，$KMnO_4$ 是氧化剂，Mn 的氧化数从+7 降到+2，它本身被还原，使得 $H_2O_2$ 被氧化；$H_2O_2$ 是还原剂，O 的氧化数从–1 升到 0，它本身被氧化，使 $KMnO_4$ 被还原。虽然 $H_2SO_4$ 也参加了反应，但没有氧化数的变化，通常把这类物质称为介质。

氧化剂和还原剂是同一物质的氧化还原反应，称为自身氧化还原反应。如：

$$2KClO_3 \xrightarrow[\triangle]{\text{催化剂}} 2KCl + 3O_2\uparrow$$

在反应中，$KClO_3$ 有一部分起氧化作用，有一部分起还原作用。

### 2. 氧化还原电对和半反应

在氧化还原反应中，表示氧化还原过程的方程式，分别叫氧化反应和还原反应，统称为半反应。如：

氧化反应 $Zn - 2e \rightleftharpoons Zn^{2+}$

还原反应 $Cu^{2+} + 2e \rightleftharpoons Cu$

通常将半反应中氧化数较高的那种物质叫氧化态（如 $Zn^{2+}$，$Cu^{2+}$）；氧化数较低的那种物质叫还原态（如 Zn，Cu）。半反应中的氧化态和还原态是彼此依存、相互转化的，这种共轭的氧化还原体系称为氧化还原电对，电对用"氧化态/还原态"的形式表示，如 $Cu^{2+}/Cu$、$Zn^{2+}/Zn$。一个电对就代表一个半反应，半反应可用下列通式表示：

$$\text{氧化态} + ne \rightleftharpoons \text{还原态}$$

而每个氧化还原反应是由两个半反应组成的。

# 第二节　原电池和电极电势

## 一、原电池

一切氧化还原反应均为电子从还原剂转移给氧化剂的过程。如：将 Zn 片放到 $CuSO_4$ 溶

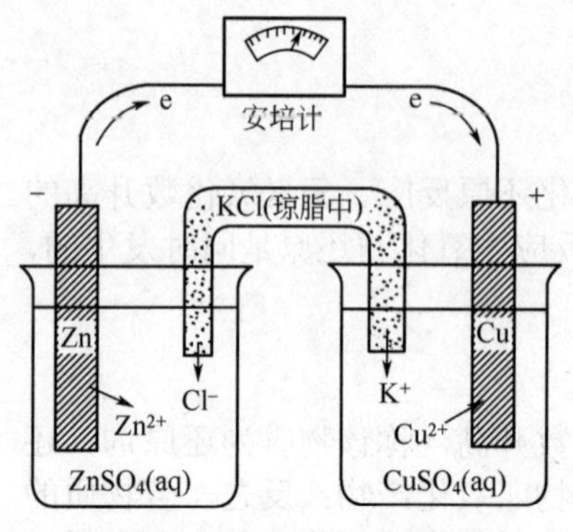

图 6-1 Cu-Zn/原电池示意图

液中，即发生如下的氧化还原反应：

$$Zn + Cu^{2+} \xrightarrow{} Zn^{2+} + Cu \quad (2e)$$

上述反应虽然发生了电子从 Zn 转移到 $Cu^{2+}$的过程，但没有形成有序的电子流，反应的化学能没有转变为电能，而变成了热能释放出来，导致溶液的温度升高。若把 Zn 片和 $ZnSO_4$ 溶液、Cu 片和 $CuSO_4$ 溶液分别放在两个容器内，两溶液以盐桥（由饱和 KCl 溶液和琼脂装入 U 形管中制成，其作用是沟通两个半电池，保持溶液的电荷平衡，使反应能持续进行）沟通，金属片之间用导线接通，并串联一个检流计，如图 6-1 所示。当线路接通后，会看到检流计的指针立刻发生偏转，说明导线上有电流通过；从指针偏转的方向判断，电流是由 Cu 极流向 Zn 极或者电子是由 Zn 极流向 Cu 极。与此同时，还可以观察到，Zn 片慢慢溶解，Cu 片上有金属铜析出。这说明发生了与上述相同的氧化还原反应，这种把化学能转变为电能的装置称为原电池。

## 知识探究

原电池发明于 18 世纪，当时意大利生物学家伽伐尼进行著名的青蛙实验时，当用金属手术刀接触蛙腿时，蛙腿会抽搐。大名鼎鼎的伏特认为这是金属与蛙腿组织液（电解质溶液）之间产生的电流刺激造成的。伏特据此设计出了被称为伏打电堆的装置，锌为负极，银为正极，用盐水作电解质溶液。1836 年，丹尼尔发明了世界上第一个实用电池，并用于早期铁路信号灯。

原电池是由两个半电池组成，每个半电池称为一个电极，原电池中根据电子流动的方向来确定正、负极，电子流出的一极为负极，如 Zn 极，负极发生氧化反应；电子流入的一极为正极，如 Cu 极，正极发生还原反应，将两电极反应合并，即得电池反应。如在 Cu-Zn 原电池中发生了如下反应：

负极（氧化反应） $Zn - 2e \rightleftharpoons Zn^{2+}$

正极（还原反应） $Cu^{2+} + 2e \rightleftharpoons Cu$

电池反应（氧化还原反应） $Zn + Cu^{2+} \longrightarrow Zn^{2+} + Cu$

为了应用方便，通常用电池符号来表示一个原电池的组成，如铜—锌原电池可表示如下：

$$(-)Zn(s)|ZnSO_4(c_1) \parallel CuSO_4(c_2)|Cu(s)(+)$$

电池符号书写规定如下：

（1）一般把负极写在左边，正极写在右边。

（2）用“|”表示物质间有一界面；不存在界面用“,”表示；用“‖”表示盐桥。

（3）用化学式表示电池物质的组成，并要注明物质的状态，而气体要注明其分压，溶液要注明其浓度。如不注明，一般指 1mol/L 或 100kPa。

（4）对于某些电极的电对自身不是金属导电体时，则需外加一个能导电而又不参与电极反应的惰性电极，通常用铂或石墨作惰性电极。

【例 6-2】 写出下列电池反应对应的电池符号。

（1）$2Fe^{3+} + 2I^- \longrightarrow 2Fe^{2+} + I_2$

（2）$Zn + 2H^+ \longrightarrow Zn^{2+} + H_2 \uparrow$

解 （1）$(-)Pt|I_2(s)|I^-(c_1) \parallel Fe^{2+}(c_2), Fe^{3+}(c_3)|Pt(+)$

（2）$(-)Zn(s)|Zn^{2+}(c_1) \parallel H^+(c_2)|H_2(p)|Pt(+)$

从理论上说，任何一个氧化还原反应都可以设计成原电池，但实际操作时会遇到很多的困难，原电池将化学能转化为电能，一方面具有实用价值，另一方面它还揭示了化学现象与电现象的关系，为电化学的形成打下基础。

## 二、电极电势

### 1. 电极电势的产生

以金属为例。金属晶体是由金属原子、金属离子和自由电子组成。当金属晶体浸入溶液中，金属表面的离子受到水分子的吸引和作用，有些金属离子和水分子作用形成水合离子，从而进入溶液使金属晶体表面富余电子而带负电；同时，溶液中的金属离子受负电的吸引，聚集到金属晶体的表面，这样形成双电层结构，产生一定的电位差。这种产生在金属离子和它的盐溶液之间的电位差就叫做金属的电极电势，常用符号 $E$ 表示。

### 2. 标准氢电极和标准电极电势

电极处于标准状态时的电极电势称为标准电极电势，符号为 $E^{\ominus}$。电极的标准态是指组成电极的物质的浓度为 1mol/L，气体的分压为 100kPa，液体或固体为纯净状态。温度通常为 298.15K，可见标准的电极电势仅取决于电极的本性。由于电极电势的绝对值至今无法测定，为此，电化学上选择了一个比较电极电势大小的标准，即标准氢电极，见图 6-2。

图6-2 标准氢电极

标准氢电极的电极电势，电化学上规定为零，即 $E^{\ominus}(H^+/H_2) = 0.0000V$。在原电池中，当无电流通过时两电极之间的电势差称为电池的电动势，用 $\varepsilon$ 表示；当两电极均处于标准状态时称为标准电动势，用 $\varepsilon^{\ominus}$ 表示，即：

$$\varepsilon = E_{(+)} - E_{(-)}$$

$$\varepsilon^{\ominus} = E^{\ominus}_{(+)} - E^{\ominus}_{(-)}$$

标准电极电势的测定按以下步骤进行：①将待测电极与标准氢电极组成原电池；②用电势差计测定原电池的电动势；③用检流计来确定原电池的正负极。

如将标准锌电极与标准氢电极组成原电池，测其电动势 $\varepsilon^{\ominus}=0.763V$。由电流的方向可知，标准锌电极为负极，标准氢电极为正极，由 $\varepsilon^{\ominus}=E^{\ominus}(H^+/H_2)-E^{\ominus}(Zn^{2+}/Zn)$ 得

$$E^{\ominus}(Zn^{2+}/Zn)=0.00-0.763=-0.763(V)$$

### 3. 电极电势表

运用同样的方法，理论上可测得各种电极的标准电极电势，但有些电极与水剧烈反应，不能直接测得，可通过热力学数据间接求得。根据各电对 $E^{\ominus}$ 的大小排列成序，就得到电极电

势表。常见电极的标准电极电势见附录。标准电极电势表给人们研究氧化还原反应带来很大的方便。在使用标准电极电势表时应注意下面几点。

（1）为便于比较和统一，电极反应常写成：氧化型+$n$e=还原型，氧化型与氧化态，还原型与还原态略有不同。如电极反应：$MnO_4^- + 8H^+ + 5e \rightleftharpoons Mn^{2+} + 4H_2O$，$MnO_4^-$为氧化态，$MnO_4^- + 8H^+$为氧化型。即氧化型包括氧化态和介质；$Mn^{2+}$为还原态，$Mn^{2+} + 4H_2O$为还原型，还原型包括还原态和介质产物。

（2）$E^\ominus$值越小，电对中的氧化态物质得电子倾向越小，是越弱的氧化剂，而其还原态物质越易失去电子，是越强的还原剂。$E^\ominus$值越大，电对中的氧化态物质越易获得电子，是越强的氧化剂，而其还原态物质越难失去电子，是越弱的还原剂。较强的氧化剂可以与较强的还原剂反应，所以，位于表左下方的氧化剂可以氧化右上方的还原剂，也就是说，$E^\ominus$值较大的电对中的氧化态物质能和$E^\ominus$值较小的电对中的还原态物质反应。

（3）$E^\ominus$值与电极反应的书写形式和物质的计量系数无关，仅取决于电极的本性。例如：

$$Br_2(l) + 2e \rightleftharpoons 2Br^- \qquad E^\ominus = +1.065V$$

$$2Br^- - 2e \rightleftharpoons Br_2(l) \qquad E^\ominus = +1.065V$$

$$2Br_2(l) + 4e \rightleftharpoons 4Br^- \qquad E^\ominus = +1.065V$$

（4）使用电极电势时一定要注明相应的电极。如$E^\ominus(Fe^{3+}/Fe^{2+})$=0.77V，而$E^\ominus(Fe^{2+}/Fe)$=0.44V。二者相差很大，如不注明，容易混淆。

（5）标准电极电势表分为酸表和碱表，使用时遵照以下几种规则分别查用酸表和碱表。在电极反应中，无论在反应物或产物中出现$H^+$，皆查酸表。在电极反应中，无论在反应物或产物个出现$OH^-$，皆查碱表。在电极反应里无$H^+$或$OH^-$出现时，可以从存在的状态来分析。如电对$Fe^{3+}/Fe^{2+}$，$Fe^{3+}$和$Fe^{2+}$都只能在酸性溶液中存在，故查酸表；电对$ZnO_2^{2-}/Zn$应查碱表。

# 第三节 影响电极电势的因素

## 一、能斯特方程

德国化学家能斯特（W. Nernst）将影响电极电势大小的诸因素如电极物质的本性、溶液中相关物质的浓度或分压、介质和温度等因素概括为一公式，称为能斯特方程。

### 知识探究

能斯特是德国卓越的物理学家、物理化学家和化学史家，是热力学第三定律创始人，能斯特灯的创造者。1887年毕业于维尔茨堡大学，并获博士学位，在那里，他认识了阿仑尼乌斯，阿仑尼乌斯把他推荐给奥斯特瓦尔德当助手。第二年，他得出了电极电势与溶液浓度的关系式，即能斯特方程。

对于电极反应：

$$a\,\text{氧化型} + ne \rightleftharpoons b\,\text{还原型}$$

能斯特方程为：
$$E=E^{\ominus}+\frac{RT}{nF}\ln\frac{c^{a}_{\text{氧化型}}}{c^{b}_{\text{还原型}}}$$

式中，$E$ 为电极在任意状态时的电极电势；$E^{\ominus}$ 为电极在标准态时的电极电势；$R$ 为气体常数，为 8.314J/(mol・K)；$n$ 为电极反应中转移电子的物质的量；$F$ 为法拉第常数，为 96487C/mol；$T$ 为热力学温度；$a$、$b$ 分别表示在电极反应中氧化型、还原型物质的计量系数。

当温度为 298.15K 时，能斯特方程的形式为：

$$E=E^{\ominus}+\frac{0.0592}{n}\lg\frac{c^{a}_{\text{氧化型}}}{c^{b}_{\text{还原型}}}$$

应用能斯特方程时应注意以下两个方面。

（1）如果电对中某一物质是固体、纯液体或水溶液中的 $H_2O$，它们的浓度为常数，不写入能斯特方程式中。例如：

$$Cu^{2+}+2e \rightleftharpoons Cu \qquad E_{Cu^{2+}/Cu}=E^{\ominus}(Cu^{2+}/Cu)+\frac{0.0592}{2}\lg c(Cu^{2+})$$

$$MnO_4^- + 8H^+ + 5e \rightleftharpoons Mn^{2-} + 4H_2O$$

$$E(MnO_4^-/Mn^{2+})=E^{\ominus}(MnO_4^-/Mn^{2+})+\frac{0.0592}{5}\lg\frac{c(MnO_4^-)c^8(H^+)}{c(Mn^{2+})}$$

（2）如果电对中某一物质是气体，其浓度用相对分压代替。例如：

$$2H^+ + 2e \rightleftharpoons H_2(g) \qquad E(H^+/H_2)=E^{\ominus}(H^+/H_2)+\frac{0.0592}{2}\lg\frac{c^2(H^+)}{p(H_2)/p^{\ominus}}$$

## 二、浓度对电极电势的影响

对一个指定的电极来说，由能斯特方程可以看出，氧化型物质的浓度越大，则 $E$ 值越大，即电对中氧化态物质的氧化性越强，而相应的还原态物质则是弱还原剂。相反，还原型物质的浓度越大，则 $E$ 值越小，电对中的还原态物质是强还原剂，而相应的氧化态物质则是弱氧化剂。电对中的氧化态或还原态物质的浓度或分压常因有弱电解质、沉淀物或配合物等的生成而发生改变，使电极电势受到影响。

**【例 6-3】** $Fe^{3+}+e \rightleftharpoons Fe^{2+}$，$E^{\ominus}=+0.771V$，求 $c(Fe^{3+})=1mol/L$，$c(Fe^{2+})=0.0001mol/L$ 时，$E(Fe^{3+}/Fe^{2+})=?$

解 $$E(Fe^{3+}/Fe^{2+})=E^{\ominus}+\frac{0.0592}{1}\lg\frac{c(Fe^{3+})}{c(Fe^{2+})}=0.771+\frac{0.0592}{1}\lg\frac{1}{0.0001}=1.01(V)$$

答：$E(Fe^{3+}/Fe^{2+})$ 为 1.01V。

## 三、酸度对电极电势的影响

许多物质的氧化还原能力与溶液的酸度有关，如酸性溶液中 $Cr^{3+}$ 很稳定，而在碱性介质中 Cr(Ⅲ) 却很容易被氧化为 Cr（Ⅵ）。再如 $NO_3^-$ 的氧化能力随酸度增大而增强，浓 $HNO_3$ 是极强的氧化剂，而 $KNO_3$ 水溶液则没有明显的氧化性，这些现象说明溶液的酸度对物质的氧化还原能力有影响。如果有 $H^+$ 或 $OH^-$ 参加反应，由能斯特方程可知，改变介质的酸度，电极电势必随之改变，从而改变电对物质的氧化还原能力。

【例 6-4】 已知$MnO_4^- + 8H^+ + 5e \rightleftharpoons Mn^{2+} + 4H_2O$，$E^\ominus(MnO_4^-/Mn^{2+})=1.51V$，求：当$c(H^+)=1.0\times10^{-3}mol/L$和$c(H^+)=10mol/L$时，各自的$E$值是多少（设其他物质均处于标准态）。

**解** 与电极反应对应的能斯特方程为：

$$E(MnO_4^-/Mn^{2-})=E^\ominus(MnO_4^-/Mn^{2+})+\frac{0.0592}{5}\lg\frac{c(MnO_4^-)c^8(H^+)}{c(Mn^{2+})}$$

其他物质均处于标准态，则：

$$E(MnO_4^-/Mn^{2+})=E^\ominus(MnO_4^-/Mn^{2+})+\frac{0.0592}{5}\lg\frac{c^8(H^+)\times1}{1}$$

当$c(H^+)=1.0\times10^{-3}mol/L$时，$E(MnO_4^-/Mn^{2+})=1.51+\frac{0.0592}{5}\lg(1.0\times10^{-3})^8=1.22(V)$

当$c(H^+)=10mol/L$时，$E(MnO_4^-/Mn^{2+})=1.51+\frac{0.0592}{5}\lg(10)^8=1.60(V)$

答：$H^+$浓度分别为$1.0\times10^{-3}mol/L$和10mol/L时，$E(MnO_4^-/Mn^{2+})$值分别为1.22V和1.60V。

计算结果表明，$MnO_4^-$的氧化能力随$H^+$浓度的增大而明显增大。因此，在实验室及工业生产中用来作氧化剂的盐类等物质，总是将它们溶于强酸性介质中制成溶液备用。

# 第四节　电极电势的应用

电极电势的应用　视频扫一扫

## 一、判断氧化剂和还原剂的相对强弱

$E^\ominus$值大小代表电对物质得失电子能力的大小，因此，可用于判断标准态下氧化剂、还原剂氧化还原能力的相对强弱。$E^\ominus$值大，电对中氧化态物质的氧化能力强，是强氧化剂；而对应的还原态物质的还原能力弱，是弱还原剂。$E^\ominus$值小，电对中还原态物质的还原能力强，是强还原剂；而对应氧化态物质的氧化能力弱，是弱氧化剂。

【例 6-5】 比较标准状态下下列电对物质氧化还原能力的相对大小。

$E^\ominus(Cl_2/Cl^-)=1.36V$　　$E^\ominus(Br_2/Br^-)=1.065V$　　$E^\ominus(I_2/I^-)=0.535V$

**解** 比较上述电对的$E^\ominus$值大小可知，氧化态物质的氧化能力相对大小为$Cl_2>Br_2>I_2$；还原态物质的还原能力相对大小为：$I^->Br^->Cl^-$。

值得注意的是，$E^\ominus$值大小只可用于判断标准态下氧化剂、还原剂氧化还原能力的相对强弱。如果电对处于非标准态时，应根据能斯特方程计算出$E$值，然后用$E$值大小来判断物质的氧化性和还原性的强弱。

## 二、判断氧化还原反应进行的方向

大量事实表明，氧化还原反应自发进行的方向总是：

强氧化剂 + 强还原剂 ⟶ 弱还原剂 + 弱氧化剂

即$E$值大的氧化态物质能氧化$E$值小的还原态物质。所以要判断一个氧化还原反应的方向，可将此反应组成原电池，使反应物中的氧化剂对应的电对为正极，还原剂对应的电对为负极，然后根据以下规则来判断反应进行的方向。

（1）当 $\varepsilon>0$，即 $E_{(+)}>E_{(-)}$ 时，则反应正向自发进行；

（2）当 $\varepsilon=0$，即 $E_{(+)}=E_{(-)}$ 时，则反应处于平衡状态；

（3）当 $\varepsilon<0$，即 $E_{(+)}<E_{(-)}$ 时，则反应逆向自发进行。

当各物质均处于标准态时，则用标准电动势或标准电极电势判断。

**【例 6-6】** 在标准态下，判断反应 $2Fe^{3+}+Cu \rightleftharpoons 2Fe^{2+}+Cu^{2+}$ 进行的方向。

**解** 正极 $Fe^{3+}+e \rightleftharpoons Fe^{2+}$ $E^{\ominus}(Fe^{3+}/Fe^{2+})=0.771V$

负极 $Cu^{2+}+2e \rightleftharpoons Cu$ $E^{\ominus}(Cu^{2+}/Cu)=0.337V$

$E^{\ominus}(Fe^{3+}/Fe^{2+})>E^{\ominus}(Cu^{2+}/Cu)$，即 $E^{\ominus}_{(+)}>E^{\ominus}_{(-)}$，故该反应能正向自发进行。

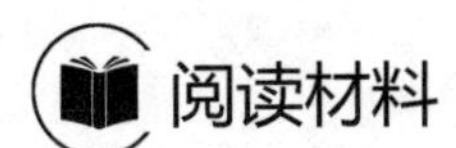

## 阅读材料

### 新型锂电池

《自然》(Nature) 杂志子刊《科学报道》(Sci.Report) 2013 年 3 月 7 日刊发了复旦大学教授吴宇平课题组的一项重磅研究成果。这项关于水溶液锂电池体系的最新研究，可将锂电池性能提高 80%。电动汽车只需充电 10s 即可行驶 400km，这种电池成本低廉，安全不易爆炸，产业化应用前景被业界看好。

这种新型的水锂电，即为水溶液可充锂电池。它是用普通的水溶液来替换传统锂电池中的有机电解质溶液，依靠锂离子在正负电极之间的迁移而产生电流的。但低电位的锂离子会和水溶液发生电化学反应（析出氢，生成氢氧化锂）而使电池自身发生损耗，不能发生可逆充电。不过，经过多年研究攻关，该课题组成功破解了这一难题，即用高分子材料和无机材料制成复合膜，包裹在金属锂之外。该水锂电的最大亮点在于：能量密度高、损耗低，从而使电池充电时间更短、储存电量更多、耐用时间更久。据估计，如果将这种电池用于手机，同样大小的电池至少能将手机通话时间延长一倍，成本则不足原有的一半；用于汽车同样如此，对环境构成的污染也比现有锂电池小得多。

## 习题

### 一、选择题

1. 乙酰氯（$CH_3COCl$）中碳的氧化数是（　　）。

A. +4　　B. +2　　C. 0　　D. −4

2. 对于反应 $I_2+2ClO_3^- \longrightarrow 2IO_3^-+Cl_2$，下面说法中不正确的是（　　）。

A. 此反应为氧化还原反应

B. $I_2$ 得到电子，$ClO_3^-$ 失去电子

C. $I_2$ 是还原剂，$ClO_3^-$ 是氧化剂

D.碘的氧化数由 0 增至+5，氯的氧化数由+5 降为 0

3. 已知：$Fe^{3+}+e \rightleftharpoons Fe^{2+}$ $E^{\ominus}=0.77V$

$Cu^{2+}+2e \rightleftharpoons Cu$ $E^{\ominus}=0.34V$

$Fe^{2+}+2e \rightleftharpoons Fe$  $E^\ominus=-0.44V$

$Al^{3+}+3e \rightleftharpoons Al$  $E^\ominus=-1.66V$

则最强的还原剂是（ ）。

A. $Al^{3+}$  B. $Fe^{2+}$  C. Fe  D. Al

4. 用能斯特方程式计算 $Br_2/Br^-$电对的电极电势，下列叙述中正确的是（ ）。

A. $Br_2$ 的浓度增大，$E$ 增大  B. $Br^-$的浓度增大，$E$ 减小

C. $H^+$浓度增大，$E$ 减小  D.温度升高对 $E$ 无影响

5. 已知金属 M 的下列标准电极电势数据：

（1）$M^{2+}(aq)+e \rightleftharpoons M^+(aq)$ $E^\ominus=-0.60V$

（2）$M^{3+}(aq)+2e \rightleftharpoons M^+(aq)$ $E^\ominus=0.20V$

则 $M^{3+}(aq)+e \rightleftharpoons M^{2+}(aq)$的 $E^\ominus$ 是（ ）。

A. 0.80V  B. −0.20V  C. −0.40V  D. 1.00V

6. $E^\ominus$ 值与下列哪些因素有关（ ）。

A. 温度  B. 电极的书写形式

C. 电极本身  D. 温度和电极本身

## 二、填空题

1. 分别填写下列化合物中氮的氧化数：

$N_2H_4$______，$NH_2OH$______，$NCl_3$______，$N_2O_4$______。

2. 在 HClO 中 O 的氧化数是__________。 在 $HS_3O_{10}^-$ 中 S 的氧化数是__________。

3. 将 $Ni+2Ag^+ \longrightarrow 2Ag+Ni^{2+}$ 氧化还原反应设计为一个原电池，则电池的负极为____________________，正极为____________________，原电池符号为______。

已知 $E^\ominus(Ni^{2+}/Ni)=-0.257V$，$E^\ominus(Ag^+/Ag)=0.7995V$，则原电池的电动势 $\varepsilon^\ominus$ 为________。

4. 如果用反应 $Cr_2O_7^{2-}+6Fe^{2+}+14H^+ \longrightarrow 2Cr^{3+}+6Fe^{3+}+7H_2O$ 设计一个电池，在该电池正极进行的反应为____________________________,负极的反应为____________________________。

5. 在原电池中，流出电子的电极为________，接受电子的电极为________，在正极发生的是________，负极发生的是________。原电池可将________能转化为________能。

## 三、计算题

1. 将 Cu 片插于盛有 0.5mol/L 的 $CuSO_4$ 溶液的烧杯中，Ag 片插于盛有 0.5mol/L 的 $AgNO_3$ 溶液的烧杯中：

（1）写出该原电池的符号；

（2）写出电极反应式和原电池的电池反应；

（3）求该电池的电动势。

2. 原电池 $(-)Pt|Fe^{2+}(1.00mol/L)$，$Fe^{3+}(1.00\times10^{-4}mol/L)||I^-(1.0\times10^{-4}mol/L)|I_2(s)$，Pt(+)

已知：$E^\ominus(Fe^{3+}/Fe^{2+})=0.770V$，$E^\ominus(I_2/I^-)=0.535V$。求

（1）$E(Fe^{3+}/Fe^{2+})$，$E(I_2/I^-)$ 和 ε；（2）写出电极反应和电池反应。

3. 将下列反应组成原电池：$Cu^{2+}+Fe \longrightarrow Cu+Fe^{2+}$，写出该原电池的电池符号。当 $c(Cu^{2+})=0.002mol/L$，$c(Fe^{2+})=0.0001mol/L$ 时，求出该电池的电动势，并判断这个电池反应是否可以自发的正向进行。已知：$E^\ominus(Fe^{2+}/Fe)=-0.44V$，$E^\ominus(Cu^{2+}/Cu)=0.337V$

4. 已知：$E^\ominus(Ni^{2+}/Ni)=-0.257V$，由 $Ni+2H^+ \longrightarrow Ni^{2+}+H_2$ 组成的原电池当 $c(Ni^{2+})=0.010mol/L$ 时，电池的电动势为多少（氢在标准态下）？

# 第七章　常见金属元素及其化合物

## 思维导图

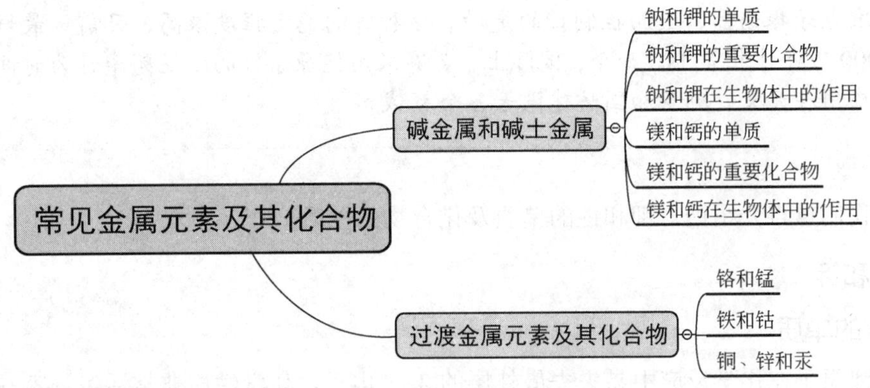


## 知识与技能目标

1. 掌握碱金属、碱土金属元素结构特点及其主要性质，掌握碱金属、碱土金属重要化合物的性质。了解碱金属、碱土金属化合物在生产、科研中的应用。

2. 掌握过渡金属元素结构特点。了解过渡金属元素的单质及其化合物的性质。了解过渡金属元素及其化合物在生产、科研中的应用。

## 素质目标

激励学生热爱科学，从小事做起，探索科学与生产、生活的关系。

在已知的 118 种元素中有 80 多种金属元素，占 4/5 左右。自然界中最普遍存在的金属元素是铝、铁、钙、镁、钾等，这些金属元素对生物的生长发育起着重要的作用。其他金属元素在地壳中含量虽少，但很多能够在生物体中找到。有些金属元素含量过多会污染环境，还会给生物带来危害。

# 第一节　碱金属和碱土金属

## 一、碱金属

碱金属元素位于元素周期表的第ⅠA 族，包括锂（Li）、钠（Na）、钾（K）、铷（Rb）、铯（Cs）和钫（Fr）六种元素。由于这些元素氧化物的水溶液都显碱性，所以称为碱金属。碱金属的单质具有金属光泽；有良好的导电性和延展性；质软，可以用刀子切割。锂、钠、钾的密度比水小。

## 知识探究

铯原子钟，是利用铯原子内部的电子在两个能级间跳跃时辐射出来的电磁波作为标准，去控制校准电子振荡器，进而控制钟的走动。这种钟的稳定程度很高，目前，最好的铯原子钟达到2000万年才相差1s。如今，国际上，普遍采用铯原子钟的跃迁频率作为时间频率的标准，广泛应用在天文、测量和国防建设等各个领域。

这里我们重点介绍钠、钾和锂的单质及化合物的性质。

### （一）钠和钾

#### 1. 钠和钾的单质

钠和钾原子在化学反应中易失去最外层的1个电子，化学性质非常活泼，容易与空气中的氧和水反应。

（1）与氧反应　常温下，钠和钾与空气中的氧气化合生成氧化物。在空气中点燃时，生成过氧化钠（$Na_2O_2$）和超氧化钾（$KO_2$）。

$$4Na + O_2 \longrightarrow 2Na_2O$$

$$4K + O_2 \longrightarrow 2K_2O$$

$$2Na + O_2 \xrightarrow{点燃} Na_2O_2$$

$$K + O_2 \xrightarrow{点燃} KO_2$$

（2）与水反应　常温下，钠和钾都能和水发生剧烈反应，生成氢氧化物和氢气。钠比水轻，浮在水面上，与水剧烈反应，反应中放出热量可使钠熔成闪亮的小球，在水面游动，放出气体。钾与水反应更剧烈，甚至在水面上燃烧。

$$2Na + 2H_2O \longrightarrow 2NaOH + H_2\uparrow$$

$$2K + 2H_2O \longrightarrow 2KOH + H_2\uparrow$$

由于钠和钾极易与空气中的氧气和水反应，所以钠和钾应储存在煤油或液体石蜡中。

#### 2. 钠和钾的重要化合物

（1）过氧化钠（$Na_2O_2$）　过氧化钠为浅黄色粉末，易吸潮，加热至熔融不分解，但遇到棉花、木炭或铝粉等还原性物质时，会引起燃烧或爆炸，使用时应特别注意安全。$Na_2O_2$与水或稀酸作用生成过氧化氢（$H_2O_2$），同时放出大量的热，$H_2O_2$又迅速分解放出氧气。

$$Na_2O_2 + 2H_2O \longrightarrow H_2O_2 + 2NaOH$$

$$Na_2O_2 + H_2SO_4 \longrightarrow H_2O_2 + Na_2SO_4$$

$$2H_2O_2 \longrightarrow 2H_2O + O_2\uparrow$$

因此，$Na_2O_2$是一种强氧化剂，广泛用于纤维、纸浆的漂白以及消毒、杀菌和除臭等。过氧化钠还能吸收二氧化碳并放出氧气。

$$2Na_2O_2 + 2CO_2 \longrightarrow 2Na_2CO_3 + O_2\uparrow$$

所以，过氧化钠又可作为防毒面具、高空飞行或潜水时的供氧剂。它可将人们呼出的二氧化碳再转变为氧气，以供人们呼吸之用。

（2）氢氧化钠（NaOH） 氢氧化钠又称苛性钠、烧碱或火碱。是白色固体，在空气中易吸水而潮解。易溶于水，溶解时放出大量的热。氢氧化钠的浓溶液对纤维、皮肤、玻璃、陶瓷等有强烈的腐蚀作用，在使用中应特别注意。

氢氧化钠极易吸收二氧化碳生成碳酸钠，存放时必须注意密封。

$$2NaOH + CO_2 \longrightarrow Na_2CO_3 + H_2O$$

实验室盛放氢氧化钠溶液的玻璃瓶应使用橡胶塞而不用玻璃塞，这是因为氢氧化钠与玻璃中的主要成分二氧化硅（$SiO_2$）发生反应生成硅酸钠（$Na_2SiO_3$）使瓶打不开。硅酸钠的水溶液俗称水玻璃，是一种胶黏剂。

$$2NaOH + SiO_2 \longrightarrow Na_2SiO_3 + H_2O$$

氢氧化钠是重要的化工原料之一。广泛用于造纸、制皂、化学纤维、纺织、无机合成等工业中，工业上主要采用隔膜电解食盐水的方法生产氢氧化钠。

$$2NaCl + 2H_2O \xrightarrow{\text{通电}} 2NaOH + Cl_2\uparrow + H_2\uparrow$$

（3）碳酸钠（$Na_2CO_3$）和碳酸氢钠（$NaHCO_3$） 碳酸钠俗名纯碱或苏打，常见工业品不含结晶水，为白色粉末。碳酸钠是一种基本的化工原料，除用于制备化工产品外，还广泛用于玻璃、造纸、制皂和水处理等工业。碳酸钠很稳定，受热难分解。

碳酸氢钠俗名小苏打，是一种细小的白色晶体。不稳定，加热至160℃即分解产生$CO_2$气体。

$$2NaHCO_3 \xrightarrow{\triangle} Na_2CO_3 + CO_2\uparrow + H_2O$$

利用这个反应，可以鉴别碳酸钠和碳酸氢钠，也可以除去碳酸钠中的少量碳酸氢钠。碳酸氢钠可作为食品工业的膨化剂和发酵剂，还可用于泡沫灭火器中。

（4）碳酸钾（$K_2CO_3$） 碳酸钾为白色固体粉末，易溶于水，水溶液呈碱性。草木灰的主要成分就是$K_2CO_3$。在向日葵的灰分中，$K_2CO_3$含量高达55%（质量分数），可作为农作物的钾肥，适用于酸性土壤。钾肥能促进作物生长健壮，茎秆粗硬，增强抗病虫害和抗倒伏的能力，并能促进糖类的合成。

### 3. 钠和钾在生物体中的作用

钠和钾是生物体中的常量元素，在动植物体内含量较高。钠是胰汁、胆汁、汗和泪水的组成成分。主要生理作用是参与水的代谢，保证体内水的平衡，调节体内水分与渗透压，维持血压正常，增强神经肌肉兴奋性等。

钾是植物必需的三大营养素之一，在氮、磷、钾三要素中，植物中钾的含量仅次于氮。钾在植物内呈离子状态，它作为酶的活化剂参与植物体内重要的代谢活动，能促进植株茎秆健壮，改善果实品质，增强植株抗寒能力，提高果实的糖分和维生素C的含量。因此，缺钾时植株抗逆能力减弱，易受病害侵袭，果实品质下降，着色不良。施用钾肥可以补充钾。

## （二）锂

锂是碱金属元素中原子量最小的一个。锂仅以化合物的形式广泛地分布于自然界中。金属锂可用电解熔融氯化锂-氯化钾混合物的方法制得。

### 1. 锂单质

金属锂化学性质活泼，在合适的条件下，它能同稀有气体以外的大多数非金属发生反应。

（1）与水反应

$$Li + H_2O \longrightarrow LiOH + H_2\uparrow$$

（2）与氮气反应

锂在室温条件下就能与氮气缓慢反应生成氮化锂，所以不能用氮气来保护锂，而应用氩气做保护气。

$$6Li + N_2 \longrightarrow 2Li_3N$$

### 2. 锂的重要化合物

（1）氢化锂 LiH　氢化锂是白色或带蓝灰色半透明结晶，极易潮解；在潮湿空气中能自燃。具有碱性，如同其他的强碱一样，氢化锂会侵蚀皮肤，应当小心操作，避免接触。氢化锂与水反应剧烈生成氢氧化锂溶液。

$$LiH + H_2O \longrightarrow LiOH + H_2\uparrow$$

氢化锂与氮一起加热时，生成锂的氮化物。

$$3LiH + N_2 \longrightarrow Li_3N + NH_3$$

氢化锂还能形成复合氢化物。例如，氢化锂与氯化铝在乙醚或四氢呋喃中相互作用生成氢化铝锂（$LiAlH_4$）。

$$4LiH + AlCl_3 \longrightarrow LiAlH_4 + 3LiCl$$

氢化锂常用作干燥剂、还原剂。在军事上和其他方面用作高效的氢源，因为 7.95g 氢化锂与水反应即可得到 22.4L 氢气（标准状况下）。

（2）氧化锂 $Li_2O$　氧化锂是一种白色晶体，具有耐热性，非常难熔。氧化锂与水反应生成氢氧化锂的溶液。

$$Li_2O + H_2O \longrightarrow 2LiOH$$

氧化锂广泛地用作玻璃的成分，含氧化锂 16%的玻璃做成的电极，可在 pH 很高（11～13）的情况下进行 $H^+$的测量，一般的钠玻璃电极在这样的 pH 范围就不能用来测定氢离子浓度。

（3）氢氧化锂 LiOH　白色单斜细小结晶，溶于水，有辣味、强碱性，有腐蚀性。用硫酸锂或碳酸锂与适当的金属氢氧化物作用制得氢氧化锂。

$$Li_2SO_4 + Ba(OH)_2 \longrightarrow 2LiOH + BaSO_4\downarrow$$

氢氧化锂被广泛地用作制备其他锂化合物的原料，例如制备氟化锂、氯化锂、溴化锂及碘化锂。氢氧化锂是碱性蓄电池电解质中的一种常用添加剂。它能够增加蓄电池的蓄电量，人们也常在裂解催化剂中加入氢氧化锂以改变催化剂的选择性。

## 二、碱土金属

碱土金属元素位于元素周期表的第ⅡA 族，包括铍（Be）、镁（Mg）、钙（Ca）、锶（Sr）、钡（Ba）、镭（Ra）六种元素。由于钙、锶、钡的氧化物在性质上介于碱性的碱金属氧化物和土性的 $Al_2O_3$ 等之间，所以称为碱土金属，习惯上把铍、镁也包括在内。镭是放射性元素。

这里重点介绍镁和钙的单质及化合物的性质。

### 1. 镁和钙的单质

镁（Mg）和钙（Ca）都是具有银白色金属光泽的轻金属，硬度较小。镁和钙的化学性质活泼，能与水、氧气等物质反应。金属镁的用途很广，可制造轻合金（镁约90%，其余为铝、锌、锰），应用于飞机和汽车工业。钙暴露在空气中立即生成一层疏松的氧化物，这层氧化物不能对内部的金属起保护作用，所以钙需保存在煤油中。镁可以在空气中保存，这是由于镁表面形成致密的氧化镁薄膜，阻止了镁继续被氧化。自然界中镁和钙均以化合态存在，土壤及动植物体内也含有镁和钙的化合物。

### 2. 镁的重要化合物

（1）氧化镁（MgO） MgO是松软的白色粉末，不溶于水。熔点2852℃，沸点高达3600℃，有高度耐火绝缘性能。可做耐火材料，常用来制备坩埚、耐火砖、高温炉的衬里等。此外，在医药上还可用作抗酸剂和轻泻剂，用于胃酸过多和十二指肠溃疡病。

（2）氯化镁（$MgCl_2$） $MgCl_2$是无色晶体，味苦，极易吸水。从海水晒盐的母液中制得不纯的$MgCl_2 \cdot 6H_2O$，叫卤块。工业上常用卤块生产碳酸镁（$MgCO_3$）及其他镁化合物的原料。$MgCl_2 \cdot 6H_2O$加热至527℃以上，分解为氧化镁和氯化氢气体。

$$MgCl_2 \cdot 6H_2O \xrightarrow{527℃} MgO + 2HCl\uparrow + 5H_2O$$

所以，仅用加热的方法得不到无水氯化镁。要得到无水氯化镁，必须在干燥的氯化氢气流中加热$MgCl_2 \cdot 6H_2O$使其脱水。氯化镁可用于制金属镁、陶瓷、填充织物，造纸等方面。其溶液与氧化镁混合，可成为坚硬耐磨的镁质水泥。

（3）硫酸镁（$MgSO_4 \cdot 7H_2O$） $MgSO_4 \cdot 7H_2O$在干燥空气中易风化为粉状，加热时逐渐脱去结晶水变为无水硫酸镁（$MgSO_4$）。在农业和园艺，硫酸镁可以作为肥料用来改良缺镁的土壤。饲料级硫酸镁作为饲料加工中镁的补充剂。

### 3. 钙的重要化合物

（1）氧化钙（CaO） 氧化钙是白色块状或粉末状固体，俗名生石灰。有刺激和腐蚀作用。与水剧烈反应，生成氢氧化钙并放出大量热，热量可以煮熟带壳的生鸡蛋。因此，氧化钙加水可作为自加热盒饭的发热剂，在商业上已得到广泛应用。

$$CaO + H_2O \longrightarrow Ca(OH)_2$$

氧化钙是生产电石（$CaC_2$）的重要原料，将氧化钙和碳一起在电炉中熔化，生成碳化钙，即电石。

（2）氢氧化钙 [$Ca(OH)_2$] $Ca(OH)_2$是白色粉末，微溶于水，俗称消石灰或熟石灰。其溶解度随温度的升高而减小，它的饱和溶液叫石灰水。氢氧化钙是最便宜的碱，在工业生产中，若不需要很纯的碱，可将氢氧化钙制成石灰乳代替烧碱用。纯碱工业、制糖工业，以及制取漂白粉，都需要大量的氢氧化钙，但其更多是被用做建筑材料。

（3）硫酸钙（$CaSO_4$） 含有两个结晶水的硫酸钙称为石膏（$CaSO_4 \cdot 2H_2O$）。石膏为无色晶体，微溶于水。石膏加热至120℃失去75%的水而转变为熟石膏。

$$2CaSO_4 \cdot 2H_2O \xrightarrow{120℃} (CaSO_4)_2 \cdot 2H_2O + 2H_2O$$

此反应可以逆转。用水将熟石膏拌成浆状物后，又会转变为石膏并凝固为硬块，其体积略有增大，因而可用熟石膏制造塑像、模型、粉笔和医疗用的石膏绷带。

4. 镁和钙在生物体中的作用

镁是叶绿素的组成元素之一，它位于叶绿素分子结构卟啉环的中央。缺镁则不能形成叶绿素，引起缺绿症状，直接影响糖类的合成。镁还能促进糖酵解和脂肪代谢，有利于磷的吸收。植物缺镁势必影响植物体幼嫩组织的发育和种子的成熟。人体中70%的镁存在于骨骼中，其余的30%存在于体液与软组织中。镁是构成骨骼、牙齿的成分，也是一些酶的激活剂，在人体内还可以与钠、钾共同维持心脏、神经、肌肉等的正常功能。

钙是构成植物细胞壁和动物骨骼、牙齿的重要成分。人体内钙的99%存在于骨骼和牙齿中，其余主要分布于体液内，以参与某些重要酶反应。在维持心脏正常收缩、神经肌肉细分性，凝血和保持细胞膜完整性等方面起重要作用。人体缺钙的主要症状是生长缓慢、骨质疏松。动物缺钙也将引起发育不良，发生佝偻病和软骨病。

钙是构成细胞壁的一种元素，细胞壁的胞间层是由果胶酸钙组成的。缺钙时，细胞壁形成受阻，影响细胞分裂，或者不能形成新细胞壁，出现多核细胞。因此缺钙时生长受抑制，严重时幼嫩器官（根尖、茎端）溃烂坏死。番茄蒂腐病、莴苣顶枯病、芹菜裂茎病、菠菜黑心病、大白菜干心病等都是缺钙引起的。

## 第二节 过渡金属元素及其化合物

### 一、铬和锰

1. 铬和锰的单质

铬（Cr）是周期表中第ⅥB族的元素，它在自然界的主要矿物是铬铁矿（$FeO \cdot Cr_2O_3$），用铝热法、硅热法或电解法将它从矿石中分离出。

铬具有银白色光泽，是最硬的金属，主要用于电镀和冶炼合金钢。在汽车、自行车和精密仪器等器件表面镀铬，可使器件表面光亮、耐磨、耐腐蚀。含铬12%的钢称为“不锈钢”，有极强的耐腐蚀性能。

锰（Mn）是第ⅦB族元素，金属锰外形似铁，致密的块状锰为银白色，粉末状为灰色。纯金属锰用途不多，但用于合金制造非常重要。锰钢（含Mn 12%～15%，Fe 83%～87%，C 2%）硬度大，抗冲击，耐磨损，大量用于制造钢轨、钢甲、破碎机等。锰可替代镍制造不锈钢，在镁铝合金中加入锰可使抗腐蚀性和机械性得到改进。

2. 铬和锰的重要化合物

铬能形成+1、+2、+3、+4、+5、+6等多种氧化数的化合物，其中以氧化数为+3和+6的两类化合物最为重要和常见。+6价的化合物具有强氧化性。

锰主要有+1、+2、+4、+6、+7五种氧化数，其中以+4、+7价的化合物较为常见。+7价的化合物具有强氧化性。

最常见的化合物有二氧化锰（$MnO_2$）和高锰酸钾（$KMnO_4$）。

（1）重铬酸钾（$K_2Cr_2O_7$） $K_2Cr_2O_7$是铬的重要化合物，俗称“红矾钾”，是橙红色晶体，易溶于水。由于$K_2Cr_2O_7$无吸湿性，又易用重结晶法提纯，所以用它作分析化学中的基准试

剂来配制 $K_2Cr_2O_7$ 标准溶液，用来测定试液中亚铁离子的含量。基本反应为：

$$Cr_2O_7^{2-} + 14H^+ + 6Fe^{2+} \longrightarrow 2Cr^{3+} + 6Fe^{3+} + 7H_2O$$

$K_2Cr_2O_7$ 在实验室的另一个重要用途是配制铬酸洗液（$K_2Cr_2O_7$ 的饱和溶液与浓硫酸等体积混合制得），用于清洗玻璃器皿。

重铬酸钾在鞣革、电镀等工业中应用广泛。冶炼、电镀、金属加工、制革、涂料、颜料、印染等工业废水含有铬。铬盐能够降低生化过程的需氧量，从而发生窒息。其对胃、肠等有刺激作用，对鼻黏膜的损伤较大，长期吸入会引起鼻膜炎，甚至鼻中隔穿孔，并有致癌作用。铬的化合物中，Cr(Ⅵ) 的毒性最大，Cr(Ⅲ) 次之，金属铬毒性最小。我国规定工业废水中含 Cr(Ⅵ) 的排放标准为 0.1mg/L。

（2）二氧化锰（$MnO_2$） $MnO_2$ 是稳定的黑色或棕黑色晶体，不溶于水和硝酸。是自然界中软锰矿的主要成分，也是制备其他锰化合物的原料。工业上主要利用二氧化锰的氧化性，大量用于炼钢、制玻璃（着色剂）、陶瓷、搪瓷、干电池等。$MnO_2$ 也是实验室制备氧气的催化剂。

（3）高锰酸钾（$KMnO_4$） $KMnO_4$ 是深紫色晶体，有光泽，热稳定性差，加热至 473K 以上能分解放出氧气，是实验室制备氧气的一个简便方法。溶于水溶液呈紫红色。

在酸性溶液中，高锰酸钾具有强氧化性，常用来测定一些还原性物质，如 $Fe^{2+}$、$I^-$、$C_2O_4^{2-}$ 等。同时在医药上可用作消毒剂，俗名 PP 粉。

### 3. 铬和锰在生物体中的作用

铬是人体必需的微量元素，在肌体的糖代谢和脂代谢中发挥特殊作用。铬（Ⅲ）对人和动物的主要功能是调节糖代谢。

锰是动物体内的一种微量元素，它是许多酶的激活剂。锰存在于动物体所有组织中，参与形成骨骼基质中的硫酸软骨素，参与糖类、脂肪的代谢，为家畜的正常繁殖和骨骼正常发育所必需。动物缺锰时可出现骨骼发育不良、畸形、性腺退化等现象。

锰能促进种子发芽和幼苗早期生长。用硫酸锰浸种和喷施花生、豌豆、水稻和棉花，均能增加产量。

## 二、铁和钴

### 1. 铁和钴的单质

铁（Fe）和钴（Co）位于周期表中第ⅧB 族。它们的单质都是具有光泽的白色金属，略带灰色。铁有很好的延展性，钴较硬而脆。铁在地壳中的丰度居第四位，仅次于铝。铁矿主要有磁铁矿（$Fe_3O_4$）、赤铁矿（$Fe_2O_3$）、褐铁矿（$Fe_2O_3 \cdot nH_2O$）等。常说的生铁含碳在 1.7%～4.5%，熟铁含碳在 0.1%以下，钢的含碳量介于两者之间。铁在工农业、国防、军工以及人们的生活中起着不可替代的作用。钴在地壳中的平均含量为 0.001%，海洋中钴总量约 23 亿吨，自然界已知含钴矿物近百种，但没有单独的钴矿物，大多伴生于镍、铜、铁、铅、锌、银、锰等硫化物矿床中，且含钴量较低。

铁、钴属于中等活泼金属，在高温下分别和氧、硫、氯等非金属作用。铁溶解于盐酸、稀硫酸和硝酸。但冷的浓硫酸和浓硝酸会使其发生钝化。钴在盐酸和稀硫酸中的溶解比铁缓慢，遇到冷的硝酸也会发生钝化。浓碱对铁有缓慢的腐蚀作用，而钴在浓碱中较稳定。

铁在化合物中的氧化数主要是+2 和+3，其中以氧化数为+3 的化合物较为稳定。钴有+2和+3 两种氧化态，但以+2 的氧化态较为稳定。只有在强氧化剂作用下才能得到+3 的氧化物。

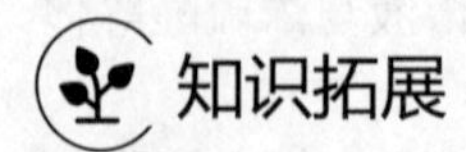

## 中国稀土之父——徐光宪

徐光宪，浙江省上虞市（今绍兴市上虞区）人，物理化学家、无机化学家、教育家，2008 年度“国家最高科学技术奖”获得者，被誉为“中国稀土之父”。

1951 年，在国外已经学有所成的徐光宪，完全可以留在那里享受着丰厚的报酬和待遇，但在得知自己的祖国在技术方面陷入困境时，他和妻子都决定抛下一切回到祖国效力。

为了打破西方国家垄断稀土的局势，徐光宪开始潜心研究稀土提纯的工作，他知道稀土资源的重要性，所以更加尽心尽力地去解决这些问题。因为那时候的科技发展水平有限，所以徐光宪做起研究任务来也是困难重重。西方国家对这项技术进行了垄断，徐光宪想要研究出提纯的方法，就得靠自己学习和研究思考。徐光宪为了推进稀土研究的进程，开启了连轴转的工作模式。他每周都要工作 80 个小时，白天“摇漏斗”、做实验，晚上点灯夜战、研究理论。

终于在 1974 年，徐光宪研究的串级萃取理论得到实践后取得成功，而这一项成功也改变了中国稀土贱卖的局面，中国不仅在国际上的地位提高了，而且在稀土提纯方面还实现了自立自强。在没有别国的帮助下，中国自己研制成功了稀土提纯的方法。引导稀土分离技术的全面革新，促进了中国从稀土资源大国向高纯稀土生产大国的飞跃。至此，中国的稀土分离技术走在了世界前列。

### 2. 铁和钴的重要化合物

（1）硫酸亚铁（$FeSO_4$） 铁屑与硫酸作用后，经浓缩、冷却，可析出绿色的 $FeSO_4 \cdot 7H_2O$ 晶体，俗称为绿矾。$FeSO_4 \cdot 7H_2O$ 经加热失水，可得无水 $FeSO_4$，若加强热则分解产生 $Fe_2O_3$。

$$2FeSO_4 \xrightarrow{\triangle} Fe_2O_3 + SO_2\uparrow + SO_3\uparrow$$

为了防止 $Fe^{2+}$被氧化，在配制 $FeSO_4$ 溶液时除应加足够浓度的酸以外，还应加一些单质铁（如铁钉），这样即使 $Fe^{2+}$被氧化成 $Fe^{3+}$，$Fe^{3+}$也会被溶液中单质铁还原。

（2）三氯化铁（$FeCl_3 \cdot 6H_2O$） $FeCl_3 \cdot 6H_2O$ 为深黄色固体，易潮解，易溶于水，其水溶液因 $Fe^{3+}$水解而显酸性。$FeCl_3$ 能使蛋白质凝聚，在医药上用作止血剂。在酸性溶液中，$Fe^{3+}$是中强的氧化剂，能氧化一些还原性较强的物质，例如：

$$2Fe^{3+} + Fe \longrightarrow 3Fe^{2+}$$
$$2Fe^{3+} + Cu \longrightarrow 2Fe^{2+} + Cu^{2+}$$

工业上用 $FeCl_3$ 在铁制品上刻蚀字样，或在铜板上制造印刷电路，就是利用了 $Fe^{3+}$的氧化性。

（3）二氯化钴（$CoCl_2$） 二氯化钴是常见的钴盐，由于所含结晶水的数目不同而呈现多种颜色，随着温度升高，所含结晶水逐渐减少，颜色发生变化。

$$\underset{\text{粉红色}}{CoCl_2 \cdot 6H_2O} \xrightarrow{52.3℃} \underset{\text{紫红色}}{CoCl_2 \cdot 2H_2O} \xrightarrow{90℃} \underset{\text{蓝紫色}}{CoCl_2 \cdot H_2O} \xrightarrow{120℃} \underset{\text{蓝色}}{CoCl_2}$$

由于 $[Co(H_2O)_6]^{2+}$ 在溶液中呈粉红色，用该稀溶液在白纸上写的字看不清颜色，但烘干之后立即显出蓝色字迹，所以二氯化钴溶液可作隐显墨水。同时，其吸水色变的性质可被用于干燥剂的干湿指示剂。变色硅胶就是在硅胶中加入了少量钴（Ⅱ）盐。无水时的状态是蓝色，吸水时的状态为粉红色。变色硅胶可以循环使用。当有颜色变化后，可以在干燥箱中烘烤，使其回到无水的状态就可以继续使用了。

### 3. 铁和钴在生物体中的作用

铁是植物必需的营养元素，在植物的细胞代谢中起重要作用，铁还是植物制造叶绿素不可缺少的催化剂，植物缺铁会出现黄叶病。

对于人体，铁是不可缺少的微量元素，人体内铁的总量约 4～5g，是血红蛋白的重要部分，人全身都需要它，它具有固定氧和输送氧的功能。还是许多酶和免疫系统化合物的成分，人体从食物中摄取所需的大部分铁，铁还是血色素的重要成分。人体缺铁会引起贫血症。

钴是维生素 $B_{12}$ 的主要成分，为哺乳类动物所必需。钴对植物有剧毒。

## 三、铜、锌和汞

### 1. 铜、锌、汞的单质

（1）铜（Cu） 铜是周期表中第ⅠB 族元素。纯铜是带红色光泽的金属。铜的熔点和沸点都不太高，延展性、导电性和导热性比较突出。铜的导电性在所有金属中居于第二位（银居第一），被广泛地应用于电气、轻工、机械制造、建筑工业、国防工业等领域，在我国有色金属材料的消费中仅次于铝。

铜的化学活泼性较差，室温下不与氧或水作用。在含有 $CO_2$ 的潮湿空气中，铜的表面会逐渐蒙上绿色的碱式碳酸铜 $[Cu_2(OH)_2CO_3]$，俗称铜绿。

$$2Cu + O_2 + CO_2 + H_2O \longrightarrow Cu_2(OH)_2CO_3$$

加热时铜与氧气生成黑色的氧化铜（CuO）。

铜主要形成氧化数为+1，+2 的化合物。Cu(Ⅰ) 的化合物一般为白色或无色，$Cu^+$在溶液中不稳定，而在固态时能以 CuI、$Cu_2O$ 等化合物存在。Cu(Ⅱ) 的化合物种类较多，较稳定。

铜不能与盐酸和稀硫酸作用，但铜很容易被硝酸及浓硫酸氧化而溶解。

$$Cu + 4HNO_3(浓) \longrightarrow Cu(NO_3)_2 + 2NO_2\uparrow + 2H_2O$$
$$3Cu + 8HNO_3(稀) \longrightarrow 3Cu(NO_3)_2 + 2NO\uparrow + 4H_2O$$
$$Cu + 2H_2SO_4(浓) \longrightarrow CuSO_4 + SO_2\uparrow + 2H_2O$$

（2）锌（Zn） 锌是周期表中第ⅡB 族元素。锌在自然界中，多以硫化物状态存在。主要含锌矿物是闪锌矿。也有少量氧化矿，如菱锌矿。锌矿石和铜熔化制得合金——黄铜，早为古代人们所利用。

锌是一种银白色金属，化学性质活泼，在常温下的空气中，表面生成一层薄而致密的碱式碳酸锌 $[Zn_2(OH)_2CO_3]$膜，可阻止进一步氧化。当温度达到 225℃后，锌氧化激烈。燃烧时，发出蓝绿色火焰。锌易溶于酸，也易从溶液中置换金、银、铜等。工业上常将锌镀在铁制品表面，保护铁不生锈。锌的氧化物（ZnO）、氢氧化物 $[Zn(OH)_2]$ 具有两性。

（3）汞（Hg） 汞是周期表中第ⅡB 族元素。汞是常温下为液态的唯一金属，其流动性好，不湿润玻璃，在 0～200℃之间体积膨胀系数均匀，适于制造温度计及其他控制仪表。汞的密度（$13.6g/cm^3$）是常温下液体中最大的，常用于血压计、气压表及真空封口中。

在电弧作用下汞蒸气能导电，并发出含有紫外线的光，故汞被用于制造紫外灯和日光灯。

汞能溶解许多金属形成液态或固态合金——汞齐。汞齐中的其他金属仍保留着原有的性质，如钠汞齐仍能从水中置换出氢气，只是反应变得缓和些，钠汞齐常用于有机合成中作还原剂。汞有氧化数为+1，+2 两类化合物。

汞与硫黄粉混合，不用加热就容易地生成 HgS。因此，若不慎将汞泼洒在地上无法收集，可撒硫黄粉，并适当搅拌或研磨，使硫黄与汞化合生成 HgS，可防止有毒的汞蒸气进入空气中。

## 2. 铜、锌、汞的重要化合物

（1）硫酸铜（$CuSO_4 \cdot 5H_2O$） 带 5 个结晶水的硫酸铜为蓝色结晶，又名胆矾或蓝矾。$CuSO_4 \cdot 5H_2O$ 受热后逐步脱水，最终变为白色粉末状的无水硫酸铜。无水硫酸铜易吸水，吸水后呈蓝色。常被用来鉴定液态有机物中的微量水。

工业上常用硫酸铜作为电解铜的原料。农业上将其与石灰乳混合配制而成的波尔多液是一种保护性的杀菌剂，其有效成分为碱式硫酸铜 [$Cu_2(OH)_2SO_4$]，可有效地阻止孢子发芽，防止病菌侵染，并能促使叶色浓绿、生长健壮，提高树体抗病能力。

（2）氧化锌（ZnO） ZnO 为白色粉末，不溶于水，为两性氧化物。

$$ZnO + 2HCl \longrightarrow ZnCl_2 + H_2O$$

$$ZnO + 2NaOH \longrightarrow Na_2ZnO_2 + H_2O$$

商品氧化锌又称锌氧粉或锌白，是优良的白色颜料。它遇 $H_2S$ 不变黑（因为 ZnS 也是白色），这一点优于铅白。它是橡胶制品的增强剂。ZnO 无毒，具有收敛性和一定的杀菌能力，故大量用作医用橡皮软膏。ZnO 又是制备各种锌化合物的基本原料。

（3）硫酸锌（$ZnSO_4 \cdot 7H_2O$） $ZnSO_4 \cdot 7H_2O$ 是常见的锌盐，俗称皓矾。大量用于制备锌钡白（商品名“立德粉”），它由 $ZnSO_4$ 和 BaS 经复分解而得。实际上锌钡白是 $BaSO_4$ 和 ZnS 的混合物。

$$Zn^{2+} + SO_4^{2-} + Ba^{2+} + S^{2-} \longrightarrow ZnS \cdot BaSO_4 \downarrow$$

这种颜料覆盖性强，而且无毒，所以大量用于涂料工业。

（4）氯化汞（$HgCl_2$） 氯化汞（$HgCl_2$）能升华，又称升汞，白色略带灰色，针状结晶或颗粒粉末。内服 0.2～0.4g 就能致命。但少量使用，有消毒作用。例如 1∶1000 的稀溶液可用于消毒外科手术器械。中医称 $HgCl_2$ 为白降丹，用以治疗疔疮之毒。

（5）氯化亚汞（$Hg_2Cl_2$） 氯化亚汞（$Hg_2Cl_2$）又称甘汞，是微溶于水的白色粉末，无毒，味略甜。常用于制作甘汞电极。

$Hg_2Cl_2$ 可由固体 $HgCl_2$ 和金属 Hg 研磨而得：

$$HgCl_2 + Hg \longrightarrow Hg_2Cl_2$$

$Hg_2Cl_2$ 不如 $HgCl_2$ 稳定，见光分解（上式的逆过程），故应保存在棕色瓶中。

$Hg_2Cl_2$ 与氨水反应可生成氨基氯化汞和汞：

$$Hg_2Cl_2 + 2NH_3 \longrightarrow Hg(NH_2)Cl \downarrow + Hg \downarrow + NH_4Cl$$

白色的氨基氯化汞和黑色的金属汞微粒混在一起，使沉淀呈灰黑色。这个反应可用来鉴定 $Hg_2^{2+}$ 的存在。

### 3. 铜、锌、汞在生物体中的作用

铜是生物体不可缺少的微量元素之一，它对于血液、中枢神经和免疫系统，头发、皮肤和骨骼组织以及脑子和肝、心等内脏的发育和功能有重要影响。铜主要从日常饮食中摄入。

铜也是保持农作物和畜禽健康成长必须的微量营养素。目前由于集约性的高产作业，在大量使用化肥中不含铜或含铜量很低，引起土地瘠化，使缺铜日益成为当前世界上日益关注的问题。

锌是人体中金属酶的组成成分或酶的激活剂，能协助葡萄糖在细胞膜上转运。在动物体内含锌的酶约有 80 多种，各有不同的功能。锌对人体的免疫功能起着调节作用，锌能维持男性的正常生理机能，促进儿童的正常发育，促进溃疡的愈合。人体缺锌时，以食欲减退、生长迟缓和皮炎为突出表现，多发生于 6 岁以内的小儿。

汞有毒，是酶的阻化剂，它能取代金属酶中的活性元素，使酶失去活性。例如，汞和酶中的巯基（—SH）结合为 HgS，或与甲基结合成剧毒的甲基汞 $[Hg(CH_3)_2]$ 而积存于大脑之中，产生慢性中毒，表现为牙齿松动、口水增多、牙周溃疡、毛发脱落、神经错乱等。震惊世界的水俣病就是日本水俣渔民长期食用汞污染区的鱼而发生的典型的累积性汞中毒事件。

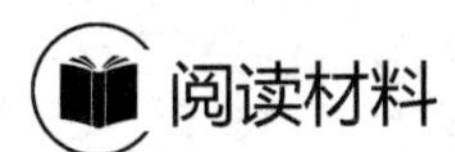

## 阅读材料

### 金属锅

厨房里有各种各样的锅：煮饭锅、炒菜锅、蒸锅、高压锅、奶锅、平锅等，从制造的原料分析，一般分为铁锅、铝锅和不锈钢锅。

过去，人们还使用过铜锅。人类发现和使用铜比铁早得多，首先用铜来做锅，那是很自然的。在出现了铁锅以后，有的人还是喜欢用铜锅。铜有光泽，看起来很美观。在金属里，铜的传热能力仅次于银，排在第二位，这一点胜过了铁。用铜做炊具，最大的缺点是它容易产生有毒的锈即铜绿，使用铜锅还会破坏食物中的维生素 C。随着工业的发展，人们发现用铜来做锅实在是委屈了它。

在农村，炉灶上安的大锅是生铁铸成的。生铁又硬又脆，轻敲不会瘪，重敲就要碎。熟铁可以做炒菜锅和铁勺。熟铁软而有韧性，磕碰不碎。生铁和熟铁的区别，主要是含碳量不同。生铁含碳量超过 1.7%，熟铁含碳量在 0.2% 以下。铁锅的价格便宜。三十多年前，厨房里几乎全是铁锅。铁锅也有缺点，如笨重，还容易生锈。铁的传热本领也不太强，不但比不上铜，也比不上铝。

现在厨房里的用具很多都是铝或铝合金的制品，但是，在一个世纪以前，铝的价格比黄金还高，被称为“银白色的金子”。

法国皇帝拿破仑三世珍藏着一套铝做的餐具，逢到盛大的国宴才拿出来炫耀一番。发现元素周期律的俄国化学家门捷列夫，曾经接受过英国皇家学会的崇高奖赏—— 一只铝杯。这些故事现在听起来，不免引人发笑。今天，铝是很便宜的金属。和铁相比，铝的传热性好，轻盈又美观。因此，铝是理想的制作炊具的材料。

有人以为铝不生锈。其实，铝是活泼的金属，它很容易和空气里的氧化合，生成一层透明的、薄薄的铝锈三氧化二铝。铝锈和疏松的铁锈不同，十分致密，好像皮肤一样保护内部不再被锈蚀。可是铝锈薄膜既怕酸，又怕碱。所以，在铝锅里存放菜肴的时间不宜过长，不

要用来盛放醋、酸梅汤、碱水和盐水等。表面粗糙的铝制品，大多是生铝。生铝是不纯净的铝，它和生铁一样，使劲一敲就碎。常见的铝制品又轻又薄，这是熟铝。铝合金是在纯铝里掺进少量的镁、锰、铜等金属冶炼而成的，抗腐蚀性和硬度都得到很大的提高。用铝合金制造的高压锅、水壶很多。还有一种电化铝制品，这是铝经过电极氧化，加厚了表面的铝锈层，同时形成疏松多孔的附着层，可以牢牢地吸附住染料。因此，这种铝制的饭盒、饭锅、水壶等，表面可以染上鲜艳的色彩，使铝制品更加美观，惹人喜爱。

铝锅也有它的坏处，过量摄入铝容易得老年痴呆。所以现在家庭中不锈钢锅几乎取代了铝锅。

不锈钢含有铬和镍，不仅具有很强的化学稳定性，同时也有足够的强度和塑性，并且在一定高温或低温下具有稳定的力学性能。不锈钢锅能够在非强酸或非强碱环境下，耐受400℃以下高温而不被腐蚀，但是如果长期接触酸、碱类食物，也会起化学反应，所以不宜长时间盛放盐、酱油、菜汤，也不能煎药。

## 习题

### 一、选择题

1. 土壤中养分的保持和释放与离子交换吸附有密切的关系，当土壤施入铵态氮时，土壤中的 $Ca^{2+}$将被（　　）交换。

A. $Na^+$　　B. $NH_4^+$　　C. $NH_3$　　D. 酸根离子

2. 铝具有较强的抗腐蚀性能，主要是因为（　　）。

A. 与氧气在常温下不反应　　B. 铝性质不活泼
C. 铝耐酸耐碱　　D. 铝表面能形成一层致密的氧化膜

3. 不能用 NaOH 溶液除去括号内的杂质是（　　）。

A. $Mg(Al_2O_3)$　　B. $MgCl_2(AlCl_3)$　　C. Fe(Al)　　D. $Fe_2O_3(Al_2O_3)$

4. 将铁的化合物溶于盐酸，滴加 KSCN 溶液不发生颜色变化，再加入适量氯水，立即呈红色的是（　　）。

A. $Fe_2(SO_4)_3$　　B. $FeCl_3$　　C. FeO　　D. $Fe_2O_3$

5.下列关于 $Na^+$ 和 Na 叙述中 ，错误的是（　　）。

A. 具有相同的质子数　　B. 化学性质相似
C. 灼烧时火焰都呈黄色　　D. $Na^+$ 是 Na 的氧化产物

6. 常用作消毒的无机化合物是（　　）。

A. 酒精　　B. 醋酸　　C. 碘酒　　D. 漂白粉

7. 下列物质性质与应用相对关系正确的是（　　）。

A. 晶体硅熔点高硬度大，可用于制作半导体材料
B. 氢氧化铝具有弱碱性，可用于制胃酸中和剂
C. 漂白粉在空气中不稳定，可用于漂白纸张
D. 氧化铁能与酸反应，可用于制作红色涂料

8. 下列有关物质性质的应用关系，正确的说法是（　　）。

A. 生石灰用作食品抗氧化剂
B. 盐类都可用作调味品

C. 铝罐可久盛食醋

D. 小苏打是面包发酵粉的主要成分之一

## 二、填空题

1. 钠和钾极易和空气中的________和________发生反应，因此应将钠和钾保存在煤油中。

2. 钠在空气中燃烧的产物是________；钾在空气中燃烧的产物是________。

3. $Na_2CO_3$ 俗名为________________，$NaHCO_3$ 俗名为________________。

4. 生石灰的化学式是________________；熟石灰的化学式是________________。

5. 重铬酸钾中铬的氧化数为________________。

6. 铜绿的成分是________________。

7. 含有 5 个结晶水的硫酸铜俗名________或________，化学式为__________。

8. 常温下为液态的金属是__________。

## 三、判断题

1. 钾的金属性比钠强。(　　)

2. 过氧化钠可以作为潜水时的供氧剂。(　　)

3. 实验室盛放氢氧化钠溶液的玻璃瓶可以使用玻璃塞。(　　)

4. 钙暴露在空气中立即生成一层致密的氧化物保护膜。(　　)

5. Cr(Ⅵ) 的化合物有毒。(　　)

6. 工业上用 $FeCl_3$ 在铁制品上刻蚀字样，或在铜板上制造印刷电路，就是利用了 $Fe^{3+}$的氧化性。(　　)

## 四、简答题

1. 怎样除去碳酸钠中混有的少量碳酸氢钠？

2. 如何检验有机物中微量水的存在？

3. 举例说明常见金属离子对于生物体的作用。

# 第八章　常见非金属元素及其化合物

## 思维导图

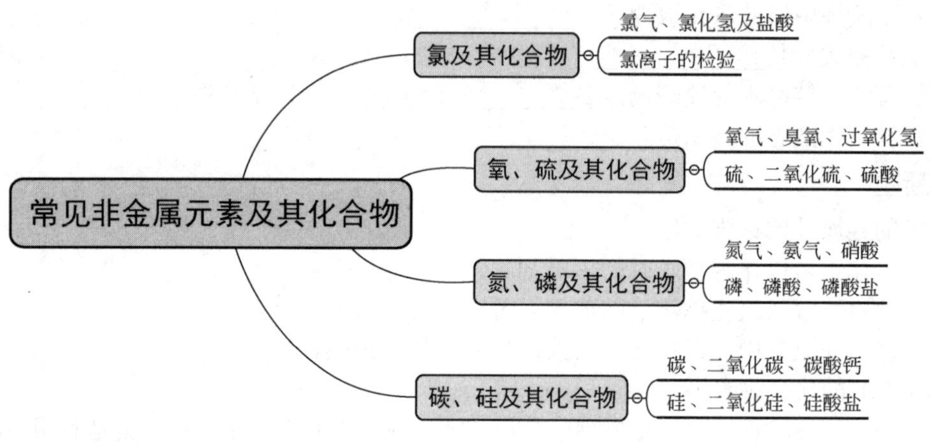


## 知识与技能目标

1. 掌握第ⅣA、第ⅤA、第ⅥA、第ⅦA 族非金属元素结构特点及其单质的性质。
2. 掌握第ⅣA、第ⅤA、第ⅥA、第ⅦA 族非金属元素其化合物的性质变化规律。
3. 了解非金属元素对应的化合物在生产、科研中的应用。

## 素质目标

培养学生科学创新意识及立足基础，踏实、坚韧的工作作风。

在已知的 118 种化学元素中，非金属占 22 种，除氢以外都位于周期表中的右上方。它们的数量虽然不多，但涉及的面却很广。生命科学研究表明，生物体内含有无机元素约 50 种，其中必需的非金属元素有 12 种，其中含量最多的是 C、O、N 三种元素。80%以上的非金属在现代技术包括能源、功能材料等领域占有极为重要的地位。

## 第一节　氯及其化合物

周期表中第ⅦA 族元素包括氟（F）、氯（Cl）、溴（Br）、碘（I）和砹（At）五种元素，总称为卤素。卤素在希腊原文中是成盐元素的意思，因为这些元素是典型的非金属，它们都能与典型的金属——碱金属化合生成盐而得名。

## 一、氯气、氯化氢及盐酸

### 1. 氯气（$Cl_2$）

氯气分子为双原子分子，通常情况下为有刺激性气味的黄绿色气体。密度比空气大，熔沸点较低，易液化。易溶于有机溶剂，难溶于饱和食盐水。

工业上一般采用电解饱和食盐水的方法制取氯气。反应式为：

$$2NaCl + 2H_2O \xrightarrow{通电} 2NaOH + Cl_2\uparrow + H_2\uparrow$$

在实验室，常用二氧化锰（或高锰酸钾）和浓盐酸反应制得氯气。反应式为：

$$MnO_2 + 4HCl（浓）\xrightarrow{\triangle} MnCl_2 + 2H_2O + Cl_2\uparrow$$

氯气主要用于盐酸、农药、炸药、有机染料、有机溶剂及化学试剂的制备。还可用作纸张、布匹的漂白剂和饮水消毒剂。此外，氯也用来处理某些工业废水，如将具有还原性的有毒物质硫化氢、氰化物等氧化为无毒物。

1 体积水在常温下可溶解 2 体积氯气，生成盐酸（HCl）和次氯酸（HClO）。

$$Cl_2 + H_2O \longrightarrow HCl + HClO$$

次氯酸具有杀菌和漂白能力。但次氯酸不稳定，使用不便，实际应用中，常用漂白粉。漂白粉广泛用于纺织漂染、造纸等工业中，又是较廉价的消毒剂。漂白粉是用氯气与消石灰作用制得的次氯酸钙和氯化钙的混合物，其有效成分是次氯酸钙 [$Ca(ClO)_2$]。

$$2Cl_2 + 2Ca(OH_2) \longrightarrow CaCl_2 + Ca(ClO)_2 + 2H_2O$$

值得注意的是，氯气是一种有毒气体，它主要通过呼吸道侵入人体并溶解在黏膜所含的水分里，生成次氯酸和盐酸，对上呼吸道黏膜造成有害的影响。

### 2. 氯化氢（HCl）和盐酸

氯化氢是具有刺激性气味的无色气体。实验室中少量的氯化氢可用浓硫酸滴入浓盐酸经浓硫酸洗瓶干燥制得，也可用食盐和浓硫酸反应制得。

$$NaCl + H_2SO_4(浓) \longrightarrow NaHSO_4 + HCl\uparrow$$

$$NaHSO_4 + NaCl \xrightarrow{>780K} Na_2SO_4 + HCl$$

氯化氢的水溶液称氢氯酸，俗称盐酸，是典型的一元强酸。浓盐酸具有极强的挥发性，因此盛有浓盐酸的容器打开后能在上方看见酸雾，那是氯化氢挥发后与空气中的水蒸气结合产生的盐酸小液滴。

盐酸是重要的无机化工原料，广泛用于染料、医药、食品、印染、皮革、冶金等行业。工业上，盐酸主要是由氯气和氢气直接合成氯化氢，经冷却后以水吸收而制得。在一般情况下，浓盐酸中氯化氢的质量分数在 37%左右。在进行焰色反应时，通常用稀盐酸洗铂丝（因为氯化物的溶沸点较低，燃烧后挥发快，对实验影响较小）。

## 二、氯离子的检验

$Cl^-$在水溶液中呈无色，检验 $Cl^-$的方法主要用 AgCl 沉淀法。即 $Cl^-$与 $AgNO_3$ 溶液作用，生成白色 AgCl 沉淀，加稀硝酸沉淀不溶解。AgCl 可溶于氨水，用 $HNO_3$ 酸化时又可析出 AgCl 沉淀。

$$AgCl + 2NH_3 \cdot H_2O \longrightarrow [Ag(NH_3)_2]^+ + Cl^- + 2H_2O$$

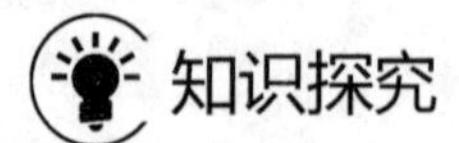

氯离子在生物体中起着非常重要的生理学作用。许多细胞中都有氯离子通道，它主要负责控制静止期细胞的膜电位以及细胞体积。在膜系统中，特殊神经元里的氯离子可以调控甘氨酸和$\gamma$-氨基丁酸的作用。

# 第二节　氧、硫及其化合物

周期表中第ⅥA 族元素包括氧（O）、硫（S）、硒（Se）、碲（Te）、钋（Po）五种元素，称为氧族元素。随着原子序数的增加，金属性增强，非金属性减弱；氧化物对应的水化物的酸性递减，碱性递增。下面着重讨论氧和硫及其化合物的性质。

## 一、氧气、臭氧、过氧化氢

### 1. 氧气（$O_2$）

氧是地壳中含量最多的元素，约占总质量的 48.6%；氧有 $^{16}O$、$^{17}O$、$^{18}O$ 三种同位素，能形成 $O_2$ 和 $O_3$ 两种单质。

氧气是无色、无臭的气体，常温下 1L 水中可溶解 49mL 氧气，这是水生生物赖以生存的基础。近年来，水污染导致其在水中的含量降低，使浮游生物、鱼、虾等难以生存，这一现象已经引起人们的极大关注。

氧的用途广泛，主要用于助燃和呼吸。炼钢采用纯（富）氧吹炼；切割、焊接金属的氧炔焰温度可高达 3000℃；液态氧、氢的剧烈燃烧可使火箭飞向太空；木屑、煤粉浸泡在液氧中制成的“液态炸药”使用方便，成本低廉；富氧空气在医疗急救、登山、高空飞行中普遍使用。可以说，没有氧气，就没有人类的生命活动，更没有社会的生产活动。

### 2. 臭氧（$O_3$）

臭氧和氧气是由同一种元素组成的不同单质，互称为同素异形体。臭氧是淡蓝色气体，因为它有特殊的鱼腥臭味，故名臭氧。臭氧在地面附近的大气层中含量极少，仅占 0.001mg/L，在离地面 20～40km 处有个臭氧层，臭氧浓度高达 0.2mg/L。臭氧层能吸收高空紫外线的强辐射，使地球上的生物免遭伤害。

$O_3$ 是由太阳的紫外辐射引发 $O_2$ 分子解离成的 O 原子与 $O_2$ 分子作用形成的。

$$O_2 \xrightarrow{h\nu} 2O$$

$$O + O_2 \longrightarrow O_3$$

生成的 $O_3$ 在紫外辐射的作用下能重新分解为 O 和 $O_2$，如此保证 $O_3$ 在臭氧层的平衡，也避免了过多的太阳紫外线到达地球表面，减弱了它对地球生物的伤害。

臭氧还可由氧气无声放电制得。

$$3O_2 \xrightarrow{\text{放电}} 2O_3$$

臭氧在处理工业废水中有广泛用途，不但可以分解不易降解的聚氯联苯、苯酚、萘等多种芳烃和不饱和链烃，而且还能使发色团如重氮、偶氮等的双键断裂，臭氧对亲水性染料的脱色效果也很好，所以它是一种优良的污水净化剂、脱色剂、饮水消毒剂。

雷雨过后，大气中放电产生微量的臭氧能使人产生爽快和振奋的感觉。那是因为微量的臭氧能消毒杀菌，能刺激中枢神经，加速血液循环（但人持续暴露在臭氧气氛中的最高浓度是 0.1mg/L）。空气中臭氧含量超过 1mg/L 时，不仅对人体有害，而且对庄稼以及其他暴露在大气中的物质也有害。例如，臭氧对橡胶和某些塑料有特殊的破坏性作用，它的破坏性也是基于它的强氧化性。

近年，臭氧还被用于洗涤衣物，将臭氧发生器产生的 $O_3$ 导入洗衣机的水桶，可以提高水对污渍的去除与溶解，起到杀菌、除臭、节省洗涤剂和减少污水作用。

### 3. 过氧化氢（$H_2O_2$）

过氧化氢水溶液俗称双氧水。纯的过氧化氢是无色黏稠液体，能与水任意比例混合。在避光和低温条件下较稳定，通常将过氧化氢储存在塑料瓶或棕色玻璃瓶中，并置于阴凉处。有时还加入微量的稳定剂，如焦磷酸钠。

$H_2O_2$ 的主要用途是基于它的氧化性如漂白和杀菌消毒。作为漂白剂，由于其反应时间短、白度高、放置久而不泛黄，对环境污染小等优点而广泛应用于织物、纸浆、皮革油脂等的漂白。$H_2O_2$ 在环境保护中的应用也越来越多，如氧化氰化物及恶臭有毒的硫化物等。3%的 $H_2O_2$ 在医药上作消毒剂。

## 二、硫、二氧化硫、硫酸

### 1. 硫（S）

硫元素在自然界中经常以硫化物或硫酸盐的形式出现，火山口处存在大量单质硫。单质硫有许多同素异形体，最常见的是晶状的斜方硫和单斜硫。

硫与氧相似，化学性质比较活泼，它能获得两个电子形成 $S^{2-}$，但硫的非金属性比氧弱。

硫的用途广泛，工业上主要用于制硫酸、硫化橡胶、火柴等；医药上用于配制硫黄软膏等抗真菌剂；农业上用于制造杀虫剂、杀菌剂及含硫农药等。

**知识探究**

硫在古代医学中被列为重要的药材，在我国古代第一部药物学专著《神农本草经》中所记载的 46 种矿物药品中，就有石硫黄（即硫黄）。在这部书中指出："石硫黄能化金银铜铁，奇物"。这说明当时已经知晓硫能与铜、铁等金属直接作用而生成金属硫化物。在东晋炼丹家葛洪的《抱朴子内篇》中也有"丹砂烧之成水银，积变又还成丹砂"的记载。

### 2. 二氧化硫（$SO_2$）

硫或硫化氢在空气中燃烧，或煅烧硫铁矿 $FeS_2$ 均可得二氧化硫。$SO_2$ 是无色气体，有强烈的刺激性气味。常温下1L水能溶解40L $SO_2$，$SO_2$溶于水生成不稳定的亚硫酸（$H_2SO_3$），它只能在水溶液中存在。$SO_2$在工业上主要用来制备硫酸、亚硫酸盐和连二硫酸盐。

二氧化硫具有漂白作用。工业上常用二氧化硫漂白纸浆、毛、丝、草编织品等，这是由于二氧化硫能与某些有色物质结合生成不稳定的无色物质。因此，用二氧化硫漂白过的草编织品时间长了后又渐渐变成黄色。此外，二氧化硫还可用于杀菌消毒，用作食物和果品的防腐剂等。

$SO_2$是大气中一种主要的气态污染物（形成酸雨的根源），含有$SO_2$的空气不仅对人类（最大允许浓度 5mg/L）及动、植物有害，还会腐蚀建筑物，金属制品，损坏油漆颜料、织物和皮革等。对农业、林业、建筑物等危害极大。如何将$SO_2$对环境的危害减小到最低限度已引起人们的普遍关注。

### 3. 硫酸（$H_2SO_4$）

$SO_2$经催化氧化制得$SO_3$，$SO_3$和水能剧烈反应并强烈放热生成硫酸。硫酸是化学工业中一种重要的化工原料，硫酸年产量可衡量一个国家的化工生产能力。硫酸大量用于肥料工业中制造过磷酸钙和硫酸铵；用于石油精炼、炸药生产以及制造各种矾、染料、颜料、药物等。

纯浓硫酸是无色透明的油状液体，283.4K时凝固。工业品因含杂质而发浑或呈浅黄色。硫酸与水能以任意比例混合，浓硫酸与水混合时放出大量的热，热量可使溶液局部暴沸而飞溅。稀释浓硫酸时，需将浓$H_2SO_4$沿器壁徐徐注入水中，并不断轻轻搅拌。切不可反过来！

浓硫酸有强烈的吸水性，在工业上和实验室常用做干燥剂，如干燥$Cl_2$、$H_2$和$CO_2$等。同时，它还具有脱水性，能从一些有机化合物中，按2∶1的比例夺取H原子和O原子，使有机物炭化。例如，蔗糖被浓硫酸脱水：

$$C_{12}H_{22}O_{11} \xrightarrow{\text{浓硫酸}} 12C + 11H_2O$$

因此，浓硫酸能严重地破坏动植物的组织，如损坏衣服和皮肤等，使用时必须注意安全。万一误溅，应先用软布或纸轻轻沾去，再用大量的水冲洗，最后用2%小苏打水或稀氨水浸泡片刻。

浓$H_2SO_4$属于中等强度的氧化剂，加热时氧化性更显著，可以氧化许多非金属和金属，它的还原产物一般是$SO_2$，若遇活泼金属，会析出S，甚至生成$H_2S$。例如：

$$Cu + 2H_2SO_4(\text{浓}) \longrightarrow CuSO_4 + SO_2\uparrow + 2H_2O$$

$$3Zn + 4H_2SO_4(\text{浓}) \longrightarrow 3ZnSO_4 + S + 4H_2O$$

$$4Zn + 5H_2SO_4(\text{浓}) \longrightarrow 4ZnSO_4 + H_2S\uparrow + 4H_2O$$

但金和铂在加热时也不与浓硫酸作用。此外冷的浓硫酸不和铁、铝等金属作用，因为铁、铝的表面在冷的浓硫酸中被钝化，所以常用铁（铝）罐车储运浓$H_2SO_4$（浓度必须在92.5%以上）。

## 第三节 氮、磷及其化合物

氮（N）、磷（P）、砷（As）、锑（Sb）、铋（Bi）位于周期表第ⅤA族，统称为氮族元素。

本族元素表现出从典型的非金属元素到典型金属元素的完整过渡。氮和磷是典型的非金属，砷为半金属，锑和铋为金属。本节主要讨论氮和磷及其化合物的性质。

## 一、氮气、氨气、硝酸

### 1. 氮气（$N_2$）

氮在地壳中的含量是0.0046%（质量分数），绝大部分的氮是以单质状态存在于空气中。除土壤中含有一些铵盐、硝酸盐外，氮很少以无机化合物形式存在于自然界。化合态的氮主要存在于有机体中，它是组成植物体蛋白质的重要元素。

氮气是无色、无味、无臭、难溶于水的气体，熔点、沸点分别为63K和77K，难于液化，只有在加压和极低温度下，才能得到液氮。氮气在常温下化学性质极不活泼，是已知双原子分子中最稳定的。在高温高压并有催化剂的条件下，$N_2$和$H_2$反应生成$NH_3$。

$$N_2 + 3H_2 \xrightleftharpoons[\text{催化剂}]{\text{高温、高压}} 2NH_3$$

工业上生产大量的氮气一般是由分馏液态空气得到，其纯度为99%，常以15.2MPa压力装入钢瓶备用。由于氮的化学惰性，常用做保护气体，以防止某些物质暴露于空气中时被氧化。用氮气充填粮仓可以达到安全地长期保管粮食的目的。液氮可用于低温体系做深度冷冻剂。氮气主要用于合成氨，制造化肥、硝酸和炸药等。

### 2. 氨气（$NH_3$）

氨是无色、有刺激性臭味的气体，极易溶于水，常温下1体积水能溶解700体积的氨。常压下冷却到−33℃，或25℃加压到990kPa，氨即凝聚为液体，称为液氨，储存在钢瓶中备用。在使用液氨钢瓶时，减压阀不能用铜制品，因铜会迅速被氨腐蚀。液氨汽化时，有很高的汽化热，故氨可作制冷剂，但目前已经逐渐被取代。

氨主要用于生产化肥，如尿素、$(NH_4)_2SO_4$、$NH_4HCO_3$等，大量的氨还用于硝酸、染料、医药品和塑料的生产。氨还常作为冷冻剂和制冰机中的循环制冷剂。氨是最重要的氮肥，也是生产炸药的原料，是产量最大的化工产品之一。

工业上制氨是由氮气和氢气在催化剂作用下直接合成。

实验室需要少量的氨气时，常用碱与铵盐反应制得。

$$2NH_4Cl + Ca(OH)_2 \longrightarrow CaCl_2 + 2NH_3\uparrow + 2H_2O$$

### 3. 硝酸（$HNO_3$）

纯硝酸是无色液体，沸点是359K，在226K凝为无色晶体。硝酸和水可以按任何比例混合。普通硝酸密度为1.39～1.42g/cm$^3$，含$HNO_3$ 65%～68%（质量分数）。溶解了过多$NO_2$的浓硝酸显棕黄色，叫做发烟硝酸。纯硝酸中溶有过量的$NO_2$时会呈红棕色，敞开容器盖时，会不断有红棕色的$NO_2$气体逸出，它比普通硝酸有更强的氧化性，可作火箭燃料的氧化剂，多用于军工方面。浓硝酸不稳定，受热或光照射会分解。

$$4HNO_3 \longrightarrow 4NO_2\uparrow + O_2\uparrow + 2H_2O$$

硝酸不论浓或稀，都具有强氧化性。可氧化许多非金属单质，而$HNO_3$被还原为NO。

$$S + 2HNO_3 \longrightarrow H_2SO_4 + 2NO\uparrow$$

$$3C + 4HNO_3 \longrightarrow 3CO_2\uparrow + 4NO\uparrow + 2H_2O$$

硝酸能与绝大多数金属反应，在反应中硝酸被还原的产物取决于硝酸的浓度和金属的活泼性。一般来说，浓 $HNO_3$ 被还原为 $NO_2$，稀 $HNO_3$ 被还原为 NO。极稀的 $HNO_3$ 与活泼金属（如 Mg、Zn）反应，$HNO_3$ 可被还原为 $NH_3$，$NH_3$ 与 $HNO_3$ 生成 $NH_4NO_3$。

$$Cu + 4HNO_3(浓) \longrightarrow Cu(NO_3)_2 + 2NO_2\uparrow + 2H_2O$$
$$3Cu + 8HNO_3(稀) \longrightarrow 3Cu(NO_3)_2 + 2NO\uparrow + 4H_2O$$
$$4Zn + 10HNO_3(极稀) \longrightarrow 4Zn(NO_3)_2 + NH_4NO_3 + 3H_2O$$

冷的浓硝酸可使铝、钛、铬、钴、镍等金属“钝化”，生成一层致密的氧化物保护膜，阻止硝酸对金属的进一步氧化。

硝酸是重要的工业三酸（盐酸、硫酸、硝酸）之一。硝酸作为强酸、强氧化剂和硝化剂，它可用于制造炸药、染料、硝酸盐和许多其他化学药品。在国防工业和国民经济中有极其重要的用途。

浓硝酸与浓盐酸以体积比约为 1:3 的混合酸叫王水，可溶解金、铂等贵重金属。

$$Au + HNO_3 + 4HCl \longrightarrow HAuCl_4 + NO\uparrow + 2H_2O$$
$$3Pt + 4HNO_3 + 18HCl \longrightarrow 3H_2PtCl_6 + 4NO\uparrow + 8H_2O$$

硝酸盐都溶于水，在溶液中相当稳定。但固体硝酸盐的热稳定性较差，加热会分解。金属硝酸盐热分解方式，有如下三种情况：①活泼金属（比 Mg 活泼的碱金属和碱土金属）的硝酸盐分解生成亚硝酸盐和氧气；②活泼性小的金属（活泼性在 Mg 和 Cu 之间）的硝酸盐分解为金属氧化物、二氧化氮和氧气；③不活泼金属（活泼性比 Cu 差）的硝酸盐分解为金属单质、二氧化氮和氧气。

$$2NaNO_3 \xrightarrow{\triangle} 2NaNO_2 + O_2\uparrow$$
$$2Cu(NO_3)_2 \xrightarrow{\triangle} 2CuO + 4NO_2\uparrow + O_2\uparrow$$
$$2AgNO_3 \xrightarrow{\triangle} 2Ag + 2NO_2\uparrow + O_2\uparrow$$

上述三种分解方式都有氧气放出，所以，高温时硝酸盐是很好的供氧剂，常用于制造火药、焰火。硝酸铵热稳定性更差，缓慢加热到 200℃，分解为 $N_2$、$O_2$ 和 $H_2O$，加热过猛可能使硝酸铵发生爆炸，是硝铵炸药的主体。

## 二、磷、磷酸、磷酸盐

### 1. 磷（P）

磷在自然界中以磷酸盐的形式存在于矿石中。磷至少有 10 种同素异形体，其中主要的是白磷、红磷。纯的白磷是无色透明的晶体，见光逐渐变为黄色，故又称为黄磷。白磷经放置或在 673K 密闭加热数小时可转化为红磷。红磷是一种稳定变体。白磷的毒性很大，红磷的毒性很小，但因常含有 1%的白磷也能引起中毒。空气中白磷的允许限量为 $0.1mg/m^3$。急性磷中毒可用 $CuSO_4$ 溶液解毒。

磷和氮一样也是生物体中不可缺少的元素之一。在植物体中磷主要存在于种子的蛋白质中，在动物体中则存在于脑、血液和神经组织的蛋白质中，大量的磷还以羟基磷灰石的形式含于脊椎动物的骨骼和牙齿中。

单质磷的用途广泛，白磷主要用于制备纯度较高的 $P_4O_{10}$，$H_3PO_4$，$PCl_3$，$POCl_3$（三氯氧磷），$P_4S_{10}$（供制备火柴用）。少量用于生产红磷，军事上用它制作磷燃烧弹、烟幕弹等。红磷是生产安全火柴和有机磷的主要原料。

## 知识探究

磷有白磷、红磷、黑磷三种同素异形体。白磷又叫黄磷，为白色至黄色蜡性固体，白磷活性很高，必须储存在水里，人吸入 0.1g 白磷就会中毒死亡。白磷在隔绝空气的条件下，加热到 260℃或在光照下就会转变成红磷，而红磷在加热到 416℃变成蒸气之后冷凝就会变成白磷。红磷无毒，加热到 240℃以上才着火。在高压下，白磷可转变为黑磷，它具有层状网络结构，能导电，是磷的同素异形体中最稳定的。

### 2. 磷酸（$H_3PO_4$）

磷有多种含氧酸，以磷酸最为重要，也最为稳定。纯净的磷酸为无色透明的晶体，熔点 42.3℃，由于加热磷酸会逐渐脱水，因此它没有沸点，磷酸能与水任意比混溶。市售品 $H_3PO_4$ 含量一般为 83%，为无色透明的黏稠液体，密度 $1.6g/cm^3$。当 $H_3PO_4$ 含量高达 88%以上时，在常温下即凝结为固体。100% $H_3PO_4$ 为无色透明晶体，易溶于水。

$H_3PO_4$ 是一种中强酸，无论在酸性还是碱性溶液中，几乎没有氧化性。$PO_4^{3-}$ 具有强的配位能力，能与许多金属离子形成可溶性配合物，如 $Fe^{3+}$ 遇 $PO_4^{3-}$ 生成可溶性无色配合物 $H_3[Fe(PO_4)_2]$ 和 $H[Fe(HPO_4)_2]$，基于此，分析化学上常用 $PO_4^{3-}$ 掩蔽 $Fe^{3+}$。

磷酸可用于生产磷肥、制备某些医药和磷酸盐，还可用于食品、有机合成等工业。

### 3. 磷酸盐

磷酸可形成三种类型的盐，以钠盐为例：

| | |
|---|---|
| $Na_3PO_4$ | 磷酸钠 |
| $Na_2HPO_4$ | 磷酸氢二钠 |
| $NaH_2PO_4$ | 磷酸二氢钠 |

磷酸正盐和磷酸一氢盐中，除钾、钠、铵盐外，都难溶于水，而大多数的磷酸二氢盐都易溶于水，溶于水的各种磷酸盐，都可作为磷肥使用。

磷酸正盐比较稳定，一般不易发生水解。但磷酸一氢盐或磷酸二氢盐受热却容易脱水分解。$Na_3PO_4$ 也常用作锅炉除垢剂、金属防护剂、洗衣粉的添加剂等。土地化肥的流失和含磷洗衣粉的使用是造成江、湖水体富营养化的主要原因。水体富营养化会造成大量鱼类死亡，加速湖泊老化。目前，无磷洗衣粉已逐渐普及。

磷酸盐除用作化肥外，还可用作洗涤剂，动物饲料的添加剂等。某些磷酸盐用于钢铁制品的磷化处理。例如，磷酸铁锰 $xFe(H_2PO_4)_2 \cdot yMn(H_2PO_4)_2$ 和硝酸锌的混合溶液，可使浸入其中的钢铁制品表面生成一层灰黑色的磷化膜，即磷酸铁、磷酸锰和磷酸锌的不溶性磷酸盐的保护膜，磷化处理广泛用于钢铁制品的抗蚀处理。

# 第四节 碳、硅及其化合物

## 一、碳、二氧化碳、碳酸钙

### 1. 碳（C）

碳（C）和硅（Si）是周期表中第ⅣA族元素，它们的单质及化合物应用都极为广泛。

碳是构成生命的六大元素之一。据统计，全世界已经发现的化合物种类达2000万种，其中绝大多数是碳的化合物，不含碳的化合物不超过10万种。动植物的机体就是由各种各样不同的含碳化合物组成的。

碳原子的价层电子构型为$2s^22p^2$，易形成共价化合物，其中碳的氧化数大多为+4。

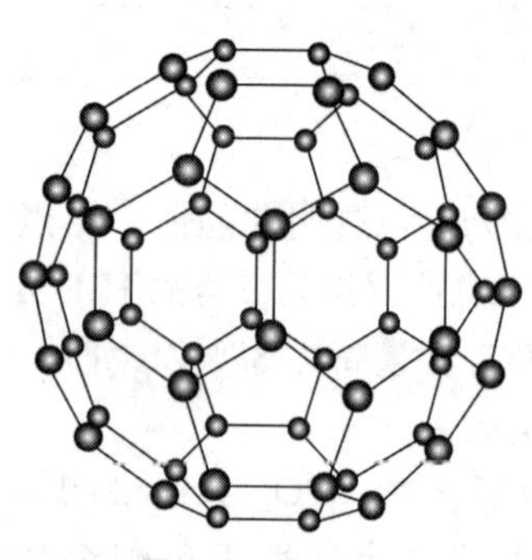

图8-1 $C_{60}$结构

金刚石和石墨是人们熟知的碳的两种同素异形体。碳的第三种同素异形体是20世纪80年代中期发现的$C_n$原子簇（$40<n<200$），其中$C_{60}$是最稳定的分子。它是由60个C原子构成的类似于足球的12个正五边形和20个正六边形组成的32面体，如图8-1所示。因为这类球形碳分子具有烯烃的某些特点，所以被称为球烯。20世纪90年代以来，球烯化学得到迅速发展，由于合成方法的改进，$C_{60}$与钾、铷、铯化合后得到的超导体已经展示出潜在的应用价值。$C_{60}$的发现成为碳化学研究新的里程碑。

### 2. 二氧化碳（$CO_2$）

二氧化碳是无色无臭的气体，易液化，常温加压成液态，储存在钢瓶中。液态$CO_2$气化时能吸收大量的热量，可使部分$CO_2$被冷却为雪花状固体，俗称“干冰”。干冰是分子晶体，熔点很低，在−78.5℃升华，是低温制冷剂，广泛应用于化学与食品工业。

大气中的$CO_2$含量基本恒定。但是，近年来由于工业的迅速发展，向大气中排放了大量的$CO_2$，破坏了生态平衡，产生了温室效应，导致全球气温逐渐上升。1997年12月世界各国在日本京都召开会议，经过激烈讨论，通过了《京都议定书》。它规定工业化国家在2008～2012年将$CO_2$等6种温室气体的排放量在现有基础上削减5.2%。

单质碳难以被动植物直接利用，碳通过各种途径转化为二氧化碳，被植物吸收后，在叶绿素和日光的作用下，便可与水化合形成糖类以及其他有机物，这些物质直接或间接地被动物和人类利用后又转化为$CO_2$进入大气，这样周而复始，既为各种生物提供了养料，又维持了自然界中碳的相对平衡。

### 3. 碳酸钙（$CaCO_3$）

碳酸钙是白色晶体或粉末，不溶于水，是大理石、石灰石和白垩的主要成分。碳酸钙加热到900℃时，分解成氧化钙（CaO）和二氧化碳。纯碳酸钙在医疗上用作抗酸剂。石灰石粉在农业上用来改良土壤。

## 二、硅、二氧化硅、硅酸盐

### 1. 硅（Si）

自然界没有游离态的硅。硅在地壳中的含量极其丰富，约占地壳总质量的1/4，仅次于氧。硅与碳的性质相似，可形成氧化数为+4的共价化合物。硅和氢也能形成一系列硅氢化合物，称为硅烷，如甲硅烷（$SiH_4$）等。

单质硅的制取是用石英砂和焦炭在电弧炉中反应制取。

$$SiO_2 + 2C \xrightarrow{3000℃} Si（粗）+ 2CO\uparrow$$

粗硅经氯化得 $SiCl_4$、再蒸馏提纯，最后用 $H_2$ 还原得到纯硅。

$$SiCl_4 + 2H_2 \longrightarrow Si + 4HCl$$

纯硅经区域熔炼等工艺后可得到 99.9999999%以上的高纯硅，然后在单晶炉中拉制成单晶硅。单晶硅和掺杂单晶硅是半导体中性能最好的，也是应用最广的半导体，特别是大规模、超大规模集成电路技术开发后，使微电子、大型计算机和自动控制等技术日新月异，并极大地影响着信息、空间、海洋、能源、新材料等高科技领域，尤其是军事高科技领域的发展。

### 2. 二氧化硅（$SiO_2$）

在自然界中，二氧化硅遍布于岩石、土壤及许多矿石中。有晶型和非晶型两种。石英是常见的二氧化硅天然晶体，无色透明的石英也叫水晶。硅藻土是天然无定形二氧化硅，为多孔性物质、工业上常用作吸附剂以及催化剂的载体。

二氧化硅是原子晶体，熔点、沸点、硬度都很高。化学性质不活泼，即使在高温下也不被氢气还原；除氟和氟化氢外，不与其他卤素、酸反应。高温时，能与碱性氧化物、强碱或熔融的碳酸钠作用生成硅酸盐。

$$SiO_2 + CaO \xrightarrow{高温} CaSiO_3$$

$$SiO_2 + 2NaOH \longrightarrow Na_2SiO_3 + H_2O$$

$$SiO_2 + Na_2CO_3 \xrightarrow{熔融} Na_2SiO_3 + CO_2\uparrow$$

以二氧化硅为主要原料的玻璃纤维与聚酯类树脂复合成的材料称为玻璃钢，广泛用于飞机、汽车、船舶、建筑和家具等行业，以取代各种合金材料。石英光纤（$SiO_2$）具有极高的透明度，在现代通讯中靠光脉冲输送信息，性能优异，应用广泛。

### 3. 硅酸盐

硅酸盐在自然界分布很广，组成和结构比较复杂。分子中含有多个硅原子，称为多硅酸盐。为了便于表示其组成，通常写成氧化物形式。以下是常见的天然硅酸盐的化学式：

| | |
|---|---|
| 正长石 | $K_2O \cdot Al_2O_3 \cdot 6SiO_2$ |
| 高岭土 | $Al_2O_3 \cdot 2SiO_2 \cdot 2H_2O$ |
| 白云母 | $K_2O \cdot 3Al_2O_3 \cdot 6SiO_2 \cdot 2H_2O$ |
| 石棉 | $CaO \cdot 3MgO \cdot 4SiO_2$ |
| 泡沸石 | $Na_2O \cdot Al_2O_3 \cdot 2SiO_2 \cdot nH_2O$ |

高岭土是黏土的基本成分，纯高岭土是制造瓷器的原料。正长石、云母和石英是构成花岗岩的主要成分。多硅酸盐是构成地壳岩石和矿物的主要成分。

硅酸钠（$Na_2SiO_3$）是颇有实用价值的硅酸盐。其水溶液俗称水玻璃，工业上称之为泡花碱。主要用作胶黏剂、木材及织物的防火处理、肥皂的填充剂和发泡剂等。

由于硅酸盐不溶于水，又有一定的强度，因而是重要的建筑材料。玻璃、水泥、耐火材料等工业，均建立在硅酸盐化学的基础上。

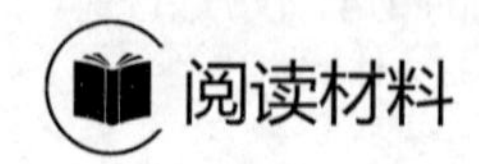

## 神通广大的活性炭

1915 年，第一次世界大战期间，西方战线的德法两军正处在相持状态。德军为了打破僵局，在 4 月 22 日，突然向英法联军使用了可怕的新武器——化学毒气氯气。英法士兵当场死了五千人，受伤的有一万五千人。

有“矛”必然就会发明“盾”，有化学毒气必然就会发明防毒武器。在两个星期后，军事科学家就发明了防护氯气毒害的武器，他们给前线每个士兵发了一种特殊的口罩，这种口罩里有用硫代硫酸钠和碳酸钠溶液浸过的棉花。这两种药品都有除氯的功能，能起到防护的作用。

可是，令人为难的是敌方并不老是使用氯气，如改用第二种毒气，这种口罩就无能为力了。事实也是如此，在使用氯气后还不到一年，双方已经用过几十种不同的化学毒气。

所以，必须找到一种能使任何毒气都会失去毒性的物质才好。

这种百灵的解毒剂在 1915 年末就被科学家找到了，它就是活性炭。

把木材隔绝空气加强热可以得到木炭。木炭是一种多孔性物质，多孔性物质的表面积很大。物质的表面积越大，它吸附其他物质的分子也就越多，吸附作用也就越强烈。如果在制取木炭时不断地通入高温水蒸气，除去沾附在木炭表面的油质，使内部的无数管道通畅，那么木炭的表面积必然更大。经过这样加工的木炭，叫做活性炭。显然，活性炭比木炭有更强的吸附作用。

在 1917 年，交战双方的防毒面具里都已装上了活性炭。

活性炭为什么能抓住毒气而放过氧气、氮气呢？ 原来，活性炭的吸附作用同被吸附的气体的沸点有关。沸点越高的气体（即越容易液化的气体），活性炭对它的吸附量越大。军事上使用的大多数化学毒气的沸点都比氧气、氮气高得多。

活性炭除用在防毒面具里，它还有许多其他用途。在自来水工厂里，如果水源有臭味，只要让水流过活性炭后就不臭了。在制糖厂里，工人们往红糖水里加一些活性炭，经过搅拌和过滤，可以得到无色的糖液，再减压蒸发水分，红糖就变成晶莹的白糖了。现代家庭的金鱼缸里，有不少装着电动水泵，让水循环通过滤清器。在滤清器里也用活性炭去吸附水中的臭味和杂质。活性炭吸附装饰品已经广泛用于家庭、汽车内吸附甲醛等有毒有气体。

### 一、选择题

1. 漂白粉的有效成分是（　　）。

A. $CaCl_2$　　B. $Ca(ClO)_2$　　C. $HClO$　　D. $Cl_2$

2. 下列选项中不是互为同素异形体的是（　　）。

A. 氧气和臭氧　　B.白磷和红磷

C. 金刚石、石墨、$C_{60}$　　D. $^{16}_{8}O$、$^{17}_{8}O$、$^{18}_{8}O$

3. 下列不具有杀菌作用的是（　　）。

A. HClO　　B. $O_3$　　C. $H_2O_2$　　D. $CO_2$

4. 用浓硫酸干燥氢气，利用了浓硫酸的（　　）。

A. 吸水性　　B. 脱水性　　C. 氧化性　　D. 还原性

5. 常温下，能使铁钝化的是（　　）。

A. 浓盐酸　　B. 浓硝酸　　C. 磷酸　　D. 稀硫酸

6. 下列物质中，不能与铜发生的是（　　）。

A. 浓硝酸　　B. 浓硫酸　　C. 盐酸　　D. 稀硝酸

7. 硝酸应避光保存是因为它具有（　　）。

A. 强氧化性　　B. 不稳定性　　C. 强酸性　　D. 挥发性

8. 王水中浓盐酸和浓硝酸的体积比为（　　）。

A. 3:1　　B. 1:3　　C. 1:2　　D. 2:1

9. 下列物质在空气中能自燃的是（　　）。

A. 白磷　　B.红磷　　C.二氧化硅　　D.二氧化硫

10. 下列物质的主要成分不是硅酸盐的是（　　）。

A. 玻璃　　B.水泥　　C.陶瓷　　D.大理石

## 二、简答题

1. 写出工业上和实验室制备氯气的化学反应方程式。
2. 实验室如何检验 $Cl^-$？
3. 配制稀硫酸溶液时为什么不能将水加到浓硫酸中？
4. 举例说明金属硝酸盐的分解方式，写出相应的化学方程式。
5. 查阅资料，举例说明单晶硅的用途。

# 第九章 定量分析概述

## 思维导图

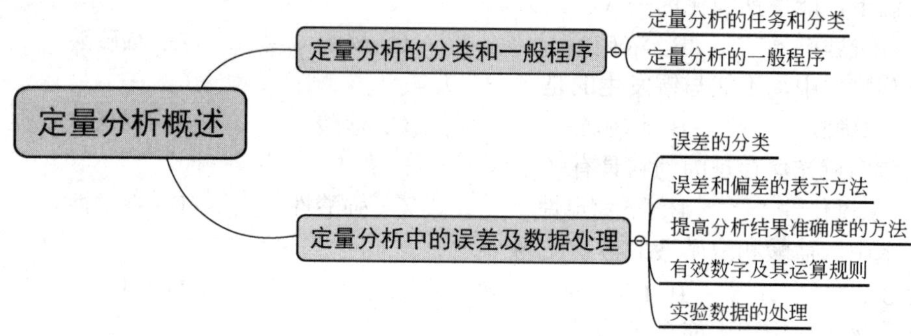


## 知识与技能目标

1. 理解定量分析、误差、偏差、准确度、精密度、有效数字等概念。
2. 理解定量分析一般程序。
3. 掌握误差、偏差的几种表示方法。
4. 能运用有效数字修约规则、有效数字运算规则进行相关运算。
5. 能运用 $Q$ 检验法进行实验数据的处理。

## 素质目标

培养学生严谨踏实、实事求是、精益求精的科学态度，树立正确的人生观、价值观。

## 第一节 定量分析的分类和一般程序

### 一、定量分析的任务和分类

定量分析的任务是准确测定试样中各组分的含量。

定量分析按照测定原理和操作的不同可分为化学分析法和仪器分析法。

化学分析法是利用化学反应及其计量关系进行分析的一类分析方法。主要有重量分析法和滴定分析法。重量分析法是通过化学反应及一系列操作步骤，使待测组分分离出来或转化为另一种化合物，再通过称量而求得待测组分的含量。滴定分析法是将一种已知准确浓度的试剂溶液，通过滴定管滴加到待测物质溶液中，直到所加试剂恰好与待测组分按化学计量关系定量反应为止。根据滴加试剂的体积和浓度，计算待测组分的含量。

仪器分析是以物质的物理性质或物理化学性质及其在分析过程中所产生的分析信号与物质的内在关系为基础，并借助于比较复杂或特殊的现代仪器，对待测物质进行定性、定量及结构分析和动态分析的一类分析方法。根据测定原理的不同，仪器分析法一般分为以下几大类：光学分析法（如吸收光谱分析法，发射光谱分析法，荧光分析法等）、电化学分析法（如电位分析法，电解和库仑分析法，伏安和极谱法等）、色谱分析法（如液相色谱法，气相色谱法等）和其他仪器分析法（如质谱法，放射性滴定法，活化分析法等）。

化学分析法历史悠久、设备简单、应用广泛，主要用于测定含量大于1%的常量组分，是分析化学的基础。仪器分析法具有取样量少、测定快速、灵敏、准确和自动化程度高的显著特点，常用来测定相对含量低于1%的微、痕量组分，是分析化学的主要发展方向。

## 二、定量分析的一般程序

视频扫一扫

定量分析的一般程序

定量分析的过程一般由取样、试样的预处理、测定、结果的计算与评价等几个环节组成。

### 1. 取样

分析化学对试样的基本要求是其在组成和含量上具有客观性和代表性。合理的取样是分析结果是否准确可靠的基础。采样必须有特定的方法或程序来保证采集的试样均匀具有代表性。

对于气体样品，一般采用减压法、真空法、流入换气法等将气体试样直接导入适当的容器；也可用适当的溶剂或固体吸附剂吸附富集气体。

对于液体试样，采用在不同出水点，不同深度、不同位置，多点取样，混合均匀，以便得到具有代表性的试样。

对于固体样品一般来说要多点取样（指不同部位、深度），然后将各点取得的样品粉碎之后混合均匀，采用四分法（将混合均匀的试样堆成圆锥形，将顶略微压平，通过中心分为四等份，把任意对角两份弃去，留下的两份继续缩分，直到达到所需量为止）。固体取样量一般为10～1000g；液体样品一般是先将其混合均匀，然后从中部取样，取样量为10～100mL。

### 2. 试样的预处理

预处理包括两个过程，即分解试样和消除干扰。

在实际分析工作中，除干法分析外，通常要先将试样分解，把待测组分定量转入溶液后再进行测定。在分解试样的过程中，应遵循以下几个原则：（1）试样的分解必须完全；（2）待测组分不能有损失；（3）不能引入待测组分和干扰物质。

根据试样的性质和测定方法的不同，常见的分解方法有溶解法、熔融法和干式灰化法等。

若试样组成简单，测定时，各组分之间互不干扰，则将试样制成溶液后，即可选择合适的分析方法进行直接测定。但在实际工作过程中，试样的组成往往较为复杂，测定时彼此干扰，所以，在测定某一组分之前，常需进行干扰组分的分离。分离时，不仅要把干扰排除完全，被测组分也不能有损失。对于微量或痕量组分的测定，在分离干扰的同时，还需把被测组分富集，以提高分析方法的灵敏度。常见的分离方法有沉淀法、挥发法、萃取法、离子交换树脂法和色谱分离法等。

3. 测定

为使分析结果满足准确度、灵敏度等方面的要求，应根据具体试样的组成、性质、含量、测定要求、干扰情况及实验室条件等因素，综合考虑，选择出准确、灵敏、迅速、简便、节约、选择性好、自动化程度高且合适的分析方法。

4. 分析结果的计算与评价

整个分析过程的最后一个环节是计算待测组分的含量，并同时对分析结果进行评价，判断分析结果的准确度、灵敏度、选择性等是否达到要求。

# 第二节　定量分析中的误差及数据处理

在分析检测工作中，要求测定结果达到一定的精密度和准确度，因此，分析工作者不仅要掌握正确的实验操作，而且要了解分析过程中产生误差的原因及规律性，正确进行实验数据处理和报告分析结果。

## 一、误差的分类

定量分析的目的是准确地测定试样中组分的含量，分析测定过程中，由于主、客观条件的限制，使得测定结果不可能和真实值完全一致。实验所得的测量值与真实值之间的差值就是定量分析的误差。

根据误差的性质和产生的原因，可将误差分为系统误差和偶然误差。

定量分析误差 视频扫一扫

1. 系统误差

系统误差又称为可测误差。它是由某种固定原因所造成的误差，使测定结果系统偏高或偏低。其特点是：在一定条件下，对测定结果的影响是固定的，误差的正负具有单向性，大小具有规律性，重复测定时会重复出现，其大小可以测定。系统误差主要来源于：

（1）方法误差　是由于分析方法本身所造成的误差。例如，在重量分析中，由于沉淀的不完全，共沉淀现象、灼烧过程中沉淀的分解或挥发；在滴定分析中，反应进行的不完全、滴定终点与化学计量点不符合以及杂质的干扰等都会使系统结果偏高或偏低。

（2）仪器误差　这种误差是由于仪器本身不够精确引起的。例如，天平砝码不够准确，滴定管、容量瓶和移液管的刻度有一定误差。

（3）试剂误差　是由于试剂不纯引起的误差。如，试剂和蒸馏水含有微量的杂质都会使分析结果产生一定的误差。

（4）操作误差　操作误差是指在正常条件下，分析人员的操作与正确的操作稍有差别而引起的误差。例如，滴定管的读数系统偏低或偏高，对颜色的不够敏锐和固有的习惯等所造成的误差。

值得注意的是，因操作不细心，不按操作规程而引起分析结果出现的差异，则称为“过失”。例如，溶液的溅失、加错试剂、读错读数，记录和计算错误等，这些都是不应有的过失，不属于误差的范围，正确的测量数据不应包括这些错误数据。当出现较大的误差时，应认真考虑原因，剔除由过失引起的错误数据。只要加强责任心，严格按照规程操作，过失是完全可以避免的。

### 2. 偶然误差

偶然误差又称不可测误差、随机误差。是由于在测量过程中，不固定的因素所造成的。例如，测定时环境的温度、湿度或气压的微小变化、仪器性能的微小变化，操作人员操作的微小差别都可能引起误差。这种误差时大时小，时正时负，难以察觉，难以控制。偶然误差虽然不固定，但在同样的条件下进行多次测定，其分布服从正态分布规律，即正、负误差出现的概率相等，小误差出现的概率大，大误差出现的概率小，个别特别大的误差出现的次数极少。

偶然误差在分析操作中是无法避免的。对于同一试样进行多次分析，得到的分析结果仍不完全一致的原因为偶然误差。偶然误差难以找出确定原因，似乎没有规律，但随着测定次数的增加，正负误差可以相互抵消。区别系统误差和偶然误差的原则就是看这个误差是否会重复出现，重复出现就是系统误差。

## 二、误差和偏差的表示方法

### 1. 误差与准确度

误差有绝对误差（$E$）和相对误差（$E_r$）两种表示方法。

$$绝对误差(E)=测得值(x)-真实值(T)$$

$$相对误差(E_r)=\frac{测得值(x)-真实值(T)}{真实值(T)}\times 100\%$$

真实值是指某一物理量本身具有的客观存在的真实数值。一般来说，真实值是未知的。实际工作中，人们常用标准方法通过多次重复测定所求出的算术平均值作为真实值。

**【例 9-1】** 已知两试样的真实质量分别为：0.5126g 和 5.1241g。用分析天平称量两试样，结果分别为 0.5125g 和 5.1240g。求两者称量的绝对误差和相对误差。

**解**

$$E_1=0.5125-0.5126=-0.0001\text{（g）}$$

$$E_2=5.1240-5.1241=-0.0001(\text{g})$$

$$E_{r_1}=\frac{-0.0001}{0.5126}\times 100\%=-0.02\%$$

$$E_{r_2}=\frac{-0.0001}{5.1241}\times 100\%=-0.002\%$$

从计算结果可知，两试样称量的绝对误差相等，但相对误差却相差 10 倍。由此可知，称量的绝对误差相等时，在允许的范围内，称量物越重，相对误差越小。表示测定结果与真实值越接近。

测定值与真实值接近的程度就是准确度，常用误差表示。误差越小，表示测定结果越接近真实值，准确度越高；反之，准确度越低。在分析工作中，通常用相对误差来衡量测定结果的准确度。

## 2. 偏差与精密度

为了减小测量过程中的偶然误差，在相同条件下，要对同一试样进行多次重复测定。精密度是指平行测定值之间的相互接近程度。各测量值越接近，说明精密度越高；反之，精密度越低。精密度常用分析结果的偏差来衡量。

偏差可以用绝对偏差、相对偏差、平均偏差、相对平均偏差以及标准偏差等多种方法来表示。

绝对偏差（$d_i$）是指个别测定值 $x_i$ 与算术平均值 $\overline{x}$ 的差值。

设某一组测量数据为 $x_1, x_2, \cdots, x_n$

其算术平均值 $\overline{x}$ 为（$n$ 为测定次数）：

$$\overline{x}=\frac{x_1+x_2+\cdots+x_n}{n}=\frac{1}{n}\sum_{i=1}^{n}x_i$$

任意一次测定数据的绝对偏差为：

$$d_i=x_i-\overline{x}$$

相对偏差是绝对偏差占算术平均值的百分数，即：

$$d_r=\frac{d_i}{\overline{x}}\times 100\%$$

平均偏差是指各次偏差的绝对值的和的平均值，即：

$$\overline{d}=\frac{|d_1|+|d_2|+\cdots+|d_n|}{n}=\frac{\sum_{i=1}^{n}|d_i|}{n}$$

其中 $d_1=x_1-\overline{x}$，$d_2=x_2-\overline{x}$，…，$d_n=x_n-\overline{x}$。

相对平均偏差（$\overline{d_r}$）是指平均偏差占算术平均值（$\overline{x}$）的百分数，即：

$$\overline{d_r}=\frac{\overline{d}}{\overline{x}}\times 100\%$$

绝对偏差（$d_i$）、相对偏差（$d_r$）一般用于组内数据优劣的比较，相对平均偏差（$\overline{d_r}$）一般用于组间数据优劣的比较。

标准偏差又叫均方根偏差，是用数理统计的方法处理数据时，衡量精密度的一种方法，其符号为 $S$。标准偏差用来衡量一组数据的分散程度，当测定次数不多时（$n<20$），则

$$S=\sqrt{\frac{d_1^2+d_2^2+\cdots+d_n^2}{n-1}}=\sqrt{\frac{\sum_{i=1}^{n}d_i^2}{n-1}}$$

用标准偏差表示精密度比用平均偏差要好，它能更明显地反映出一组数据的离散程度。

**【例 9-2】** 有两组数据，各次测量的偏差为

甲 0.3，0.2，0.4，−0.2，0.4，0.0，0.1，0.3，0.2，−0.3

乙 0.0，0.1，0.7，0.2，0.1，0.2，0.6，0.1，0.3，0.1

**解** 计算他们的平均偏差和标准偏差分别如下：

甲 $\overline{d}_{甲}=0.24$ $S_{甲}=0.28$

乙 $\overline{d}_{乙}=0.24$ $S_{乙}=0.34$

两组数据的平均偏差相等，但可以明显地看出，乙数据较为分散。用平均偏差表示精密

度反映不出这两组数据的差异，如用标准偏差来表示就很清楚。可见，甲数据的精密度要比乙数据好。

相对标准偏差，又称为变异系数（$RSD$ 或 $S_r$），是标准偏差占算术平均值的百分数，即：

$$S_r=\frac{S}{\overline{x}}\times100\%$$

在一般分析中，通常多采用平均偏差或相对平均偏差来表示测量的精密度。而对于一种分析方法所能达到的精密度的考察，一批分析结果的分散程度的判断以及其他许多分析数据的处理等，最好采用标准偏差或相对标准偏差。用标准偏差表示精密度，可将单项测量的较大偏差和测量次数对精密度的影响反映出来。

3. 准确度与精密度的关系

准确度是表示测定值与真实值的符合程度，反映了测量的系统误差和偶然误差的大小。精密度是表示平行测定结果之间的符合程度，与真实值无关，它反映了测量的偶然误差的大小。因此，精密度高并不代表准确度一定高。精密度高只能说明测定结果的偶然误差较小，只有在消除了系统误差之后，精密度高，准确度才高。

**【例 9-3】** 甲、乙、丙三人同时测定某一铁矿石中 $Fe_2O_3$ 的含量（真实含量为 50.36%），各分析四次，测定结果如下：

| 项 目 | 甲 | 乙 | 丙 |
|---|---|---|---|
| $x_1$ | 50.30% | 50.40% | 50.36% |
| $x_2$ | 50.30% | 50.30% | 50.35% |
| $x_3$ | 50.28% | 50.25% | 50.34% |
| $x_4$ | 50.27% | 50.23% | 50.33% |
| $\overline{x}$ | 50.29% | 50.30% | 50.35% |

**解** 将所得数据绘于图 9-1 中。

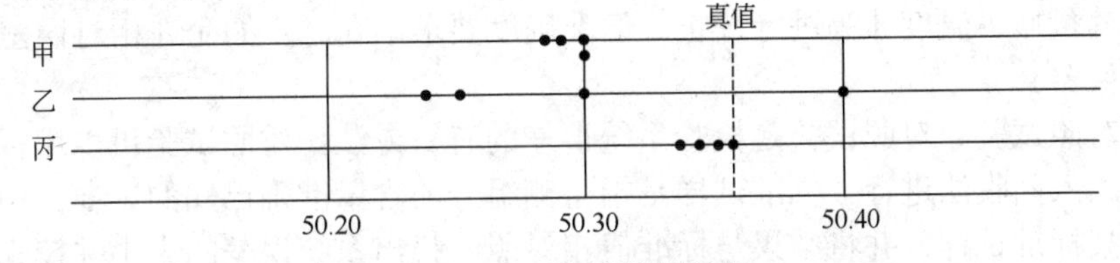


图 9-1 甲、乙、丙分析结果分布

由图 9-1 可知，甲的分析结果精密度很高，但平均值与真实值相差颇大，说明准确度低；乙的分析结果精密度不高，准确度也不高；丙的分析结果的精密度和准确度都比较高。根据以上分析可知，精密度高不一定准确度高，但准确度高一定要求精密度高。精密度是保证准确度的先决条件。若精密度很差，说明测定结果不可靠，也就失去了衡量准确度的前提。

## 三、提高分析结果准确度的方法

1. 选择合适的分析方法

不同分析方法的灵敏度和准确度是不同的。滴定分析法和重量分析法灵敏度不高，适用于常量分析。仪器分析法对于微量或痕量组分的测定灵敏度较高。选择分析方法时，还必须考虑共存组分的干扰问题。总之，必须根据分析对象、样品情况及对分析结果的要求，选择恰当的分析方法。

### 2. 减小测量误差

为了保证分析结果的准确度，必须尽量减小各步的测量误差。一般分析天平的称量误差为±0.0001g，差减法称量两次可能的最大误差为±0.0002g。为使测量时的相对误差在 0.1%以下，称样量就必须大于 0.2g。

在滴定分析中，常用的 50mL 滴定管一次读数有±0.01mL 的误差，每次滴定需要读数 2 次，这样就可能造成±0.02mL 的最大绝对误差。为了把测量时的相对误差控制在±0.1%以内，则消耗滴定剂的体积最少为 20mL，一般保持在 20～30mL 之间。

### 3. 增加平行测定的次数，减小偶然误差

偶然误差符合正态分布规律。平行测定的次数越多，消除系统误差后测定结果的算术平均值越接近真实值。因此，常用增加平行测定次数取平均值的方法来减小偶然误差。实际工作中，对于同一试样的分析，不可能、也没有必要无限地增加测定次数，一般要求在 3～5 次，通常为 3 次，即可以得到比较满意的结果。

### 4. 减小测量过程中的系统误差

系统误差是由固定原因造成的，因此只要找到这一原因就可减小系统误差。常用的方法有以下几种。

（1）空白试验　由试剂、蒸馏水等带进杂质而引入的系统误差，可用空白试验来消除。空白试验是指不加试样，按分析规程在同样的操作条件下进行分析，得到的结果为空白值。然后从试样中扣除此空白值就得到比较可靠的分析结果。但要注意，空白值不应太大，否则，须提纯试剂、蒸馏水或更换仪器，以减小空白值。

（2）校正仪器　对准确度要求较高的测量，要对所选用的仪器，如天平砝码、滴定管，移液管，容量瓶、温度计等进行校正。但准确度要求不高时（如允许相对误差<0.1%），一般不必校正仪器。

（3）对照试验　对照试验是检验系统误差的有效方法。对照试验可以用标准试样、标准方法以及加入回收法进行。标准试样是指待测组分的含量准确已知的试样。用待检验的分析方法测定某标准试样，并将结果与标准值相对照，找出系统误差的大小并校正。还可以对同一试样用标准分析方法与所采用的分析方法进行比较测定。在没有标准样品或试样的组分不清楚时，可以向样品中加入一定量的被测纯物质，用同一方法进行定量分析。根据加入的被测纯物质的测定准确度来估算分析的系统误差，以便进行校正。

## 四、有效数字及其运算规则

### 1. 有效数字

分析工作中实际能测量到的数字称为有效数字。它不但反映了测量数据“量”的多少，而且也反映了所用测量仪器的准确度。有效数字包括所有的准确数字和最后一位估读数字。例如，用万分之一的分子天平称量某物品的质量为 0.2015g，最后一位“5”就是估读数字。

“0”在数据中具有数字定位和有效数字双重作用。第一个非零数字前面的“0”不是有

效数字，仅起定位作用。数字之间和小数点后末尾的“0”是有效数字；如 0.1000 为四位有效数字。以“0”结尾的正整数，有效数字位数不清。所以，确定有效数字位数的规则为从第一个不为零的开始数起，后面所有的数字都是有效数字。

pH、p$K_a$ 等对数数值，其有效数字的位数取决于小数点后的位数，其整数部分只说明该数是 10 的多少次方。如 HAc 的 p$K_a$=4.75，为两位有效数字，化为 $K_a$=1.8×10$^5$，同样保留两位有效数字。另外，在换算单位时，有效数值位数不能变。例如，1.2g=1.2×10$^3$（mg），而不能记成 1.2g=1200mg。

2. 数字修约规则

处理分析数据时，要对一定位数的有效数字进行合理的修约，修约规则是“四舍六入五留双”。当尾数≤4 时舍去；当尾数≥6 时进位；当尾数=5 时，5 后无数或全部为零时，前一位是奇数进 1 位，前一位是偶数不进位；5 后并非全部为零时，则进位。

**【例 9-4】** 将下列各数修约为四位有效数字：

| 修约前 | 修约后 |
|---|---|
| 28.175 | 28.18 |
| 28.165 | 28.16 |
| 28.2645 | 28.26 |
| 28.2650 | 28.26 |
| 28.265001 | 28.27 |
| 28.2667 | 28.27 |

修约数字时，只允许对原测量值一次修约到所需要的位数，不能分次修约。例如，将 2.154546 修约成三位有效数字，不能 2.154546→2.15455→2.1546→2.155→2.16，而应该直接修成 2.15。

3. 有效数字的运算规则

（1）加减法　根据误差的传递规律，在加减运算中，结果的绝对误差等于各数据绝对误差的代数和。可见，绝对误差最大者起决定作用。所以在加减运算中应使结果的绝对误差与各数据中绝对误差最大者相一致。保留有效数字的位数时以小数点后位数最少（即绝对误差最大）的为准，将其他数按照“四舍六入五留双”的规则进行修约。然后进行计算。

**【例 9-5】** 0.0121+25.64+1.05782=0.01+25.64+1.06=26.71

（2）乘除法　在乘除法运算中，结果的相对误差等于各数据相对误差的代数和，可见各数据中相对误差最大者起决定作用。保留有效数字的位数，以位数最少的数为准。

**【例 9-6】** 0.0121×25.64×1.05782=0.0121×25.6×1.06=0.328

在乘除法运算中，如果遇到第一位为≥8 的数据，可以多算一位有效数字。如 9.13，可算作 4 位有效数字，因其相对误差约为 0.1%，与 10.15、10.25 等这些具有 4 位有效数字的数据的相对误差很近。

## 五、实验数据的处理

测量值总有一定的波动性，这是偶然误差所引起的正常现象。但有时发现一组测量值中会有 1～2 个数值明显的偏大或偏小，这样的测量值称为离群值或可疑值。可疑值的产生既可能是由于分析测试中的过失造成的，也可能是由于偶然误差造成的。过失造成的就应舍弃，偶然误差引起的就应保留。如果不知道可疑值是否由于过失导致的，则不能随意取舍，必须借助于统计学的方法来判断。对于少数几次平行测定中出现的可疑值的取舍，最常用的方法有 $4d$ 法和 $Q$ 值检验法。这里我们重点介绍 $Q$ 值检验法。

$Q$ 值检验法的步骤如下：

（1）把测得的数据由小到大排列：$x_1$，$x_2$，$x_3 \cdots x_{n-1}$，$x_n$，其中 $x_1$ 和 $x_n$ 为可疑值。

（2）将可疑值与相邻的一个数值的差（常称为邻差），除以最大值与最小值之差（常称为极差），所得的商即为 $Q$ 值，即：

若 $x_1$ 为可疑值　$$Q=\frac{x_2-x_1}{x_n-x_1}$$

若 $x_n$ 为可疑值　$$Q=\frac{x_n-x_{n-1}}{x_n-x_1}$$

Q值检验法　视频扫一扫

（3）根据测定次数 $n$ 和要求的置信度（测定值出现在某一范围内的概率）$P$ 查表 9-1。

（4）将 $Q$ 值与表 9-1 中 $Q$ 值（$Q_{表}$）进行比较，若 $Q \geqslant Q_{表}$，则可疑值应舍弃，否则应保留。分析化学中通常取 0.90 的置信度。

表 9-1　$Q$ 值表

| $P$ \ $n$ | 3 | 4 | 5 | 6 | 7 | 8 | 9 | 10 |
|---|---|---|---|---|---|---|---|---|
| $Q_{0.90}$ | 0.94 | 0.76 | 0.64 | 0.56 | 0.51 | 0.47 | 0.44 | 0.41 |
| $Q_{0.95}$ | 0.97 | 0.84 | 0.73 | 0.64 | 0.59 | 0.54 | 0.51 | 0.49 |

**【例 9-7】**　标定一个标准溶液，测定了 5 个数据（单位 mol/L）：0.1026、0.1014、0.1012、0.1019 和 0.1016。试用 $Q$ 检验法确定可疑数据 0.1026 是否应舍弃？（$P$=0.90）

**解**　将实验数据排序后，发现 0.1026 最为可疑，则：

$$Q=\frac{0.1026-0.1019}{0.1026-0.1012}=0.50$$

查表 9-1，$n$=5 时，$Q_{0.90}$=0.64。因为 $Q<Q_{0.90}$，所以数据 0.1026 不能舍弃。

答：可疑数据 0.1026 不得舍弃。

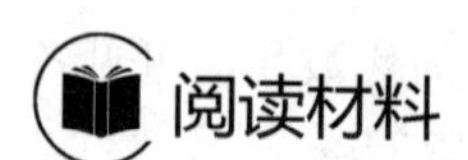

## 阅读材料

### 记录数据及计算分析结果的基本规则

在分析化学中，常涉及大量的数据处理及计算工作。下面是分析化学中记录数据及计算分析结果的基本规则如下。

1. 记录测定数据时，只应保留一位可疑数字。如 50mL 的滴定管，包括一位可疑数字，应记录到 0.01mL。如将试液体积记为 20.1mL 或 20.100mL 都不对，应该记录为 20.10mL。此外，在使用移液管或容量瓶时容易忽视有效数字，如使用 25mL 移液管或容量瓶，应将体积记为 25.00mL。

2. 有效数字位数确定后，按“四舍六入五留双”规则进行修约。

3. 计算过程中，为了提高计算结果的可靠性，可以暂时多保留一位数字。但是，在得到最后结果时，一定要弃去多余的数字。如果用计算器运算，不必对每一步的计算结果进行修约，但应注意正确保留最后计算结果的有效数字位数。

4. 分析结果的表示如下：

高含量（>10%） 四位有效数字，如，54.63%；

含量（1%～10%） 三位有效数字，如，1.34%；

低含量（<1%） 二位有效数字，如，0.023%。

即小数点后只保留两位数有效数字。

5. 分析中各类误差的计算，其有效数字一般保留 1～2 位。如 0.32%，0.09%。

6. 对各种化学平衡的有关计算，视具体情况保留 2～3 位有效数字。

## 习题

### 一、选择题

1. pH=2.750，它的有效数字是（　　）。

A. 1　　B. 2　　C. 3　　D. 4

2. 0.0008g 的准确度比 8.0g 的准确度（　　）。

A. 大　　B. 小　　C. 相等　　D. 难以确定

3. 减小随机误差常用的方法是（　　）。

A. 空白实验　　B. 对照实验　　C. 多次平行实验　　D. 校准仪器

4. 下列说法正确的是（　　）。

A. 准确度越高则精密度越好

B. 精密度越好则准确度越高

C. 只有消除系统误差后，精密度越好准确度才越高

D. 只有消除系统误差后，精密度才越好

5. 甲、乙两人同时分析一试剂中的含硫量，每次采用试样 3.5g，分析结果的报告为：甲 0.042%；乙 0.04199%，则下面叙述正确的是（　　）。

A. 甲的报告精确度高　　B. 乙的报告精确度高

C. 甲的报告比较合理　　D. 乙的报告比较合理

6. 下列数据中，有效数字是 4 位的是（　　）。

A. 0.132　　B. $1.0\times10^3$　　C. $6.023\times10^{23}$　　D. 0.0150

7. 在滴定分析中出现的下列情况，可导致系统误差的是（　　）。

A. 试样未经充分混匀　　B. 滴定管读数错误

C. 滴定时有液体溅出　　D. 砝码未经校正

8. 分析测定中的偶然误差，就统计规律来讲，其（　　）。

A. 数值固定不变　　B. 正误差出现概率大于负误差

C. 大误差出现概率小，小误差出现概率大　　D. 正、负误差出现的概率不相等

9. 下列情况中属于偶然误差的是（　　）。

A. 滴定时所加试剂中含有微量被测物质

B. 某分析人员几次读取同一滴定管读数不能取得一致

C. 某分析人员读取滴定管读数总是偏高或偏低

D. 滴定时发现有少量溶液溅出

10. 有含铁量为34.36%的标准试样，某分析人员测得值为34.20%，那么此次分析结果的相对误差为（　　）。

A. −0.47%　　B. 0.47%　　C. 0.0047　　D. −0.0047

## 二、简答题

1.下列各种误差是系统误差还是偶然误差？如果是系统误差，该如何减免？

（1）天平的砝码受到腐蚀

（2）天平的零点突然有变动

（3）蒸馏水含有待测组分

（4）读取滴定管读数时，最后一位数字估计不准

（5）天平的两臂不等长

（6）容量瓶和移液管体积不准确

2.下列各测定数据分别有几位有效数字。

| 试样的质量 | 0.4370g | ______位 |
| --- | --- | --- |
| 滴定剂体积 | 16.33mL | ______位 |
| pH | 11.22 | ______位 |
| 标准溶液浓度 | 0.1000mol/L | ______位 |

3. 将下列数据均修约成三位有效数字：

（1）2.604；（2）2.605；（3）2.615；（4）2.6549；（5）2.666；（6）2.605001

## 三、计算题

1. 按照有效数字运算规则计算：

（1）$2.56+13.20+8.978=$

（2）$4.58\times7.0\times2.046=$

（3）$1.276\times5.17+1.8\times3.27=$

（4）$\dfrac{1.6\times10^{-5}\times6.12\times10^{-8}}{3.25\times10^{-5}}=$

2. 分析天平可准确称至±0.1mg，要使称量误差不大于0.2%，至少应称取多少试样？

3. 测定$FeSO_4\cdot7H_2O$试样，得到铁的质量分数为20.01%、20.03%、20.04%、20.05%。计算分析结果的平均值和相对平均偏差。

4. 测定试样中CaO的含量，结果如下：20.48%，20.54%，20.53%，20.51%，20.60%，试求按$Q$检验法20.60%是否舍去？（$Q_{0.90}=0.64$）

5. 某铁矿石中含铁量为38.17%，若甲的分析结果是38.15%，38.16%，39.18%；乙的分析结果是38.12%，38.14%，38.17%。试比较甲、乙两人分析结果的准确度和精密度。

6. 测定土壤中有机质质量分数得到如下结果：1.52%、1.48%、1.56%、1.53%和1.55%。求平均偏差、相对平均偏差、标准偏差和相对标准偏差。

# 第十章　滴定分析法

## 思维导图

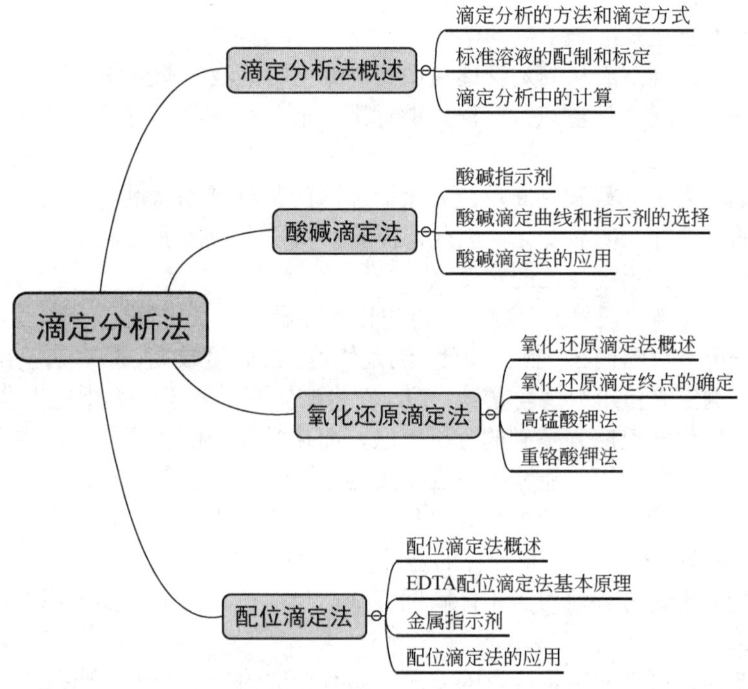


## 知识与技能目标

1. 掌握滴定分析中的基本概念。
2. 了解酸碱指示剂、氧化还原指示剂、金属指示剂的变色原理。
3. 掌握标准溶液的配制和标定操作技能。
4. 掌握酸碱滴定法基本原理，酸碱滴定曲线的制作和酸碱指示剂的选择条件。
5. 了解氧化还原滴定法、配位滴定法基本原理。
6. 能应用以上几种滴定方法进行物质含量的测定。

## 素质目标

提升学生对大国工匠精神的认识，培养学生分析问题和解决问题的综合能力。

# 第一节 滴定分析法概述

滴定分析法是化学分析法中最重要的分析方法之一，它是将一种已知准确浓度的溶液（标准溶液）通过滴定管滴加到待测组分的溶液中（或者将待测溶液加到已知准确浓度的溶液中），直到所加溶液和待测组分按一定的化学计量关系完全反应为止，然后根据标准溶液的浓度和所消耗的体积，计算待测组分含量的方法。

上述定义中包括以下几个基本概念：

（1）标准溶液 已知准确浓度的溶液。

（2）滴定 将标准溶液从滴定管逐滴加到待测物质溶液中的操作过程。

（3）理论终点（化学计量点） 滴入的标准溶液与待测物恰好按化学计量关系完全反应这一点。

（4）指示剂 为了观察和判断反应完全而加入的某种辅助试剂。一般来说，由于在化学计量点时试液的外观并无明显变化，因此，需要加入适当的指示剂。

（5）滴定终点 指示剂变色的转变点。

（6）终点误差（滴定误差） 理论终点与化学计量点不一定恰好一致，两者之间的误差。

滴定分析法所需仪器简单、操作简便、测定快速、准确度较高，相对误差在-0.2%～+0.2%之间。通常用于测定常量组分（含量≥1%），在生产实际和科学研究中应用非常广泛。

滴定分析是以化学反应为基础的分析方法，而化学反应的类型很多，并不是所有的化学反应都可直接用于滴定分析，能够用于直接滴定分析的化学反应必须具备下列条件：

（1）滴定反应按确定的反应方程式进行，无副反应发生，反应定量而且进行的完全程度大于 99.9%，这是滴定分析法定量计算的基础。

（2）反应能够迅速进行，对于不能瞬间完成的反应，需采取加热或添加催化剂等措施来提高反应速率。

（3）有简便的、可靠的确定终点的方法，如有合适的指示剂可供选择。

## 一、滴定分析的方法和滴定方式

### 1. 滴定分析的方法

根据所利用化学反应类型的不同，滴定分析一般分为下列四种：

（1）酸碱滴定法 以酸碱中和反应为基础的滴定分析方法。

（2）氧化还原滴定法 以氧化还原反应为基础的滴定分析法。

（3）沉淀滴定法 以沉淀反应为基础的滴定分析法。

（4）配位滴定法 以配位反应为基础的滴定分析法。

### 2. 滴定方式

滴定分析常用的滴定方式有以下四种。

（1）直接滴定法 凡是能够满足滴定分析对化学反应要求的反应，都可以用标准溶液直接滴定被测物质，这类滴定方式称为直接滴定法。此法简便、准确度高、计算简单，是滴定分析中最基本和最常用的分析方法。如用盐酸标准溶液滴定氢氧化钠就属于直接滴定法。当标准溶液与被测物质之间的反应不符合滴定分析对化学反应的要求时，可根据情况采用下述几种方式进行滴定。

（2）返滴定法　在待测试液中准确加入适当过量的一种标准溶液，待反应完全后，再用另一种标准溶液返滴定剩余的第一种标准溶液。例如，在酸性溶液中，用 $AgNO_3$ 标准溶液滴定 $Cl^-$ 时，若缺乏合适的指示剂，可先加过量 $AgNO_3$ 标准溶液，再以三价铁盐作指示剂，用 $NH_4SCN$ 标准溶液返滴定过量的 $Ag^+$，出现 $[Fe(SCN)]^{2+}$ 的淡红色即为终点。反应式如下：

$$Cl^-(\text{待测物}) + Ag^+(\text{过量}) \longrightarrow AgCl\downarrow$$

$$Ag^+(\text{剩余}) + SCN^- \longrightarrow AgSCN\downarrow$$

$$Fe^{3+} + SCN^- \longrightarrow [Fe(SCN)]^{2+}$$

返滴定法特点：用于反应速率慢或反应物是固体，加入滴定剂后不能立即定量反应或没有适当指示剂的滴定反应。

（3）置换滴定法　对于不按确定的化学反应式进行的反应，可先用适当试剂与被测物质反应，使其定量置换出另一种生成物，再用标准溶液滴定此生成物。例如，$Na_2S_2O_3$ 不能直接滴定 $K_2Cr_2O_7$ 及其他强氧化剂，因为强氧化剂将 $S_2O_3^{2-}$ 氧化的产物不确定。但是，可以在酸性 $K_2Cr_2O_7$ 溶液中加入过量 KI 溶液，置换出一定量的 $I_2$，再用 $Na_2S_2O_3$ 标准溶液滴定生成的 $I_2$。其反应式如下：

$$Cr_2O_7^{2-} + 6I^- + 14H^+ \longrightarrow 3I_2 + 2Cr^{3+} + 7H_2O$$

$$I_2 + 2Na_2S_2O_3 \longrightarrow 2NaI + Na_2S_4O_6$$

（4）间接滴定法　当被测定组分不能与标准溶液直接反应时，可以通过一定的反应将待测组分转化为可以被滴定的物质，再用适当的标准溶液进行滴定。例如，$Ca^{2+}$ 既不能直接用酸或碱滴定，也不能直接用氧化剂或还原剂滴定，但可采用间接滴定法测定。先利用 $C_2O_4^{2-}$ 使其沉淀为 $CaC_2O_4$，经过滤、洗涤、用硫酸溶解后，即可用高锰酸钾标准溶液滴定 $C_2O_4^{2-}$，间接测得 $Ca^{2+}$ 的含量。反应式如下：

$$Ca^{2+} + C_2O_4^{2-} \longrightarrow CaC_2O_4\downarrow$$

$$CaC_2O_4 + H_2SO_4 \longrightarrow CaSO_4 + H_2C_2O_4$$

$$2MnO_4^- + 5C_2O_4^{2-} + 16H^+ \longrightarrow 2Mn^{2+} + 10CO_2\uparrow + 8H_2O$$

## 二、标准溶液的配制和标定

标准溶液的配制

视频扫一扫

### 1. 直接法配制和基准物质

准确称取一定量的基准物质，溶于适量水后，定量转移至一定体积的容量瓶中，用水稀释至刻度，根据称取基准物质的质量和溶液的体积，计算出该标准溶液的准确浓度。这种配制标准溶液的方法称为直接配制法。基准物质必须具备以下条件：

（1）纯度高。一般要求在99.9%以上，杂质含量应少到不致影响分析结果的准确度。

（2）组成恒定。试剂的化学组成应与它的化学式完全相符，若含结晶水，结晶水的含量也应与化学式完全相符。

（3）性质稳定。在空气中不吸湿，加热干燥时不分解，不与空气中的二氧化碳、氧气等作用。

（4）具有较大的摩尔质量，以减少称量时的相对误差。

表 10-1 列有常用的基准物质。

表 10-1 滴定分析常用的基准物质

| 名 称 | 化学式 | 干燥方法 | 干燥后组成 | 标定对象 |
| --- | --- | --- | --- | --- |
| 硼砂 | $Na_2B_4O_7 \cdot 10H_2O$ | 装有氯化钠和蔗糖饱和液的干燥器 | $Na_2B_4O_7 \cdot 10H_2O$ | 酸 |
| 碳酸钠 | $Na_2CO_3 \cdot 10H_2O$ | 270～300℃ | $Na_2CO_3$ | 酸 |
| 邻苯二甲酸氢钾 | $KHC_8H_4O_4$ | 110～120℃干燥 1～2h | $KHC_8H_4O_4$ | 碱 |
| 氯化钠 | NaCl | 500～650℃干燥 40～45min | NaCl | 硝酸银 |
| 重铬酸钾 | $K_2Cr_2O_7$ | 100～110℃干燥 3～4h | $K_2Cr_2O_7$ | 还原剂 |
| 草酸钠 | $Na_2C_2O_4$ | 130～140℃干燥 1～1.5h | $Na_2C_2O_4$ | 高锰酸钾 |
| 氧化锌 | ZnO | 800～900℃干燥 2～3h | ZnO | EDTA |
| 锌 | Zn | 室温、干燥器 | Zn | EDTA |

### 2. 间接法配制

间接配制法又称标定法。实际工作中，许多化学试剂不符合基准物质条件，如固体 NaOH，容易吸收空气中的水分和 $CO_2$，因此称得的质量不能代表其纯净物的质量。对于这类物质，可先大致配制成接近所需浓度的溶液，再用基准物质或另一种标准溶液来确定它的准确浓度，这一过程称为标定。

要注意的是，间接配制和直接配制所使用的仪器在精密度上有差别。直接配制时需用万分之一分析天平、容量瓶等；间接配制只需托盘天平、量筒、烧杯等。

## 三、滴定分析计算

### 1. 标准溶液浓度的表示方法

标准溶液的浓度常用以下两种表示方法。

（1）物质的量浓度 物质的量浓度是指单位体积溶液中所含溶质的物质的量，以 $c$ 表示，常用单位为 mol/L。

$$c=n/V$$

物质的量与物质的质量之间的关系为：

$$n=m/M$$

$M$ 为物质的摩尔质量（g/mol）。

（2）滴定度 滴定度（$T$）是指 1mL 滴定剂溶液相当于被测物质的质量。例如，用 $K_2Cr_2O_7$ 标准溶液滴定铁，$T_{Fe/K_2Cr_2O_7}$=0.005321g/mL，表示每毫升 $K_2Cr_2O_7$ 标准溶液相当于 0.005321g 铁。当分析对象固定时，为简化计算，常采用滴定度来表示标准溶液的浓度。如生产单位对某些组分的例行分析。

### 2. 相关计算

滴定分析中的计算涉及称量范围的估算、标准溶液的浓度的计算以及滴定分析中待测物质浓度的计算。

【例 10-1】 要配制 500mL 的 0.1mol/L 的 $K_2Cr_2O_7$ 标准溶液，请问要称取的 $K_2Cr_2O_7$ 的质量范围是多少？

解

$$M(K_2Cr_2O_7)=294.2g/mol$$

$$m=nM=0.1\times500\times10^{-3}\times294.2=14.71(g)$$

0.1mol/L 在这里只是一个大约的浓度，所以 14.71g 也只是一个大约的质量。在分析化学中，称取量为大约时，系指取用量不得超过规定量的±10%。

$$14.71+14.71\times10\%=16.18(g)$$

$$14.71-14.71\times10\%=13.24(g)$$

答：应称取的 $K_2Cr_2O_7$ 质量范围为 13.24～16.18g。

值得注意的是，$K_2Cr_2O_7$ 的准确浓度要根据实际称得的质量去计算，而不是 0.1mol/L。

【例 10-2】 准确移取 $H_2SO_4$ 溶液 25.00mL，用 0.09026mol/L NaOH 标准溶液滴定，到达化学计量点时，消耗 NaOH 溶液的体积为 24.93mL，问 $H_2SO_4$ 溶液的浓度为多少？

解

$$2NaOH + H_2SO_4 \longrightarrow Na_2SO_4 + H_2O$$

$$c(H_2SO_4)V(H_2SO_4)=\frac{1}{2}c(NaOH)V(NaOH)$$

$$c(H_2SO_4)=\frac{c(NaOH)V(NaOH)}{2V(H_2SO_4)}=\frac{0.09026\times24.93}{2\times25.00}=0.04500(mol/L)$$

答：$H_2SO_4$ 溶液的浓度为 0.04500mol/L。

计算待测物质的浓度时，其计算依据是当两反应物完全作用时，它们的物质的量之间的关系恰好符合其化学式所表示的化学计量关系。只要抓住“等物质的量”反应规则，依据化学反应方程式，就可以很快计算出分析结果。

# 第二节 酸碱滴定法

## 一、酸碱滴定的基本原理

酸碱滴定法是以酸碱反应为基础的滴定分析法。酸碱反应的特点是反应速率快，反应进行得完全，副反应少，确定反应计量点的方法简便。

### （一）酸碱指示剂

#### 1. 酸碱指示剂的变色原理

酸碱指示剂一般是有机弱酸或有机弱碱，其共轭酸碱对具有不同的结构、且颜色不同。例如，酚酞是一种有机弱酸，它们在溶液中存在如下的解离平衡。

$$\underset{\text{无色分子}}{HIn} \rightleftharpoons H^+ + \underset{\text{红色离子}}{In^-}$$

随着溶液中 pH 值不断改变，上述解离平衡不断被破坏。当加入酸时，平衡向左移动，生成无色的酚酞分子，使溶液呈现无色（此时称为酸式色）。当加入碱时，碱中的 $OH^-$ 与溶液中的 $H^+$ 结合生成水，使 $H^+$ 的浓度减少，平衡向右移动，红色醌式结构的酚酞离子增多，使溶液呈现粉红色（此时称为碱式色）。

## 2. 指示剂的变色范围

为了说明指示剂颜色的变化与酸度的关系，现以 HIn 代表指示剂的酸式色型，$In^-$代表指示剂的碱式色型，在溶液中存在如下平衡：

$$\underset{\text{酸式色型}}{HIn} \rightleftharpoons \underset{\text{碱式色型}}{H^+ + In^-}$$

$$K_{HIn}=\frac{c(H^+)c(In^-)}{c(HIn)}$$

$K_{HIn}$ 是指示剂的解离常数，也称为酸碱指示剂常数。其数值取决于指示剂的性质和溶液的温度。将表达式改写为：

$$c(H^+)=K_{HIn}\times\frac{c(HIn)}{c(In^-)}$$

进而求到 $pH=pK_{HIn}-\lg\frac{c(HIn)}{c(In^-)}$

酸碱指示剂颜色的变化是由 $c(HIn)/c(In^-)$的比值决定的。但由于人眼对颜色的敏感度有限，因此：

当 $c(HIn)/c(In^-)\geqslant 10$，即 $pH\leqslant pK_{HIn}-1$ 时，只能看到酸式色；

当 $c(HIn)/c(In^-)\leqslant 0.1$，即 $pH\geqslant pK_{HIn}+1$ 时，只能看到碱式色；

当 $10>c(HIn)/c(In^-)>0.1$，看到的是它们的混合颜色。

只有当溶液的 pH 由 $pK_{HIn}-1$ 变化到 $pK_{HIn}+1$ 时，溶液的颜色才由酸式色变为碱式色，这时候人的视觉才能明显看出指示剂颜色的变化。所以指示剂的理论变色范围是两个 pH 单位。将人的视觉能明显看出指示剂由一种颜色变成另一种颜色的 pH 范围，称为指示剂的变色范围。这是从理论上推导出来的变色范围。因为人们的视觉对各种颜色的敏感程度不同，而且两种颜色还会有互相掩盖的作用以至影响观察，因此，实际变色范围并不完全一致，通常小于 2 个 pH 单位。

指示剂的变色范围越窄越好，这样溶液的 pH 稍有变化就可观察到溶液颜色的改变，有利于提高测定的准确度。

常用酸碱指示剂的变色范围及其配制方法列于表 10-2。大多数指示剂的变色范围为 1.6～1.8 个 pH 单位。

**表 10-2 几种常用的酸碱指示剂**

| 指示剂 | 变色范围 pH | 颜色 | | $pK_{HIn}$ | 配制浓度 |
|---|---|---|---|---|---|
| | | 酸式色 | 碱式色 | | |
| 甲基黄 | 2.9～4.0 | 红 | 黄 | 3.25 | 1g/L $\rho$（乙醇）=90%酒精溶液 |
| 甲基橙 | 3.1～4.4 | 红 | 黄 | 3.45 | 1g/L 水溶液（配制时用加热至 70℃的水） |
| 溴甲酚绿 | 3.8～5.4 | 黄 | 蓝 | 4.9 | 1g/L 乙醇溶液或 1g/L 水溶液加 2.9mL 0.05mol/L NaOH 溶液 |
| 甲基红 | 4.4～6.2 | 红 | 黄 | 5.0 | 1g/L 酒精溶液或 1g/L 水溶液 |
| 中性红 | 6.8～8.0 | 红 | 黄 | 7.4 | 1g/L $\rho$（乙醇）=60%酒精溶液 |
| 酚酞 | 8.0～10 | 无色 | 红 | 9.1 | 10g/L 乙醇溶液 |
| 百里酚酞 | 9.4～10.6 | 无色 | 蓝 | 10.0 | 1g/L 乙醇溶液 |

### 3. 混合指示剂

单一指示剂的变色范围都较宽，其中有些指示剂如甲基橙，其变色过程中有过渡色，不易辨别。而混合指示剂具有变色范围窄、变色明显等优点。

混合指示剂是利用颜色之间的互补作用，使变色范围变窄，从而使终点时颜色变化敏锐。它的配制方法一般有两种。一种是由两种或多种指示剂混合而成。例如溴甲酚绿（$\mathrm{p}K_{\mathrm{HIn}}=4.9$）与甲基红（$\mathrm{p}K_{\mathrm{HIn}}=5.0$）指示剂，前者当 $\mathrm{pH}<4.0$ 时呈黄色（酸式色）、$\mathrm{pH}>5.6$ 时呈蓝色（碱式色），后者当 $\mathrm{pH}<4.4$ 时呈红色（酸式色）、$\mathrm{pH}>6.2$ 时呈浅黄色（碱式色），当把它们按一定比例混合后，两种颜色混合在一起，酸式色便成为酒红色，碱式色便成为绿色。当 pH = 5.1 时，也就是溶液中酸式与碱式的浓度大致相同时，溴甲酚绿呈绿色，而甲基红呈橙色，两种颜色互为互补色，从而使得溶液呈现浅灰色，因此变色十分敏锐。

另一种混合指示剂是在某种指示剂中加入一种惰性染料(其颜色不随溶液 pH 的变化而变化)，由于颜色互补使变色敏锐，但变色范围不变。常用的混合指示剂见表 10-3。

表 10-3　几种常用的混合指示剂

| 指示剂溶液的组成 | 变色时 pH | 颜色 | | 备注 |
|---|---|---|---|---|
| | | 酸式色 | 碱式色 | |
| 1 份 0.1%甲基黄乙醇溶液；<br>1 份 0.1%亚甲基蓝乙醇溶液 | 3.25 | 蓝紫 | 绿 | pH=3.2，蓝紫色；<br>pH=3.4，绿色 |
| 1 份 0.1%甲基橙水溶液；<br>1 份 0.25%靛蓝二磺酸水溶液 | 4.1 | 紫 | 黄绿 | |
| 1 份 0.1%溴甲酚绿钠盐水溶液；<br>1 份 0.2%甲基橙水溶液 | 4.3 | 橙 | 蓝绿 | pH=3.5，黄色；<br>pH=4.05，绿色；<br>pH=4.3，浅绿 |
| 3 份 0.1%溴甲酚绿乙醇溶液；<br>1 份 0.2%甲基红乙醇溶液 | 5.1 | 酒红 | 绿 | |
| 1 份 0.1%溴甲酚绿钠盐水溶液；<br>1 份 0.1%氯酚红钠盐水溶液 | 6.1 | 黄绿 | 蓝绿 | pH=5.4，蓝绿色；<br>pH=5.8，蓝色；<br>pH=6.0，蓝带紫；<br>pH=6.2，蓝紫 |
| 1 份 0.1%中性红乙醇溶液；<br>1 份 0.1%亚甲基蓝乙醇溶液 | 7.0 | 紫蓝 | 绿 | pH=7.0，紫蓝 |
| 1 份 0.1%甲酚红钠盐水溶液；<br>3 份 0.1%百里酚蓝钠盐水溶液 | 8.3 | 黄 | 紫 | pH=8.2，玫瑰红；<br>pH=8.4，清晰的紫色 |
| 1 份 0.1%百里酚蓝 50%乙醇溶液；<br>3 份 0.1%酚酞 50%乙醇溶液 | 9.0 | 黄 | 紫 | 从黄到绿，再到紫 |
| 1 份 0.1%酚酞乙醇溶液；<br>1 份 0.1%百里酚酞乙醇溶液 | 9.9 | 无色 | 紫 | pH=9.6，玫瑰红；<br>pH=10，紫色 |

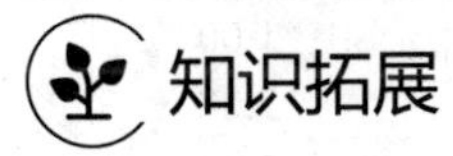

## 知识拓展

### 酸碱指示剂的发现与应用

很多重大的科学发现源于科学家善于观察、思考的品质。石蕊酸碱指示剂就是英国化学家波义耳偶然发现的。有一天，波义耳看到溅了几滴盐酸的紫罗兰花朵变成了红色，就思考紫罗兰为什么会变红？波义耳用其他物质进行了反复实验，终于认定紫罗兰花的浸出液可用于检验溶液是否呈酸性。他又努力寻找用来检验碱性的物质，后来发现了从石蕊地衣中提取出的紫色石蕊溶液可以用来检验溶液的酸碱性。

后来人们测出了石蕊较准确的变色范围：在 pH＜5.0 的溶液里呈红色，在 pH＞8.0 的溶液里呈蓝色，pH 在两者之间呈紫色。酚酞是另一种酸碱指示剂，在 pH＜8.2 的溶液里呈无色，在 pH＞8.2 的溶液里呈红色，但如遇到较浓的碱液，又会立即变成无色。

## （二）酸碱滴定曲线和指示剂的选择

在酸碱滴定中，滴定过程中溶液的 pH 变化情况，特别是化学计量点前后的 pH 值的变化，对于选择合适的指示剂来确定滴定终点非常重要。若以滴定剂的加入量或滴定分数为横坐标，溶液的 pH 值为纵坐标作图，即可得到酸碱滴定曲线。下面按不同类型的滴定反应分别进行讨论。

### 1. 强酸强碱的滴定

现以 0.1000mol/L NaOH 溶液滴定 20.00mL 0.1000mol/L HCl 溶液为例，讨论强酸强碱滴定的滴定曲线和指示剂的选择。

$$NaOH + HCl \longrightarrow NaCl + H_2O$$
$$c(HCl)V(HCl)=c(NaOH)V(NaOH)$$

滴定过程分四个阶段：滴定前、理论终点前−0.1%相对误差点、理论终点、理论终点后+0.1%相对误差点。

（1）滴定前　$c(HCl)$=0.1000mol/L，pH=1.00。

（2）理论终点前−0.1%相对误差点　加入 19.98mL NaOH，还余有 0.02mL HCl 溶液。

$$c(H^+)=\frac{0.1000\times0.02}{20.00+19.98}=5.00\times10^{-4}(mol/L)\quad pH=4.30$$

（3）理论终点时　$c(H^+)=c(OH^-)=10^{-7}$mol/L，pH=7.00。

（4）理论终点后+0.1%相对误差点　加入 20.02mL NaOH 溶液，则：

$$c(OH^-)=\frac{0.1000\times0.02}{20.00+20.02}=5.00\times10^{-5}(mol/L)$$
$$c(H^+)c(OH^-)=10^{-14}$$
$$c(H^+)=10^{-4}/5.00\times10^{-5}=0.20\times10^{-9}(mol/L)，pH=9.70$$

逐一计算滴定体系 pH 值，结果见表 10-4。

**表 10-4　0.1000mol/L NaOH 溶液滴定 20.00mL 0.1000mol/L HCl 溶液时溶液 pH 变化**

| 加入 NaOH 溶液体积 V/mL | 剩余 HCl 溶液体积 V/mL | 过量 NaOH 溶液体积 V/mL | 溶液 $H^+$浓度/(mol/L) | pH 值 |
|---|---|---|---|---|
| 0.00 | 20.00 | | $1.00\times10^{-1}$ | 1.00 |
| 18.00 | 2.00 | | $5.26\times10^{-3}$ | 2.28 |
| 19.80 | 0.20 | | $5.00\times10^{-4}$ | 3.30 |
| 19.98 | 0.02 | | $5.00\times10^{-5}$ | **4.30** |
| 20.00 | 0.00 | | $1.00\times10^{-7}$ | **7.00** |
| 20.02 | | 0.02 | $2.00\times10^{-10}$ | **9.70** |
| 20.20 | | 0.20 | $2.00\times10^{-11}$ | 10.70 |
| 22.00 | | 2.00 | $2.00\times10^{-12}$ | 11.70 |
| 40.00 | | 20.00 | $3.00\times10^{-13}$ | 12.50 |

以溶液的 pH 值为纵坐标，以 NaOH 加入量为横坐标作图，即可得强碱滴定强酸的滴定曲线，如图 10-1 所示。

由表 10-4 和图 10-1 可看出，NaOH 的加入量从 0～19.98mL，pH 从 1.00 增加到 4.30，ΔpH=3.30，不显著渐变；在理论终点附近，NaOH 从 19.98～20.02mL，pH 从 4.30 增加到 9.70，ΔpH=5.40，变化 5.40 个 pH 单位。滴定曲线出现了明显的“突跃”。此后，再继续滴加 NaOH 溶液，其 pH 变化又逐渐减小，曲线又比较平坦。滴定过程中±0.1%相对误差范围内溶液的 pH 变化称为滴定曲线的突跃范围，简称突跃范围。

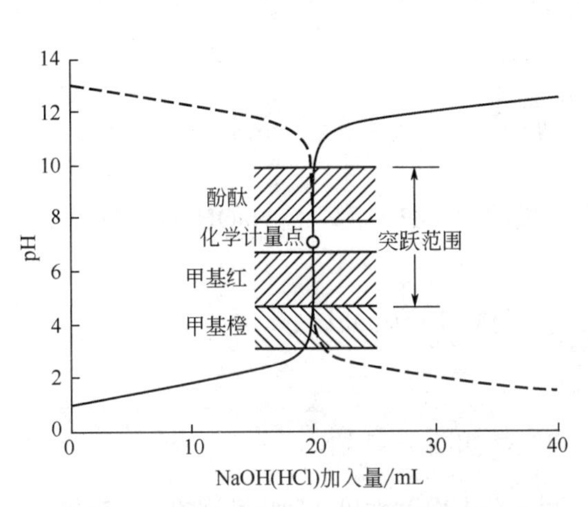


图 10-1　0.1000mol/L NaOH 溶液滴定 20.00mL 0.1000mol/L HCl 溶液的滴定曲线

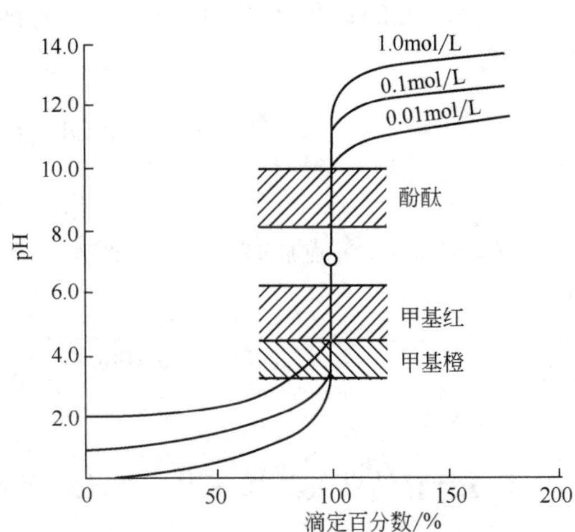


图 10-2　不同浓度 NaOH 滴定相应浓度 HCl 的滴定曲线

在滴定分析中，指示剂的选择主要是以突跃范围为依据：凡是变色范围全部或部分落在滴定突跃范围内的指示剂都可用来指示滴定终点。上述滴定的突跃范围为 pH=4.30～9.70，因此，可选择酚酞、甲基红、甲基橙为指示剂。

酸碱浓度对突跃范围有直接影响。每差 10 倍浓度，突跃范围差 2 个 pH 单位。常用的标准溶液的浓度多控制在 0.01～1mol/L 之间。不同浓度 NaOH 滴定相应浓度 HCl 时突跃范围如图 10-2 所示。

若用 0.1000mol/L HCl 溶液滴定 20.00mL 0.1000mol/L NaOH 溶液，滴定曲线如图 10-1 中虚线部分所示。它的突跃范围与指示剂的选择依据和 0.1000 mol/L NaOH 溶液滴定 20.00mL 0.1000mol/L HCl 溶液一样。

## 2. 强碱滴定弱酸

以 0.1000mol/L 的 NaOH 标准溶液滴定 20.00mL 0.1000mol/L 的 HAc 为例来讨论强碱滴定一元弱酸的滴定曲线和指示剂的选择。其滴定反应如下：

$$OH^- + HAc \longrightarrow Ac^- + H_2O$$

（1）滴定前　$c(H^+)=\sqrt{K_a c}$　　pH=2.87

（2）化学计量点前−0.1%相对误差点　溶液中未被中和的 HAc 和反应产物 $Ac^-$同时存在，组成了 HAc-NaAc 缓冲体系，其溶液酸度按缓冲溶液公式计算。

当加入 19.98mL NaOH 溶液时，剩余 0.02mL HAc。

$$c(\text{HAc})=0.1000\times\frac{0.02}{20.00+19.98}=5.00\times10^{-5}(\text{mol/L})$$

$$c(\text{Ac}^-)=0.1000\times\frac{19.98}{20.00+19.98}=5.00\times10^{-2}(\text{mol/L})$$

代入公式 $\text{pH}=\text{p}K_\text{a}+\lg\frac{c(\text{Ac}^-)}{c(\text{HAc})}$，得 pH=7.75。

（3）计量点时　当加入 20.00mL NaOH 溶液时，HAc 全部被中和生成 NaAc。由于在计量点时溶液的体积增大为原来的 2 倍，所以 $\text{Ac}^-$的浓度为 0.0500mol/L，又因为 $c/K_\text{b}>500$，所以有：

$$c(\text{OH}^-)=\sqrt{cK_\text{b}}=\sqrt{c\frac{K_\text{w}}{K_\text{a}}}$$

$$\text{pH}=8.73$$

（4）化学计量点后+0.1%相对误差点　pH 由过量的 NaOH 计算，当 NaOH 的量 20.02mL 时，则：

$$c(\text{OH}^-)=0.1000\times\frac{0.02}{20.00+20.02}=5.00\times10^{-5}(\text{mol/L})$$

$$\text{pH}=9.70$$

该法计算结果在表 10-5 中，并以此绘制滴定曲线，如图 10-3 所示。

**表 10-5　0.1000mol/L NaOH 溶液滴定 20.00mL 0.1000mol/L HAc 溶液的 pH 变化**

| 加入 NaOH 溶液体积/mL | 剩余 HAc 溶液体积/mL | 过量 NaOH 溶液体积/mL | pH 值 |
|---|---|---|---|
| 0.00 | 20.00 | | 2.87 |
| 18.00 | 2.00 | | 5.70 |
| 19.80 | 0.20 | | 6.74 |
| 19.98 | 0.02 | | **7.75** |
| 20.00 | 0.00 | | **8.72** |
| 20.02 | | 0.02 | **9.70** |
| 20.20 | | 0.20 | 10.70 |
| 22.00 | | 2.00 | 11.70 |
| 40.00 | | 20.00 | 12.50 |

由图 10-3 可以看出强碱滴定弱酸的滴定曲线有如下特点。

（1）滴定曲线的起点高　因为 HAc 是弱酸，不完全解离。

（2）滴定曲线的形状不同　滴定过程中溶液的 pH 变化不同于强酸强碱滴定，开始时溶液的 pH 变化较快，其后变化稍慢，接近化学计量点时变化又逐渐加快。这是由滴定过程中溶液组成特点决定的。滴定开始生成的 $\text{Ac}^-$较少，溶液的缓冲容量小，加入 NaOH 使溶液的 pH 增加较快。随着 NaOH 的滴入，HAc 浓度减少，$\text{Ac}^-$浓度增大，此时由 HAc-$\text{Ac}^-$组成的缓冲溶液的缓冲作用使溶液的 pH 增加的速率减慢。接近化学计量点时 HAc 浓度变得很低，缓冲容量减小，缓冲作用减弱，溶液 pH 又较快增加。到化学计量点时，溶液的 pH 发生突变，形成滴定突跃。

（3）突跃范围小　从表 10-5 可知滴定曲线的突跃范围为 pH=7.75～9.70，只能选用酚酞做指示剂。

强碱滴定强酸滴定曲线的突跃范围的大小，除与溶液的浓度有关外，还与酸的强度有关，酸越弱，突跃范围越小。如图 10-3 为 0.1000mol/L NaOH 滴定 0.1000mol/L 不同强度弱酸的滴定曲线。一般来说，当 $cK_a \geqslant 10^{-8}$ 时，滴定曲线有明显的突跃，可以选到合适的指示剂指示终点。

### 3. 强酸滴定弱碱

强酸滴定一元弱碱的情况与强碱滴定一元弱酸相似，但 pH 的变化方向相反，因此滴定曲线的形状刚好相反（见图 10-4）。滴定突跃范围为 pH=4.30～6.30，宜选用甲基红等酸性区域内变色的指示剂。滴定突跃范围受弱碱的强度 $K_b$ 和浓度 $c$ 的影响，一般来说，当 $cK_b \geqslant 10^{-8}$ 时，滴定曲线有明显的突跃，可以选到合适的指示剂指示终点。

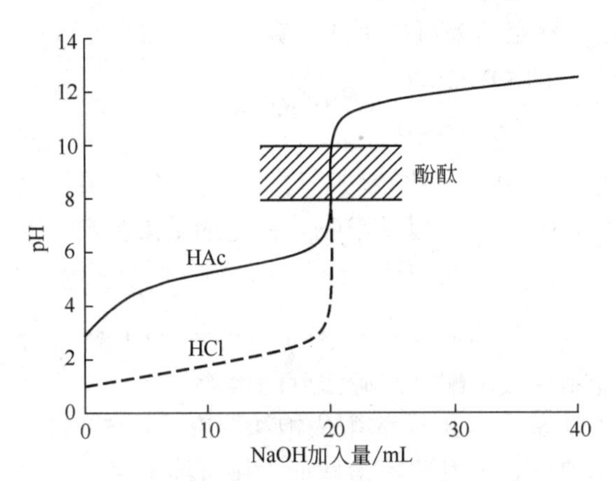


图 10-3　0.1000mol/L NaOH 溶液滴定 20.00mL 0.1000mol/L HAc 溶液的滴定曲线

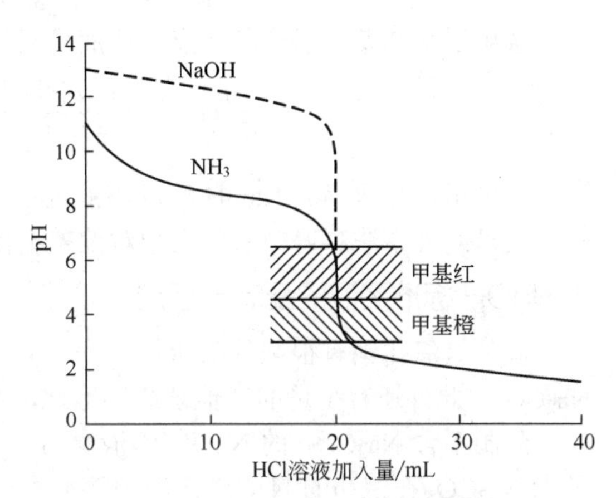


图 10-4　0.1000mol/L HCl 溶液滴定 20.00mL 0.1000mol/L 氨水溶液的滴定曲线

多元弱酸弱碱在水中分步解离，除了需要讨论其滴定突跃外，还需讨论各步解离出的 $H^+$ 能否被滴定、能否被分步滴定以及能形成几个突跃、如何选择指示剂等问题，本书不作介绍。

## 二、酸碱滴定法的应用

视频扫一扫
酸碱滴定操作理论

### （一）酸碱标准溶液的配制和标定

酸碱滴定中最常用的标准溶液是 0.1mol/L 的 HCl 溶液和 0.1mol/L 的 NaOH 溶液，而 HCl 和 NaOH 都不是基准物质，必须用标定法配制。

#### 1. HCl 标准溶液的配制与标定

市售盐酸，密度为 $\rho$=1.19g/cm$^3$，质量分数 $\omega$(HCl) 约为 37%，其物质的量浓度约为 12mol/L。配制时先用浓 HCl 配成所需近似浓度，然后用基准物质进行标定，以获得准确浓度。由于浓盐酸具有挥发性，配制时所取 HCl 的量应适当多些。标定 HCl 的基准物质有无水碳酸钠和硼砂等。

无水碳酸钠是标定 HCl 溶液的常用基准物质。其优点是易制得纯品，但由于其易吸收空气中的水分，因此使用之前应在 270～300℃下干燥至恒重，于干燥器中冷却后备用。标定反应如下：

$$Na_2CO_3 + 2HCl \longrightarrow 2NaCl + CO_2\uparrow + H_2O$$

选用甲基橙做指示剂，滴定时应注意 $CO_2$ 的影响，终点时将溶液剧烈摇动或加热，消除

$CO_2$的影响。标定结果可按下式计算：

$$c(\text{HCl})=\frac{2m(\text{Na}_2CO_3)\times 1000}{M(\text{Na}_2CO_3)V(\text{HCl})}$$

硼砂（$Na_2B_4O_7 \cdot 10H_2O$）也常用于标定 HCl 溶液。硼砂易提纯，且不易吸水，由于其摩尔质量大（$M$=381.4g/mol），因此可以直接称取单份基准物质进行标定，称量误差较小。但硼砂在空气中相对湿度小于 39%时容易风化失去部分结晶水，因此应保存在相对湿度为 60%的恒湿器中。以确保其所含结晶水数量与计算时所用的化学式相符。

标定反应如下：

$$Na_2B_4O_7 + 2HCl + 5H_2O \longrightarrow 4H_3BO_3 + 2NaCl$$

选用甲基红做指示剂，终点时溶液呈橙红色，标定结果可按下式计算：

$$c(\text{HCl})=\frac{2m(\text{Na}_2\text{B}_4\text{O}_7\cdot 10\text{H}_2\text{O})\times 1000}{M(\text{Na}_2\text{B}_4\text{O}_7\cdot 10\text{H}_2\text{O})V(\text{HCl})}$$

也可用已知浓度的 NaOH 标准溶液进行“比较”滴定，“比较法”与“标定法”结果作比较，要求两种方法测得的浓度之相对偏差不得大于 0.2%，并以基准物质标定的结果为准。

### 2. NaOH 标准溶液的配制与标定

固体氢氧化钠有很强的吸水性，而且容易吸收空气中的 $CO_2$，因而市售 NaOH 常含有 $Na_2CO_3$，此外还有少量的其他杂质。因此，不能用直接法配制准确浓度的溶液。

配制不含 $Na_2CO_3$ 的 NaOH 溶液最常用的方法是将 NaOH 先配成饱和溶液（约 50%），因为 $Na_2CO_3$ 在饱和的 NaOH 溶液中溶解度很小，$Na_2CO_3$ 几乎不溶解而慢慢沉淀下来，吸取上层清液，用无 $CO_2$ 的蒸馏水稀释至所需浓度即可。

若分析测定要求不高，可采用比较简便的方法配制：称取比需要量稍多的 NaOH，用少量水迅速清洗 2～3 次，除去固体表面形成的碳酸盐，然后溶解在无 $CO_2$ 的蒸馏水中。常用来标定 NaOH 标准溶液的基准物质有邻苯二甲酸氢钾（$KHC_8H_4O_4$）和草酸等。邻苯二甲酸氢钾（$KHC_8H_4O_4$）是标定 NaOH 溶液最常用的基准物。它与 NaOH 的反应为：

$$C_6H_4(COOH)(COOK) + NaOH \longrightarrow C_6H_4(COONa)(COOK) + H_2O$$

化学计量点时 pH 为 9.11，可用酚酞作指示剂。

计算公式为：$c(\text{NaOH})=\frac{m(\text{KHC}_8\text{H}_4\text{O}_4)\times 1000}{M(\text{KHC}_8\text{H}_4\text{O}_4)V(\text{NaOH})}$

## （二）应用实例

### 1. 食醋总酸度的测定

食醋的主要成分是醋酸，此外还含有少量其他弱酸，如乳酸等。醋酸为弱酸，$K_a=1.8\times 10^{-5}$，可用 NaOH 标准溶液直接进行滴定。测得的是总酸度，以醋酸的质量浓度（$g/cm^3$）来表示。滴定时加入酚酞指示剂，用 NaOH 标准溶液滴定至溶液呈现粉红色，即为终点。由于食醋中醋酸的浓度较大，且颜色较深，故必须稀释后再滴定；测定时，所用的蒸馏水不能含有 $CO_2$，否则 $CO_2$ 溶于水生成 $H_2CO_3$，将同时被滴定。其反应为：

$$HAc + NaOH \longrightarrow NaAc + H_2O$$

食醋中醋酸含量的计算式为：

$$\rho(\text{HAc})=\frac{c(\text{NaOH})V(\text{NaOH})M(\text{HAc})\times 10^{-3}}{V(\text{HAc})}$$

### 2. 铵盐中氮含量的测定

常见的铵盐有硫酸铵、氯化铵、硝酸铵及碳酸氢铵。它们都是重要的化工原料，也是农用化肥。除碳酸氢铵可以直接滴定外，通常是先将样品经过适当的处理，将各种含氮化合物全部转化为氨态氮，然后进行测定。常用的方法有甲醛法和蒸馏法两种，下面介绍甲醛法。

准确称取一定量的含铵试样，在试样中加入过量甲醛，与$NH_4^+$作用生成质子化的六亚甲基四胺和$H^+$。反应如下：

$$4NH_4^+ + 6HCHO \longrightarrow (CH_2)_6N_4H^+ + 3H^+ + 6H_2O$$

然后用 NaOH 标准溶液滴定。由于 $(CH_2)_6N_4H^+$的 $pK_a$=5.15，所以它也能被 NaOH 滴定，因此，4mol 的$NH_4^+$将消耗 4mol 的 NaOH，即它们之间的化学计量关系为 1:1。反应式为：

$$(CH_2)_6N_4H^+ + 5H^+ + 6OH^- \longrightarrow (CH_2)_6N_4 + 6H_2O$$

通常采用酚酞作指示剂。如果试样中含有游离酸或碱，则应先以甲基红作指示剂，用 NaOH 将其中和，然后再进行测定。

试样中氮的质量分数为：

$$\omega(\text{N})=\frac{c(\text{NaOH})V(\text{NaOH})M(\text{N})\times 10^{-3}}{m(\text{试样})}\times 100\%$$

# 第三节　氧化还原滴定法

## 一、氧化还原滴定法概述

以氧化还原反应为基础的滴定分析称为氧化还原滴定法。氧化还原反应的实质是电子的转移。反应机理较为复杂，有些反应虽可进行得很完全但反应速率却很慢；有时由于副反应的发生使反应物间没有确定的计量关系等。因此，在氧化还原滴定中要注意控制反应条件，加快反应速率，防止副反应的发生以满足滴定反应的要求。在氧化还原滴定中用合适的氧化或还原剂作为标准溶液，不仅可以测定某些还原或氧化性的物质，对于有些不具有氧化或还原性的物质，还可以通过化学反应使之转化为具有氧化或还原性物质的形式进行间接滴定。因此，氧化还原滴定法应用较为广泛。

## 二、氧化还原滴定终点的确定

在氧化还原滴定中，可以用电位法确定终点，也可以像酸碱滴定法一样，利用指示剂来确定终点。这里主要介绍用指示剂来确定终点的方法。

在氧化还原滴定中，由于所使用的标准溶液不同，所以滴定终点可用不同类型的指示剂来确定。常用的氧化还原滴定的指示剂有以下三类。

### 1. 自身指示剂

在氧化还原滴定中，有些标准溶液或被滴定物质本身有颜色，而反应后变成无色或浅色物质，则可利用其本身的颜色变化指示滴定终点，这种指示剂称为自身指示剂。如用高锰酸钾作标准溶液时，当滴定达到化学计量点后，只要有微过量的$MnO_4^-$存在，就可使溶液呈现粉红色，由此确定终点的到达。

### 2. 氧化还原指示剂

这类指示剂本身就是氧化剂或还原剂，其氧化态和还原态具有不同的颜色。在滴定中因被还原或氧化而发生颜色突变从而指示滴定终点。常用氧化还原指示剂见表 10-6。

表 10-6 常用氧化还原指示剂

| 指示剂 | $E^{\ominus}$(In)/V $[c(H^+)=1mol/L]$ | 颜色变化 | |
|---|---|---|---|
| | | 氧化型 | 还原型 |
| 亚甲基蓝 | 0.36 | 蓝色 | 无色 |
| 二苯胺 | 0.76 | 紫色 | 无色 |
| 二苯胺磺酸钠 | 0.84 | 紫红 | 无色 |
| 邻苯氨基苯甲酸 | 0.89 | 紫红 | 无色 |
| 邻二氮菲亚铁 | 1.06 | 浅蓝 | 红色 |
| 硝基邻二氮菲亚铁 | 1.25 | 浅蓝 | 紫红 |

氧化还原指示剂不仅对某种离子有特效，而且对氧化还原反应普遍适用，因而是一种通用指示剂，应用范围比较广泛。选择这类指示剂的原则是：指示剂变色点的电位应处在滴定体系的电位突跃范围内，并尽量与反应的化学计量点电位一致。

### 3. 特殊指示剂

有些物质本身并不具有氧化还原性，但它能与标准溶液或被测物质结合产生特殊的颜色，由此来确定滴定终点。例如，可溶性淀粉就能与碘生成深蓝色的吸附化合物，反应极为灵敏。室温下，淀粉可检出约 $10^{-5}$mol/L 的碘溶液，由此颜色的出现或消失来确定终点。

## 三、高锰酸钾法

### （一）基本原理

利用高锰酸钾作氧化剂来进行滴定分析的方法称高锰酸钾法。高锰酸钾的氧化能力与溶液的酸度有关。在强酸性溶液中，它与还原剂作用，$MnO_4^-$被还原成$Mn^{2+}$。

$$MnO_4^- + 8H^+ + 5e \rightleftharpoons Mn^{2+} + 4H_2O \quad E^{\ominus}(MnO_4^-/Mn^{2+}) = 1.51V$$

由于在强酸性介质中，$KMnO_4$的氧化性更强，因而高锰酸钾滴定法一般多在 0.5～1mol/L $H_2SO_4$ 的强酸性介质中使用，而不能使用盐酸和硝酸介质，因为盐酸具有还原性、硝酸具有氧化性，这样容易产生副反应，干扰滴定。

在弱酸性、中性或碱性溶液中，$MnO_4^-$被还原为$MnO_2$，半反应为：

$$MnO_4^- + 2H_2O + 3e \rightleftharpoons MnO_2\downarrow + 4OH^- \quad E^{\ominus}(MnO_4^-/MnO_2) = 0.588V$$

由于在弱酸性、中性或碱性溶液中，还原产物 $MnO_2$ 是棕色沉淀，影响终点的观察，所以很少使用。

在强碱性介质中，$MnO_4^-$ 被还原为 $MnO_4^{2-}$，半反应为：

$$MnO_4^- + e \rightleftharpoons MnO_4^{2-} \qquad E^{\ominus}(MnO_4^-/MnO_4^{2-}) = 0.564V$$

由于在强碱性介质中，$KMnO_4$ 氧化有机物的反应速率比在酸性条件下更快，所以用高锰酸钾法测定有机物时，大都在强碱性溶液（大于 2mol/L 的 NaOH 溶液）中进行。

高锰酸钾法的优点是氧化能力强，应用范围广，且本身是深紫色，可作为自身指示剂。其缺点是高锰酸钾试剂不是基准物质，配好的标准溶液不稳定。另外，它可与许多还原性物质发生作用，所以选择性差。

### （二）标准溶液的配制和标定

#### 1. 配制

市售 $KMnO_4$ 试剂常含有少量的 $MnO_2$ 及其他杂质，使用的蒸馏水中也常含有少量如尘埃、有机物等还原性物质，这些物质都能使 $KMnO_4$ 还原，因此 $KMnO_4$ 标准溶液不能直接配制，通常先配制成近似浓度的溶液后再进行标定。配制时，首先称取稍多于理论用量的 $KMnO_4$，溶于一定体积的蒸馏水中，缓慢煮沸 15min，冷却，于暗处放置两周，使溶液中可能存在的还原性物质完全氧化，然后用微孔玻璃漏斗过滤除去析出的沉淀，储存于棕色试剂瓶中，存放于暗处。

#### 2. 标定

标定 $KMnO_4$ 溶液的基准物质有 $Na_2C_2O_4$、$H_2C_2O_4 \cdot 2H_2O$、$(NH_4)_2Fe(SO_4)_2 \cdot 6H_2O$ 和纯铁丝等。其中最常用的是 $Na_2C_2O_4$，因为它易于提纯，性质稳定，不含结晶水。$Na_2C_2O_4$ 在 105～110℃烘干至恒重，即可使用。

在 $H_2SO_4$ 介质中，$MnO_4^-$ 与 $C_2O_4^{2-}$ 标定反应为：

$$2MnO_4^- + 5C_2O_4^{2-} + 16H^+ \longrightarrow 2Mn^{2+} + 10CO_2\uparrow + 8H_2O$$

计算公式为：

$$c(KMnO_4) = \frac{2m(Na_2C_2O_4) \times 1000}{5M(Na_2C_2O_4)V(KMnO_4)}$$

为了使标定反应定量进行，标定时应注意以下滴定条件：温度应控制在 75～85℃，溶液 $H^+$ 浓度应保持在 0.5～1mol/L，滴定速率开始慢，以后稍快些，但始终不能太快，否则反应不完全。滴定终点后，溶液出现的粉红色不能持久，这是因为空气中还原性气体及尘埃等杂质使 $KMnO_4$ 缓慢分解。滴定时溶液出现的粉红色 30s 不褪色即为终点。

### （三）应用实例

#### 1. $H_2O_2$ 的测定

在酸性溶液中，$H_2O_2$ 被 $MnO_4^-$ 定量氧化。

$$5H_2O_2 + 2MnO_4^- + 6H^+ \longrightarrow 2Mn^{2+} + 8H_2O + 5O_2\uparrow$$

此反应在室温下即可顺利进行，开始时反应较慢，随着 $Mn^{2+}$ 的生成而加速反应，也可以先加入少量 $Mn^{2+}$ 作催化剂。若 $H_2O_2$ 中含有有机物质，后者会消耗 $KMnO_4$ 溶液，使测定结果偏高。此时，应改用碘量法或铈量法测定 $H_2O_2$ 的含量。碱金属或碱土金属的过氧化物，可采用同样的方法进行测定。

### 2. $Ca^{2+}$的测定

$Ca^{2+}$等离子在溶液中没有可变价态，但可通过生成草酸盐沉淀，采用 $KMnO_4$ 法间接测定。以 $Ca^{2+}$的测定为例，先沉淀为 $CaC_2O_4$，再经过滤、洗涤后，将沉淀溶于热的稀 $H_2SO_4$ 溶液中，最后用 $KMnO_4$ 标准溶液滴定 $H_2C_2O_4$。根据所消耗的 $KMnO_4$ 的量，间接求得 $Ca^{2+}$ 的含量。相关反应式如下：

$$Ca^{2+} + C_2O_4^{2-} \longrightarrow CaC_2O_4 \downarrow$$

$$CaC_2O_4 + 2H^+ \longrightarrow Ca^{2+} + H_2C_2O_4$$

$$5H_2C_2O_4 + 2MnO_4^- + 6H^+ \longrightarrow 2Mn^{2+} + 8H_2O + 10CO_2 \uparrow$$

为了保证 $Ca^{2+}$与 $C_2O_4^{2-}$之间能定量反应完全，并获得颗粒较大的 $CaC_2O_4$ 沉淀，便于过滤洗涤，必须采取以下相应的措施：

（1）在酸性试液中先加入过量 $(NH_4)_2C_2O_4$，然后用稀氨水慢慢中和试液至甲基橙显黄色，（pH 为 3.5～4.5），使沉淀缓慢地生成。

（2）沉淀完全后，须放置陈化一段时间。

（3）用蒸馏水洗去沉淀表面吸附的 $C_2O_4^{2-}$，为减少沉淀溶解损失，应当用尽可能少的冷水洗涤沉淀，洗至洗涤液中不含 $C_2O_4^{2-}$ 为止。

若在中性或弱碱性溶液中沉淀，会有部分 $Ca(OH)_2$ 或碱式草酸钙生成，将使测定结果偏低。

## 四、重铬酸钾法

### 1. 方法概述

$K_2Cr_2O_7$ 是一种常用的强氧化剂，在酸性介质中，其电极反应为：

$$Cr_2O_7^{2-} + 14H^+ + 6e \rightleftharpoons 2Cr^{3+} + 7H_2O \quad E^{\ominus}(Cr_2O_7^{2-}/Cr^{3+}) = 1.33V$$

$K_2Cr_2O_7$ 的氧化能力不如 $KMnO_4$ 强，因此，$K_2Cr_2O_7$ 法的应用范围不如 $KMnO_4$ 法广泛，但与 $KMnO_4$ 法相比，$K_2Cr_2O_7$ 法有如下优点：

（1）$K_2Cr_2O_7$ 易于提纯，在 140～150℃干燥 2h 后，即可准确称量，直接配制标准溶液，不必标定。

（2）$K_2Cr_2O_7$ 标准溶液相当稳定，保存在密闭容器中，其浓度可长期保持不变。

（3）室温下，当 HCl 溶液浓度低于 3mol/L 时，$Cr_2O_7^{2-}$ 不会诱导氧化 $Cl^-$，因此滴定可在 HCl 介质中进行。

（4）$K_2Cr_2O_7$ 法选择性较 $KMnO_4$ 法高。

$Cr_2O_7^{2-}$ 的还原产物是 $Cr^{3+}$，呈绿色，终点时无法辨别出过量 $Cr_2O_7^{2-}$ 的黄色，因而须加入指示剂指示滴定终点，常用的指示剂为二苯胺磺酸钠。

### 2. $K_2Cr_2O_7$ 标准溶液的配制

$K_2Cr_2O_7$ 标准溶液可用直接法配制，但在配制前应将 $K_2Cr_2O_7$ 基准物质在 105～110℃温度下烘至恒重。配制好的标准溶液非常稳定，室温下长期放置浓度不变，可以长期保存。

### 3. 应用实例——水中化学需氧量（$COD_{Cr}$）的测定

化学需氧量是在一定条件下，用强氧化剂处理水样时，所消耗的氧化剂的量，以 mg/L（$O_2$）

作为量值的单位。$COD_{Cr}$是衡量污水被污染程度的重要指标。

测定时，在水样中加入一定量过量的 $K_2Cr_2O_7$ 标准溶液，在强酸性（$H_2SO_4$）介质中，以 $Ag_2SO_4$ 为催化剂，加热回流 2h，使 $K_2Cr_2O_7$ 充分氧化废水中的有机物和其他还原性物质，待氧化作用完全后，以邻二氮菲亚铁为指示剂，用（$(NH_4)_2Fe(SO_4)_2$）标准溶液滴定剩余的 $K_2Cr_2O_7$，溶液变为红褐色即为终点。其滴定反应为：

$$6Fe^{2+} + Cr_2O_7^{2-} + 14H^+ \longrightarrow 6Fe^{3+} + 2Cr^{3+} + 7H_2O$$

测定时为了减少误差，可以取相同体积的蒸馏水按照前述步骤做空白试验，根据所用 $(NH_4)_2Fe(SO_4)_2$ 标准溶液的体积按下式计算 $COD_{Cr}$。

$$COD_{Cr} = \frac{(V_0 - V_1)\ c \times 8 \times 1000}{V_{水样}}$$

式中　$c$——$(NH_4)_2Fe(SO_4)_2$ 标准溶液的浓度，mol/L；

$V_0$——空白试验消耗（$(NH_4)_2Fe(SO_4)_2$）标准溶液的体积，mL；

$V_1$——水样消耗（$(NH_4)_2Fe(SO_4)_2$）标准溶液的体积，mL；

$V_{水样}$——水样的体积，mL；

8——氧的换算系数。

如果水样中 $Cl^-$ 含量高时，则需加入 $HgSO_4$ 以消除干扰。该法适用范围广泛，可用于污染严重的生活污水和工业废水，但此法要消耗昂贵的 $Ag_2SO_4$ 和毒性大的 $HgSO_4$，造成严重的二次污染，且加热消解时间长、耗能大，缺点十分明显，已不适应我国环境保护发展的需求。为此，人们已从消解方法以及催化剂的替代两方面做了改进。

# 第四节　配位滴定法

## 一、配位滴定法概述

配位滴定法是利用形成稳定配合物的化学反应为基础的滴定分析法。

配位体的种类繁多，配位反应所形成的配位化合物其稳定性等方面各有差异，因此，要求用于滴定分析的配位剂，必须满足下列条件：除了满足滴定分析反应所具有的条件外，配位比应固定，而且配合物的稳定性必须足够高，稳定常数要足够大。在配位滴定法中，得到广泛应用的是多基配体。多基配体可以与金属离子形成稳定的、具有环状结构的螯合物。螯合物稳定性高，配位比恒定。目前应用最广泛的是以乙二胺四乙酸（EDTA）作为配位滴定剂的滴定法。

## 二、EDTA 配位滴定法基本原理

### 1. EDTA 的性质

EDTA 是一种无毒、无臭、具有酸味的白色结晶粉末，微溶于水，22℃时每 100mL 水能溶解 0.02g，难溶于酸和无水乙醇、丙酮、苯等一般有机溶剂，易溶于氨水、NaOH 等碱性溶液，生成相应的盐。

由于 EDTA 在水中的溶解度很小，通常把它制成二钠盐，用 $Na_2H_2Y \cdot 2H_2O$ 表示，平常所说的 EDTA 多数情况下就是指 $Na_2II_2Y \cdot 2H_2O$。EDTA 二钠盐的水溶性较好，在 22℃时，每 100mL 水可溶解 11.1g，此溶液的浓度约 0.3mol/L，pH 约为 4.4。

### 2. EDTA 的特点

EDTA 分子中含有两个氨基氮、四个羧基氧，共六个配位原子。EDTA 与金属离子形成的螯合物具有以下特点：

（1）普遍性　EDTA 具有较强的配位能力，几乎能和所有的金属离子形成稳定的螯合物。

（2）配位比一定　EDTA 与金属离子（不考虑离子的电荷）一般形成配位比为 1:1 的螯合物，方便计算。

（3）稳定性高　EDTA 能与金属离子形成具有多个五元环结构的螯合物，稳定性高。

（4）易溶于水　与金属离子形成的螯合物大多带有电荷，因此能够溶于水中，使配位反应进行得很迅速，滴定能在水溶液中进行。

EDTA 与无色金属离子形成的螯合物为无色，与有色金属离子形成颜色更深的螯合物。溶液的酸度对 EDTA 标准溶液、金属离子和指示剂均产生重要的影响。配位滴定法对溶液的酸度要求较严格，在实际操作中应注意控制滴定时溶液的酸度。常选用适当的缓冲溶液来控制溶液的酸度。

配位滴定常用 EDTA 标准溶液滴定金属离子 M，随着 EDTA 标准溶液的不断加入，溶液中金属离子浓度呈规律性变化。以被测金属离子浓度的负对数 pM 对应滴定剂 EDTA 的加入量作图，可得配位滴定曲线。由于 MY 的稳定性受酸度影响明显，必须用条件稳定参数进行计算。

## 三、金属指示剂

在配位滴定中，通常利用一种能与金属离子生成有色配合物的显色剂来指示滴定过程中金属离子浓度的变化，这种显色剂称为金属指示剂。

### 1. 金属指示剂的作用原理

金属指示剂本身是一种具有配位能力的有机染料（In），它与金属离子（M）形成有色配合物（MIn），配合物的颜色与游离指示剂的颜色显著不同。利用化学计量点前后溶液中被测金属离子浓度的突变，造成指示剂两种存在形式的转变，从而引起颜色变化指示滴定终点的到达。配合物（MIn）的稳定性比金属离子与 EDTA 形成的配合物的稳定性要小。

金属指示剂的作用原理可以简述如下：在滴定开始之前，将少量指示剂加入待测金属离子溶液中，溶液中的一部分金属离子和指示剂反应，形成与指示剂不同颜色的配合物（MIn）。

$$\underset{\text{颜色甲}}{M + In} \rightleftharpoons \underset{\text{颜色乙}}{MIn}$$

滴定开始至化学计量点前，加入的 EDTA 首先与大量的游离金属离子反应：

$$M + EDTA \rightleftharpoons M\text{-}EDTA$$

随着滴定的进行，溶液中游离金属离子的浓度逐渐减少，计量点之后，过量的 EDTA 夺取 MIn 中的金属离子，释放出指示剂 In，与此同时，溶液由乙色变为甲色，指示终点到达。

$$\underset{\text{颜色乙}}{MIn} + EDTA \rightleftharpoons M-EDTA + \underset{\text{颜色甲}}{In}$$

## 2. 金属指示剂应具备的条件

（1）在滴定的 pH 范围内，指示剂（In）与其金属离子配合物（MIn）应有显著的色差，这样才能使终点的颜色变化明显。

（2）MIn 的稳定性应适当。所谓适当，是指 MIn 的稳定性必须比 MY 的稳定性低，即 $K_{f,\,MIn}<K_{f,\,MY}$，因为若 $K_{f,\,MIn}>K_{f,\,MY}$，必然会导致滴定到化学计量点时，再滴入稍过量的 Y 不能从 MIn 中夺取金属离子而释放出指示剂，溶液没有颜色变化，因而使滴定终点拖后，甚至可能会使显色反应完全失去可逆性，得不到滴定终点。但另一方面，MIn 的稳定性又不能比 MY 的低得太多，若 $K_{f,\,MIn} \ll K_{f,\,MY}$，势必会导致不到计量点，滴定剂 Y 就会夺取 MIn 中的金属离子 M 使指示剂 In 游离出来，从而使溶液在计量点前就变色，导致终点提前。因此，一般要求 $K_{f,\,MY}$ 是 $K_{f,\,MIn}$ 的 10～100 倍。

（3）金属指示剂与金属离子的反应必须迅速，而且要有良好的变色可逆性、灵敏性和选择性。

（4）指示剂本身以及指示剂与金属离子的配合物（MIn）都应易溶于水，如果生成胶体或沉淀，则会影响显色反应的可逆性，从而使变色不明显。

（5）金属指示剂应比较稳定，便于储藏和使用。

## 3. 常用的金属指示剂

（1）铬黑 T　铬黑 T 简称 EBT，属偶氮染料。其化学名称为 1-（1-羟基-2-萘偶氮基）-6-硝基-2-萘酚-4-磺酸钠。

它在水溶液中有如下平衡：

$$\underset{\substack{pH<6.3\\ \text{紫红色}}}{H_2In^-} \underset{+H^+}{\overset{-H^+}{\rightleftharpoons}} \underset{\substack{pH=6.3\sim11.6\\ \text{蓝色}}}{HIn^{2-}} \underset{+H^+}{\overset{-H^+}{\rightleftharpoons}} \underset{\substack{pH>11.6\\ \text{橙色}}}{In^{3-}}$$

铬黑 T 能与 $Ca^{2+}$、$Mg^{2+}$、$Zn^{2+}$、$Cd^{2+}$、$Pb^{2+}$、$Hg^{2+}$等许多金属离子形成红色配合物，在 pH<6.3 和 pH>11.6 的溶液中，由于指示剂本身接近红色，故不能使用。当 pH=6.3～10.6 时，铬黑 T 溶液呈蓝色，所以，从理论上讲，在这个 pH 范围内，都可以作为金属离子指示剂使用，实际工作中，通常把铬黑 T 与 A.R.级 NaCl 或 $KNO_3$ 按 1:100 的比例混合后，在 pH=9.0～10.5 的缓冲溶液中直接使用。

（2）钙指示剂　钙指示剂简称 NN 或钙红，属偶氮染料。其化学名称为：2-羟基-1-(2-羟基-4-磺酸基-1-萘偶氮基)-3-萘甲酸。

在溶液中钙指示剂有如下平衡：

$$\underset{\substack{pH<8\\ \text{酒红色}}}{H_2In^{2-}} \underset{+H^+}{\overset{-H^+}{\rightleftharpoons}} \underset{\substack{pH=8\sim13\\ \text{蓝色}}}{HIn^{3-}} \underset{+H^+}{\overset{-H^+}{\rightleftharpoons}} \underset{\substack{pH>13\\ \text{酒红色}}}{In^{4-}}$$

在 pH=12～13 时，NN 与 $Ca^{2+}$形成红色配合物 CaIn，终点是蓝色。在此条件下测定 $Ca^{2+}$，

共存 $Mg^{2+}$以 $Mg(OH)_2$ 沉淀析出，终点颜色变化明显，干扰小，灵敏度高。

纯的固态钙指示剂性质稳定，一般用 NN 与 A.R.级 NaCl 按 1∶100 的比例混合后使用。

（3）二甲酚橙　二甲酚橙简称 XO，属三苯甲烷类显色剂，其化学名称为：3,3′-双［*N,N*-二(羧甲基)-氨甲基]-邻甲酚磺酞。

二甲酚橙为易溶于水的紫色结晶体，在 pH>6.3 时，呈红色，pH<6.3 时，呈黄色，与金属离子形成的配合物都是紫红色，因此，它只适合在 pH<6.3 的酸性溶液中使用。$Pb^{2+}$、$Zn^{2+}$、$Cd^{2+}$、$Hg^{2+}$、$La^{3+}$、$Y^{3}$、$Th^{4+}$、$ZrO^{2+}$等许多离子可用二甲酚橙作指示剂直接滴定，终点由红紫色变为亮黄色，变色敏锐。二甲酚橙通常配成 0.5%的水溶液，大约可稳定 2～3 周。

## 四、配位滴定法的应用

### 1. 标准溶液的配制与标定

配制 EDTA 标准溶液一般采用间接配制法配制。常用 EDTA 标准溶液的浓度通常为 0.01～0.05mol/L。粗配的 EDTA 标准溶液应当储存在聚乙烯塑料瓶中，储存于玻璃器皿中时，由于玻璃质料不同，EDTA 将不同程度地溶解玻璃中的 $Ca^{2+}$生成 CaY，而使浓度逐渐降低。存放时间较长，使用前需重新标定。

标定 EDTA 溶液的基准物质较多，常用金属 Zn 或 ZnO。

准确称取 ZnO 约 0.45g，加稀盐酸 10mL 使其溶解，配成 100mL 溶液，量取 20mL 放入锥形瓶中，加甲基红指示剂 1 滴，边滴加氨试液边摇动至溶液呈微黄色。再加蒸馏水 25mL，缓冲液 $NH_3 \cdot H_2O\text{-}NH_4Cl$ 10mL 和铬黑 T 指示剂数滴，用 EDTA 滴定至溶液由紫红色转变为纯蓝色，即为终点。记录滴定管读数，然后按照化学计量关系计算 EDTA 的准确浓度。

### 2. 应用实例——水的总硬度及 $Ca^{2+}$、$Mg^{2+}$含量的测定

水的硬度与工业用水和生活的关系极为密切，是评价水的重要指标之一。水的硬度通常是指水中钙、镁盐等的总量。

各国对水的硬度表示方法不同。德国硬度是水质硬度表示的较早的一种方法，它以度（°）计，表示 1L 水中含有 10mg CaO 时为 1°，这称为一个硬度单位。水质分类是：0°～4°为很软水，4°～8°为软水，8°～16°为中等硬水，16°～30°为硬水，30°以上为很硬的水。我国用每升水含有 $CaCO_3$ 的毫克数表示水的硬度，饮用水标准规定硬度小于 450mg/L。

（1）水总硬度的测定　在一份水样中加入 pH=10.0 的氨性缓冲溶液和铬黑 T 指示剂少许，此时溶液呈红色。由于铬黑 T 和 EDTA 分别与 $Ca^{2+}$、$Mg^{2+}$生成配合物的稳定性大小为：

$$CaY^{2-} > MgY^{2-} > MgIn^{-} > CaIn^{-}$$

所以，此时的红色配合物是 $MgIn^{-}$，其反应如下：

$$\underset{\text{蓝色}}{Mg^{2+} + HIn^{2-}} \rightleftharpoons \underset{\text{红色}}{MgIn^{-} + H^{+}}$$

当用 EDTA 标准溶液滴定时，它先与游离的 $Ca^{2+}$配位，再与 $Mg^{2+}$配位。在±0.1%前后，EDTA 从 $MgIn^{-}$中夺取 $Mg^{2+}$，指示剂游离出来，溶液的颜色由红变为蓝色，即为终点。有关反应如下：

$$Ca^{2+} + Y^{4-} \rightleftharpoons CaY^{2-}$$

$$Mg^{2+} + Y^{4-} \rightleftharpoons MgY^{2-}$$
$$MgIn^{-} + Y^{4-} \rightleftharpoons MgY^{2-} + HIn^{2-}$$

水的总硬度可由 EDTA 标准溶液的浓度 $c$(EDTA)和消耗体积 $V_1$(EDTA) 来计算。以 CaO 计，单位为（°）。

$$总硬度=\frac{c(\text{EDTA})V_1(\text{EDTA})M(\text{CaO})\times 1000}{10V_{水样}}$$

水样中若有 $Fe^{3+}$、$Al^{3+}$等干扰离子时，可用三乙醇胺掩蔽。如有 $Cu^{2+}$、$Pb^{2+}$、$Zn^{2+}$、$Co^{2+}$、$Ni^{2+}$等干扰离子，可用 $Na_2S$、KCN 等掩蔽。

（2）$Ca^{2+}$和 $Mg^{2+}$的测定　另取一份水样，用 NaOH 调至 pH=12.0，此时 $Mg^{2+}$生成 $Mg(OH)_2$ 沉淀，不干扰 $Ca^{2+}$的测定。加入少量钙指示剂，溶液呈红色。

$$\underset{蓝色}{Ca^{2+} + HIn^{2-}} \rightleftharpoons \underset{红色}{CaIn^{-} + H^{+}}$$

滴定开始至计量点，有关反应为：

$$Ca^{2+} + Y^{4-} \rightleftharpoons CaY^{2-}$$
$$CaIn^{-} + Y^{4-} \rightleftharpoons CaY^{2-} + In^{3-}$$

溶液由红色变为蓝色即为终点，所消耗的 EDTA 的体积为 $V_2$，按下式计算 $Ca^{2+}$的质量浓度，单位为 mg/L。

$$c(Ca^{2+})=\frac{c(\text{EDTA})V_2(\text{EDTA})M(\text{Ca})\times 1000}{V_{水样}}$$

$Mg^{2+}$的质量浓度，单位为 mg/L，计算公式为：

$$c(Mg^{2+})=\frac{c(\text{EDTA})[V_1(\text{EDTA})-V_2(\text{EDTA})]M(\text{Mg})}{V_{水样}}\times 1000$$

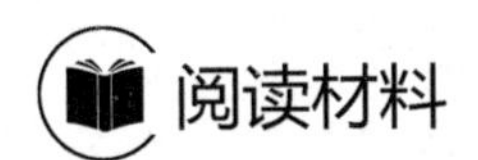

## 阅读材料

### EDTA 的用途

EDTA 是一种重要的配位剂。能和金属形成稳定的水溶性配合物。EDTA 用途很广，可用作彩色感光材料冲洗加工的漂白定影液，染色助剂，纤维处理助剂，化妆品添加剂，血液抗凝剂，解毒剂、洗涤剂，稳定剂，合成橡胶聚合引发剂等。

医学上用 EDTA 作血液抗凝剂，它能与血液中钙离子结合形成螯合物，使钙离子失去凝血作用，从而阻止血液凝固。临床上用 EDTA 治疗铅、汞及放射性元素中毒等，使用 EDTA 的二钠钙盐 （EDTA Na2-Ca）治疗重金属中毒，利用 EDTA 与重金属结合的特性，生成稳定而可溶的盐，随尿液排出。牙医在根管治疗术中用 EDTA 来清除一些口腔里的有机或无机的物质。

食品工业中用作食品添加剂，防止因微量金属离子的存在而引起食品变色。汽水中含有的维生素 C 和苯甲酸钠，有机会产生致癌物质苯，也可以加 EDTA 来处理。

农业上 EDTA 螯合有机微肥的开发，增强了微量元素间的有益协同效应，生物学活性提高，易被植物所吸收。

日用化学工业中，EDTA 用作化妆品中防腐添加剂，降低金属离子对油脂的催化氧化作用，防止酸败。此外用 EDTA 预处理玻璃表面可提高装潢玻璃光亮度，添加 EDTA 钙和 EDTA 铝于蓄电池中，可延长蓄电池使用寿命。

合成洗涤剂虽不受硬水影响，但少量添加 EDTA 可掩蔽金属离子，能增加表面活性剂和生成泡沫的稳定性，增强洗涤剂的洗净力、起泡力、浸透力和乳化力，有利于提高清洁效率。EDTA 还用于固体皂和液体皂中。

化学合成中，用 EDTA 作丁苯胶乳聚合活化剂、腈纶生产装置的聚合反应终止剂。

纺织印染业上，用 EDTA 提高染料上色率和印染纺织品的色调和白度。

在分子生物学研究中用 EDTA 抑制核酸酶，降低细胞膜的稳定性。

## 习题

### 一、选择题

1. 下列对滴定反应的要求中错误的是（　　）。
   A. 滴定反应要进行完全，通常要求达到 99.9%以上
   B. 反应速率较慢时，等待其反应完全后，确定滴定终点即可
   C. 必须有合适的确定终点的方法
   D. 反应中不能有副反应发生
2. 关于酸碱质子理论下列描述中正确的是（　　）。
   A. 酸碱是水介质中才存在的
   B. 酸碱质子理论中盐是共轭酸和共轭碱反应的产物
   C. 共轭酸是酸性物质，在各种酸碱反应中均显酸性
   D. 酸碱反应是两个共轭酸碱对相互传递质子的反应
3. 下列各组酸碱对中，不属于共轭酸碱对的是（　　）。
   A. $HAc$-$Ac^-$　　B. $NH_3$- $NH_2^-$　　C. $HNO_3$- $NO_3^-$　　D. $H_2SO_4$- $SO_4^{2-}$
4. 将 $NH_3 \cdot H_2O$ 稀释一倍，溶液中 $OH^-$浓度减少到原来的（　　）。
   A. $1/\sqrt{2}$　　B. 1/2　　C. 1/4　　D. 3/4
5. 0.1mol/L 的下列溶液均用纯水稀释 10 倍，pH 变化最小的是（　　）。
   A. 盐酸　　B. 氨水　　C. 醋酸　　D. 醋酸-醋酸钠
6. 下列四种溶液中酸性最强的是（　　）。
   A. pH=5　　B. pH =6　　C. $c(H^+)=10^{-4}$mol/L　　D. $c(OH^-)=10^{-7}$mol/L
7. 某 25℃时的水溶液其 pH=4.5，则此溶液中 $OH^-$浓度为（　　）mol/L。
   A. $10^{-4.5}$　　B. $10^{4.5}$　　C. $10^{-11.5}$　　D. $10^{-9.5}$
8. 某弱酸 HA 的 $K_a=1\times10^{-5}$，则 0.1mol/LHA 溶液的 pH 为（　　）。
   A. 1　　B. 2　　C. 3　　D. 3.5
9. 在滴定管上读取消耗滴定液的体积，下列记录正确的是（　　）。
   A. 20.1mL　　B. 20.10mL　　C. 20mL　　D. 20.100mL
10. 当弱碱满足下列什么条件时方可准确滴定（　　）。

A. $cK_b \leqslant 10^{-8}$　B. $c/K_b \geqslant 10^{-5}$　C. $cK_b \geqslant 10^{-7}$　D. $cK_b \geqslant 10^{-8}$

11. 下列物质中，可直接配制标准溶液的有（　）。

A. 盐酸　B. NaOH　C. $K_2Cr_2O_7$　D. $KMnO_4$

12. 下列纯物质可用于标定 HCl 标准溶液的是（　）。

A. $H_2C_2O_4$　B. ZnO　C. $Na_2B_4O_7 \cdot 10H_2O$　D. $KHC_8H_4O_4$

13. 标定 HCl 和 NaOH 溶液常用的基准物质是（　）。

A. 硼砂和 EDTA　B.草酸和 $K_2Cr_2O_7$

C. $CaCO_3$ 和草酸　D.硼砂和邻苯二甲酸氢钾

14. 用盐酸滴定氨水时，化学计量点时的 pH 是（　）。

A. 等于 7　B.大于 7　C.小于 7　D.等于 0

15. 下列滴定中突跃范围最大的是（　）。

A. 0.5mol/L NaOH 滴定 0.5mol/L HCl

B. 0.1mol/L NaOH 滴定 0.1mol/L HCl

C. 0.1mol/L NaOH 滴定 0.1mol/L HCOOH（$pK_a$=3.45）

D. 0.1mol/L NaOH 滴定 0.1mol/L HAc（$pK_a$=4.75）

16. 某酸碱指示剂的指示剂常数为 $1\times10^{-5}$，则从理论上推算其 pH 变色范围是（　）。

A. 4～5　B. 5～6　C. 4～6　D. 5～7

17. 0.1000mol/L NaOH 标准溶液滴定 0.1000mol/L HAc，滴定突跃为 7.7～9.7，可选用指示剂（　）。

A. 甲基橙（3.1～4.4）　B.甲基红（4.4～6.2）

C. 甲基黄（2.9～4.0）　D.酚酞（8.0～9.6）

18. 浓度为 0.1mol/L 的下列酸，能用 NaOH 直接滴定的是（　）。

A. HCN（$pK_a$=9.21）　B. $H_3BO_3$（$pK_a$=9.22）

C. $NH_4^+$（$pK_a$=9.25）　D. $CH_2ClCOOH$（$pK_a$=2.86）

19. 酸碱滴定时所用的标准溶液的浓度（　）。

A. 越大越好　B. 越小越好

C. 一般在 0.1～1mol/L　D. 一般在 0.01～1mol/L

20. 氢氧化钠标准溶液应储存在（　）中。

A. 试剂瓶　B. 白色磨口塞试剂瓶

C. 白色橡胶塞试剂瓶　D. 棕色橡胶塞试剂瓶

21. 测定 $(NH_4)_2SO_4$ 中氮的含量，不能用 NaOH 直接进行滴定，原因是（　）。

A. $NH_3$ 的 $K_b$ 太小　B. $NH_4^+$ 的 $K_a$ 太小

C. $(NH_4)_2SO_4$ 中含游离 $H_2SO_4$　D. $(NH_4)_2SO_4$ 不与 NaOH 反应

22. 高锰酸钾滴定法中酸化溶液时用的酸是（　）。

A. $HNO_3$　B. HCl　C. $H_2SO_4$　D. HAc

## 二、填空题

1. 某酸碱指示剂的 $pK_a$=5.0，该指示剂的理论变色范围是__________。

2. 酸碱滴定中通常用__________或__________作标准溶液，浓度通常控制在__________。

3. 常用来标定 NaOH 溶液的基准物质有____________和____________，常用来标定 HCl 溶液的基准物质有____________和____________。

4. 酸碱滴定中，酸碱溶液的浓度越____________，其滴定突跃范围越____________；酸碱溶液的强度越____________，其滴定突跃范围越____________。

5. NaOH 滴定 HAc 的突跃范围在____________性区域内，NaOH 滴定 HCl 的突跃范围在____________性区域内，HCl 滴定 $NH_3$ 的突跃范围在____________性区域内。

6. 高锰酸钾标准溶液应采用____________方法配制，重铬酸钾标准溶液应采用____________方法配制。

7. 碘量法中使用的指示剂为____________，高锰酸钾法中采用的指示剂一般为____________。

8. 碘在水中的溶解度小，挥发性强，所以配制碘标准溶液时，将一定量的碘溶于____________溶液。

9. 配位滴定法通常用____________作标准溶液，它与大多数金属离子形成的配合物的配位比是____________。在测定水中钙、镁离子总含量时，用____________作指示剂，滴定终点时溶液的颜色由____________色变为____________色。

10. 用 $CaCO_3$ 为基准物质标定 EDTA 时，常用____________为指示剂，用金属锌为基准物质标定 EDTA 时，可采用____________或____________为指示剂。

11. 常用的EDTA 标准溶液的浓度在__________之间，EDTA 溶液应保存在____________中。

## 三、是非题

1. 酸碱指示剂一般是弱的有机酸或有机碱。（ ）

2. 酸碱滴定时，若滴定终点与化学计量点不一致，则不能进行滴定。（ ）

3. $KMnO_4$ 溶液作滴定剂时必须装在棕色酸式滴定管中。（ ）

4. 溶液的酸度越高，$KMnO_4$ 氧化草酸钠的反应进行得越完全，所以用基准试剂草酸钠标定 $KMnO_4$ 溶液时，溶液的酸度越高越好。（ ）

5. 用于重铬酸钾法中的酸性介质只能是硫酸，而不能用盐酸。（ ）

## 四、简答题

1. 根据酸碱质子理论，下列物质哪些是酸？哪些是碱？哪些是两性物质？

HF、$HCO_3^-$、$H_2O$、$HPO_4^{2-}$、$NO_3^-$、$NH_4^+$、$Cl^-$

2. 什么是酸碱滴定的突跃范围？影响突跃范围的因素有哪些？

3. 酸碱指示剂的变色原理是什么？酸碱滴定中，指示剂的选择原则是什么？

4. 混合指示剂有何特点？

5. NaOH 滴定 HCl、HAc 的滴定曲线各有什么特征？

6. 一元弱酸、弱碱被直接准确滴定的条件是什么？下列酸碱能否用强碱或强酸溶液直接准确滴定？

（1）0.10mol/L $HNO_2$ （2）0.10mol/L $NH_3$ （3）0.10mol/L NaAc （4）0.10mol/L$NH_4Cl$

7. 用因保存不当失去部分结晶水的草酸（$H_2C_2O_4 \cdot 2H_2O$）作基准物来标定 NaOH 溶液的浓度，标定结果是偏高、偏低还是无影响？为什么？若草酸未失水，但其中含有少量中性杂质，结果又如何？

## 五、计算题

1. 用基准物质 $Na_2CO_3$ 标定 HCl 溶液的浓度。准确称取无水 $Na_2CO_3$ 0.1536g，溶于水，用甲基橙为指示剂，用 HCl 溶液滴定，达终点时用去 HCl 溶液 26.50mL，计算 HCl 溶液的浓度。

2. 用基准物质硼砂（$Na_2B_4O_7 \cdot 10H_2O$）标定浓度大约为 0.2mol/L 的 HCl 溶液，希望滴定时用去 HCl 溶液体积在 25～30mL，计算应称取硼砂的质量范围。

3. 称取工业纯碱试样 0.3020g，溶解后以甲基橙为指示剂，用 0.1980mol/L 的 HCl 标准溶液滴定，消耗盐酸 26.50mL，求纯碱的纯度。

4. 取 0.1500g $Na_2C_2O_4$ 溶解后用 $KMnO_4$ 溶液滴定，用去 20.00mL 到达终点，求 $KMnO_4$ 溶液的浓度为多少。

5. 用基准物质 $CaCO_3$ 标定 EDTA 溶液。准确称取 $CaCO_3$ 0.4652g，溶解后准确配成 250.0mL，移取 25.00mL，在 pH=12 时，加入钙指示剂，用 EDTA 滴定至终点，消耗 EDTA 25.20mL，计算 EDTA 标准溶液的浓度。

6. 测定某水样的硬度，先取水样 100.0mL，调节其 pH=10，以铬黑 T 为指示剂，用 0.01000mol/L EDTA 标准溶液滴定至终点，用去 35.40mL。再取水样 100.0mL，用 NaOH 溶液调节 pH=12，使 $Mg^{2+}$形成 $Mg(OH)_2$ 沉淀，加入钙指示剂，用 EDTA 标准溶液滴定至终点，用去 20.30mL。计算水样的总硬度［以 CaO 含量（mg/L）表示］、钙硬度［以 CaO 含量（mg/L）表示］、镁硬度［以 CaO 含量（mg/L）表示］。

# 第十一章　吸光光度法

## 思维导图

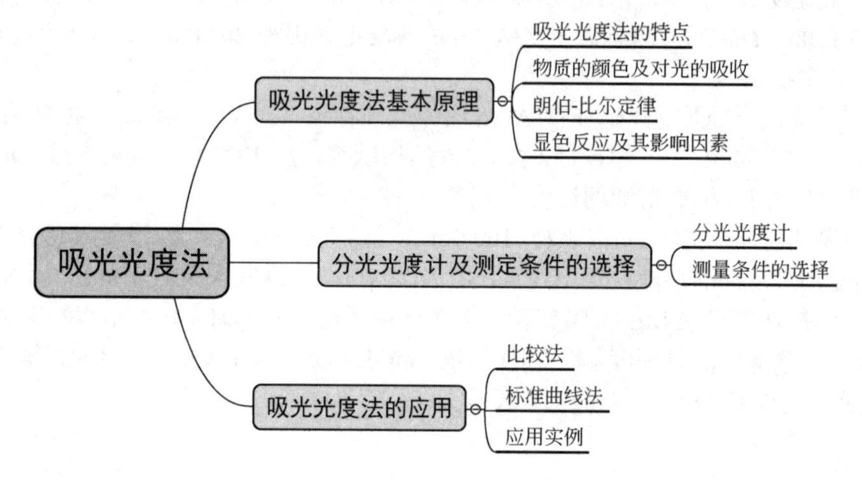


## 知识与技能目标

1. 会用朗伯-比尔定律进行计算。
2. 会绘制溶液的吸收曲线，选择最大的吸收波长。
3. 会绘制不同浓度溶液的工作曲线。
4. 会用分光光度法测定被测物质的含量的操作技术。
5. 了解吸光光度法的特点。
6. 了解溶液的颜色与光吸收的关系。

## 素质目标

培养学生实事求是的科学态度和扎实的专业技能，努力成为德技双修的技能型人才。

基于物质对光的选择性吸收而建立起来的光度分析法，称为吸光光度法。包括比色法、可见分光光度法及紫外分光光度法等。本章重点讨论可见光分光光度法。

# 第一节　吸光光度法的基本原理

## 一、吸光光度法的特点

知识探究

化学分析法适合于常量组分分析（＞1%）,相对误差 0.1%~0.2%，依赖于化学反应，玻璃仪器进行分析即可。吸光光度法适合于微量或半微量分析（$10^{-3}$~$10^{-6}$），相对误差 2%~5%，依赖于物理或物理化学性质，需要特殊的仪器。

与经典的化学分析方法相比，吸光光度法具有以下特点：

（1）灵敏度高　吸光光度法主要用于测定试样中微量或痕量组分的含量，测定物质浓度下限一般可达到 $10^{-5}$～$10^{-6}$mol/L。若被测组分预先加以富集，灵敏度还可以提高。

（2）准确度高　比色法测定的相对误差为 5%～10%，分光光度法测定的相对误差为 2%～5%，完全可以满足微量组分测定的准确度要求。若采用精密分光光度计测量，相对误差可减小至 1%～2%。

（3）仪器简便，测定速率快　吸光光度法虽然需要用到专门仪器，但与其他仪器分析法相比，比色分析法和分光光度法的仪器设备结构均不复杂，操作简便。近年来由于新的高灵敏度、高选择性的显色剂和掩蔽剂的不断出现，常常可以不经分离而直接进行比色或分光光度测定，使测定显得更为方便和快捷。

（4）应用广泛　吸光光度法能测定许多无机离子和有机化合物，既可测定微量组分的含量，也可用于一些物质的反应机理及化学平衡研究，如测定配合物的组成和配合物的平衡参数，弱酸、弱碱的解离常数等。

## 二、物质的颜色及对光的吸收

吸光光度法基本原理

### 1. 光的基本性质

光是一种电磁波，电磁波范围很大，波长从 $10^{-1}$nm～$10^{3}$m，依次分为 X 射线、紫外光区、可见光区、红外光区、微波及无线电波，详见表 11-1。

表 11-1　电磁波谱

| 区域 | $\lambda$/nm | 区域 | $\lambda$/nm | 区域 | $\lambda$/nm |
|---|---|---|---|---|---|
| X 射线 | $10^{-1}$～10 | 可见光区 | 400～760 | 远红外光区 | $5\times10^{4}$～$1\times10^{6}$ |
| 远紫外光区 | 10～200 | 近红外光区 | 760～$2.5\times10^{3}$ | 微波 | $1\times10^{6}$～$1\times10^{9}$ |
| 近紫外光区 | 200～400 | 中红外光区 | $2.5\times10^{3}$～$5\times10^{4}$ | 无线电波 | $1\times10^{9}$～$1\times10^{12}$ |

人的眼睛能感觉到的光称为可见光，它处于电磁波中 400～760nm 的波长范围。在可见光区内，不同波长的光具有不同的颜色。只具有一种波长的光称为单色光，由不同波长组成

的光称为复合光。单色光的划分具有相对性，各种单色光之间并无严格的界限，例如黄色与绿色之间有不同色调的黄绿色。日常我们所看到的太阳光、白炽灯光、日光灯光等白光都是复合光。它是由 400~760nm 波长范围内的红、橙、黄、绿、青、蓝、紫等各种颜色的光按一定比例混合而成的。如果把适当颜色的两种光按一定强度比例混合，也可成为白光，这两种颜色的光称为互补色光。如图 11-1 所示，图中处于直线关系的两种颜色即为互补色，例如绿色光和紫色互补，黄色光和蓝色光互补等。

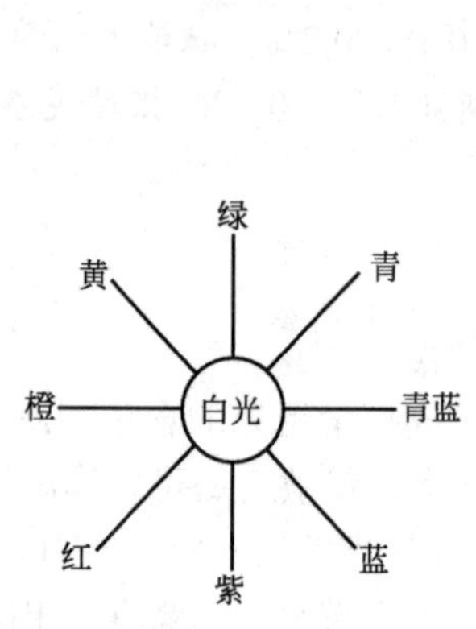

图 11-1 光的互补色示意图

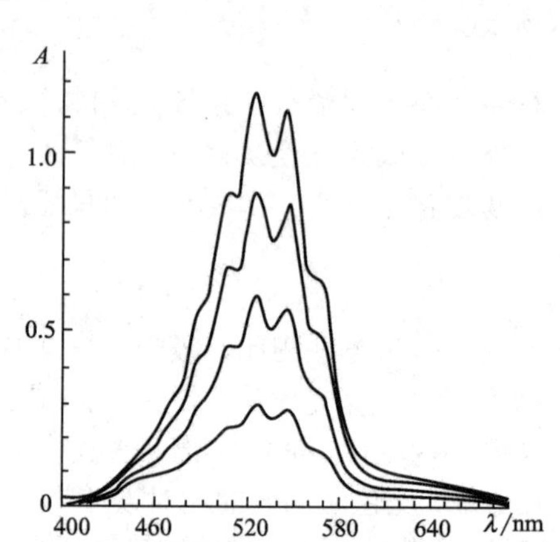

图 11-2 四种不同浓度 $KMnO_4$ 溶液的吸收曲线

2. 溶液对光的选择性吸收

物质所呈现的颜色与光有密切的关系。对于溶液来说，它所呈现的不同颜色，是由于溶液中的质点（离子或分子）选择性地吸收了某种颜色的光而引起的，即溶液呈现透射光的颜色，也就是说呈现的是它吸收光的互补光的颜色。例如，$KMnO_4$ 溶液选择吸收了白光中的绿色（500～560nm）光，与绿色光互补的紫色光因未被吸收而透过溶液，所以 $KMnO_4$ 溶液呈现紫色。

在白光的照射下，如果可见光几乎全部被吸收，则溶液呈黑色；如果全部不吸收或吸收极少，则溶液无色；如果只吸收或最大程度吸收某种波长的色光，则溶液呈现被吸收光的互补色。不同的物质之所以吸收不同波长的光线，是由物质的本质决定的，即取决于物质的组成和结构。所以，利用物质对光的选择性吸收，可以作为分析鉴定物质的依据。

3. 光吸收曲线

物质对光的吸收具有选择性，如果要知道某溶液对不同波长单色光的吸收程度，可以使各种波长的单色光依次通过某一固定浓度和厚度的有色溶液，测量该溶液对各种单色光的吸收程度（即吸光度，用 $A$ 表示），并记录每一波长处的吸光度，然后以波长 $\lambda$ 为横坐标，以吸光度 $A$ 为纵坐标作图，可得光吸收曲线。图 11-2 是四种不同浓度 $KMnO_4$ 溶液的吸收曲线。

吸光度最大处对应的波长，称为最大吸收波长，以 $\lambda_{max}$ 表示。从图中可见，同一种物质对不同波长光的吸光度不同。吸光度最大处对应的波长称为最大吸收波长（$\lambda_{max}$）。同一物质不同浓度的溶液，光吸收曲线形状相似，其最大吸收波长不变；但在一定波长处吸光度随溶液的浓度的增加而增大。这个特性可作为物质定量分析的依据。在实际测定时，只有在 $\lambda_{max}$ 处测定吸光度，其灵敏度最高，因此，吸收曲线是吸光光度法中选择测量波长的依据。

不同物质的吸收曲线形状和最大吸收波长均不相同，据此可作为物质定性分析的依据。

## 三、朗伯-比尔定律

物质对光吸收的定量关系服从光吸收的基本定律——朗伯-比尔定律。

### 知识探究

物质对光吸收的定量关系很早就受到了科学家的注意并进行了研究。皮埃尔·布格和约翰·海因里希·朗伯分别在1729年和1760年阐明了物质对光的吸收程度和吸收介质厚度之间的关系；1852年奥古斯特·比尔又提出光的吸收程度和吸光物质浓度也具有类似关系，两者结合起来就得到光吸收的基本定律——布格朗伯-比尔定律，简称朗伯-比尔定律。

朗伯-比尔定律的数学表达式为：

$$A=\lg\frac{I_0}{I_t}=Kbc$$

式中 $I_0$——入射光强度；

$I_t$——透射光强度；

$b$——液层厚度；

$A$——吸光度；

$c$——溶液浓度；

$K$——吸光系数。

透射光强度 $I_t$ 与入射光强度 $I_0$ 之比，称透光率，用 $T$ 表示，即：

$$T=\frac{I_t}{I_0}$$

$$A=-\lg T$$

朗伯-比尔定律的意义是：当一束平行单色光垂直通过透明的、均匀的、非散射的溶液时，溶液对光的吸收程度（$A$）与溶液的浓度（$c$）及液层厚度（$b$）的乘积呈正比。

比例常数 $K$ 称为吸光系数，其物理意义是：单位浓度的液层厚度为1cm时，在一定波长下测得的吸光度，$K$ 值大小因溶液浓度所采用的单位不同而异。当浓度 $c$ 以g/L为单位时，$K$ 用 $a$ 表示，称为质量吸光系数，其单位是L/(g·cm)。当 $c$ 以mol/L为单位时，$K$ 用 $\varepsilon$ 表示，称为摩尔吸光系数，其单位是L/(mol·cm)。

**【例 11-1】** 已知含 $Fe^{3+}$ 浓度为500μg/L溶液用KSCN显色，在波长480nm处用2cm吸收池测得 $A$=0.197，计算摩尔吸光系数。

**解**

$$c(Fe^{3+})=\frac{500\times10^{-6}}{55.85}=8.95\times10^{-6}(\text{mol/L})$$

$$\varepsilon=\frac{A}{bc}$$

$$\varepsilon=\frac{0.197}{8.95\times10^{-6}\times2}=1.1\times10^{4}[\text{L/(mol}\cdot\text{cm)}]$$

答：摩尔吸光系数是 $1.1\times10^4$L/(mol·cm)。

朗伯-比尔定律是光吸收的基本定律，是吸光光度法进行定量分析的理论基础，适用于可见光、紫外光、红外光和均匀非散射的液体、气体及透光固体。但朗伯-比尔定律的成立是有前提的，即入射光为平行单色光且垂直照射；吸光物质为均匀非散射体系；吸光质点之间无相互作用；辐射与物质之间的作用仅限于光吸收过程，无荧光和光化学现象发生。

## 四、显色反应及其影响因素

### 1. 显色反应

在实际分析中，一般需先选择适当的试剂与试样中的待测组分反应使之生成有色化合物，然后再进行测定。将待测组分转变成有色化合物的反应称为显色反应。能与被测组分反应使之生成有色物质的试剂称为显色剂。显色反应主要有氧化还原反应和配位化合反应两大类，其中配位反应应用最为普遍。同一组分可以与多种显色剂反应生成不同的有色物质。

### 2. 显色剂

常用的显色剂有无机显色剂和有机显色剂两种。

（1）无机显色剂　许多无机试剂能与金属离子发生显色反应生成有色化合物，但由于灵敏度和选择性都不太高，具有实际应用价值的很有限。

（2）有机显色剂　有机显色剂与金属离子形成的配合物的稳定性、灵敏度和选择性都比较高，因此它是目前应用最广泛的显色剂。合成灵敏度高、选择性好的有机显色剂，是目前研究的方向。

随着科学技术的发展，还在不断地合成出各种新的高灵敏度、高选择性的显色剂。显色剂的种类、性能及其应用可查阅有关手册。

### 3. 显色反应条件的选择

显色反应能否满足光度法的要求，除了与显色剂的性质有关以外，控制好显色反应的条件也十分重要，如果显色条件控制不好，将会严重影响分析的准确度。最佳显色条件由试验优化确定。

（1）显色剂用量　为了使显色反应进行完全，一般需加入过量的显色剂。但显色剂不是越多越好。在实际工作中根据试验来确定显色剂用量。其方法是：将多份具有相同量的被测组分，加入不同量的显色剂，在相同条件下，分别测定吸光度，绘制 $A\text{-}V_{\text{显色剂}}$ 曲线，确定显色剂用量。

（2）溶液酸度　酸度对显色反应的影响是多方面的。由于许多显色剂本身就是有机弱酸（或弱碱），酸度的变化会影响它们的解离平衡和显色反应能否进行完全；另外，酸度降低可能使金属离子形成各种形式的羟基配合物乃至沉淀；某些逐级配合物的组成可能随酸度而改变，如 $Fe^{3+}$与磺基水杨酸的显色反应，当 pH=2～3 时，生成组成为 1∶1 的紫红色配合物；当 pH=4～7 时，生成组成为 1∶2 的橙红色配合物；当 pH=8～10 时，生成组成为 1∶3 的黄色配合物。

显色反应的适宜酸度，一般通过实验来确定。具体方法是，在其他实验条件相同时，分别测定不同 pH 条件下显色溶液的吸光度，作图得吸光度与 pH 的关系曲线即酸度曲线。适宜酸度可在吸光度较大且恒定的平坦区域所对应的 pH 范围中选择。控制溶液酸度的有效办法是加入适宜的 pH 缓冲溶液，但同时应考虑由此可能引起的干扰。

（3）显色温度　不同的显色反应，所需的显色温度不同。多数显色反应在室温下即可很快进行，但也有少数显色反应需在较高温度下才能较快完成。例如，钢铁分析中用硅钼蓝法测定硅含量，需在沸水浴中加热 30s 先形成硅钼黄，然后还原形成硅钼蓝以光度法测定；但有的有色物质在升高温度时会发生热分解。必须通过实验来确定适宜的温度。具体实验中，可绘制吸光度与温度的关系曲线来选择适宜的温度。

（4）显色时间　溶液显色后，一般不立即测定吸光度，而是放置 5～10min 后，再去测定吸光度，使颜色达到最深，吸光度达到稳定值。显色后也不应该放置过久，因为有些有色化合物放置时间太长，溶液颜色会产生变化。确定适宜的显色时间同样需要通过实验绘制吸光度与时间的关系曲线，在该曲线上吸光度较大且恒定的平坦区域所对应的时间范围内尽快完成测定是最适宜的。

# 第二节　分光光度计及测定条件的选择

## 一、分光光度计

分光光度计的主要部件有：光源、单色器、吸收池、检测系统、信号显示系统。如图 11-3 所示。

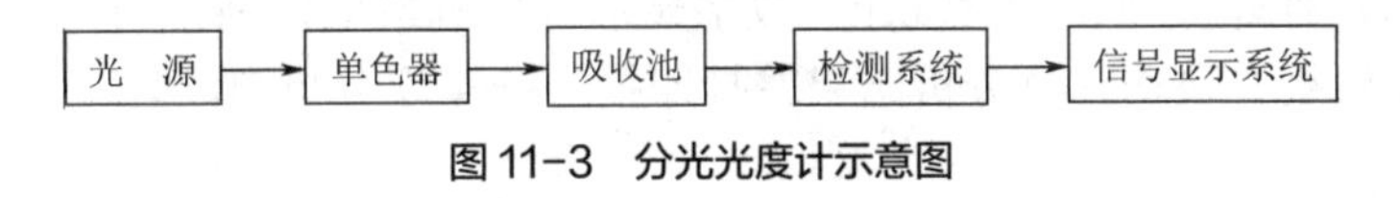


图 11-3　分光光度计示意图

### 1. 光源

光源的作用是供给符合要求的入射光。分光光度计对光源的要求是：在使用波长范围内提供连续的光谱，光强应足够大，有良好的稳定性，使用寿命长。实际应用的光源一般分为紫外光光源和可见光光源。可见光区通常用 6～12V 钨丝灯作光源，发出的连续光谱波长在 360～1000nm 范围内。为了获得准确的测定结果，要求光源要稳定，通常要配置稳压器。

### 2. 单色器

单色器的作用就是把光源发出的连续光谱分解成单色光，并能准确方便地分出所需要的某一波长的光，它是分光光度计的心脏部分。

单色器主要由狭缝、色散元件和透镜系统组成。分光光度计的单色器有棱镜和光栅两种。棱镜由玻璃或石英制成。玻璃棱镜只适用于可见光区，而石英棱镜可用于紫外-可见的整个光谱区。

分光光度计常用的光栅是平面反射光栅。光栅的分辨率比棱镜高，因此，现在的仪器一般都采用光栅作为色散元件。

### 3. 吸收池

吸收池又称比色皿，是用于盛放参比溶液和待测液的器件。根据光学透光面的材质，吸收池有玻璃吸收池和石英吸收池两种。玻璃吸收池用于可见光光区测定；若在紫外光区测定，则必须使用石英吸收池。吸收池一般为长方体，其底及二侧为毛玻璃，另两面为光学透光面。

常用吸收池的规格有：0.5cm、1.0cm、2.0cm、3.0cm、5.0cm 等，使用时，根据实际需要选择。实际工作中，为了消除误差，在测量前还必须对吸收池进行配套性检验。

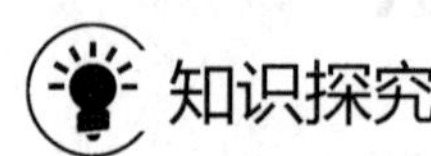

在定量分析中，尤其是在紫外光区测定时，需要进行配套性检验，以消除吸收池的误差，提高测量的准确度。一般商品吸收池的光程与其标示值常有微小的误差，即使是同一厂家生产的同规格的吸收池，也不一定能够互换使用。

4. 检测系统

检测系统是利用光电效应，将透过光信号转变为电信号进行测量的装置。常用的检测器有光电池、光电管及光电倍增管等，它们都是基于光电效应原理制成的。作为检测器，对光电转换器要求是：光电转换有恒定的函数关系，响应灵敏度要高、速率要快，噪声低、稳定性高，产生的电信号易于检测放大等。

5. 信号显示系统

光电转换器产生的各种电信号，经放大等处理后，用一定方式显示出来，以便于计算和记录。信号显示器有许多种，如检流计、数字显示、微机自动控制。微机自动控制的仪器，能自动绘制工作曲线、自动计算分析结果并打印报告，实现分析自动化。

## 二、测量条件的选择

吸光光度法是以朗伯-比尔定律为基础的分析方法，为了得到可靠的数据，准确的分析结果，除了严格控制显色反应的条件外，还必须选择好吸光度测量条件，包括入射光波长、参比溶液和吸光度范围的选择等。

1. 入射光波长的选择

入射光波长的选择应根据被测物质的吸收曲线，通常以选择最大吸收波长作为测定波长，因在此波长处 $K$ 值最大，测定有较高的灵敏度。同时，此波长处的小范围内，$A$ 随 $\lambda$ 的变化不大，使测定有较高的准确度。

2. 参比溶液的选择

吸光光度法测定吸光度时，是将被测溶液盛放于比色皿内，放入分光光度计光路中，测量入射光的减弱程度。由于比色皿对入射光的反射、吸收以及溶剂、试剂等对光的吸收也会使光强度减弱，为了使光强度减弱仅与待测组分的浓度有关，需要选择合适组成的参比溶液。将参比溶液放入一比色皿内并置于光路中，调节仪器，使 $T$=100%（$A$=0），然后再测定盛放于另一相同规格比色皿中试液的吸光度，这样就消除了由于比色皿、溶剂及试剂等对入射光的反射和吸收等带来的误差。同时，要选择合适的空白溶液作为参比溶液来调节仪器的零点，以便消除显色溶液中其他有色物质的干扰，抵消比色皿和试剂对入射光的影响等。

选择参比溶液的原则是：使试液的吸光度真正反映待测组分的浓度。常用以下溶液作为参比溶液。

（1）溶剂　当试液、显色剂及所用的其他试剂在测量波长处均无吸收，仅待测组分与显色剂的反应产物有吸收时，可用纯溶剂作参比溶液，以消除溶剂和比色皿等因素的影响。

（2）试剂空白　如果显色剂或其他试剂在测量波长处有吸收，应采用试剂空白（不加试样而其余试剂全加的溶液）作参比溶液，以消除试剂因素的影响。

（3）试液　如显色剂在测量波长处无吸收，但待测试液中共存离子有吸收，如 $Co^{2+}$，$MnO_4^-$ 等，此时可用不加入显色剂的试液作为参比溶液，以消除有色离子的干扰。如显色剂在测量波长略有吸收，则采用试液中加掩蔽剂再加显色剂作为参比溶液。

3. 吸光度范围的选择与控制

因为吸光度在 0.2～0.8 范围内测量的读数误差较小，所以，应尽量使吸光度读数控制在此范围内。在实际测量中可通过改变被测溶液的浓度和使用不同厚度的比色皿来调整吸光度，使其在适宜的吸光度范围内。

# 第三节　吸光光度法的应用

## 一、比较法

取含有已知准确浓度被测组分的标准溶液，将待测溶液和标准溶液在相同条件下显色，然后分别测定其吸光度。根据朗伯-比尔定律，得：

$$A_{标}=K_{标}b_{标}c_{标}，A_{测}=K_{测}b_{测}c_{测}$$

因为是同种物质、同台仪器、相同厚度吸收池及同一波长测定，故 $K_{标}=K_{测}$，$b_{标}=b_{测}$。

所以 $$\frac{A_{标}}{A_{测}}=\frac{c_{标}}{c_{测}}，c_{测}=\frac{c_{标}A_{测}}{A_{标}}$$

为了减少误差，比较法配制的标准溶液浓度应与样品溶液的浓度相接近。

**【例 11-2】**　在 525nm 和 1cm 比色皿时，$1.00\times10^{-4}$mol/L $KMnO_4$ 溶液的吸光度为 0.585。现有 0.500g 锰合金试样，溶于酸后，用高碘酸盐将锰全部氧化成 $MnO_4^-$，然后转移至 500mL 容量瓶中，在 525nm 和 1cm 比色皿时，测得吸光度为 0.400。求试样中锰的质量分数，已知 $M$(Mn)=54.94g/mol。

**解**　根据 $A=\varepsilon bc$ 得：

$$A_{标}=\varepsilon bc_{标}，A_{测}=\varepsilon bc_{测}$$

$$c_{测}=\frac{1.00\times10^{-4}\times0.400}{0.585}=6.84\times10^{-5}(\text{mol/L})$$

$$\omega(\text{Mn})=\frac{c_{测}V\times10^{-3}\times M(\text{Mn})}{m_{试样}}\times100\%=\frac{6.84\times10^{-5}\times500\times10^{-3}\times54.94}{0.500}\times100\%=0.38\%$$

答：该试样中锰的质量分数是 0.38%。

## 二、标准曲线法

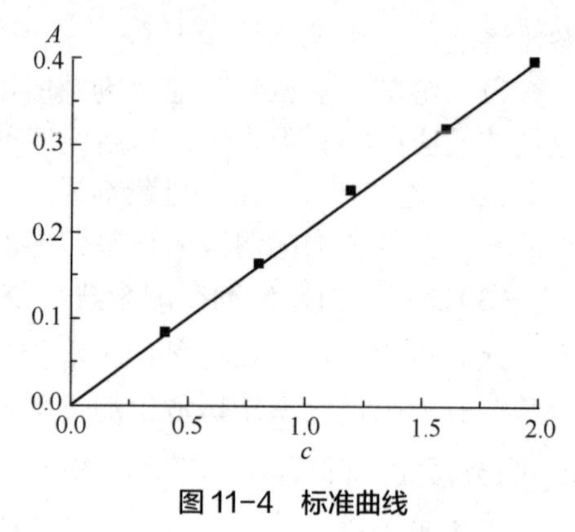

图 11-4 标准曲线

标准曲线法又称工作曲线法，它是可见、紫外分光光度法中最经典的方法。测定时，先取与被测物质含有相同组分的标准品，配成一系列浓度不同的标准溶液，置于相同厚度的吸收池中，分别测其吸光度。然后以溶液浓度 $c$ 为横坐标，以相应的吸光度 $A$ 为纵坐标，绘制 $A$-$c$ 曲线图。如果符合朗伯-比尔定律，该曲线为通过原点的一条直线——标准曲线，见图 11-4。在相同条件下测出样品溶液的吸光度，从标准曲线上便可查出与此吸光度对应的样品溶液的浓度。标准曲线法简便、准确，尤其适用于批量试样的分析，是应用最多的一种定量方法。

朗伯-比尔定律只适用于稀溶液，浓度较大时，吸光度与浓度不成正比。当浓度超过一定数值时，引起溶液对比尔定律的偏离，曲线顶端发生向下或向上的弯曲现象。

## 三、应用实例

以土壤中全磷的测定为例。土壤中全磷的测定通常用磷钼蓝法。测定时，先用浓硫酸和高氯酸处理土壤样品，使试样中所有磷转化成 $PO_4^{3-}$ 形式，$PO_4^{3-}$ 与钼酸胺在酸性条件下生成黄色磷钼杂多酸，反应式为：

$$H_3PO_4 + 12H_2MoO_4 \longrightarrow \underset{\text{磷钼杂多酸（黄色）}}{H_3[P(Mo_3O_{10})_4]} + 12H_2O$$

该黄色化合物用 $SnCl_2$ 还原生成淡蓝色磷钼蓝，其反应式为：

$$H_3[P(Mo_3O_{10})_4] + SnCl_2 + 2HCl \longrightarrow \underset{\text{磷钼蓝}}{H_3PO_4 \cdot 10MoO_3 \cdot Mo_2O_5} + SnCl_4 + H_2O$$

磷钼蓝的最大吸收波长为 690nm。以空白试剂为参比溶液，于 690nm 波长处测定吸光度，在标准曲线上查 $PO_4^{3-}$ 的质量，再计算磷酸盐的含量。大量 $Fe^{3+}$的存在对测定有影响，可加入掩蔽剂 NaF 将 $Fe^{3+}$掩蔽，从而消除其干扰。

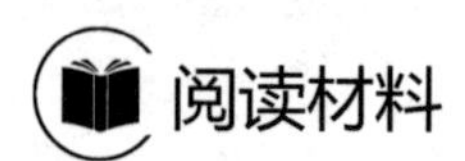


### 科学家朗伯简介

朗伯（Lambert Johann Heinrich，1728—1777），德国数学家、天文学家，物理学家。1728 年 8 月 26 日生于阿尔萨斯的米卢斯（原属瑞士，今属法国），1777 年 9 月 25 日卒于柏林。自学成才。1748 年受聘为家庭教师。他利用东家的显贵地位和丰富藏书，继续深造，并结识许多学者。1759 年移居奥格斯堡，1764 年接受腓特烈大帝的邀请，进入柏林科学院。朗伯研究的范围很广。1760 年阐明了物质对光的吸收程度和吸收介质厚度之间的关系。1761 年证明了π和e的无理性（1768年发表）。1766年试图证明欧几里得几何中的平行公设，虽然没有成功，但对非欧几何的诞生起了一定的作用。他首次系统地研究了双曲函数，对画法几何也有研究。此外，在球面几何、热学、光学、气象学、天文学等方面也都有贡献。

## 习题

### 一、选择题

1. 人眼能感觉到的光称为可见光，其波长范围为（　　）。

A. 200～400nm　　B. 400～600nm　　C. 200～600nm　　D. 400～760nm

2. 透光率与吸光度的关系是（　　）。

A. $T=\lg(1/A)$　　B. $\lg T=A$　　C. $1/T=A$　　D. $-\lg T=A$

3. 有A、B两种不同浓度的同一有色物质的溶液，用同一波长的光测定。当A溶液用1cm比色皿，B溶液用2cm比色皿时获得的吸光值相同，则它们的浓度关系是（　　）。

A. $c_A=1/2c_B$　　B. $c_A=c_B$　　C. $c_A=2c_B$　　D. $2c_A=c_B$

4. 有两种不同浓度的同一有色物质的溶液，用同一厚度的比色皿，在同一波长下测得的吸光度分别为：$A_1=0.20$；$A_2=0.30$。若 $c_1=4.0\times10^{-4}$mol/L，则 $c_2$ 为（　　）。

A. $8.0\times10^{-4}$mol/L　B. $6.0\times10^{-4}$mol/L　C. $4.0\times10^{-4}$mol/L　D. $2.0\times10^{-4}$mol/L

5. 某符合朗伯-比尔定律的有色溶液，当浓度为 $c$ 时，其透光率为 $T_0$；若浓度增大1倍，则此溶液的透光率的对数为（　　）。

A. $T_0/2$　　B. $2T_0$　　C. $\lg T_0$　　D. $2\lg T_0$

### 二、计算题

1. 准确称取维生素 $B_{12}$ 样品25.0mg，用水溶解配成100mL溶液。准确吸取10.00mL，置于100mL容量瓶中，加水稀释至刻度。取此溶液在1cm的吸收池中，于361nm处测定吸光度为0.507，求该样品中维生素 $B_{12}$ 的质量分数？[已知 $B_{12}$ 的摩尔吸光系数为207L/(mol·cm)]

2. 已知 $Fe^{2+}$ 的质量浓度为1.0μg/mL，采用邻二氮菲吸光光度法于508nm波长下测定其在1.00cm比色皿中的吸光度 $A=0.20$，计算摩尔吸光系数 $\varepsilon$ 及质量吸光系数 $a$ 各为多少？

3. 某试液用2.00cm的比色皿测得 $T=60.0\%$，若改用1.00cm比色皿测定，则 $T$ 和 $A$ 各等于多少？

4. 为测定工业废水中的Cr(Ⅵ)的含量，取废水10.00mL置于100mL容量瓶中，显色后稀释至刻度，摇匀。以3.0cm比色皿于540nm处测得吸光度为0.250，已知在该波长下 $\varepsilon=2.0\times10^4$L/(mol·cm)。则废水中的含量是多少？[以mg/L表示]

5. 称取某钢试样0.5001g，溶于酸后，将其中锰氧化成高锰酸根，准确配制成100mL溶液，用2.00cm的比色皿，于520nm波长处测得其吸光度为0.620，高锰酸根离子在520nm波长处的摩尔吸光系数为2235L/(mol·cm)，计算此钢样中锰的质量分数。

6. 已知含 $Fe^{2+}$ 浓度为750μg/mL的溶液，用邻二氮菲测定 $Fe^{2+}$，比色皿厚度为2.0cm，测得吸光度为0.30，在同样条件下测得某含 $Fe^{2+}$ 未知液的吸光度为0.264。试计算摩尔吸光系数和未知液中 $Fe^{2+}$ 的物质的量浓度。

# 第十二章 烃

## 思维导图

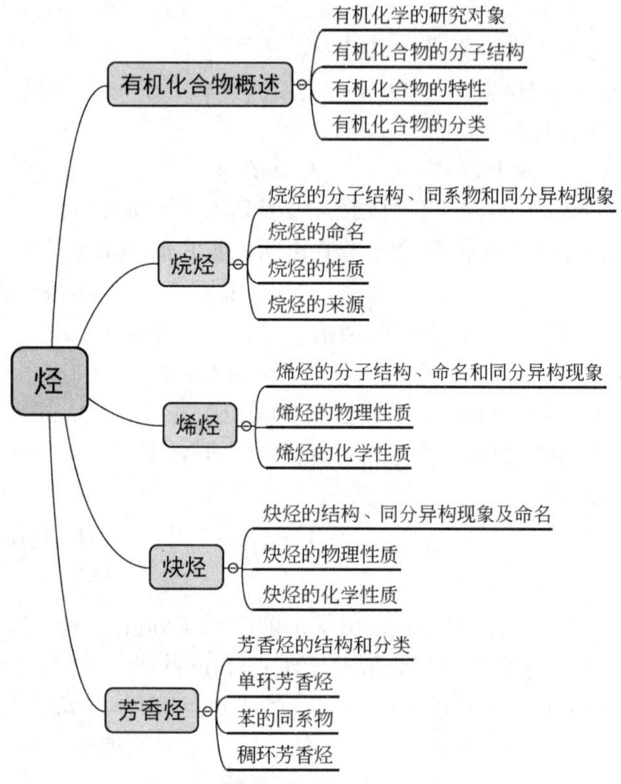


## 知识与技能目标

1. 理解有机化合物的特点和成键方式。
2. 理解有机化合物中的同分异构现象。
3. 能写出烷烃、烯烃、炔烃和芳香烃基本结构。
4. 会用系统命名法对烷烃、烯烃、炔烃和芳香烃进行命名。
5. 能写出烷烃、烯烃、炔烃和芳香烃的主要化学性质。
6. 了解烃在生产、科研上的一些应用。

## 素质目标

培养学生严谨、务实的作风，增强社会责任感。

# 第一节　有机化合物概述

## 一、有机化学的研究对象

有机化学研究的对象是有机化合物，简称为有机物。

什么是有机化合物呢？从前人们把来源于有生命的动物和植物的物质叫做有机化合物，而把从无生命的矿物中得到的物质叫无机化合物。有机化合物与生命有关，所以人们认为它们是“有机”的，故称为有机化合物。实际上，有机化合物不一定都来自有机物，也可以以无机化合物为原料在实验室中人工合成出来。人工合成的第一个有机物是尿素。

知识探究

1828 年德国化学家伍勒在实验室加热氰酸铵得到尿素，首次用人工方法从无机物制得了有机物，化学科学取得了具有重大意义的突破。此后，人们又相继用人工方法合成了醋酸、油脂和糖类等有机物。

大量的研究证明，有机化合物都含有元素碳。然而，除了碳以外，绝大多数的有机化合物还含有氢，有的也含有氧、硫、氮和卤素等。所以，现在把有机化合物定义为碳氢化合物及其衍生物。

知识探究

含碳的化合物不一定都是有机化合物，如 CO、$CO_2$、碳酸盐及金属氰化物等，由于它们的性质与无机化合物相似，因此习惯上仍把它们放在无机化学中讨论。

有机化学就是研究有机化合物的来源、组成、结构、性质、化学变化规律及其应用的一门学科。农林、牧医、食品、日用化工、石油化工等与有机化学有密切的关系，在生命科学领域内，有机化学占有极为重要的地位。

## 二、有机化合物的分子结构

碳是有机化合物中最基本的元素，它处在周期表中第 2 周期，第ⅣA 族，原子核最外层有 4 个电子，难于失去 4 个电子或获得 4 个电子而达到 8 电子的稳定结构，因而常以共价键和氢以及其他元素相结合形成共价化合物。共用电子对常常用短线“—”表示。在有机化合物中碳一般为 4 价（图 12-1）。

在有机化合物分子中，碳原子与碳原子之间可以相互结合成碳链，从而构成了有机化合物分子的骨架——“碳架”。例如：

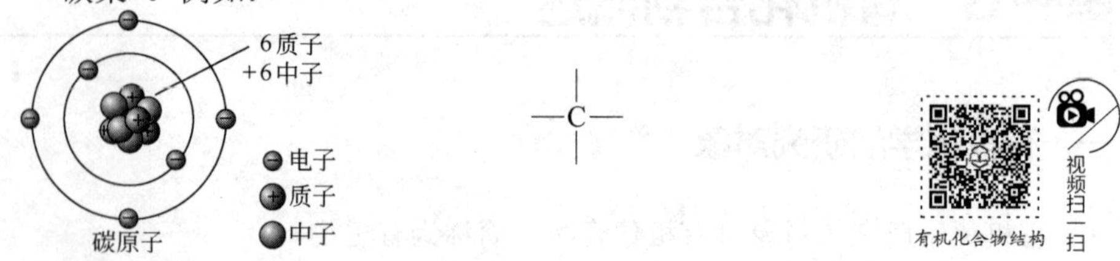


图12-1　碳原子的结构及碳原子四个共价键

—C—C—C—C—　　—C=C—C—　　—C—C≡C—C—

不仅如此，碳原子还可以通过碳碳键或通过与其他原子相互连接形成环状碳架。例如：

（五元碳环）　　（六元碳环，含 C=C 双键）　　（含 N 五元环）

如果碳原子间以一对共用电子相结合，便形成碳碳单键；如果在两个碳原子间是以两对或三对共用电子相结合，则形成碳碳双键或碳碳三键。

—C—C—　　—C=C—　　—C≡C—

碳碳单键　　碳碳双键　　碳碳三键

有机化合物分子结构一般有四种书写方式：分子式、电子式、结构式、结构简式，见表12-1。

表12-1　有机化合物分子结构的四种书写方式

| 名称 | 分子式 | 电子式 | 结构式 | 结构简式 |
|---|---|---|---|---|
| 甲烷 | $CH_4$ | H×C×H（C 上下各连 H） | H—C—H（C 上下各连 H） | $CH_4$ |
| 乙烯 | $C_2H_4$ | H×C∷C×H（两个 C 下各连 H） | H—C=C—H（两个 C 下各连 H） | $CH_2=CH_2$ |
| 乙炔 | $C_2H_2$ | H×C⋮⋮C×H | H—C≡C—H | $CH≡CH$ |
| 环丁烷 | $C_4H_8$ | H×C:C×H / H×C:C×H（各 C 另连 H） | H—C—C—H / H—C—C—H（环状，各 C 另连 H） | $CH_2—CH_2$ / $CH_2—CH_2$（环状） |
| 乙醇 | $C_2H_6O$ | H×C:C:O×H（两个 C 上下各连 H） | H—C—C—O—H（两个 C 上下各连 H） | $CH_3—CH_2—O—H$ |

## 三、有机化合物的特性

有机化合物分子中的化学键主要是共价键。与无机化合物相比，有机化合物一般具有下列特性。

① 种类繁多，且同分异构现象普遍。

② 绝大多数受热易分解，而且可以燃烧。

③ 大多数难溶于水，易溶于汽油、乙醇等有机溶剂。

④ 绝大多数是非电解质，不易导电。

⑤ 熔点、沸点较低。许多有机化合物在常温下是气体、液体，常温下为固体的有机化合物，其熔点也较低，一般不超过 400℃。

⑥ 化学反应速率较慢。这是由于有机化合物的反应多是在分子间进行的，需要时间较长，所以通常需要加热或应用催化剂以促进反应的进行。

⑦ 反应复杂，副反应多。有机化合物发生反应时常常不局限于分子的某一部位，所以除主要反应外，还伴随有副反应发生，生成物除主要产物外，还常有副产物。

## 四、有机化合物的分类

有机化合物数目众多，为了便于学习和研究，目前一般的分类方法有以下两种。

### 1. 根据碳架分类

（1）开链化合物　这类化合物分子中的碳架是链状的，链或长或短，有的还具有支链。它们最初是从油脂中发现的，故又称为脂肪族化合物。包括烷烃、烯烃、炔烃等。

（2）碳环化合物　碳环化合物分子中的碳架完全是由碳原子组成的，它们主要存在于石油和煤焦油中。碳环化合物又可分为两类。

① 脂环化合物。可以看作是链状化合物连接成闭合环而得。其性质与脂肪族化合物相似，所以又叫脂环化合物。例如：

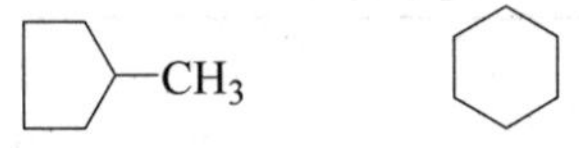


② 芳香族化合物。一般指含有苯环结构的化合物。例如：

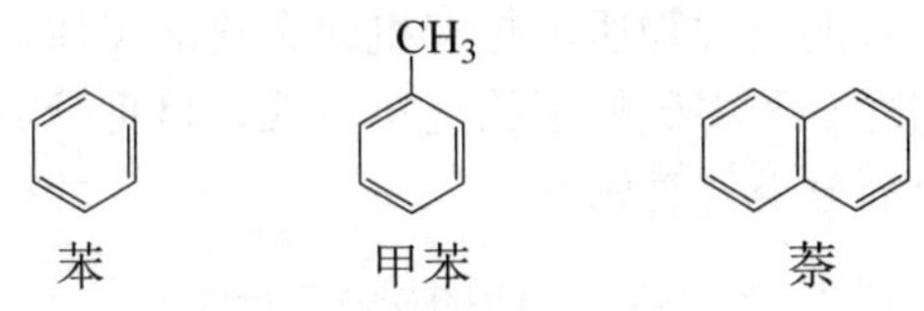


（3）杂环化合物　这类化合物分子中的碳架是由碳原子和其他杂原子（如氧、氮、硫等非碳原子）组成的。例如：

### 2. 根据官能团分类

官能团是决定一类化合物主要化学性质的原子或原子团。把含有相同官能团的化合物归为一类。研究某类化合物中的一个化合物的性质，就可以了解该类其他化合物的主要特性。常见的官能团及其相应的各类化合物见表 12-2。

表 12-2 常见的官能团及其结构

| 类别 | 通式或表达式 | 官能团 | 名称 | 化合物举例 |
|---|---|---|---|---|
| 烷烃 | $C_nH_{2n+2}$ | 无 | — | 乙烷 |
| 烯烃 | $C_nH_{2n}$ | >C=C< | 碳碳双键 | 乙烯 |
| 炔烃 | $C_nH_{2n-2}$ | —C≡C— | 碳碳三键 | 乙炔 |
| 卤代烃 | R—X | —X | 卤原子 | 氯乙烷 |
| 醇 | R—OH | —OH | （醇）羟基 | 乙醇 |
| 酚 | Ar—OH | —OH | （酚）羟基 | 苯酚 |
| 醚 | R—O—R | —C—O—C— | 醚键 | 乙醚 |
| 醛 | RCHO | —CHO | 醛基 | 乙醛 |
| 酮 | RCOR | >C=O | 羰基 | 丙酮 |
| 羧酸 | RCOOH | —COOH | 羧基 | 乙酸 |
| 胺 | $RNH_2$ | $—NH_2$ | 氨基 | 乙胺 |
| 腈 | RCN | —CN | 氰基 | 乙腈 |
| 磺酸 | $Ar—SO_3H$ | $—SO_3H$ | 磺（酸）基 | 苯磺酸 |

# 第二节 饱和链烃——烷烃

由碳和氢两种元素组成的有机物，称为烃，也叫碳氢化合物。

烃是有机化合物中最基本的一类物质，是有机化合物的母体，其他有机化合物都可以看作是由烃衍生出来的。根据烃分子中碳原子的连接方式，可把烃分为链烃和环烃。链烃和环烃又可进一步分类。现将烃的分类列表如下：

- 烃
  - 链烃
    - 饱和链烃（烷烃）
    - 不饱和链烃
      - 烯烃
      - 炔烃
  - 环烃
    - 脂环烃
    - 芳香烃

下面首先来讨论饱和链烃（烷烃）。

分子中碳原子之间以单键相连接，碳的其余价键全部与氢原子结合的链烃叫饱和链烃，简称烷烃。最简单的烷烃是甲烷，烷烃的代表。

## 一、甲烷

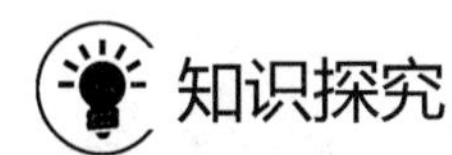

甲烷在自然界分布很广，是天然气、沼气、油田气及煤矿坑道气的主要成分。它是在隔绝空气的情况下，由植物残体经过某些微生物发酵作用而生成的。有地方的地下深处蕴藏大量叫做天然气的可燃性气体，它的主要成分是甲烷。在我国的南海、东海海底已发现天然气（甲烷等）的水合物，它易燃烧，外形似冰，被称为“可燃冰”。

### 1. 甲烷的分子结构

甲烷的分子式为 $CH_4$，其电子式、结构式分别为：

$$\mathrm{H:\overset{\displaystyle H}{\underset{\displaystyle H}{\ddot{\underset{..}{C}}}}:H} \qquad \mathrm{H-\overset{\displaystyle H}{\underset{\displaystyle H}{\overset{|}{\underset{|}{C}}}}-H}$$

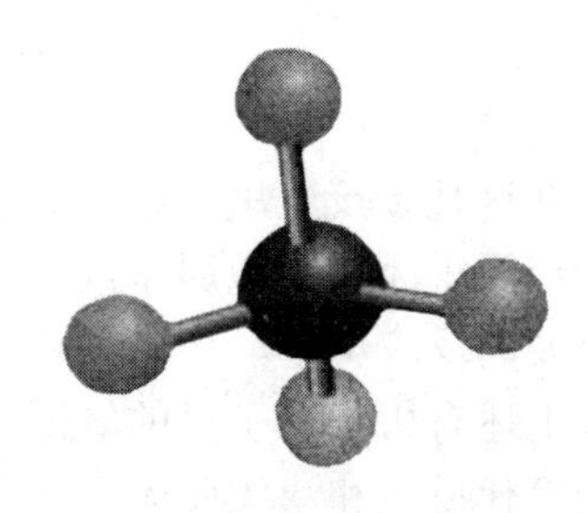

图 12-2 甲烷分子正四面体结构模型

甲烷分子是一个正四面体结构的分子。碳原子位于正四面体的中心，氢原子分别位于正四面体的四个顶点上。碳氢键之间的夹角（键角）均为 109°28′。四个碳氢键等长，键长是 $1.09\times10^{-10}$m，键能是 414kJ/mol，碳氢键都为 σ 键，可以自由旋转。图 12-2 是甲烷分子的正四面体结构。

### 2. 甲烷的制取和性质

甲烷的制取

在实验室中，制取甲烷可用加热无水醋酸钠和碱石灰（氢氧化钠和生石灰的混合物）混合物的方法，用排水集气法收集气体。醋酸钠和氢氧化钠反应的化学反应式为：

$$CH_3\boxed{COONa+NaOH} \xrightarrow[\triangle]{CaO} Na_2CO_3 + CH_4\uparrow$$

甲烷的物理性质：甲烷是无色、无味的气体。沸点为−161.49℃。甲烷与空气的密度比是 0.54，比空气约轻一半。甲烷溶解度很小，在 20℃、0.1kPa 时，100 单位体积的水，只能溶解 3 个单位体积的甲烷。

甲烷的化学性质：由于甲烷分子是一个对称的分子，其碳氢键又为比较牢固的 σ 键，因此它的化学性质很稳定。一般情况下，不和强酸、强碱或强氧化剂等反应，不能使高锰酸钾溶液褪色。但在一定的条件下，它可以发生下列反应。

（1）氧化反应　纯净的甲烷能在空气中平静地燃烧，发出淡蓝色火焰，生成二氧化碳和水，并放出大量的热。

$$CH_4 + 2O_2 \xrightarrow{\text{点燃}} CO_2 + 2H_2O + 890kJ/mol$$

甲烷是一种很好的气体燃料。但如果点燃甲烷和空气的混合气体（含甲烷 5%～15%）时，就会立即发生爆炸，煤矿瓦斯爆炸就是这个道理。

（2）加热分解　在隔绝空气条件下加热到 1000℃，甲烷就开始分解，到 1500℃左右，分解比较完全，生成炭黑和氢气。

$$CH_4 \xrightarrow{1000\sim1500℃} C + 2H_2$$

炭黑是橡胶工业的重要原料，大量用作增强橡胶耐磨性的填充剂，也用于制造油墨、涂料和颜料等。

（3）取代反应　室温下，将甲烷和氯气的混合物在黑暗中长期放置而不发生反应。但在光照下或催化剂作用下，就会发生反应，反应是分步进行的。

甲烷的取代反应　动画扫一扫

$$CH_4 + Cl_2 \xrightarrow{光照} CH_3Cl + HCl$$

一氯甲烷

$$CH_3Cl + Cl_2 \xrightarrow{光照} CH_2Cl_2 + HCl$$

二氯甲烷

$$CH_2Cl_2 + Cl_2 \xrightarrow{光照} CHCl_3 + HCl$$

三氯甲烷（氯仿）

$$CHCl_3 + Cl_2 \xrightarrow{光照} CCl_4 + HCl$$

四氯甲烷（四氯化碳）

在这几步反应里，甲烷分子中的氢原子逐步被氯原子所代替。有机化合物分子里的某些原子或原子团被其他原子或原子团所代替的反应，叫取代反应。取代反应是有机化学里的一种重要的反应类型。

上述有机物分子里的氢原子被卤原子取代的反应，叫做卤代反应。烷烃的卤代反应一般是指氯代反应和溴代反应。在卤代反应中，卤素取代氢原子的能力次序是 F>Cl>Br>I。

## 二、烷烃的分子结构、同系物和同分异构现象

烷烃除了甲烷以外，还包括乙烷、丙烷、丁烷等一系列烃类化合物。它们的结构式分别是：

| $CH_3—CH_3$ | $CH_3—CH_2—CH_3$ | $CH_3—CH_2—CH_2—CH_3$ |
|---|---|---|
| 乙烷 | 丙烷 | 丁烷 |

在这些烷烃的化合物分子结构中，除了碳氢键外，碳原子间都是以碳碳单键相连。

### 知识探究

一些高级烷烃在动植物体中也存在，如动植物油脂中就含有少量。许多植物的茎、叶和果实表皮的蜡质中也混有高级烷烃，像烟草叶里含有二十七烷和三十一烷，苹果皮里含有二十七烷和二十九烷等。有些烷烃是某些昆虫的外激素，有一种蚂蚁通过分泌一种主要成分为十一烷和十三烷的物质来传递警戒信息。雌蛾引诱雄蛾的性外激素是 2-甲基十七烷。人们利用这个原理合成生物农药来杀死昆虫。

### 1. 同系列和同系物

比较一下这些烷烃的分子组成，可以发现每相邻两个烷烃都相差一个“$CH_2$”基团。这种结构相似，在分子组成上相差一个或若干个“$CH_2$”基团的一系列化合物，称为同系列，同系列中的物质互称为同系物。所有烷烃属于一个同系列。同系列中相邻的两个化合物在组成上

的差别，称为系列差。烷烃的系列差是“$CH_2$”。

## 2. 烷烃的通式

能代表任意一个烷烃组成的式子，称为烷烃的通式。甲烷的分子式为 $CH_4$，乙烷的分子式为 $C_2H_6$，丙烷的分子式为 $C_3H_8$，丁烷的分子式为 $C_4H_{10}$。分析以上分子式可以看出，烷烃分子中的氢原子数应该等于碳原子数的两倍再加 2，用 $C_nH_{2n+2}$ 表示，这个式子是烷烃的通式。

## 3. 烷基

烃分子去掉一个或几个氢原子后剩下的部分叫做烃基，通常用“R—”来表示。烷烃分子中去掉一个或几个氢原子后所剩下的基团，则叫做烷基。常见的烷基有：

| | |
|---|---|
| $—CH_3$ | 甲基 |
| $—CH_2—CH_3$ | 乙基 |
| $—CH_2—CH_2—CH_3$ | 正丙基 |
| $—CH(CH_3)_2$ | 异丙基 |

## 4. 烷烃的同分异构现象

烷烃的同分异构现象

视频扫一扫

烷烃同系物中，甲烷、乙烷和丙烷都只有一种结构。但从丁烷开始，情况发生了变化。分子里的碳原子可以形成直链，也可以形成支链，这种现象叫做碳链异构。由于碳链异构，丁烷就有了两种异构体，分别是正丁烷和异丁烷。它们的分子结构和性质的差异比较见表 12-3。

表 12-3 正丁烷和异丁烷的分子结构和性质的比较

| 分子 | 结构式 | 球棍模型 | 熔点、沸点 |
|---|---|---|---|
| 正丁烷 | | | 熔点：−138.4℃<br>沸点：−0.5℃ |
| 异丁烷 | | | 熔点：−159.6℃<br>沸点：−11.8℃ |

像这种分子式相同，而结构不同的化合物，互称为同分异构体。产生同分异构体的现象叫做同分异构现象。

随着烷烃分子中碳原子数的增多，碳链异构更复杂，同分异构体的数目也就更多。例如戊烷有 3 种同分异构体。

$CH_3CH_2CH_2CH_2CH_3$ 正戊烷

$CH_3CH(CH_3)CH_2CH_3$ 异戊烷

$C(CH_3)_4$ 新戊烷

己烷（$C_6H_{14}$）有 5 种同分异构体，庚烷（$C_7H_{16}$）有 9 种，而癸烷（$C_{10}H_{22}$）就有 75 种之多了。

### 5. 碳原子类型和氢原子类型

根据碳架中碳原子之间的连接方式不同，可将碳原子分为四种不同类型。

$$\underset{1^\circ}{CH_3}-\underset{2^\circ}{CH_2}-\underset{3^\circ}{\overset{\overset{\large CH_3}{|}}{CH}}-\underset{\underset{\large CH_3}{|\,4^\circ}}{\overset{\overset{\large CH_3}{|}}{C}}-CH_2-CH_3$$

和一个碳原子相连的碳原子叫（伯）碳原子（1°），对应的氢叫（伯）氢原子（1°）；和两个碳原子相连的碳原子叫（仲）碳原子（2°），对应的氢叫（仲）氢原子（2°）；和三个碳原子相连的碳原子叫（叔）碳原子（3°），对应的氢叫（叔）氢原子（3°）；和四个碳原子相连的碳原子叫（季）碳原子（4°）。

不同类型的氢原子的反应活性不同，它们的反应活性顺序为 3°H >2°H >1°H。

## 三、烷烃的命名

有机化合物数目繁多，结构复杂，正确的命名非常重要。烷烃的命名法是有机化合物命名的基础，常用的有普通命名法和系统命名法。

### 1. 普通命名法（又称习惯命名法）

普通命名法，其基本原则如下。

（1）根据分子中碳原子数目称为“某烷”。当碳原子数在 10 以内，我国习惯上用天干表示碳原子的数目，依次用甲、乙、丙、丁、戊、己、庚、辛、壬、癸来表示，例如：$CH_4$ 叫甲烷，$C_2H_6$ 叫乙烷，$C_3H_8$ 叫丙烷，……，$C_{10}H_{22}$ 叫癸烷；当碳原子数超过 10 个时，则用中文小写数字后加烷字来表示，例如：$C_{11}H_{24}$ 叫十一烷，$C_{20}H_{42}$ 叫二十烷等。

（2）为了区别异构体，直链烷烃称为“正”某烷；一个链端有两个甲基而无其他支链的烷烃称为“异”某烷；一个链端有三个甲基而无其他支链的烷烃，称为“新”某烷。例如：

$$CH_3-CH_2-CH_2-CH_2-CH_3$$

（正）戊烷

$$\underset{\underset{\large CH_3}{|}}{CH_3CH}CH_2CH_3 \qquad CH_3-\underset{\underset{\large CH_3}{|}}{\overset{\overset{\large CH_3}{|}}{C}}-CH_3$$

异戊烷　　新戊烷

显然，普通命名法有一定的局限性，只适用于结构比较简单的烷烃。对于结构复杂的烷烃必须使用系统命名法。

### 2. 系统命名法

1892 年，国际纯粹与应用化学联合会（简称为 IUPAC）在日内瓦召开会议，对有机物的命名法做了统一的规定，从此，有机化合物命名走向了科学化、统一化。

烷烃的命名

系统命名法主要原则概括如下。

（1）直链烷烃的命名和普通命名法相似，但命名中不加“正”字。根据分子中碳原子数称为“某烷”。例如：

$$CH_3CH_2CH_3 \qquad CH_3(CH_2)_6CH_3 \qquad CH_3(CH_2)_{10}CH_3$$

丙烷　　辛烷　　十二烷

（2）带支链的烷烃按下列步骤命名。

① 选链。在分子中，选择一条最长的碳链作为主链，根据主链碳原子数目称之为“某烷”，将主链以外的其他烷基看作是主链的取代基（支链）。选择主链有几种可能时，则应选择含支链最多、最长的碳链为主链。

② 编号。从离支链最近的一端开始，用 1，2，3，…阿拉伯数字对主链碳原子进行编号，以确定取代基（支链）的位置。

③ 命名。把支链的位次、数目和名称依次写在主链名称的前面，数字与名称之间用短线隔开。一个取代基时，略去其数目。例如：

$$\overset{1}{CH_3}-\underset{\underset{CH_3}{|}}{\overset{2}{CH}}-\overset{3}{CH_2}-\overset{4}{CH_2}-\overset{5}{CH_3}$$

2-甲基戊烷

④ 当有两个或两个以上取代基时，如果取代基不同时，简单地写在前面，复杂的写在后面；如果取代基相同时，要把定位数字用逗号隔开，并把取代基的数目合并起来用二、三、四……中文数字来表示。例如：

$$\overset{1}{CH_3}\overset{2}{CH_2}-\underset{\underset{CH_3}{|}}{\overset{\overset{CH_3}{|}}{\overset{3}{C}}}-\overset{4}{CH_2}\overset{5}{CH_3} \qquad \overset{1}{CH_3}-\underset{\underset{CH_3}{|}}{\overset{2}{CH}}-\underset{\underset{CH_3}{|}}{\overset{3}{CH}}-\underset{\underset{CH_2CH_3}{|}}{\overset{4}{CH}}-\overset{5}{CH_2}-\overset{6}{CH_3}$$

3,3-二甲基戊烷　　2,3-二甲基-4-乙基己烷

应用系统命名法，不论多么复杂的烷烃，都能很方便地命名一个科学又不重复的名称。

## 四、烷烃的性质

### （一）物理性质

有机物的物理性质主要是指它们存在的状态、颜色、气味、溶解度、熔点、沸点、密度等。物质的溶解度、熔点、沸点、密度等都是鉴定有机物的常规数据，叫做物理常数。部分烷烃的物理常数列于表 12-4 中。

表 12-4　部分烷烃的物理常数

| 名称 | 常温时的状态 | 熔点/℃ | 沸点/℃ | 相对密度（20℃） |
|---|---|---|---|---|
| 甲烷 | 气 | −182.5 | −164.0 | 0.466（−164℃） |
| 乙烷 | 气 | −183.3 | −88.6 | 0.572（−108℃） |
| 丙烷 | 气 | −189.7 | −42.1 | 0.5005 |
| 丁烷 | 气 | −138.4 | −0.5 | 0.5788 |
| 戊烷 | 液 | −129.7 | 36.1 | 0.6262 |
| 庚烷 | 液 | −90.6 | 98.4 | 0.6838 |
| 辛烷 | 液 | −56.8 | 125.7 | 0.7025 |
| 癸烷 | 液 | −29.7 | 174.1 | 0.7300 |
| 十七烷 | 固 | 22.0 | 301.8 | 0.7780（固态） |
| 二十四烷 | 固 | 54.0 | 391.3 | 0.7991（固态） |

液体烷烃的相对密度都小于 1，没有极性，故几乎难溶于水而易溶于有机溶剂。某些烷烃本身就是很好的有机溶剂。例如正己烷、汽油都能溶解脂肪，所以在日常生活中常用汽油

除去油渍。随着烷烃分子中碳原子数目的增加，它们的物理性质呈现规律性的变化：熔点和沸点逐渐升高；密度逐渐增大。

### （二）化学性质

烷烃的化学性质稳定，这是因为烷烃分子中的 C—C 键、C—H 键都是 σ 键，不易断裂。和甲烷相似，烷烃在常温下一般不与强酸、强碱及强氧化剂和还原剂作用。如金属钠可以保存在煤油中。但在一定条件下，烷烃还是能发生一些反应的。

#### 1. 氧化反应

烷烃在空气或氧气中点燃，都能燃烧生成二氧化碳和水，并放出大量的热，反应式可概括为：

$$C_nH_{2n+2} + \frac{3n+1}{2}O_2 \xrightarrow{\text{点燃}} nCO_2 + (n+1)H_2O + Q$$

这是汽油或柴油在内燃机气缸内的基本变化，所以烷烃是可利用的重要能源。

**知识探究**

辛烷值是交通工具所使用的燃料抵抗爆震的指标（该指标一般适用于描述汽油的性能）。辛烷值越高表示抗震爆的能力越好。辛烷值一般是区分不同等级汽油的关键标准，比如 97 号汽油，表示其辛烷值为 97。

#### 2. 取代反应

在光照和加热条件下，烷烃和甲烷一样，可发生卤代反应而生成多种卤代烃。丙烷和 $C_3$ 以上的烷烃发生氯代反应生成的一氯代烷是两种或两种以上的异构体。

$$CH_3CH_2CH_3 + Cl_2 \xrightarrow{h\nu} \underset{\substack{|\\ Cl}}{CH_3CH_2CH_2} + \underset{\substack{|\\ Cl}}{CH_3CHCH_3}$$

1-氯丙烷 (43%)　　2-氯丙烷 (57%)

在烷烃的卤代过程中，叔氢原子较仲氢原子容易被取代，仲氢原子又较伯氢原子容易被取代。例如，异丁烷与氯在 300℃下反应时，主要的生成物是 2-甲基-2-氯丙烷。

$$CH_3-\overset{\overset{CH_3}{|}}{\underset{\underset{H}{|}}{C}}-CH_3 + Cl_2 \xrightarrow{300℃} CH_3-\overset{\overset{CH_3}{|}}{\underset{\underset{Cl}{|}}{C}}-CH_3 + HCl$$

## 第三节　不饱和链烃

分子结构中含有碳碳双键或碳碳三键的链烃，它们含的氢原子比相应的饱和链烃少，这类链烃叫做不饱和链烃。不饱和链烃包括烯烃和炔烃两类。

## 一、烯烃

分子结构中含有碳碳双键的链烃叫做烯烃。乙烯是分子组成最简单的烯烃，也是烯烃最重要的代表物。

### （一）乙烯

动画扫一扫
烯烃的结构

乙烯分子式是 $C_2H_4$。

#### 1. 乙烯的分子结构

乙烯的电子式和结构式如下：

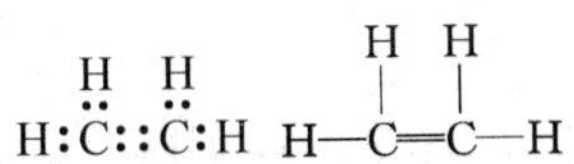

图 12-3 是乙烯分子的球棒模型和比例模型。在球棒模型里，用两根能弯曲的弹性短棒连接两个碳原子，来表示碳碳双键。

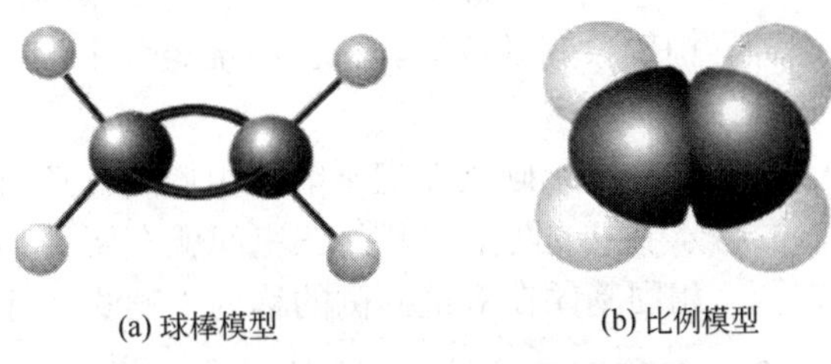

(a) 球棒模型　　(b) 比例模型

**图 12-3　乙烯分子的球棒模型和比例模型**

现代物理方法证明，乙烯分子中所有原子在同一个平面上，每两个键之间的夹角都接近 120°，C═C 双键的键长为 $1.33\times10^{-10}$m，键能为 612.5kJ/mol。在 C═C 双键中，一个是 σ 键，一个是 π 键。π 键不能自由旋转，π 键没有 σ 键稳定，比较容易断裂，故烯烃比较容易发生化学反应。

#### 2. 乙烯的实验室制取

在实验室里，用乙醇和浓硫酸按体积比 1∶3 混合，加热到 170℃来制取乙烯（浓硫酸在反应过程中起催化剂和脱水剂的作用）。

$$CH_3CH_2OH \xrightarrow[170℃]{浓硫酸} CH_2{=}CH_2\uparrow + H_2O$$

#### 3. 乙烯的物理性质

乙烯是无色气体，稍有甜味，难溶于水，易溶于有机溶剂。密度为 1.25g/L，比空气略轻。

乙烯是世界上产量最大的化学产品之一，乙烯工业是石油化工产业的核心，乙烯产品占石化产品的 70%以上，在国民经济中占有重要的地位。世界上已将乙烯产品作为衡量一个国家石油化工生产水平的重要标志之一。乙烯用量最大的是生产聚乙烯，约占乙烯耗量的 45%。

在农业上，乙烯是植物的一种内源激素。苹果、柿子、柑橘、番茄等果实成熟前能被产生的少量乙烯催熟。果实催熟剂——乙烯利（2-氯乙基膦酸），在一定酸碱度条件下可释放出乙烯，易于控制使用。

### （二）烯烃的分子结构、命名和同分异构现象

#### 1. 烯烃的分子结构

烯烃中除乙烯外，还有与它相差一个或多个 $CH_2$ 基团的一系列同系物。例如：

$CH_3{-}CH{=}CH_2$　　丙烯

$CH_3{-}CH_2{-}CH{=}CH_2$　　丁烯

$CH_3—CH_2—CH_2—CH═CH_2$　　　　戊烯

烯烃分子的结构特点是含有碳碳双键。双键中的 π 键易断裂，这是决定烯烃的化学性质比较活泼的因素，碳碳双键是烯烃的官能团。

由于烯烃分子中含有一个碳碳双键，与烷烃相比，少了两个氢原子。故烯烃的通式为 $C_nH_{2n}$。

## 2. 烯烃的同分异构现象

从丁烯开始，就有了同分异构现象。例如丁烯有三个异构体（丁烷有两个异构体）。

$CH_3—CH_2—CH═CH_2$　　①

$CH_3—CH═CH—CH_3$　　②

$CH_3—C(CH_3)═CH_2$　　③

①、③式互为碳链异构。①、②式中碳链相同，都是直链的，但它们的双键位置不同，这种异构现象叫做位置异构。在烯烃分子中，不仅有碳链异构，还有位置异构，因而烯烃的异构体比烷烃多。

此外，由于碳碳双键不能自由旋转，还可能产生另一类异构体，称之为顺反异构。例如2-丁烯分子中的两个甲基，在空间就有两种不同的排列方式，而构成两种立体异构体。一般把两个相同基团在双键同侧的称为“顺式”；两个相同基团在双键异侧的称为“反式”。

(H)(CH₃)C═C(H)(CH₃)（两个 $CH_3$ 在同侧）　　　(H)(CH₃)C═C(CH₃)(H)（两个 $CH_3$ 在异侧）

顺-2-丁烯　　　　反-2-丁烯

## 3. 烯烃的命名

烯烃的命名基本与烷烃相似，只是把主链（母体）称为“某烯”，并要注明双键的位置。命名规则和步骤如下：

（1）选主链　选择含有双键碳在内的最长碳链为主链（母体），称为“某烯”；

（2）编号　从距离双键最近的一端开始给主链碳原子编号；

（3）命名　用较小的定位数字注明双键的位置，并写在母体名称的前面，并以短线和母体名称相连接。

例如上述①、②、③式依次命名为 1-丁烯，2-丁烯，2-甲基丙烯。又例如：

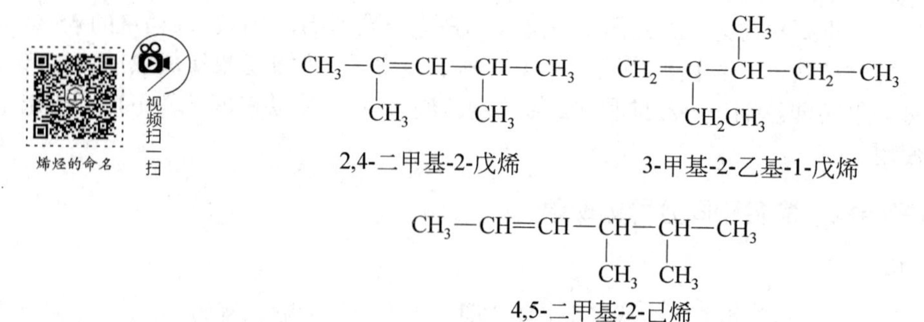


2,4-二甲基-2-戊烯　　　　3-甲基-2-乙基-1-戊烯

$CH_3—CH═CH—CH(CH_3)—CH(CH_3)—CH_3$

4,5-二甲基-2-己烯

## （三）烯烃的物理性质

烯烃的物理性质与烷烃相似。烯烃是无色物质，具有一定的气味。在常温常压下，$C_2$～

$C_4$的烯烃为气体，$C_5$～$C_{18}$的烯烃为液体，$C_{19}$及以上的为固体。直链 1-烯烃的沸点随着分子中碳原子数的增大而升高。烯烃都难溶于水，易溶于有机溶剂。烯烃的相对密度都小于 1。一些常见烯烃的物理常数如表 12-5 所示。

表 12-5　一些常见烯烃的物理常数

| 名称 | 熔点/℃ | 沸点/℃ | 相对密度 | 名称 | 熔点/℃ | 沸点/℃ | 相对密度 |
|---|---|---|---|---|---|---|---|
| 乙烯 | −169.4 | 103.9 | 0.570 | 反-2-戊烯 | −136.0 | 36.0 | 0.648 |
| 丙烯 | −185.2 | 47.7 | 0.610 | 3-甲基-1-丁烯 | −168.5 | 25.0 | 0.618 |
| 1-丁烯 | −130.0 | −6.1 | 0.625 | 2-甲基-2-丁烯 | −133.8 | 39.0 | 0.662 |
| 顺-2-丁烯 | −139.3 | 3.5 | 0.621 | 2-甲基-1-丁烯 | −137.6 | 20.1 | 0.633 |
| 反-2-丁烯 | −105.5 | 0.9 | 0.604 | 己烯 | −139 | 63.5 | 0.673 |
| 2-甲基丙烯 | −140.8 | −6.9 | 0.631 | 庚烯 | −119 | 93.6 | 0.697 |
| 1-戊烯 | −166.2 | 30.1 | 0.641 | 1-辛烯 | −104 | 122.5 | 0.716 |
| 顺-2-戊烯 | 151.1 | 37 | 0.655 | | | | |

## （四）烯烃的化学性质

烯烃的官能团是 C═C 双键，所以，烯烃的化学性质比较活泼，可以发生加成、氧化、聚合等反应。烯烃反应的主要部位如下：

$$\underset{(2)}{\underset{|}{R-CH}}-CH\underset{\uparrow\,(1)}{=}CH_2$$

R—CH(—H)—CH═CH₂ 中：(2) 指 α-碳上的 H，(1) 指双键。

（1）双键的反应（加成、氧化、聚合）

（2）$\alpha$-H 的反应

### 1. 加成反应

加成反应是烯烃的典型反应。不饱和链烃与氢气、卤素、卤化氢等试剂反应。反应时 π 键断裂，试剂分成两部分分别加到原双键或三键碳原子上，生成新的化合物，这种反应叫做加成反应。

（1）催化加氢　在催化剂（铂、镍、钯等）作用下，烯烃能与氢气加成生成烷烃。例如：

$$CH_2{=}CH_2 + H_2 \xrightarrow{Pt} CH_3{-}CH_3$$

$$R{-}CH{=}CH_2 + H_2 \xrightarrow{Pt} R{-}CH_2{-}CH_3$$

上述反应在常温下即可进行，工业上用镍作催化剂时，需加热至 200～300℃。

烯烃的加氢可用于精制汽油和其他石油产品。石油产品中的烯烃易受空气氧化，生成的有机酸有腐蚀作用，因而，除掉了烯烃，可以提高油的质量。

（2）加卤素　烯烃与卤素发生加成反应，生成邻二卤代烷，反应在常温下就可以迅速进行。

$$CH_2{=}CH_2 + Cl_2 \longrightarrow \underset{1,2\text{-二氯乙烷}}{CH_2Cl{-}CH_2Cl}$$

$$CH_3{-}CH{=}CH_2 + Br_2 \longrightarrow \underset{1,2\text{-二溴丙烷}}{CH_3{-}CHBr{-}CH_2Br}$$

把烯烃通入溴水中，溴水的颜色立即褪去。利用此反应可检验烯烃的存在。

烯烃与卤素反应的活性顺序为：$F_2>Cl_2>Br_2>I_2$。

（3）加卤化氢　烯烃与卤化氢气体或浓的氢卤酸反应时，生成一卤代烷。浓的氢碘酸、氢溴酸能直接与烯烃反应，但氯化氢需用催化剂催化。例如：

$$CH_2{=}CH_2 + HCl \xrightarrow[30\sim40℃]{无水AlCl_3} \underset{氯乙烷}{CH_3{-}CH_2Cl}$$

乙烯是对称分子，所以与卤化氢发生加成反应时，无论氢原子或卤原子加到双键的哪一个碳原子上，所得产物都是相同的。但当双键的碳原子上所连的原子或原子团不同时（这种烯烃叫做不对称烯烃），这种烯烃与卤化氢加成时，就会得到两种不同的产物。如丙烯与氯化氢加成：

$$CH_3{-}CH{=}CH_2 + HCl \longrightarrow \underset{2\text{-}氯丙烷}{\begin{array}{c}CH_3{-}CH{-}CH_3\\ |\\ Cl\end{array}} + \underset{1\text{-}氯丙烷}{\begin{array}{r}CH_3{-}CH_2{-}CH_2\\ |\\ Cl\end{array}}$$

实验证明，反应的主要产物是2-氯丙烷。

溴化氢和碘化氢与丙烯发生同样反应，而且更容易进行。

$$CH_3{-}CH{=}CH_2 + HBr \longrightarrow \underset{（主要产物）}{\begin{array}{c}CH_3{-}CH{-}CH_3\\ |\\ Br\end{array}}$$

$$\begin{array}{c}CH_3{-}C{=}CH_2\\ |\\ CH_3\end{array} + HBr \longrightarrow \underset{（主要产物）}{\begin{array}{c}Br\\ |\\ CH_3{-}C{-}CH_3\\ |\\ CH_3\end{array}}$$

溴化氢分子中的氢原子主要加到丙烯分子中含氢原子较多的双键碳原子上，而溴原子则主要加到含氢原子较少的双键碳原子上，其他的不对称烯烃都与丙烯的加成相似。

俄国化学家马尔科夫尼科夫根据大量的实验总结出一条规律：不对称烯烃与卤化氢等试剂加成时，试剂中的氢原子主要加到含氢原子较多的双键碳原子上，其他部分则主要加到含氢原子较少的双键碳原子上，这个规律叫做马尔科夫尼科夫规则，简称马氏规则。

（4）加水　在酸催化下，烯烃与水加成生成醇。例如：

$$CH_2{=}CH_2 + H_2O \xrightarrow[300℃,\ 7MPa]{H_3PO_4/硅藻土} CH_3{-}CH_2{-}OH$$

$$CH_3CH{=}CH_2 + H_2O \xrightarrow[300℃,\ 4MPa]{H_3PO_4/硅藻土} \begin{array}{c}CH_3CHCH_3\\ |\\ OH\end{array}$$

这是工业上由石油裂化气中低级烯烃制备醇的一种最重要的方法。

从丙烯与水的加成产物可以看出，在酸催化下，不对称烯烃与水加成也遵循马氏规则。

## 2. 氧化反应

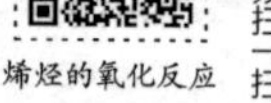


视频扫一扫

烯烃容易被氧化，随着反应条件和氧化剂不同，而得到不同的氧化产物。

（1）燃烧　烯烃都能燃烧生成二氧化碳和水，并放出大量的热。例如：

$$C_2H_4 + 3O_2 \xrightarrow{点燃} 2CO_2 + 2H_2O + 1410.8kJ/mol$$

（2）氧化剂氧化　烯烃易被高锰酸钾等氧化剂氧化，使得高锰酸钾紫色褪去。这是鉴别不饱和键的重要方法之一。

在中性或碱性 $KMnO_4$ 溶液中，烯烃的 C═C 双键中的 π 键断裂，双键碳原子上各加上一个羟基生成邻二醇。例如：

$$3RCH{=}CH_2 + 2KMnO_4 + 4H_2O \longrightarrow 3R-\underset{\displaystyle OH}{\underset{|}{CH}}-\underset{\displaystyle OH}{\underset{|}{CH_2}} + 2MnO_2\downarrow + 2KOH$$

在酸性高锰酸钾溶液中，烯烃被氧化的结果是在原来 C═C 双键的位置上发生碳链的断裂，生成羧酸或酮。氧化后，$CH_2$═基变成 $CO_2$，RCH═基变成 RCOOH，$\begin{matrix}R\\R\end{matrix}\!\!>\!C{=}$基变成$\begin{matrix}R\\R\end{matrix}\!\!>\!C{=}O$。例如：

$$RCH{=}CH_2 \xrightarrow{[O]} RCOOH + CO_2$$

$$CH_3CH_2CH{=}CHCH_3 \xrightarrow{[O]} CH_3CH_2COOH + CH_3COOH$$

$$\begin{matrix}R'\\R\end{matrix}\!\!>\!C{=}CH_2 \xrightarrow{[O]} RCOR' + HCOOH \xrightarrow{[O]} H_2O + CO_2$$

根据氧化产物，可推断原烯烃分子中的双键位置及其分子结构。

## 3. 聚合反应

烯烃在适当条件下，本身之间也能相互加成而生成高分子的化合物。例如：

$$nCH_2{=}CH_2 \xrightarrow[400℃,1000atm]{0.01\%O_2} \left[CH_2-CH_2\right]_n$$

聚乙烯

因为反应是在 1000atm 下进行的，工业上称此为高压聚乙烯。聚乙烯的密度为 $0.9g/cm^3$ 左右，质地软而韧、弹性强、电绝缘性好、耐化学腐蚀、无毒，故可用于农业生产和食品包装。如果加入适当的添加剂，加工成型，就成为常用的聚乙烯塑料制品。

这种在一定条件下，由不饱和链烃小分子相互结合成大分子的反应，叫做聚合反应。聚合反应生成的产物称为聚合物。

## 4. α-H 的取代反应

烯烃分子中的 α-氢原子因受双键的影响，表现出一定的活性，可以发生取代反应。

丙烯（$CH_3$—CH═$CH_2$）在一定条件下，C═C 双键可以与氯加成，—$CH_3$ 中的 α-H 可以被氯原子取代。因此，当丙烯与氯反应时，就会发生两个互相竞争的反应——加成与取代，生成两种不同的产物。

$$CH_3-CH{=}CH_2 + Cl_2 \begin{cases} \xrightarrow{<300℃,\text{加成}} CH_3-CHCl-CH_2Cl \\ \xrightarrow{>300℃,\text{取代}} ClCH_2-CH{=}CH_2 \end{cases}$$

实验发现，温度越高，越有利于取代。300℃以下，主要反应是加成；300℃以上，主要反应变成了取代。当温度升高到 500℃，丙烯与氯的加成大大被抑制，可以得到较高产率的取代产物。工业上就是采用这个方法，使干燥的丙烯在 500～530℃与氯反应来生产 3-氯丙烯。3-氯丙烯是制造甘油的重要原料。

## 二、炔烃

分子结构中含有碳碳三键的不饱和链烃叫做炔烃。乙炔是分子组成最简单的炔烃，也是炔烃最重要的代表物。

### （一）乙炔

乙炔的别名为电石气，分子式是 $C_2H_2$。

#### 1. 乙炔的分子结构



乙炔的结构式如下：

$$H—C\equiv C—H \quad (HC\equiv CH)$$

电子式为：

$$H\overset{\cdot}{\times}C\vdots\vdots C\overset{\times}{\cdot}H$$

图 12-4 是乙炔的分子模型。两个碳原子间用三个能弯曲的弹性短棒连接起来，表示碳碳三键。

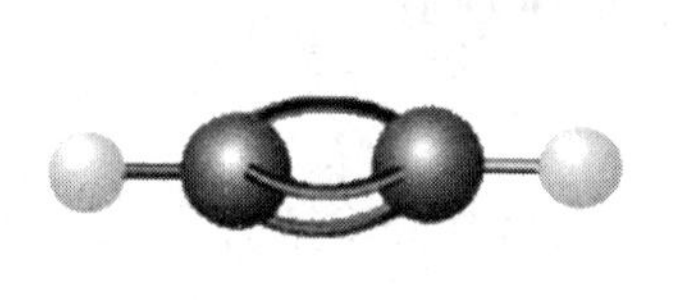
(a) 球棒模型

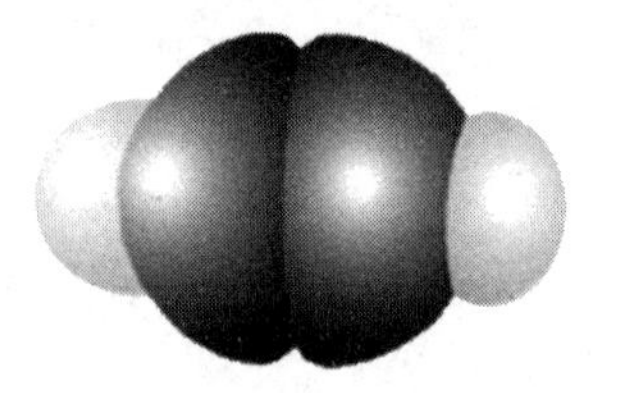
(b) 比例模型

图 12-4 乙炔的分子模型

现代物理方法证明，乙炔分子中所有原子都在一条直线上。C≡C 三键的键能是 835.9kJ/mol，键长是 $1.20\times10^{-10}$m，C—C—H 键角是 180°，其中 C≡C 三键是由一个 σ 键和两个 π 键组成。

#### 2. 乙炔的实验室制法

在实验室里，是用电石（$CaC_2$）和水反应来制取乙炔的。

$$CaC_2 + 2H_2O \longrightarrow C_2H_2\uparrow + Ca(OH)_2$$

这个反应比较剧烈，常用饱和食盐水代替水以得到平稳的乙炔气流。

#### 3. 乙炔的物理性质

纯净的乙炔是无色、无味的气体（由电石制得的乙炔常因混有磷化氢、硫化氢等杂质而有臭味），密度是 1.16g/L，可溶于水，在一个大气压下，1 体积乙炔溶于等体积水中，易溶于有机溶剂。

乙炔和乙烯一样，都是近代有机合成的基本原料。

### （二）炔烃的结构、同分异构现象及命名

#### 1. 炔烃的分子结构

炔烃中除乙炔外，还有与它相差一个或多个 $CH_2$ 原子团的一系列同系物。例如：

$$\underset{\text{丙炔}}{CH_3—C\equiv CH} \qquad \underset{\text{丁炔}}{CH_3—CH_2—C\equiv CH} \qquad \underset{\text{戊炔}}{CH_3CH_2CH_2C\equiv CH}$$

炔烃分子的结构特点是含有碳碳三键，碳碳三键是炔烃的官能团。

炔烃分子中碳碳三键的存在，使它在组成上较相应的烯烃又少两个氢原子，所以炔烃的通式是 $C_nH_{2n-2}$。

### 2. 炔烃的同分异构现象

炔烃的同分异构现象和烯烃相似，包括碳链异构和位置异构，但三键的碳原子上不可能再有支链，因此炔烃没有顺反异构。所以炔烃的异构体没有含相同碳原子数的烯烃多。例如，丁炔有两个异构体（丁烯有三个异构体）。

$CH_3—CH_2—C\equiv CH$　　1-丁炔

$CH_3—C\equiv C—CH_3$　　2-丁炔

### 3. 炔烃的命名

炔烃的命名与烯烃相似，只是把“某烯”改作“某炔”。例如：

$CH_3—C\equiv CH$　　丙炔

$CH_3—CH_2—C\equiv C—CH_3$　　2-戊炔

$CH_3—CH(CH_3)—C\equiv C—CH_3$　　4-甲基-2-戊炔

$CH_3—C(CH_3)_2—C\equiv C—CH(CH_3)—CH_3$　　2,2,4-三甲基-3-己炔

## （三）炔烃的物理性质

炔烃的物理性质与烯烃相似，也是随着碳原子数的增大而有规律的变化。它们的熔点、沸点和相当的烷烃、烯烃相比，稍高一些，相对密度稍大一点。常温常压下，$C_2$～$C_4$ 的炔烃为气体，$C_5$～$C_{15}$ 的炔烃为液体，$C_{16}$ 及以上的为固体。炔烃比水轻，难溶于水，易溶于有机溶剂。一些常见炔烃的物理常数如表 12-6 所示。

表 12-6　一些常见炔烃的物理常数

| 名称 | 熔点/℃ | 沸点/℃ | 相对密度 | 名称 | 熔点/℃ | 沸点/℃ | 相对密度 |
|---|---|---|---|---|---|---|---|
| 乙炔 | −80.8 | −84.0 | 0.618(−32℃) | 1-己炔 | −132.0 | 71.3 | 0.716 |
| 丙炔 | −101.5 | −23.2 | 0.706(−50℃) | 2-己炔 | 89.5 | 84.0 | 0.732 |
| 1-丁炔 | −122.7 | 8.1 | 0.678 | 3-己炔 | 103.0 | 81.5 | 0.723 |
| 2-丁炔 | −32.3 | 27.0 | 0.691 | 1-庚炔 | −81.0 | 99.7 | 0.733 |
| 1-戊炔 | −90.0 | 40.2 | 0.690 | 1-辛炔 | −79.3 | 125.2 | 0.717 |
| 2-戊炔 | −101.0 | 56.1 | 0.710 | 1-壬炔 | −50.0 | 150.8 | 0.760 |
| 3-甲基-1-丁炔 | −89.7 | 29.3 | 0.666 | 1-癸炔 | −36.0 | 171.0 | 0.765 |

## （四）炔烃的化学性质

炔烃分子中的碳碳三键中有两个 π 键，因此其化学性质活泼。与烯烃相似，可以发生加成反应、氧化反应、聚合反应等。由于三键碳原子上的氢原子具有弱酸性，故容易被金属取代而生成金属炔化物。

## 1. 加成反应

（1）催化加氢　与烯烃相似，在催化剂（铂、镍、钯等）作用下，炔烃与氢气加成。在不同条件下，可生成烯烃或烷烃。例如：

$$HC\equiv CH + H_2 \xrightarrow[\triangle]{Ni} CH_2=CH_2$$

$$HC\equiv CH + 2H_2 \xrightarrow[\triangle]{Ni} CH_3-CH_3$$

当氢过量，乙炔就加上两分子氢生成乙烷；控制反应条件，在乙炔加上一分子氢后立即将反应停止，得到的则是部分氢化产物乙烯。

（2）加卤素　炔烃可以与卤素发生加成反应。它与氯气的加成反应需要氯化铁作催化剂，由于反应过于剧烈，需加入惰性溶剂稀释炔烃。若使用过量的氯气可加入两分子氯气。例如：

$$HC\equiv CH \xrightarrow{Cl_2} \underset{1,2\text{-二氯乙烯}}{CHCl=CHCl} \xrightarrow{Cl_2} \underset{1,1,2,2\text{-四氯乙烷}}{CHCl_2-CHCl_2}$$

溴同样能与炔烃进行加成，生成二溴代烯或四溴代烷，但反应速率较氯慢。炔烃与溴水反应，使得溴水褪色。利用这个性质可以检验炔烃的存在。

（3）加卤化氢　炔烃与卤化氢的加成反应常以 $HgCl_2$ 作催化剂。例如：

$$HC\equiv CH + HCl \xrightarrow[150\sim160℃]{HgCl_2} \underset{\text{氯乙烯}}{CH_2=CHCl}$$

用 $HgCl_2$ 作催化剂，乙炔与氯化氢在加热条件下，即可发生加成反应生成氯乙烯。这是工业上制备氯乙烯的方法。氯乙烯是生产聚氯乙烯的单体。

不对称炔烃与卤化氢的加成，也遵循马氏规则。例如：

$$CH_3-C\equiv CH \xrightarrow{HCl} \underset{2\text{-氯丙烯}}{CH_3-CCl=CH_2}$$

（4）加水　在硫酸汞和稀硫酸溶液中，炔烃与水加成，生成烯醇，烯醇不稳定，立即重排为稳定的醛或酮。乙炔加水得到的是乙醛，其余炔烃加水都得到酮。例如：

$$HC\equiv CH+H_2O \xrightarrow[\text{稀}H_2SO_4]{HgSO_4} \underset{\text{烯醇}}{[CH_2=CH-OH]} \xrightarrow{\text{重排}} \underset{\text{乙醛}}{CH_3CHO}$$

不对称炔烃与水的加成反应也遵循马氏规则。例如：

$$CH_3-C\equiv CH+H_2O \xrightarrow[\text{稀}H_2SO_4]{HgSO_4} \underset{\text{烯醇}}{[CH_3-C(OH)=CH_2]} \xrightarrow{\text{重排}} \underset{\text{丙酮}}{CH_3-\overset{\overset{O}{\|}}{C}-CH_3}$$

## 2. 聚合反应

低级的炔烃在不同条件下可以发生不同的聚合反应，生成不同的聚合产物。例如：

$$3CH \equiv CH \xrightarrow{500℃} \text{苯}$$

### 3. 氧化反应

与烯烃的 C═C 双键相似，炔烃的 C≡C 三键也可以被氧化。

（1）燃烧　炔烃都能燃烧生成二氧化碳和水，并放出大量的热。其中乙炔燃烧火焰明亮并带有浓厚的黑烟。

$$2C_2H_2 + 5O_2 \xrightarrow{\text{点燃}} 4CO_2 + 2H_2O + 2599.1\text{kJ/mol}$$

乙炔在氧气中燃烧时，氧炔焰的温度可高达 3000℃以上，可用来切割和焊接金属。

（2）高锰酸钾氧化　乙炔被高锰酸钾氧化时，三键完全断裂，生成二氧化碳。同时高锰酸钾溶液的紫红色褪去。

$$3C_2H_2 + 10KMnO_4 + 2H_2O \longrightarrow 6CO_2 + 10MnO_2\downarrow + 10KOH$$

此反应的现象非常明显，可用作三键的检验。炔烃结构不同，其氧化产物也不同。因此通过鉴定氧化产物，可以确定炔烃中三键的位置，进而确定炔烃的结构。如果是非末端炔烃，氧化的最终产物则是羧酸（C≡C 三键断裂）。

$$RC \equiv CH \xrightarrow{\text{过量}KMnO_4} RCOOH + HCOOH \xrightarrow{[O]} CO_2 + H_2O$$

$$RC \equiv CR' \xrightarrow{\text{过量}KMnO_4} RCOOH + R'COOH$$

例如：

$$CH_3-C \equiv CH \xrightarrow[H_2O]{KMnO_4} \underset{\text{乙酸}}{CH_3COOH} + CO_2$$

$$CH_3-C \equiv C-CH_3 \xrightarrow[H_2O]{KMnO_4} \underset{\text{乙酸}}{2CH_3COOH}$$

$$CH_3-C \equiv C-CH_2CH_3 \xrightarrow[H_2O]{KMnO_4} \underset{\text{乙酸}}{CH_3COOH} + \underset{\text{丙酸}}{CH_3CH_2COOH}$$

### 4. 金属炔化物的生成

炔烃分子中，三键碳原子上的氢原子受三键的影响，性质较活泼，具有弱酸性。可以被 $Ag^+$ 或 $Cu^+$ 取代，生成白色的炔化银或砖红色的炔化亚铜沉淀。例如，把乙炔通入硝酸银的氨溶液中，立即生成白色的乙炔银沉淀。

$$CH \equiv CH + 2Ag(NH_3)_2NO_3 \longrightarrow \underset{\text{乙炔银（白色）}}{AgC \equiv CAg\downarrow} + 2NH_4NO_3 + 2NH_3$$

把乙炔通入氯化亚铜的氨溶液中，立即生成砖红色的乙炔亚铜沉淀。

$$CH \equiv CH + 2Cu(NH_3)_2Cl \longrightarrow \underset{\text{乙炔亚铜（砖红色）}}{CuC \equiv CCu\downarrow} + 2NH_4Cl + 2NH_3$$

这是具有—C≡C—H 结构的 1-某炔的一个特征反应。

$$R-C \equiv CH + Ag(NH_3)_2NO_3 \longrightarrow R-C \equiv CAg\downarrow + NH_4NO_3 + NH_3$$

$$R-C \equiv CH + Cu(NH_3)_2Cl \longrightarrow R-C \equiv Cu\downarrow + NH_4Cl + NH_3$$

在实验室中和生产上，经常用于乙炔和其他 1-某炔的分析、鉴定。而 R—C≡C—R′ 型的非末端炔烃不能进行这两个反应。

炔银和炔亚铜等重金属炔化物，潮湿时比较稳定，干燥时遇热或受撞击容易发生爆炸，生成金属和碳。

$$AgC \equiv CAg \xrightarrow{\triangle} 2Ag + 2C + 365kJ/mol$$

因此，必须将不再使用的金属炔化物，用稀硝酸或稀盐酸处理，使之分解，以免发生危险。

$$AgC \equiv CAg + 2HCl \longrightarrow CH \equiv CH + 2AgCl$$

$$CuC \equiv CCu + 2HCl \longrightarrow CH \equiv CH + 2CuCl$$

利用金属炔化物遇酸容易分解为原来的炔烃这一性质，可以用来分离和提纯末端炔烃。

# 第四节 芳香烃

芳香烃（简称芳烃），最初从植物体中获得，一般具有芳香气味，历史上叫做芳香烃。随着科学的发展，发现芳香烃的本质是分子中含有苯环结构。故芳香烃可定义为分子中含有苯环的烃叫做芳香烃，用通式 Ar—H 表示。

## 一、芳香烃的结构和分类

芳香烃按分子结构，可分为两大类：单环芳香烃和多环芳香烃。

### 1. 单环芳香烃

分子中只含有一个苯环结构的芳烃为单环芳香烃。例如：

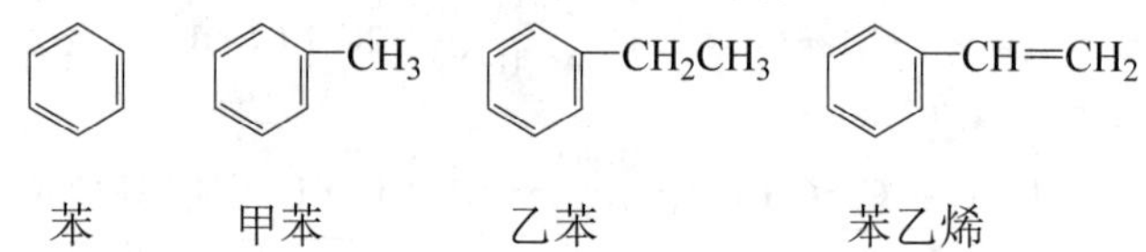


苯　　甲苯　　乙苯　　苯乙烯

### 2. 多环芳香烃

（1）联苯　苯环各以环上的一个碳原子直接相连。例如：

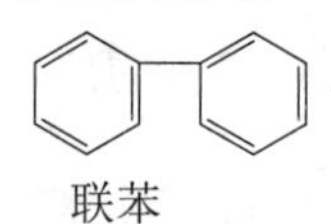

联苯

（2）多苯代芳香烃　可以看作是以苯环取代脂肪烃中的氢原子而形成的。例如：

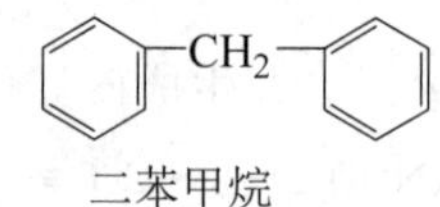


二苯甲烷

（3）稠环芳香烃　分子中含有两个或两个以上苯环，并彼此间通过共用相邻的两个碳原子稠合而成的芳烃。例如：

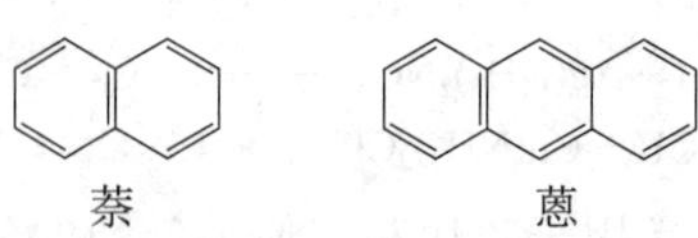

萘　　蒽

## 二、单环芳香烃

苯是芳香烃的代表，也是最简单的芳香烃。要研究单环芳香烃，首先要了解苯的结构及性质。

### （一）苯

苯的结构

动画扫一扫

#### 1. 苯的分子结构

苯的分子式为 $C_6H_6$。

近代物理方法证明，苯分子具有平面正六边形结构。其 6 个碳原子和 6 个氢原子都在同一平面上，包含 6 个等同的 C—H σ 键和一个包括 6 个碳原子在内的环状闭合大 π 键（芳香键：6 个 C—C σ 键和 1 个大 π 键）。碳碳键键长均为 0.139nm，比碳碳单键（0.154nm）短，比碳碳双键（0.134nm）长，碳氢键都是 0.108nm，所有键角都是 120°。苯的分子结构如图 12-5 所示。

苯的结构式常用（b）或（c）来表示。

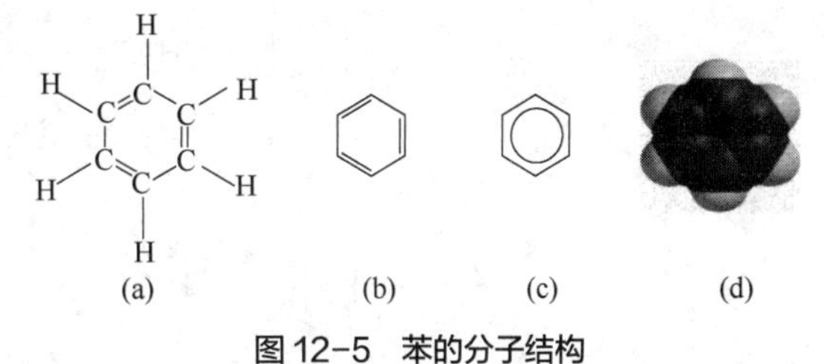


图 12-5 苯的分子结构

#### 2. 苯的物理性质

常温下，苯是无色带有特殊气味的液体，比水轻，易挥发，难溶于水，易溶于有机溶剂。其沸点是 80.1℃，熔点是 5.5℃。

#### 3. 苯的化学性质

芳香烃的化学性质

视频扫一扫

由于苯环中闭合大 π 键的存在，使得苯环不易发生加成反应、氧化反应，而易发生取代反应。

（1）取代反应　在一定条件下，苯分子中的氢原子被其他原子或原子团替代的反应叫苯的取代反应。根据取代基团的不同，可分为卤代、硝化、磺化、傅-克反应等。

① 卤代反应　苯与氯、溴在铁或三价铁盐等的催化下加热，苯环上的氢原子可被氯或溴取代，生成相应的卤代苯。

$$C_6H_6 + Cl_2 \xrightarrow{Fe} C_6H_5\text{—}Cl + HCl$$

氯苯

$$C_6H_6 + Br_2 \xrightarrow{FeBr_3} C_6H_5\text{—}Br + HBr$$

溴苯

② 硝化反应　苯与浓硝酸和浓硫酸的混合物（通称混酸）在一定温度下可发生硝化反应，苯环上的氢原子被硝基（$—NO_2$）取代生成硝基苯。

$$C_6H_6 + HNO_3 \xrightarrow[50\sim60℃]{H_2SO_4} C_6H_5\text{—}NO_2 + H_2O$$

硝基苯

硝基苯是一种具有苦杏仁味的油状液体，不纯时显淡黄色，比水重，是制造染料和农药等的原料。

③ 磺化反应　苯和浓硫酸共热，环上的氢原子可被磺酸基（$—SO_3H$）取代，产物是苯磺酸。

$$C_6H_6 + H_2SO_4 \xrightarrow{70\sim80℃} C_6H_5SO_3H + H_2O$$

苯磺酸

苯磺酸与硫酸相似，是一种强酸，易溶于水。磺化反应在工业上用于生产合成洗涤剂、医药、染料等。

④ 傅-克反应　傅里德-克拉夫茨反应，简称傅-克反应，1877 年由法国化学家查尔斯·傅里德和美国化学家詹姆斯·克拉夫茨共同发现。芳香烃在无水 $AlCl_3$ 或无水 $FeCl_3$ 等催化剂作用下，环上的氢原子能被烷基和酰基所取代，这是一个制备烷基烃和芳香酮的方法。该反应主要分为两类：烷基化反应和酰基化反应。

$$C_6H_6 + CH_3Cl \xrightarrow{\text{无水}AlCl_3} C_6H_5CH_3 + HCl$$

傅-克烷基化反应

$$C_6H_6 + CH_3COCl \xrightarrow{AlCl_3} C_6H_5COCH_3 + HCl$$

傅-克酰基化反应

（2）加成反应　苯环比一般不饱和烃要稳定得多，只有在特殊条件下，才发生加成反应。例如在催化剂镍、钯、铂的作用下，苯与氢反应生成环己烷。

$$C_6H_6 + 3H_2 \xrightarrow[150\sim250℃,\ 2.5atm]{Ni} C_6H_{12}$$

在日光或紫外线照射下，苯能与氯加成，生成六氯环己烷（$C_6H_6Cl_6$，简称六六六）。

$$C_6H_6 + 3Cl_2 \xrightarrow{\text{光照}} C_6H_6Cl_6$$

六六六曾是一种有效的有机氯杀虫剂，但由于它的化学性质稳定，残存毒性大，不易分解，对人畜有害，现已被淘汰。

过去，大量的苯从煤焦油中提取；现在，苯主要由石油的某些成分转化而来。苯广泛地应用于化工领域，苯也是很好的有机溶剂。苯能抑制造血系统，长期接触高浓度的苯可引起白血病。自然界中，火山爆发和森林火险都能生成苯，苯也存在于香烟的烟气中。

## （二）苯的同系物

### 1. 苯的同系物的结构

苯分子中的一个或几个氢原子被烷基取代后的产物，称为苯的同系物。例如：

$C_6H_5$—$CH_3$　　$C_6H_5$—$CH_2CH_3$　　$C_6H_5$—$CH_2(CH_2)_{10}CH_3$

苯的同系物的通式为 $C_nH_{2n-6}$（$n \geq 6$）。

芳香烃分子中去掉一个或几个氢原子后剩下的原子团叫芳基。常用 Ar—表示。常见的一价芳基，如苯基（$C_6H_5$—）、苯甲基（或苄基，$C_6H_5CH_2$—）。

## 2. 苯的同系物的命名

苯的同系物的命名是以苯环为母体，烷基作为取代基。

当苯环上只有一个取代基时，把取代基的名称写在苯字前面即可。对于小于或等于 10 个碳原子的烷基，常省略某基的“基”字；对于 10 个以上碳原子的烷基，一般不省略“基”字。例如：

$C_6H_5-CH_3$ 甲苯　$C_6H_5-CH_2CH_3$ 乙苯　$C_6H_5-CH_2(CH_2)_{10}CH_3$ 十二烷基苯

当苯环上含有两个取代基时，有三种位置异构体。命名时，两个取代基的相对位置，可用阿拉伯数字表示，也可用邻、间、对表示。例如：

邻二甲苯（1,2-二甲苯）　间二甲苯（1,3-二甲苯）　对二甲苯（1,4-二甲苯）

当苯环上有三个取代基时，也有三种位置异构体。命名时，取代基的相对位置常用阿拉伯数字表示，应从含碳原子数最少的取代基开始向最接近其他取代基的方向编号。如果三个取代基相同时，也可用连、偏、均表示。例如：

连三甲苯（1,2,3-三甲苯）　均三甲苯（1,3,5-三甲苯）　偏三甲苯（1,2,4-三甲苯）

当苯环上连有较复杂的烷基时，通常把苯环当作取代基来命名。例如：

$CH_3-CH(C_6H_5)-CH_2-CH_3$ 2-苯基丁烷

$CH_3-CH(C_6H_5)-CH(CH_3)-CH_3$ 2-甲基-3-苯基丁烷

## 3. 苯的同系物的物理性质

苯的同系物一般多为无色易挥发的液体，有特殊的气味，比水轻，不溶于水，易溶于有机溶剂。沸点随分子量增加而升高。一些苯的同系物的物理常数见表 12-7。

表 12-7　一些苯的同系物的物理常数

| 名称 | 沸点/℃ | 熔点/℃ | 相对密度[①] |
|---|---|---|---|
| 苯 | 80.1 | 5.5 | 0.8765 |
| 甲苯 | 110.6 | −95.0 | 0.8669 |
| 乙苯 | 136.2 | −95.0 | 0.8670 |
| 丙苯 | 159.2 | −99.5 | 0.8620 |
| 异丙苯 | 152.4 | −96.0 | 0.8618 |

续表

| 名称 | 沸点/℃ | 熔点/℃ | 相对密度① |
|---|---|---|---|
| 邻二甲苯 | 144.4 | −25.2 | 0.8602（10℃） |
| 间二甲苯 | 139.1 | −47.9 | 0.8642 |
| 对二甲苯 | 138.3 | 13.3 | 0.8611 |

① 除注明者外，其余均为20℃时的数据。

## 4. 苯的同系物的化学性质

（1）取代反应

① 卤代反应。甲苯的卤代反应比苯容易，如与氯气反应，产物主要是邻氯甲苯和对氯甲苯。

$$2\,C_6H_5CH_3 + 2Cl_2 \xrightarrow{FeCl_3} o\text{-}CH_3C_6H_4Cl + p\text{-}CH_3C_6H_4Cl + 2HCl$$

邻氯甲苯　　对氯甲苯

② 硝化反应。烷基苯用混酸硝化比苯容易，主要产物是邻位和对位硝基苯。

$$2\,C_6H_5CH_3 + 2HNO_3 \xrightarrow[30℃]{H_2SO_4} o\text{-}CH_3C_6H_4NO_2 + p\text{-}CH_3C_6H_4NO_2 + 2H_2O$$

邻硝基甲苯　　对硝基甲苯

如继续反应则生成2,4,6-三硝基甲苯，俗称TNT。

③ 磺化反应。甲苯比苯容易磺化，主要得到邻、对位产物。

$$2\,C_6H_5CH_3 + 2H_2SO_4 \xrightarrow{0℃} o\text{-}CH_3C_6H_4SO_3H + p\text{-}CH_3C_6H_4SO_3H + 2H_2O$$

邻甲苯磺酸　　对甲苯磺酸

（2）侧链上的反应——氧化反应　苯环相当稳定，不易被氧化。但是具有$\alpha$-H 的烷基苯在高锰酸钾、重铬酸钾的酸性溶液中能被氧化，不论侧链长短，氧化都生成苯甲酸。若$\alpha$-C上没有氢原子时，则不易被氧化。例如：

$$C_6H_5{-}CH_3 \xrightarrow[℃]{KMnO_4,\ H^+} C_6H_5{-}COOH$$

$$C_6H_5{-}CH_2R \xrightarrow[℃]{KMnO_4,\ H^+} C_6H_5{-}COOH$$

$$C_6H_4(CH_3)_2\ (\text{邻位}) \xrightarrow[℃]{KMnO_4,\ H^+} C_6H_4(COOH)_2\ (\text{邻位})$$

$$C_6H_5{-}CR_3 \xrightarrow[℃]{KMnO_4,\ H^+} \text{不氧化}$$

## 知识拓展

### 新中国石油工业

新中国石油工业在党的领导下，经过几代石油职工的艰苦奋斗，积极探索中国特色社会主义石油工业发展之路，实现了从小到大、由弱变强的跨越，把我国从一个“贫油国”发展成为世界石油石化大国，建立起现代化的石油工业体系，有力保障了国家油气安全稳定供应，为经济社会发展作出了重要贡献。

1949 年，全国石油产量仅有 12 万吨，国内使用的石油产品几乎全部依赖进口。为解决社会主义建设各方面急需用油的问题，党中央高度重视石油工业发展，成立专门机构，调集各方力量，在甘肃玉门建成新中国第一个石油工业基地，在全国范围内掀起油气生产建设的高潮。1955 年，克拉玛依油田的发现实现了新中国石油工业的首个突破。1958 年，发现、开发了大庆油田。1963 年，我国实现“石油基本自给”的历史性转变，之后又相继开发建设了胜利、华北、辽河等大油田，建成了大庆石化、“八三”管道等一批重大工程。1978 年，我国原油年产量突破 1 亿吨，正式跨入世界主要产油国行列。

改革开放后，为满足经济高速发展和国防建设对石油石化产品的需求，石油勘探开发会战主战场从东部延伸到西部、从陆地扩展到海洋，建成了一大批现代化的大油田、大炼厂、油气管道和销售网络，石油石化产业链不断延伸完善，成为国民经济的中流砥柱。国内原油和天然气产量分别迈上了新台阶。

党的十八大以来，石油工业以习近平新时代中国特色社会主义思想为指引，全面深化改革创新，积极参与“一带一路”建设，油气勘探持续深化，油气产量当量稳定增长，炼油化工布局结构不断优化，油气销售网络持续完善，行业综合实力和国际竞争力大幅增强，中国石油、中国石化等企业稳居《财富》世界 500 强排名前列。

### （三）苯环上取代基的定位规律

实验证明，当苯环上已经有一个取代基存在，再引入第二个取代基时，则第二个取代基进入的位置和难易程度主要决定于原有取代基的性质，而与进入的取代基关系较小。这就是苯环取代的定位规律。因此，把苯环上已有的取代基叫做定位取代基。根据许多实验事实，可以把定位取代基分为两类。

#### 1. 邻、对位定位基

当苯环上已带有这类定位取代基时，再引入的其他基团主要进入它的邻位或对位，而且第二个取代基的进入一般比没有这个取代基（即苯）时容易，或者说这个取代基使苯环活化。下面是常见的邻、对位定位取代基，它们的定位取代效应按下列次序而渐减。

$$\xrightarrow[\text{定位能力依次减弱}]{—NH_2,—OH,—OCH_3,—CH_3(—R),—Cl,—Br,—I,—Ar\text{等}}$$

#### 2. 间位定位基

当这类定位基已在苯环上时，再引入的新取代基主要进到它的间位上。下面是常见的间位定位基和它们定位能力顺序：

$$\xrightarrow[\text{定位能力依次减弱}]{-NO_2,-CN,-SO_3H,-CHO,-COOH\text{等}}$$

当苯环上已有两个取代基时，第三个取代基进入苯环的位置主要由原来的两个取代基决定。一般有以下两种情况：

（1）当苯环上同时存在两类定位基时，第三个取代基进入苯环的位置由邻、对位定位基决定。例如，下列化合物中再引入一个取代基时，取代基主要进入箭头所示的位置。

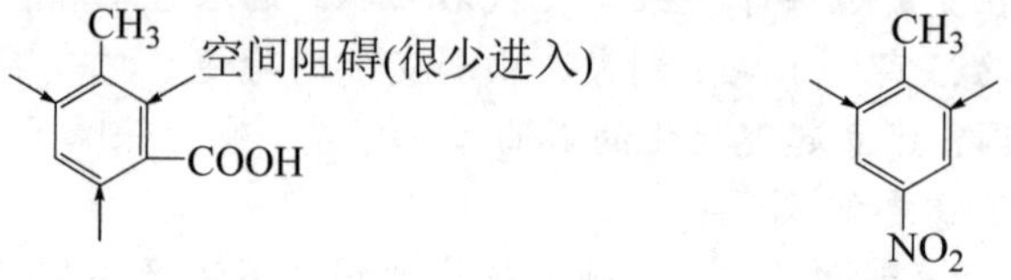

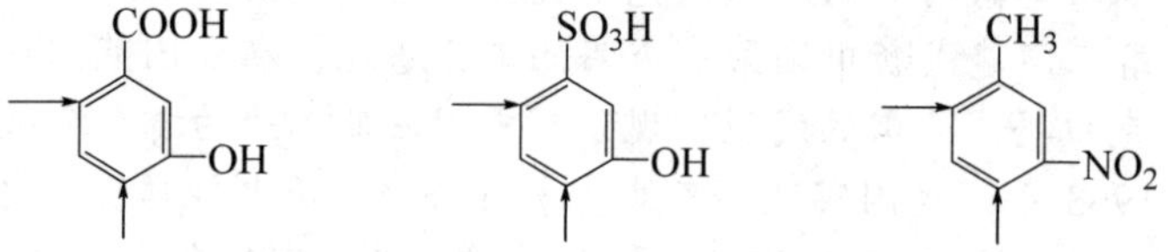

空间阻碍(很少进入)

（2）当苯环上同时存在两个同类定位基时，第三个取代基进入苯环的位置由同类中定位能力强的定位基决定。例如：

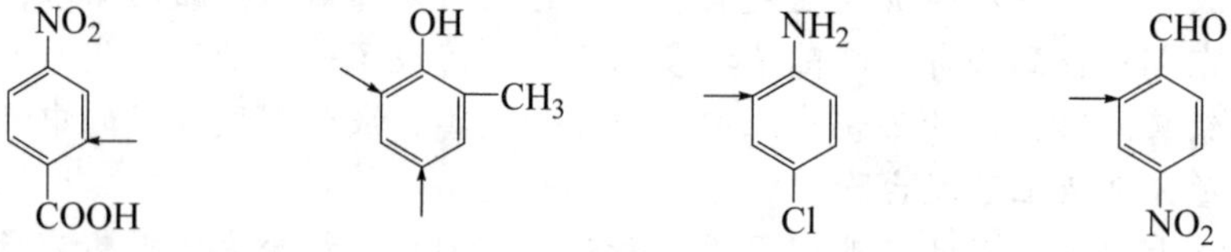

## 3. 定位基规律的应用

苯环上取代基定位规律对于预测反应产物和选择正确的合成路线具有重大的指导作用。

例如，以苯为起始原料，合成间硝基氯苯。

分析：由苯合成间硝基氯苯，有两条路线可供选择。（a）先氯化再硝化；（b）先硝化再氯化。若采用（a）合成路线，先由苯 ⟶ 氯苯，由于氯是邻、对定位基，再硝化得到的主要产物是邻硝基氯苯和对硝基氯苯，不合题意；若采用（b）合成路线，因硝基是间位定位基，主要产物是间氯硝基苯，符合题意要求。正确的合成路线应为：

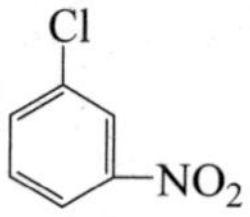

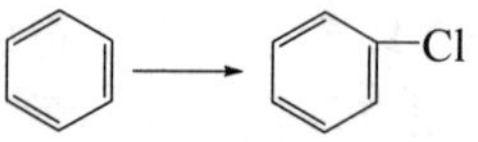

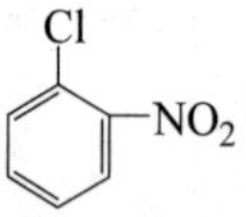

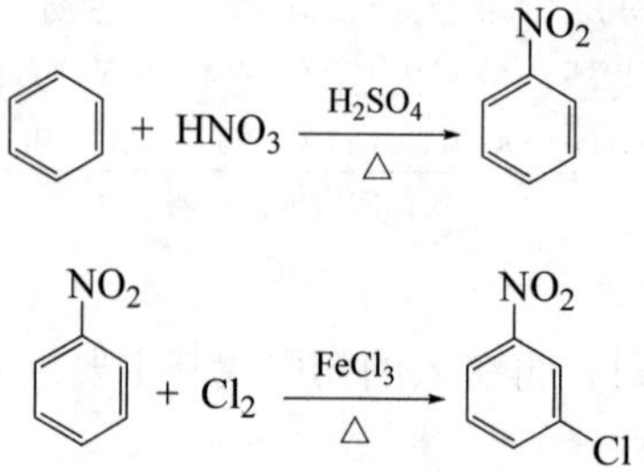

$$C_6H_6 + HNO_3 \xrightarrow[\triangle]{H_2SO_4} C_6H_5NO_2$$

$$C_6H_5NO_2 + Cl_2 \xrightarrow[\triangle]{FeCl_3} m\text{-}ClC_6H_4NO_2$$

又如，以苯为起始原料，合成间溴苯甲酸。

分析：羧基不能直接引入苯环，可以通过傅-克反应引入烷基后进行氧化而得到，溴原子可通过溴化而引入。要是先溴化，由于溴是邻、对位定位基，然后进行付-克反应，引入烷基，再将烷基氧化，得到（邻溴苯甲酸：COOH、Br）和（对溴苯甲酸：COOH、Br），不合题意；同样，先傅-克反应，然后进行溴化，最后再氧化，也是得到（邻溴苯甲酸：COOH、Br）和（对溴苯甲酸：COOH、Br），也不合题意；只有先傅-克反应引入烷基，然后将烷基氧化为羧基，羧基为间位定位基，最后溴化，是正确的合成路线。由方程式表示的合成路线如下：

$$\text{苯} \xrightarrow[\text{无水}AlCl_3]{CH_3CH_2Br} C_6H_5C_2H_5 \xrightarrow{KMnO_4/H^+} C_6H_5COOH \xrightarrow[\triangle]{Br_2,\ FeBr_3} \text{间溴苯甲酸（COOH, Br）}$$

## 三、稠环芳香烃

稠环芳香烃都是固体，密度大于 $1g/cm^3$，存在于煤焦油中。比较重要的稠环芳烃有萘、蒽、菲等，它们都是合成染料、医药的重要原料。

### 1. 萘

萘是无色片状晶体，熔点为 80℃，沸点为 218℃，易升华。萘有类似樟脑的气味，不溶于水，而溶于乙醇、乙醚及苯。

萘具有杀菌、防蛀和驱虫的效能，曾经用作防虫的卫生球，萘蒸气有毒，现已禁用。

萘是两个苯环稠合而成的化合物，它的分子式为 $C_{10}H_8$，结构式如下：

（萘的结构式：α 8、1；β 7、2；β 6、3；α 5、4；9、10）

其中，1，4，5，8 称 $\alpha$ 位，2，3，6，7 称 $\beta$ 位，9，10 两碳原子上无氢原子。

萘和苯的化学性质相似，也易发生取代反应，但反应主要发生在 $\alpha$ 位。例如：

$$C_{10}H_8 + Br_2 \xrightarrow{CCl_4} C_{10}H_7Br + HBr$$

$\alpha$-溴萘

### 2. 蒽和菲

蒽和菲都是由三个苯环稠合而成的，二者互为同分异构体，它们的分子式为 $C_{14}H_{10}$。但稠合方式不同。蒽和菲分子中所有的碳原子也都处在同一平面上。蒽和菲的结构式及环上碳原子的固定编号如下：

蒽　　　　菲

在蒽和菲的分子结构中，$\gamma$ 位最活动，$\alpha$ 位次之，$\beta$ 位再次之。

蒽和菲都是无色片状晶体，且都具有蓝色的荧光。蒽的熔点为 216℃，菲的熔点为 101℃，都不溶于水，易溶于有机溶剂。

### 3. 芘和 3,4-苯并芘

芘和 3,4-苯并芘的结构如下：

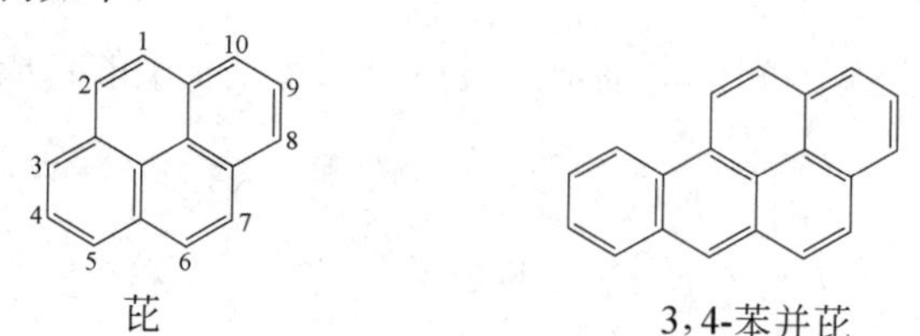

芘　　　　3,4-苯并芘

近年来研究证明，芘和 3,4-苯并芘等稠环芳香烃有强烈的致癌作用。一切含碳燃料及许多有机物不完全燃烧都会产生芘和 3,4-苯并芘，从而对大气、水源、土壤、农作物等造成污染。粮油食品、肉类、鱼类在加工熏制的过程中也会受到污染。

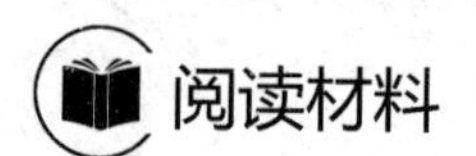


## 3,4-苯并芘

3,4-苯并芘，分子式为 $C_{20}H_{12}$，分子量为 252.31。

3,4-苯并芘是由 5 个苯环构成的多环芳烃，是 1933 年第一次由沥青中分离出来的一种致癌物。常温下为浅黄色晶状固体，熔点为 179°C，沸点为 312°C。难溶于水，微溶于乙醇、甲醇，易溶于苯、甲苯、二甲苯、氯仿、乙醚、丙酮等有机溶剂。碱性情况下稳定，遇酸易发生化学变化。

环境中的 3,4-苯并芘主要来源于工业生产和生活中煤炭、石油和天然气燃烧产生的废气；机动车辆排出的废气；加工橡胶、熏制食品以及纸烟与烟草的烟气等。据报道，一包香烟内含有 0.32mg 的 3,4-苯并芘；每烧 1kg 煤，可产生 0.21mg；100g 煤烟中含 6.4mg；汽车排气中的炭黑，每 1g 中就有 75.4mg，这种汽车每行驶 1h，就排出大约 300mg 的 3,4-苯并芘。大气中的致癌物质有 3,4-苯并芘、二苯并芘等十多种多环芳香烃。由于 3,4-苯并芘较为稳定，在环境中广泛存在，且与其他多环芳烃化合物的含量有一定相关性，所以都把 3,4-苯并芘作为大气致病物质的代表。随着城市大气污染的增加，呼吸道癌症发病率、肺癌死亡率显著增加。3,4-苯并芘是一种强的环境致癌物，可诱发皮肤、肺和消化道癌症，是环境污染主要监测项目之一。

## 习题

### 一、填空题

1. 烷烃的通式是________，烯烃的通式是________，炔烃的通式是________，苯的同系物的通式是__________。

2. 在有机化合物中，碳原子间不仅可以形成碳碳单键，还可以形成碳碳________键和碳碳__________键。

3. $-CH_3$ 的名称是______基，$-CH_2CH_3$ 的名称是____基，丙基的结构是______，异丙基的结构是______，乙烯基的结构是________，苯基的结构是________，苄基的结构是________。

4. 实验室制取甲烷时采用了碱石灰和________，碱石灰中的氧化钙的作用是________；实验室制乙烯的原料是__________，其使用的比例是__________，反应方程式为________________，装置中温度计的位置必须在__________；实验室制取乙炔的原料是___________。

5. 苯的性质比较稳定，一般不与__________、__________、__________作用。苯的取代反应主要有___________、__________、__________、__________。

### 二、选择题

1. 下列气体中，主要成分不是甲烷的是（　　）。
   A.沼气　B.天然气　C.水煤气　D.坑气

2. 大多数有机物完全燃烧的最终产物是（　　）。
   A. CO　B. $CO_2$　C. $CO_2$ 和 $H_2O$　D. CO 和 $CO_2$

3. 下列物质属于无机物的是（　　）。
   A.尿素　B.醋酸　C.氰酸铵　D.甲烷

4. 工业生产乙烯的主要原料是（　　）。
   A.天然　B.煤　C.石油　D.乙醇

5. 下列物质中，互为同系物的是（　　）。
   A. $CH_4$ 和 $C_{10}H_{22}$　B. $CH_4$ 和 $C_2H_4$
   C. $C_2H_6$ 和 $C_4H_6$　D. $CH_3COOH$ 和 $C_3H_8$

6. 正丁烷和异丁烷互为同分异构体的依据是（　　）。
   A.具有相似的化学性质
   B.具有相同的物理性质
   C.分子具有相同的结构
   D.化学式相同，分子内碳原子结合方式不同

7. 下列关于甲烷结构的说法中，错误的是（　　）。
   A.甲烷是一个极性分子　B.甲烷具有正四面体结构
   C.甲烷分子具有极性键　D.甲烷分子的键角为90°

8. 下列各组物质中，互为同分异构体的是（　　），为同一种物质的是（　　）。
   A. $CH_3-CH_2-CH_3$　和　$CH_3-CH_2-CH_2-CH_3$

B. $\mathrm{CH_3-CH(CH_3)-CH_3}$ 和 $\mathrm{CH_3-CH_2-CH_2-CH_2-CH_3}$

C. $\mathrm{CH_3-CH(CH_3)-CH_2-CH_2(CH_3)}$ 和 $\mathrm{CH_3-CH(CH_3)-CH(CH_3)-CH_3}$

D. $\mathrm{CH_3-CH(CH_3)-CH(CH_3)-CH_3}$ 和 $\mathrm{CH_3-CH(CH_3)-CH(CH_3)-CH_3}$

9. 下列物质中，不能使溴水和酸性高锰酸钾溶液褪色的是（　　）。

A. $C_7H_{14}$　　B. $C_3H_6$　　C. $C_5H_{12}$　　D. $C_4H_6$

10. 在实验室中通常以加热乙醇和浓硫酸的混合液来制取乙烯，在这个反应中浓硫酸（　　）。

A.既是催化剂又是脱水剂　　B.既是反应物又是脱水剂

C.既是反应物又是催化剂　　D.仅是催化剂

11. 下列物质中，能使含硝酸银的氨溶液产生白色沉淀的是（　　）。

A.乙烷　　B.乙烯　　C.乙炔　　D. 2-戊炔

12. 分子式为 $C_8H_{10}$，属于苯的同系物的异构体数目为（　　）。

A. 2　　B. 3　　C. 4　　D. 5

## 三、用系统命名法命名下列化合物

1. $\mathrm{CH_3-CH_2-CH_2-CH_2-CH_2-CH_3}$

2. $\mathrm{CH_3-(CH_2)_{10}-CH_3}$

3. $\mathrm{CH_3-C(CH_3)_2-CH_2-CH(CH_3)-CH_3}$

4. $\mathrm{CH_3-C(CH_2CH_3)_2-CH_2-CH_3}$

5. $\mathrm{CH_3-CH_2-C(CH_2CH_3)(CH_3)-CH_2-CH_2-CH_3}$

6. $\mathrm{CH_3-CH_2-CH_2-CH_2-CH(CH_3)-CH_3}$

7. $\mathrm{CH_2=CH-CH_2-CH_3}$

8. $\mathrm{CH_2=CH-CH_2-CH(CH_3)-CH_3}$

9. $\mathrm{CH_3-CH(CH_3)-CH(CH_3)-CH=CH_2}$

10. $\mathrm{CH_3CH_2C(CH_2CH_3)=C(CH_3)-CH_2CH_3}$

11. $\mathrm{(CH_3)(CH_3CH_2)C=C(CH(CH_3)_2)(CH_2CH_3)}$

12. $\mathrm{CH_3-CH_2-C\equiv C-CH_2-CH_3}$

13. $\mathrm{CH_3CH_2CH(C_2H_5)-C\equiv CCH_3}$

14. $\mathrm{CH_3-C(CH_3)_2-C\equiv C-CH(CH_3)-CH_3}$

## 四、根据名称写出下列化合物的结构简式

1. 2,2-二甲基戊烷

2. 2,2,3-三甲基丁烷

3. 2-甲基-3-乙基戊烷
4. 3,3-二乙基己烷
5. 3-甲基-1-丁烯
6. 4-甲基-2-戊烯
7. 2,4-二甲基-3-乙基-3-己烯
8. 3-甲基-3-己烯
9. 4-甲基-2-戊炔
10. 4-甲基-3-乙基-1-戊炔
11.乙苯
12.邻甲乙苯
13. 2-苯基丁烷
14. 2,4,6-三硝基甲苯

## 五、写出下列化合物所有同分异构体的结构简式，并分别给予命名

1.己烷
2.戊烯（包括顺反异构）
3.己炔（不包括二烯烃）
4.丙苯

## 六、完成下列反应式

1. $CH_3COONa+NaOH \xrightarrow[\triangle]{CaO}$
2. $CH_4+Br_2 \xrightarrow{光照}$
3. $CH_3CH_2OH \xrightarrow[170℃]{浓H_2SO_4}$
4. $nCH_2=CH_2 \xrightarrow[400℃,0.1MPa]{0.01\%\ O_2}$
5. $CH_3-CH=CH_2+HBr \longrightarrow$
6. $CH_3-CH_2-CH=CH_2 \xrightarrow{KMnO_4/H^+}$
7. $CH_3-CH_2-CH=CH_2+Br_2 \longrightarrow$
8. $CaC_2+H_2O \longrightarrow$
9. $CH_3-C\equiv C-H+2H_2 \xrightarrow{Ni}$
10. $CH_3-C\equiv C-H+[Ag(NH_3)_2]NO_3 \longrightarrow$
11. $R-C\equiv C-H+[Cu(NH_3)_2]Cl \longrightarrow$
12. $CH_3-C\equiv CH+H_2O \xrightarrow[H_2SO_4(稀)]{HgSO_4}$
13. $C_6H_5-CH_3 + Cl_2 \xrightarrow{Fe}$
14. $C_6H_6 + CH_3CH_2Br \xrightarrow{AlCl_3}$
15. $C_6H_5-CH_2CH_3 \xrightarrow[H^+]{KMnO_4}$
16. $C_6H_6 + H_2SO_4 \xrightarrow{70\sim80℃}$

## 七、用化学方法鉴别下列各组化合物

1. 乙烷和乙烯
2. 丙烷、丙烯和丙炔
3. 丁烷和1-丁炔
4. 乙炔和1-丁烯
5. 苯和1-己炔
6. 苯和甲苯

## 八、推断题

1. 分子式为$C_6H_{12}$的化合物，在室温下能迅速使溴水褪色，催化加氢生成正己烷，用过量$KMnO_4$溶液氧化可生成两种稳定存在的羧酸。写出这个化合物的结构简式及各步反应式。

2. 某分子式为$C_5H_8$的化合物，能与酸性$KMnO_4$溶液作用，能使溴水褪色，且能与硝酸银的氨溶液作用生成白色沉淀。试写出该化合物可能的结构。

3. 某芳香烃A的分子式为$C_8H_{10}$，用酸性高锰酸钾氧化后可得一种二元羧酸。将A进行硝化时只得到一种一元硝基化合物。写出A的结构式并说明理由。

# 第十三章　卤代烃

## 思维导图

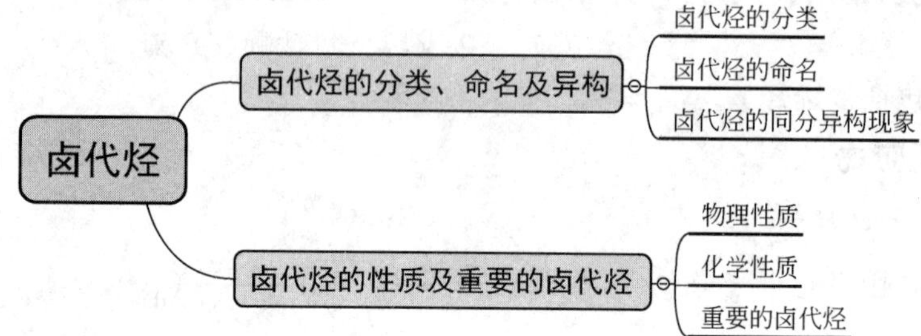


## 知识与技能目标

1. 能理解卤代烃的结构特点。
2. 会用系统命名法对卤代烃进行命名。
3. 能画出简单卤代烃的同分异构体。
4. 能写出卤代烃的主要的化学性质。
5. 了解卤代烃在生产上的应用。

## 素质目标

引导学生认识环境保护和生态文明建设的重要性和紧迫性。

烃分子中的氢原子被其他原子或原子团取代后的生成物，统称为烃的衍生物。

烃分子中的氢原子被卤素原子取代后生成的化合物，叫做卤代烃。烷烃或芳香烃的卤代反应，不饱和链烃与卤素或与卤化氢加成，都可以得到卤代烃。卤代烃用 RX 表示，R 为烃基，X 为氟、氯、溴、碘。卤原子是卤代烃的官能团。

## 知识探究

天然存在的卤代烃很少，主要存在于海洋生物中，绝大多数卤代烃都是人工合成的产物。卤代烃是一类重要的有机化合物，常用作有机合成的原料，也可用作杀虫剂、制冷剂及塑料的原料等；卤代烃的卤原子被其他原子或原子团取代形成不同类型的化合物或中间体，在有机化学中占有重要地位。有的卤代烃对环境具有较大污染，还有的卤代烃对人类有较大毒性。

# 第一节 卤代烃的分类、命名及异构

## 一、卤代烃的分类及命名

### 1. 卤代烃的分类

从分子整体来看，卤代烃由烃基和卤原子两部分组成。因此，可按分子中烃基的不同，卤原子的种类、位置以及多少来分类。

（1）按卤原子所连的烃基不同，卤代烃可分为饱和卤代烃（即卤代烷）、不饱和卤代烃（卤代烯烃和卤代炔烃）和卤代芳香烃。例如：

| $CH_3CH_2Br$ | $CH_2{=}CHCl$ | $C_6H_5$—Cl |
| --- | --- | --- |
| 溴乙烷 | 氯乙烯 | 氯苯 |
| （饱和卤代烃） | （不饱和卤代烃） | （卤代芳香烃） |

（2）按所含卤原子的种类不同，卤代烃可分为氟代烃、氯代烃、溴代烃和碘代烃。例如：

| $CF_2{=}CF_2$ | $CH_3CH_2Cl$ | $CH_3CH_2Br$ | $CH_3CH_2I$ |
| --- | --- | --- | --- |
| 四氟乙烯 | 氯乙烷 | 溴乙烷 | 碘乙烷 |
| （氟代烃） | （氯代烃） | （溴代烃） | （碘代烃） |

由于氟代烃的制法和性质比较特殊，碘代烃的制备费用比较昂贵，因此常见、常用的卤代烃是氯代烃和溴代烃。

（3）按卤原子所连的碳原子的类型不同，卤代烃可分为伯卤代烃、仲卤代烃和叔卤代烃。例如：

| $CH_3CH_2CH_2Br$ | $CH_3CH(Cl)CH_3$ | $(CH_3)_3C$—Cl |
| --- | --- | --- |
| 1-溴丙烷 | 2-氯丙烷 | 2-甲基-2-氯丙烷 |
| （伯卤代烃） | （仲卤代烃） | （叔卤代烃） |

（4）按分子中卤原子的数目不同，又可将卤代烃分为一元卤代烃和多元卤代烃。例如：

| $CH_3Cl$ | $CHI_3$ |
| --- | --- |
| 一氯甲烷 | 三碘甲烷 |
| （一元卤代烃） | （多元卤代烃） |

### 2. 卤代烃的命名

卤代烃命名时是把卤代烃看作烃的衍生物，即以烃为母体，卤原子作为取代基。因此，其命名规则与相应烃的命名规则相似。

（1）饱和卤代烃（卤代烷）系统命名时，对于简单的卤代烷可在相应的烷烃前加上卤原子的名称，称为卤代某烷。例如：

| $CH_3Cl$ | $CH_3CH_2Br$ | $CHI_3$ |
| --- | --- | --- |
| 一氯甲烷 | 溴乙烷 | 三碘甲烷（碘仿） |

较复杂的卤代烷命名时是把卤原子看作取代基，选择连有卤原子的碳在内的最长碳链为

主链，并称为某烷；从离卤原子最近的一端开始给主链碳原子编号；命名时将卤原子的位置、数目和名称依次写在母体名称的前面。当主链上同时存在卤原子和取代烷基时，命名中烷基写在前，卤原子写在后。不同卤原子按照F、Cl、Br、I的顺序排列。例如：

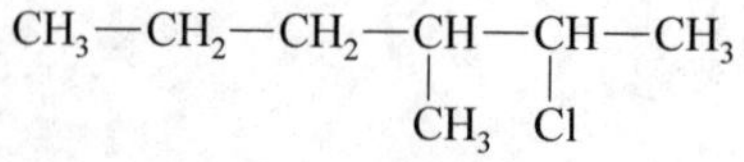

$$CH_3-CH_2-CH_2-\underset{\displaystyle CH_3}{\underset{|}{CH}}-\underset{\displaystyle Cl}{\underset{|}{CH}}-CH_3$$

3-甲基-2-氯己烷

（2）不饱和卤代烃命名时，选择既含有不饱和键（C═C 双键或 C≡C 三键）又含有连有卤原子碳在内的最长碳链作为主链，并称为某烯或某炔；从离不饱和键最近的一端开始给主链碳原子编号。例如：

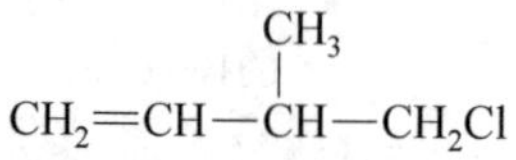

$$CH_2=CH-\overset{\displaystyle CH_3}{\overset{|}{CH}}-CH_2Cl$$

3-甲基-4-氯-1-丁烯

（3）对于卤代芳香烃，当苯环直接连有卤原子时，以芳烃为母体，卤原子作为取代基；两个取代基时用“邻”“间”“对”或阿拉伯数字表示取代基的位置。例如：

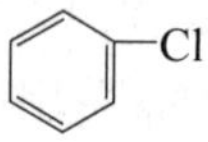

氯苯 　　对溴甲苯（或4-溴甲苯）

当苯环侧链上连接卤原子时，则以烷烃为母体，卤原子和芳基都作为取代基来命名。例如：

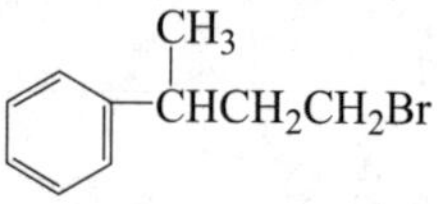

3-苯基-1-溴丁烷 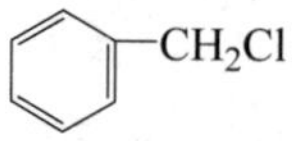　　苯氯甲烷（又叫氯化苄或苄氯）

## 二、卤代烃的同分异构现象

卤代烃的同分异构现象比较复杂，仅讨论卤代烷的同分异构现象。卤代烷的同分异构体的数目比相应的烷烃多，既有碳链异构，还有位置异构（卤原子位置不同）。例如，丁烷有两种同分异构体，而一氯丁烷有四种同分异构体。

$CH_3CH_2CH_2CH_2Cl$　1-氯丁烷（Ⅰ）

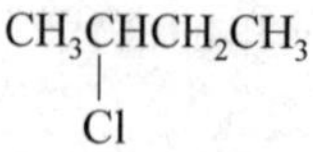

$CH_3\underset{\displaystyle Cl}{\underset{|}{C}}HCH_2CH_3$　2-氯丁烷（Ⅱ）

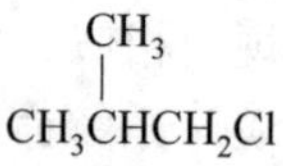

$CH_3\overset{\displaystyle CH_3}{\overset{|}{C}}HCH_2Cl$　2-甲基-1-氯丙烷（Ⅲ）

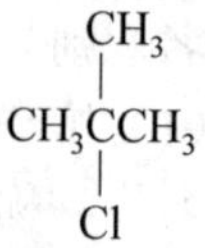

$CH_3\overset{\displaystyle CH_3}{\overset{|}{\underset{\displaystyle Cl}{\underset{|}{C}}}}CH_3$　2-甲基-2-氯丙烷（Ⅳ）

其中（Ⅰ）和（Ⅱ）、（Ⅲ）和（Ⅳ）为位置异构，（Ⅰ）和（Ⅲ）、（Ⅱ）和（Ⅳ）为碳链异构。

# 第二节　卤代烃的性质及重要的卤代烃

## 一、物理性质

在常温常压下，卤代烷中除氯甲烷、溴甲烷和氯乙烷是气体，其余常见的一元卤代烷多为液体或固体。一氯代烷具有不愉快的气味，其蒸气有毒，应尽量避免吸入。

纯净的一元卤代烷都是无色的。但碘代烷易分解产生游离碘，故碘代烷久置后逐渐变为红棕色。因此，储存碘代烷时，需用棕色瓶盛装。

一元卤代烷的沸点随着碳原子数的增加而升高。烷基相同而卤素不同的卤代烷，以碘代烷的沸点最高，其次是溴代烷，氯代烷的沸点最低。在卤代烷的同分异构体中，直链异构体的沸点最高，支链越多，沸点越低。

一氯代烷的相对密度小于 1，一溴代烷、一碘代烷及多卤代烷相对密度大于 1。同一烃基的卤代烷中，氯代烷的密度最小，碘代烷的密度最大，如果卤素相同，其密度随烃基的分子量的增加而减小，这是由于卤素在分子中质量分数逐渐减小的缘故。

卤代烷不溶于水，易溶于醇、醚、烃等有机溶剂。有些卤代烷本身就是常用的优良溶剂，因此常用氯仿、四氯化碳从水层中提取有机物。

卤代烷在铜丝上燃烧时能产生绿色火焰，这是鉴定卤原子的简便方法。一些常见卤代烷的物理常数见表 13-1。

表 13-1　一些常见卤代烷的物理常数

| 烷基 | 氟化物 | | 氯化物 | | 溴化物 | | 碘化物 | |
|---|---|---|---|---|---|---|---|---|
| | 沸点/℃ | 相对密度 | 沸点/℃ | 相对密度 | 沸点/℃ | 相对密度 | 沸点/℃ | 相对密度 |
| $CH_3—$ | −78.4 | | −24.2 | 0.9159 | 3.6 | 1.6755 | 42.4 | 2.279 |
| $CH_3CH_2—$ | −37.7 | | 12.3 | 0.8978 | 38.4 | 1.440 | 72.3 | 1.933 |
| $CH_3CH_2CH_2—$ | −2.5 | | 46.6 | 0.890 | 71.0 | 1.335 | 102.5 | 1.747 |
| $CH_3CH_2CH_2CH_2—$ | 32.5 | 0.779 | 78.4 | 0.884 | 101.6 | 1.276 | 130.5 | 1.617 |
| $CH_3CH_2CH_2CH_2CH_2—$ | 62.8 | | 107.8 | 0.883 | 129.6 | 1.223 | 157.0 | 1.517 |
| $(CH_3)_2CH—$ | −9.4 | | 35.7 | 0.8617 | 59.4 | 1.310 | 89.5 | 1.705 |
| $(CH_3)_2CHCH_2—$ | 25.1 | | 68.9 | 0.875 | 91.5 | 1.261 | 120.4 | 1.605 |
| $CH_3CH_2CH(CH_3)—$ | 25.3 | 0.766 | 68.3 | 0.8732 | 91.2 | 1.258 | 120.0 | 1.595 |
| $(CH_3)_3C—$ | 12.1 | | 52.0 | 0.8420 | 73.3 | 1.222 | 100（分解） | |
| 环 $C_6H_{11}—$ | 80.7 | | 143.0 | 1.000 | 166.2 | | | |

## 二、化学性质

卤代烷的化学性质，主要由官能团卤原子决定。重要的反应如下。

## （一）取代反应

卤代烷分子中的卤原子可以被其他原子或原子团取代，生成多种重要的化合物。

### 1. 水解

卤代烷与稀 NaOH 或 KOH 的水溶液反应时，卤原子被羟基取代而得到醇。例如：

$$CH_3CH_2Br + H_2O \xrightarrow[\triangle]{NaOH} CH_3CH_2OH + HBr$$

氢氧化钠是卤代烷水解的催化剂，同时中和生成的氢溴酸，以防止反应逆转。

由于自然界没有卤代烷，一般需要通过醇来制备。因此，用该反应来制备醇没有普遍意义，工业上只用来制少数的醇，例如将一氯戊烷各异构体的混合物水解得戊醇的各异构体的混合物，以用作工业溶剂。

### 2. 氨解

伯卤代烷和过量的氨气作用时发生氨解，卤原子被氨基（$—NH_2$）取代而生成伯胺。例如：

$$CH_3CH_2Cl + NH_3 \longrightarrow \underset{\text{乙胺}}{CH_3CH_2NH_2} + HCl$$

这是工业上制备伯胺的方法之一。

### 3. 醇解

在相应的醇中，伯卤代烷中的卤原子被醇钠中的烷氧基（RO—）取代生成醚。例如：

$$CH_3Br + CH_3CH_2ONa \xrightarrow{\text{乙醇}} \underset{\text{甲乙醚}}{CH_3—O—CH_2CH_3} + NaBr$$

这是制备醚，特别是制备混醚（R—O—R′）最常用的一种方法，称为威廉森合成法。

### 4. 与硝酸银-乙醇溶液反应

卤代烷与硝酸银-乙醇溶液反应生成硝酸烷基酯，同时析出卤化银沉淀，反应现象明显。

$$R—X + AgNO_3 \xrightarrow{\text{乙醇}} \underset{\text{硝酸烷基酯}}{R—O—NO_2} + AgX\downarrow \quad (X=Cl、Br、I)$$

例如：

$$CH_3CH_2Br + AgNO_3 \xrightarrow[\triangle]{\text{乙醇}} \underset{\text{硝酸乙酯}}{CH_3CH_2—O—NO_2} + \underset{\text{（浅黄色）}}{AgBr\downarrow}$$

卤原子相同，烷基不同的卤代烷的活性顺序是：

叔卤代烷>仲卤代烷>伯卤代烷

叔卤代烷生成卤代银沉淀最快，一般是立即反应；仲卤代烷生成卤代银沉淀稍慢；而伯卤代烷生成卤代银沉淀最慢，常常需要加热。这个反应在有机分析上常用来检验卤代烷。

## （二）消除反应

卤代烷与氢氧化钠或氢氧化钾的乙醇溶液共热时，卤代烷就脱去卤化氢而生成烯烃。例如：

$$CH_3-CH-CH_2 + NaOH \xrightarrow[\triangle]{乙醇} CH_3-CH=CH_2 + NaBr + H_2O$$

(1-溴丙烷：$CH_3-CH(H)-CH_2(Br)$，虚线框示意脱去 H 和 Br)

1-溴丙烷　　　　丙烯

如上例，有机物在适当条件下，从分子中脱去一个小分子（如 HX，$H_2O$，$NH_3$ 等）而生成不饱和化合物的反应，叫做消除反应。

需要指出的是，卤代烷消除反应总是从分子中相邻两个碳原子脱去一分子卤代氢。当结合卤原子的碳原子和两个 $\beta$-碳原子直接相连时，则消除的氢原子来自含氢原子较少的 $\beta$-碳原子上。例如在下列反应中，消除溴化氢主要按①、①′方式进行。

$$CH_3-\underset{}{\overset{Br}{\overset{|}{C}H}}-CH_2-CH_3 \xrightarrow{-HBr} \begin{cases} CH_3-CH=CH-CH_3 \quad (81\%) & ① \\ CH_3-CH_2-CH=CH_2 \quad (19\%) & ② \end{cases}$$

2-溴丁烷

$$CH_3-\overset{CH_3}{\overset{|}{\underset{\underset{Br}{|}}{C}}}-CH_2-CH_3 \xrightarrow{-HBr} \begin{cases} CH_3-\overset{CH_3}{\overset{|}{C}}=CH-CH_3 \quad (71\%) & ①' \\ CH_2=\overset{CH_3}{\overset{|}{C}}-CH_2-CH_3 \quad (29\%) & ②' \end{cases}$$

2-甲基-2-溴丁烷

比较①′和②′的产物，前者双键上有两个甲基，后者只有一个亚甲基。

所以，卤代烷在消除反应中，卤原子总是和相邻的含氢原子较少的 $\beta$-碳原子上的氢原子结合脱去卤化氢，主要产物是双键上具有更多烷基的烯烃，这个经验规律叫做查依采夫规律。

卤代烷的消除反应和水解反应，是在碱的作用下同时发生的两个互相平行、互相竞争的反应。哪个占优势，则与卤代烷的分子结构及反应条件如试剂的碱性、溶剂的极性、反应温度等有关。

一般规律是：伯卤代烷、稀碱、强极性溶剂及较低温度有利于取代反应；叔卤代烷、浓的强碱、弱极性溶剂及高温有利于消除反应。所以卤代烷的水解反应，要在强碱的水溶液中进行；而脱卤化氢的反应，要在强碱的醇溶液中进行更为有利。

### （三）与金属镁反应——格氏试剂的生成

卤代烷可以与某些金属（如锂、镁等）在无水乙醚中反应，生成金属原子与碳原子直接相连的一类化合物，这类化合物称为金属有机化合物。例如：卤代烷与镁在无水乙醚中作用，生成格氏（Grignard）试剂，其中氟代烷不形成格氏试剂。

$$RX + Mg \xrightarrow{无水乙醚} RMgX$$

格氏试剂（烷基卤化镁）

格氏试剂非常活泼，能与许多含活泼氢的物质，如水、醇、酸、氨以至炔氢等作用分解为烃，并能与许多物质发生反应生成其他重要的有机物。因此，格氏试剂是一种重要的有机合成试剂。

$$RMgX + H—Y \longrightarrow RH + Mg\begin{matrix} Y \\ X \end{matrix} \quad (Y=—OH, —OR, —X, —NH_2, —C≡C—R)$$

$$RMgX \xrightarrow{CO_2} RCOOMgX \xrightarrow[H_2O]{H^+} RCOOH$$

因此，在制备格氏试剂时必须防止水、醇、酸、氨、二氧化碳等物质的影响。

格氏试剂与含活泼氢的化合物的反应是定量的，在有机分析中利用甲基碘化镁（$CH_3MgI$）与含活泼氢的化合物作用，测定生成甲烷的体积，计算出被测物质中所含活泼氢原子的数目。

## 三、重要的卤代烃

### 1. 溴甲烷

溴甲烷是无色气体，一般是在加压后储存在耐压容器中，它有强烈的神经毒性，是一种常用的熏蒸杀虫剂，特别能消灭红铃虫、并能防治多种害虫（如豌豆象虫、蚕虫象虫、米象虫、马铃薯块茎蛾和介壳虫等），可用于熏杀谷仓、种子、温室及土壤害虫。但它对人畜均有很大毒性，要谨慎使用。

### 2. 三氯甲烷

三氯甲烷又称氯仿，是一种无色而有香甜味的液体，沸点为 61.2℃，不能燃烧，也不溶于水，是一种常用的有机溶剂，能溶解油脂、蜡、有机玻璃和橡胶等，还广泛用作有机合成的原料。纯净的氯仿可用作牲畜外科手术的麻醉剂。氯仿近年来也被一些国家列为致癌物，并禁止在食品、药物中使用。

氯仿在光照下能被空气缓慢氧化而生成剧毒的光气。

$$2CHCl_3 + O_2 \xrightarrow{日光} 2\ \begin{matrix} Cl \\ \\ Cl \end{matrix}\!\!>C=O + 2HCl$$

光气

所以氯仿要保存在密闭的棕色瓶中，避免日光照射。药用氯仿通常要加入少量 1%乙醇以破坏可能生成的光气。

### 3. 四氯化碳

四氯化碳是无色液体，沸点为 76.5℃，密度为 1.595g/cm，有特殊的气味。四氯化碳不能燃烧，遇热易挥发，它的蒸气比空气重，可把燃烧物覆盖，使之隔绝空气而灭火，所以是一种常用的灭火剂。但在 500℃以上高温时，能发生水解而有少量光气生成，故灭火时要注意空气流通，以防中毒。

$$CCl_4 + H_2O \longrightarrow COCl_2 + 2HCl$$

四氯化碳主要用作溶剂、萃取剂和灭火剂，也可用作干洗剂，因其不燃烧，使用比较安全。农业上也常用作熏蒸剂和驱虫剂。

### 4. 氯乙烯

氯乙烯是无色的气体，沸点为−13.9℃，容易燃烧，与空气形成爆炸性混合物，爆炸极限为 3.6%～26.4%（体积分数），难溶于水，溶于二氯乙烷、乙醇等有机溶剂。它是合成聚氯乙烯塑料的原料。

$$nCH_2{=}\underset{\displaystyle Cl}{\underset{|}{CH}} \longrightarrow \left[ CH_2-\underset{\displaystyle Cl}{\underset{|}{CH}} \right]_n$$

一般聚氯乙烯的平均聚合度 $n$ 为 800～1400。聚氯乙烯是一种很好的塑料。加入不同量的增塑剂，可制成硬聚氯乙烯及软聚氯乙烯，前者可制成薄板、管、棒等；后者可制成薄膜制品和纤维，在工农业及日常生活中用途极广。但聚氯乙烯制品不耐热，不耐有机溶剂。

5. 二氟二氯甲烷（$CCl_2F_2$）

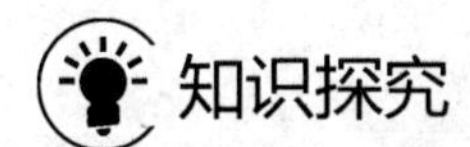

二氟二氯甲烷是无色、无臭的气体，沸点为−29.8℃，易压缩液化，当解除压力后又立刻汽化，同时吸收大量的热，所以是一种很好的制冷剂。它作为制冷剂有无毒、无腐蚀性、不能燃烧、化学性质稳定等优良性能，从 20 世纪 30 年代起，它代替液氨用作制冷剂，其制冷效果比液氨好得多，因此常用作空调、冰箱的制冷剂。

氟里昂是含一个或两个碳原子的氟氯烷烃的商品名称。常用代号 F-abc 表示。a、b、c 为阿拉伯数字，分别表示碳原子数减 1、氢原子数加 1 及氟原子数，氯原子数根据通式推出。如二氟二氯甲烷的商业名称叫氟里昂-12。氟里昂的大量使用会破坏大气臭氧层，导致大量紫外线透射到地面，对陆地生物造成危害，影响生态环境，因此它已引起了世界各国政府的高度重视。各国都在积极研制氟里昂的替代品，并制定减少氟里昂生产直到取消使用该制冷剂的时间表。

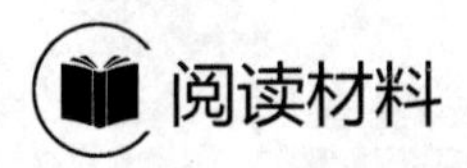

**聚四氟乙烯**

聚四氟乙烯（polytetrafluoroethylene，简写为 PTFE），俗称“塑料王”，商标名 Teflon（特氟隆），这种材料的产品一般统称作“不粘涂层”，是一种以四氟乙烯作为单体聚合制得的高分子化合物。

聚四氟乙烯是由杜邦公司的罗伊 · J. 布朗克（Roy J. Plunkett, 1910—1994）于 1938 年意外发现：当他尝试制作新的氯氟碳化合物冷媒时，四氟乙烯在高压储存容器中聚合（容器内壁的铁成为聚合反应的催化剂）。杜邦公司在 1941 年取得其专利，并于 1944 年以“Teflon”的名称注册商标。

聚四氟乙烯呈白色蜡状，半透明，耐热、耐寒性优良，可在−180～260℃长期使用。这种材料具有抗酸抗碱、抗各种有机溶剂的特点，几乎不溶于所有的溶剂。同时，聚四氟乙烯具有耐高温的特点，它的摩擦系数极低，所以起润滑作用之余，亦成为了易清洁水管内层的理想涂料。由于聚四氟乙烯具有的优异性质，使其在化工、材料、医学、食品行业及航空航天等行业使用广泛。

## 习题

### 一、选择题

1. 由醇制备卤代烃时常用的卤化剂是（　　）。

A. $Br_2/CCl_4$　　B. $AlCl_3$　　C. $SOCl_2$　　D. HCl

2. 合成格氏试剂一般采用的试剂是（　　）。

A. 醇　　B. 酯　　C. 醚　　D. 石油醚

3. 反应 2-溴-1-甲基环戊烷 $\xrightarrow[CH_3CH_2OH]{NaOH}$ 1-甲基环戊烯 是依据哪一原则推知产物的？（　　）

A. 马氏规则　　B. 霍夫曼规则　　C. 休克尔规则　　D. 查衣采夫规则

4. 能与格氏试剂共存的是（　　）。

A. 乙醇　　B. 乙酸乙酯　　C. 乙醚　　D. 水

5. 与硝酸银的乙醇溶液作用时，产生沉淀最快的化合物是（　　）。

A. $C_6H_5-CH_2CH_2Br$　　B. $C_6H_5-CH(Br)CH_3$

C. $C_6H_{11}-CH_2CH_2Br$　　D. $C_6H_{11}-CH(Br)CH_3$

### 二、命名下列化合物

1. $CH_2(Br)-CH(CH_3)-CH_2-CH_3$

2. $CH_3-C(CH_3)=CH-CH_2Cl$

3. 邻氯甲苯结构（苯环上 $-CH_3$ 与 $-Cl$ 相邻）

4. $Br-CH(C(CH_3)=CH_2)-CH_2-CH_3$

### 三、写出下列化合物的结构简式

1. 2,3,4-三甲基-3-氯己烷　　2. 3-乙基-2-溴-1-戊烯

3. 对溴乙苯　　4. 苄氯

### 四、完成下列化学反应式

1. $CH_3-CH(Br)-CH(CH_3)-CH_3+KOH \xrightarrow[\triangle]{乙醇}$

2. $CH_3-CH(Cl)-CH(CH_3)-CH_2-CH_3+H_2O \xrightarrow[\triangle]{NaOH}$

3. $CH_3CH_2CH_2Cl + NH_3 \longrightarrow$

4. $CH_3CH_2CH_2Br + AgNO_3 \xrightarrow[\triangle]{乙醇}$

### 五、用化学方法鉴别下列各组化合物

1. 1-溴丙烷、2-溴丙烷和 2-甲基-2-溴丙烷

2. 2-氯丁烷和 2-溴丁烷

### 六、推断题

化学式都为 $C_5H_{11}Cl$ 的化合物 A、B，当它们与 KOH-$C_2H_5OH$ 溶液作用时，生成的主要产物都是 C。C 可使 $KMnO_4$ 溶液褪色，并生成乙酸和丙酮。C 与氯化氢加成又生成 A。试写出 A、B 和 C 的结构简式及各步反应方程式。

# 第十四章 醇、酚、醚

## 思维导图

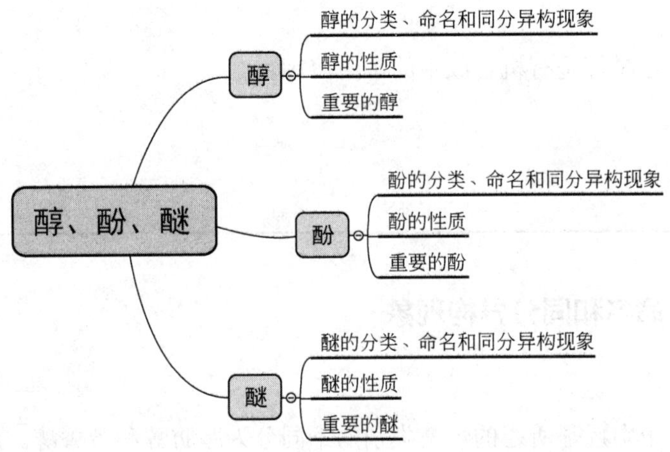


## 知识与技能目标

1. 厘清醇、酚、醚的结构特点。
2. 会用系统命名法对简单的醇、酚、醚进行命名。
3. 能理解醇、酚、醚的同分异构现象。
4. 能写出醇、酚的主要化学性质。
5. 了解醇、酚、醚在工农业生产及生活中的应用。

## 素质目标

引导学生了解中国古代文明对科学发展的影响，激发学生的科技创新意识。

醇、酚、醚都是烃的重要含氧衍生物。脂肪烃、脂环烃分子中或芳香烃侧链上的氢原子被羟基取代后所生成的化合物叫做醇；芳环上的氢原子被羟基取代后所生成的化合物叫做酚；醇或酚羟基上的氢原子被烃基取代后所生成的化合物叫做醚。它们的通式分别为：

| R—OH | Ar—OH | R—O—R′ |
| --- | --- | --- |
| 醇 | 酚 | 醚 |

醇和酚的官能团都是羟基（—OH），醚的官能团是醚键（$-\overset{|}{\underset{|}{C}}-O-\overset{|}{\underset{|}{C}}-$）。

### 知识探究

自然界中含羟基和醚键的化合物很多。某些香精油中含有醇的成分，如叶醇、苯乙醇等，广泛存在于植物界的植酸是环己六醇的磷酸衍生物；存在于麝香草中的百里酚，存在于花蕾中的丁香酚等都是酚类衍生物，具有杀菌、防腐的作用；某些有重要生理作用的天然产物中也含有醚键，如桉树脑、维生素 E、愈创木酚等。

甲醇、乙醇、乙醚等是有机合成中的常用溶剂。

# 第一节 醇

## 一、醇的分类、命名和同分异构现象

### 1. 醇的分类

（1）根据醇分子中羟基所连的烃基类别的不同分为脂肪醇和芳香醇。脂肪醇又根据烃基饱和程度的不同，分为饱和醇、不饱和醇。例如：

脂肪醇
- 饱和醇 $CH_3CH_2OH$　　$CH_3CH(OH)CH_2CH_3$（$CH_3CHCH_2CH_3$，第二个碳上连 OH）
- 不饱和醇 $CH_2{=}CH{-}CH_2OH$

芳香醇 $C_6H_5{-}CH_2OH$　　$C_6H_5{-}CH(OH)CH_3$（$C_6H_5{-}CHCH_3$，CH 上连 OH）

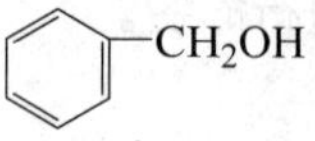

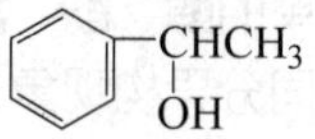

（2）根据醇分子中所含羟基的数目不同，可分为一元醇和多元醇（二元或二元以上的醇）。例如：

| $CH_3CH_2CH_2OH$ | $CH_2(OH){-}CH_2(OH)$ | $CH_2(OH){-}CH(OH){-}CH_2(OH)$ |
|---|---|---|
| 正丙醇（一元醇） | 乙二醇（多元醇） | 丙三醇（多元醇） |

动画扫一扫
乙醇的结构

（3）根据分子中羟基所连的碳原子的种类不同，可分为伯醇（一级醇）、仲醇（二级醇）、叔醇（三级醇）。

| $CH_3CH_2OH$ | $CH_3CH(OH)CH_3$ | $(CH_3)_3C{-}OH$ |
|---|---|---|
| 伯醇 | 仲醇 | 叔醇 |

### 2. 醇的命名

（1）饱和醇的系统命名法是选择连有羟基碳原子在内的最长碳链为主链。按主链的碳原子数称为“某醇”。从离羟基最近的一端开始，依次给主链碳原子编号。命名时取代基的位次、数目、名称及羟基的位次依次写在醇名称的前面。例如：

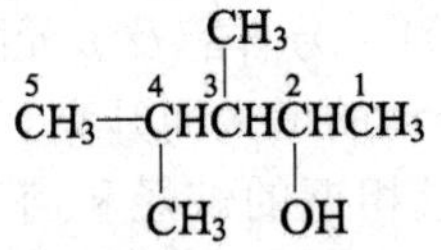

$$\overset{5}{C}H_3-\overset{4}{C}H\overset{3}{C}(CH_3)H\overset{2}{C}H\overset{1}{C}H_3$$

（结构式：$CH_3-CH(CH_3)-CH(CH_3)-CH(OH)-CH_3$）

3,4-二甲基-2-戊醇

（2）不饱和醇系统命名时应选择同时含有连羟基的碳原子和不饱和键在内的最长碳链为主链，并从离羟基最近的一端开始给主链碳原子编号。例如：

$$\overset{4}{C}H_3-\overset{3}{C}H=\overset{2}{C}H\overset{1}{C}H_2OH \qquad CH_2=C(CH_3)CH(OH)CH_2CH(CH_3)CH_3$$

2-丁烯-1-醇　　2,5-二甲基-1-己烯-3-醇

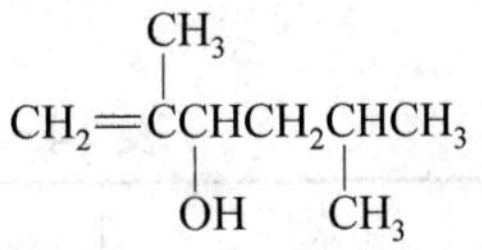

（3）对于芳香醇，则把芳香烃基作为取代基来命名。例如：

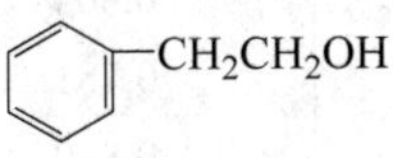

$$C_6H_5-CH_2CH_2OH \qquad C_6H_5-CH_2CH_2CH(CH_3)CH_2OH$$

2-苯基乙醇 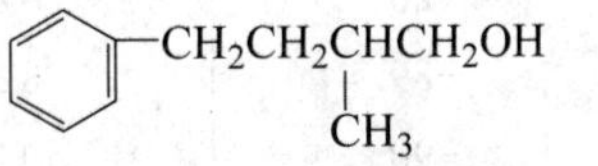　　2-甲基-4-苯基-1-丁醇

（4）命名多元醇时，除要写明分子所含羟基的数目外，还要标明每个羟基的位次。例如：

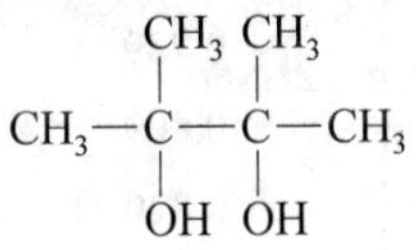

$$CH_3-C(CH_3)(OH)-C(CH_3)(OH)-CH_3 \qquad CH_2(OH)-CH_2-CH(OH)-CH(CH_3)-CH_3$$

2,3-二甲基-2,3-丁二醇 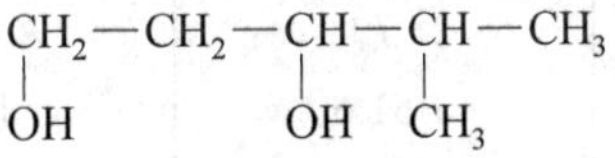　　4-甲基-1,3-戊二醇

## 3. 醇的同分异构现象

具有相同碳原子的饱和一元醇，既有碳链异构，还有位置异构（羟基位置不同）。例如，含有四个碳原子的丁醇，由于碳链异构和羟基位置异构，可以产生以下四种同分异构体。

$$CH_3CH_2CH_2CH_2OH \qquad CH_3CH(OH)CH_2CH_3$$

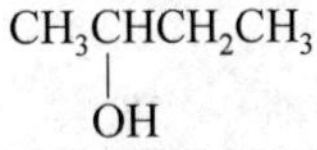

正丁醇　　仲丁醇

$$CH_3-CH(CH_3)-CH_2OH \qquad CH_3-C(CH_3)_2-OH$$

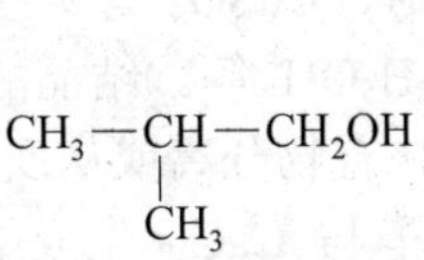

异丁醇 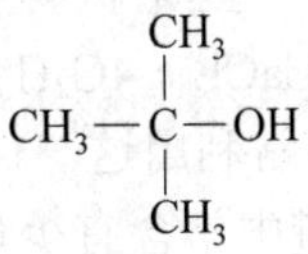　　叔丁醇

# 二、醇的性质

## （一）物理性质

直链饱和一元醇中，低级醇（$C_4$ 以下）为无色比水轻的有酒精气味的挥发性液体，$C_5$～$C_{11}$ 的醇为具有令人不愉快气味的油状液体，$C_{12}$ 及以上的醇为无臭无味的蜡状固体。多元醇具有甜

味，存在于香精中的某些醇具有特殊香味，例如苯乙醇有玫瑰香、橙花醇有橙花香味等。

直链饱和一元醇的相对密度小于 1，芳香醇及多元醇的相对密度大于 1。

直链饱和一元醇的沸点随着分子量的增大而升高。在醇的异构体中，含支链越多的沸点越低。低级醇的沸点和熔点比分子量相近的烷烃和卤代烃高得多。多元醇的沸点比一元醇的高。

醇在水中的溶解度随分子中碳原子数的增多而下降。$C_1$～$C_3$ 的醇能与水混溶，从丁醇开始在水中的溶解度随着分子量的增加而降低，$C_{10}$ 以上的醇则难溶于水。一些醇的物理常数见表 14-1。

表 14-1　一些醇的物理常数

| 名　称 | 熔点/℃ | 沸点/℃ | 相对密度 | 溶解度/（g/100g 水） |
|---|---|---|---|---|
| 甲醇 | −98 | 65 | 0.792 | ∞ |
| 乙醇 | −114 | 78.3 | 0.789 | ∞ |
| 正丙醇 | 126 | 97.2 | 0.804 | ∞ |
| 异丙醇 | −89 | 82.3 | 0.781 | ∞ |
| 正丁醇 | −90 | 118 | 0.810 | 7.9 |
| 异丁醇 | −108 | 108 | 0.798 | 9.5 |
| 仲丁醇 | −115 | 100 | 0.808 | 12.5 |
| 叔丁醇 | 26 | 83 | 0.789 | ∞ |
| 正戊醇 | −79 | 138 | 0.809 | 2.7 |
| 正己醇 | −51.6 | 155.8 | 0.820 | 0.59 |
| 环己醇 | 25 | 161 | 0.962 | 3.6 |
| 烯丙醇 | −129 | 97 | 0.855 | ∞ |
| 苄醇 | −15 | 205 | 1.046 | 4 |
| 乙二醇 | −12.6 | 197 | 1.113 | ∞ |
| 1,2-丙二醇 |  | 187 | 1.040 | ∞ |
| 1,3-丙二醇 |  | 215 | 1.060 | ∞ |
| 丙三醇 | 18 | 290（分解） | 1.261 | ∞ |

低级醇还能与一些无机盐类（$MgCl_2$、$CaCl_2$、$CuSO_4$ 等）生成结晶醇，例如生成 $MgCl_2 \cdot 6CH_3OH$、$CaCl_2 \cdot 4C_2H_5OH$、$CuSO_4 \cdot 2C_2H_5OH$ 等。结晶醇不溶于有机溶剂而溶于水。在实际工作中，常利用这一性质可使醇与其他化合物分离或从反应产物中除去醇类杂质。例如，工业用的乙醚中常含有少量的乙醇，利用乙醇与 $CaCl_2$ 生成结晶醇的性质，便可除去乙醚中的少量乙醇。但要注意不能用无水 $CaCl_2$ 等干燥剂去干燥醇类。

## （二）醇的化学性质

醇的化学性质

醇的化学性质主要由羟基决定。醇的化学反应主要发生在官能团羟基以及受羟基影响而比较活泼的 $\alpha$-氢原子和 $\beta$-氢原子上。醇分子中容易发生化学反应的部位如下：

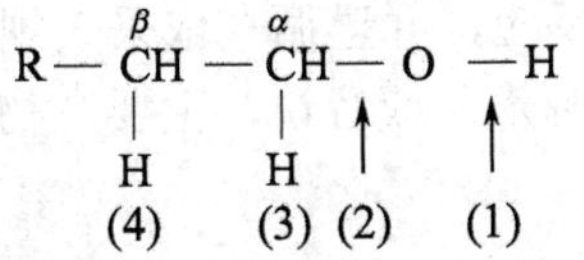

$$\underset{\substack{|\\H\\(4)}}{\overset{\beta}{CH}}$$

R—CH(β)—CH(α)—O—H（H on β-C: (4)；H on α-C: (3)；箭头 (2) 指碳氧键；箭头 (1) 指氧氢键）

（1）氧氢键断裂，氢原子被取代

（2）碳氧键断裂，羟基被取代

（3）和（4）受羟基的影响，$\alpha$-H 和 $\beta$-H 有一定活泼性

## 1. 与活泼金属反应

低级醇与水相似，能与活泼金属钠、钾、镁、铝等作用放出氢气生成相应的醇钠。例如：

$$2CH_3CH_2OH + 2Na \longrightarrow \underset{\text{乙醇钠}}{2CH_3CH_2ONa} + H_2\uparrow$$

由此可见，醇羟基上的氢显示一定程度的酸性，但反应比水缓和，所以醇是比水弱的酸。

由于醇与金属钠反应，除生成醇钠外还有氢气放出，具有明显的现象发生。因此可用此反应鉴别醇。

## 2. 与氢卤酸反应

醇与氢卤酸作用，羟基被卤素取代，生成卤代烃，是实验室中制备卤代烃的一种重要方法。

$$ROH + HX \longrightarrow RX + H_2O$$

例如：

$$CH_3CH_2OH + HBr \xrightarrow{\triangle} CH_3CH_2Br + H_2O$$

通常情况下，氢碘酸和氢溴酸能比较顺利地与醇反应。与浓盐酸作用时，必须加入无水氯化锌（作脱水剂和催化剂）。浓盐酸和无水氯化锌所配制的溶液称为卢卡斯试剂。卢卡斯试剂与叔醇反应很快，由于生成不溶于水的氯代烷，而使溶液立刻变浑浊；仲醇则较慢，在室温下需要 10min，溶液才出现浑浊；伯醇在室温下不反应，溶液不浑浊。因此，卢卡斯试剂可以用来区别伯醇、仲醇、叔醇。例如：

$$(CH_3)_3C-OH + HCl \xrightarrow[20℃]{ZnCl_2} (CH_3)_3C-Cl + H_2O \qquad \text{（立即反应）}$$

$$CH_3CH_2\underset{\substack{|\\OH}}{CH}CH_3 + HCl \xrightarrow[20℃]{ZnCl_2} CH_3CH_2\underset{\substack{|\\Cl}}{CH}CH_3 + H_2O \qquad \text{（放置10min反应）}$$

$$CH_3CH_2CH_2CH_2OH + HCl \xrightarrow[20℃]{ZnCl_2} CH_3CH_2CH_2CH_2Cl + H_2O \qquad \text{（常温下无变化，加热后反应）}$$

但是必须注意，烯丙醇、苄醇虽然是伯醇，但性质活泼，在室温下也能与卢卡斯试剂迅速反应而使溶液立刻变浑浊；$C_6$ 以上的醇，因为不溶于水，很难辨别反应是否发生，故不能用卢卡斯试剂来鉴别它们。

## 3. 脱水反应

（1）分子内脱水　醇可直接加热（400～800℃）脱水生成烯。若有 $Al_2O_3$ 或 $H_2SO_4$ 催化剂存在时，脱水反应可在较低温度下进行。例如：

$$\underset{\substack{|\\H}}{CH_2}-\underset{\substack{|\\OH}}{CH_2} \xrightarrow[170℃]{浓H_2SO_4} CH_2{=}CH_2\uparrow + H_2O$$

醇的分子内脱水与卤代烃的脱卤化氢相似，都是消除反应，并遵循查依采夫规则，即羟基与其相邻的、含氢原子较少的 $\beta$-碳原子上的氢原子共同脱水。或者说，主要产物是双键碳原子上连接烃基最多的烯烃。例如：

$$CH_3-\underset{\displaystyle OH}{\overset{}{CH}}-CH_2-CH_3 \xrightarrow[100℃]{65\%\ H_2SO_4} CH_3-CH=CH-CH_3 + H_2O$$

实验室中常利用醇脱水反应制取烯烃。

（2）分子间脱水　醇在较低温度下发生分子间脱水，主要产物是醚。分子间脱水不属于消除反应。例如：

$$CH_3CH_2-OH + H-O-CH_2CH_3 \xrightarrow[140℃]{浓H_2SO_4} \underset{乙醚}{CH_3CH_2-O-CH_2CH_3} + H_2O$$

需要注意的是，叔醇脱水时，消除倾向较大，主要产物为烯烃，得不到醚。

## 4. 酯化反应

醇和酸作用脱水而生成酯的反应，叫做酯化反应。醇与有机酸反应生成羧酸酯；醇与硫酸、硝酸、磷酸等反应生成无机酸酯。例如：

$$CH_3CH_2OH + CH_3COOH \underset{\triangle}{\overset{浓硫酸}{\rightleftharpoons}} \underset{乙酸乙酯}{CH_3COOCH_2CH_3} + H_2O$$

## 5. 氧化反应

氧化反应是有机化学中的重要反应。有机物分子中加氧或脱氢，都属于氧化反应。

（1）氧化剂氧化　伯醇、仲醇中的 $\alpha$-氢原子，受羟基的影响比较活泼，容易被氧化。常用的氧化剂为高锰酸钾或重铬酸钾。伯醇先氧化生成醛，继续氧化生成羧酸。例如：

$$CH_3CH_2CH_2OH \xrightarrow[\triangle]{K_2Cr_2O_7,H_2SO_4} \underset{丙醛}{CH_3CH_2CHO} \xrightarrow[\triangle]{K_2Cr_2O_7,H_2SO_4} \underset{丙酸}{CH_3CH_2COOH}$$

仲醇氧化生成酮。例如：

$$CH_3-\underset{\displaystyle OH}{CH}-CH_3 \xrightarrow[\triangle]{K_2Cr_2O_7,\ H_2SO_4} \underset{丙酮}{CH_3-\underset{\displaystyle O}{\overset{}{\underset{\|}{C}}}-CH_3}$$

叔醇的 $\alpha$-碳原子上没有氢原子，上述条件下不能被氧化。在强烈氧化条件下，碳碳键断裂生成小分子的氧化物，无实用价值。

上述反应除用于工业生产外，还有实际应用。例如，检查司机是否酒后开车的呼吸分析仪，就是应用乙醇被重铬酸钾氧化的反应。

$$3C_2H_5OH + \underset{（橙红）}{2K_2Cr_2O_7} + 8H_2SO_4 \longrightarrow 3CH_3COOH + \underset{（绿色）}{2Cr_2(SO_4)_3} + 2K_2SO_4 + 11H_2O$$

若司机呼出的气体中含有一定量的乙醇（如饮酒量致使100mL血液中乙醇含量超过80mg时，即最大饮酒量时，即可被检验出），则乙醇被氧化的同时，$Cr_2O_7^{2-}$（橙红色）被还原为 $Cr^{3+}$（绿色）。

（2）催化氧化　伯醇、仲醇的蒸气，高温下通过活性铜或银等催化剂时，发生脱氢反应，分别生成醛和酮。例如：

$$CH_3CH_2-OH \underset{325℃}{\overset{Cu}{\rightleftharpoons}} CH_3-CHO + H_2\uparrow$$

乙醛

$$CH_3-\underset{\displaystyle OH}{\underset{|}{CH}}-CH_3 \underset{325℃}{\overset{Cu}{\rightleftharpoons}} CH_3-\underset{\displaystyle O}{\underset{\|}{C}}-CH_3 + H_2\uparrow$$

丙酮

叔醇分子中没有 $\alpha$-氢原子，因此不能进行脱氢反应。将其蒸气于 300℃下通过铜，只能脱水生成烯烃。

## 三、重要的醇

### 1. 甲醇

甲醇最初是由木材干馏（隔绝空气加热木材）制得，因此又叫木醇。近代工业上是以合成气或天然气为原料，在高温高压和催化剂的作用下合成的。

$$CO + 2H_2 \xrightarrow[30\sim32MPa]{CuO\text{-}ZnO\text{-}Cr_2O_3} CH_3OH$$

$$CH_4 + \frac{1}{2}O_2 \xrightarrow[100MPa,200℃]{Cu} CH_3OH$$

甲醇是一种无色透明有酒味的挥发性易燃液体，沸点为 65℃，能与水以任意比例混溶。甲醇毒性很强，误饮掺有甲醇的酒精，可损害视神经。若误服 10g，就会导致眼睛失明；误服 25g，即可使人中毒致死。

甲醇是一种重要的化工原料，也是一种优良的有机溶剂。在工业上主要用来制备甲醛、羧酸甲酯以及用作油漆的溶剂等。甲醇也是合成有机玻璃和许多医药等产品的原料，还可以作无公害燃料加入汽油或单独用作汽车、飞机的燃料。

### 2. 乙醇

乙醇是饮用酒的主要成分，所以又叫酒精，它是醇代表物。乙醇的结构模型如图 14-1 所示。乙醇为无色透明液体，沸点为 78.4℃，易挥发，具有熟知的酒味，能与水及大多数有机溶剂以任意比例混溶。

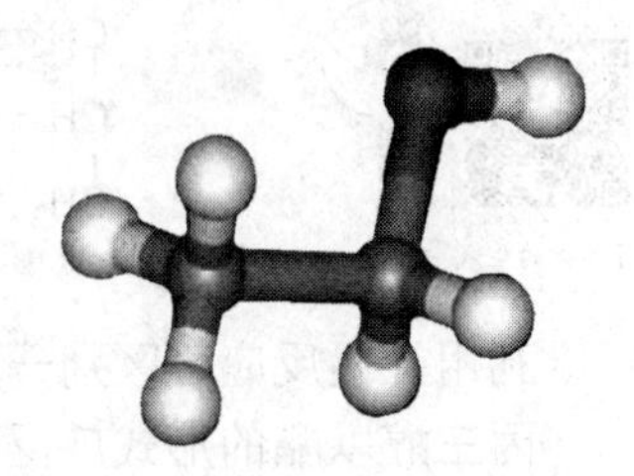

图 14-1 乙醇的结构模型

我国在两千多年前就用淀粉发酵制酒，这一重大发明直至 19 世纪才传到欧洲。目前工业上由乙烯加水合成乙醇。但用含淀粉丰富的各种农产品为原料的发酵法至今仍为制取乙醇的一种重要方法。发酵法是通过微生物作用的生物化学过程，大致步骤如下：

$$(C_6H_{10}O_5)_n \xrightarrow[H_2O]{淀粉酶} \underset{麦芽糖}{C_{12}H_{22}O_{11}} \xrightarrow[H_2O]{麦芽糖酶} \underset{葡萄糖}{C_6H_{12}O_6} \xrightarrow{酒化酶} \underset{乙醇}{C_2H_5OH} + CO_2$$

发酵液内含乙醇 10%～15%，用直接蒸馏法只能得到含 95.6%乙醇和 4.4%水的恒沸（沸点为 78.15℃）混合物。若制无水乙醇，实验室一般是将工业乙醇与生石灰（CaO）共热，回流脱水，得到纯度为 99.5%的乙醇。最后可用金属镁处理，再蒸馏即得到无水乙醇。

$$2C_2H_5OH + Mg \longrightarrow (C_2H_5O)_2Mg + H_2\uparrow$$

$$(C_2H_5O)_2Mg + 2H_2O \longrightarrow 2C_2H_5OH + Mg(OH)_2\downarrow$$

在工业上，则是通过加入一定量的苯进行蒸馏，制备无水乙醇。

乙醇不但是常用的有机溶剂，也是一种重要的化工原料，可用来制造乙醛、乙酸、乙醚、氯仿等300多种有机物。

乙醇还是一种常用的燃料，燃烧时能放出大量的热。

$$CH_3CH_2OH + 3O_2 \xrightarrow{\text{点燃}} 2CO_2 + 3H_2O + 1366.63kJ/mol$$

70%～75%的乙醇溶液对细菌有强的穿透力，且能使蛋白质发生变性，在医药上是常用的消毒剂和防腐剂。溶有碘的乙醇溶液即常用的碘酒，也是常用的消毒剂。

为防止廉价的工业酒精被人用作饮用酒，常在工业酒精中加入少量有毒的甲醇或带有臭味的吡啶，这种酒精称为变性酒精。

### 3. 乙二醇

乙二醇俗称甘醇，为无色有甜味的黏稠液体，沸点为198℃，能与水、乙醇、丙酮混溶，微溶于乙醚。

乙二醇是多元醇中最简单、也是最重要的二元醇。目前工业上普遍采用环氧乙烷水合法制备乙二醇。

乙二醇是重要的有机化工原料，可用于制造树脂、增塑剂、合成聚酯纤维（涤纶），以及常用的高沸点溶剂。60%的乙二醇水溶液的冰点为−40℃，是良好的防冻剂，主要用于寒冷天气时，防止冷却水冻结而使汽车散热器胀裂，还常用作飞机发动机的制冷剂。

### 4. 丙三醇

丙三醇具有甜味，俗名甘油。它是一种无色黏稠液体，沸点为 290℃，具有强烈的吸湿性，能和水以任意比例混溶。

甘油具有醇的通性。但由于分子中含有三个羟基而表现微弱的酸性，可以和氢氧化铜反应生成丙三醇铜，使溶液呈深蓝色。

甘油铜的生成 视频扫一扫

$$\begin{array}{l} CH_2-OH \\ | \\ CH-OH \\ | \\ CH_2-OH \end{array} + Cu^{2+} + 2OH^- \longrightarrow \begin{array}{l} CH_2-O \\ | \qquad\quad \diagdown \\ CH-O-Cu \\ | \\ CH_2-OH \end{array} + 2H_2O$$

甘油铜（蓝色）

利用上述反应可区别一元醇和多元醇，或检验多元醇的存在。

丙三醇以酯的形式广泛存在于自然界中。丙三醇最初是油脂水解制肥皂时的副产物。近代工业上主要是由石油裂解气中的丙烯合成。

在工业上，丙三醇是制造硝化甘油（烈性炸药）的原料，也用于制造日用化工产品（牙膏、香脂等）。由于它的吸水性和其水溶液凝固点很低，所以是常用的润滑剂和防冻剂。

丙三醇是动植物油脂的重要组成成分，同时又是油脂、糖和蛋白质代谢的重要中间产物，在动植物体中有重要意义。

### 5. 苯甲醇

苯甲醇俗称苄醇，是最重要的、最简单的芳香醇。它是一种具有芳香气味的无色液体，沸点为205℃，微溶于水，溶于乙醇、甲醇、乙醚等有机溶剂。

苯甲醇长期放置在空气中，便被氧化为苯甲醛。苯甲醇也能生成酯，它的许多酯可用作香料。它与钠作用生成苯甲醇钠。由于分子内具有苯环，故也能进行硝化反应和磺化反应等取代反应。

苯甲醇存在于茉莉等香精油中，工业上用氯化苄水解制备。

**知识探究**

苯甲醇在香料工业中有广泛的应用。由于其具有轻微的麻醉作用，在20世纪七八十年代，为了减轻注射时的疼痛感，使用的青霉素稀释液就含有2%的苄醇，但后来发现其对儿童有不良反应，我国已于2005年全面禁止使用含有苄醇的稀释液。由于其具有防腐作用，医药上制备中草药针剂时，常加入少量作为防腐剂。

# 第二节　酚

芳环上氢原子被羟基取代后所生成的化合物叫做酚。其通式为Ar—OH，羟基也是酚的官能团。酚的代表物是苯酚，其结构模型如图14-2所示。酚类为合成纤维、塑料、医药、农药、染料等化工产品的重要原料。

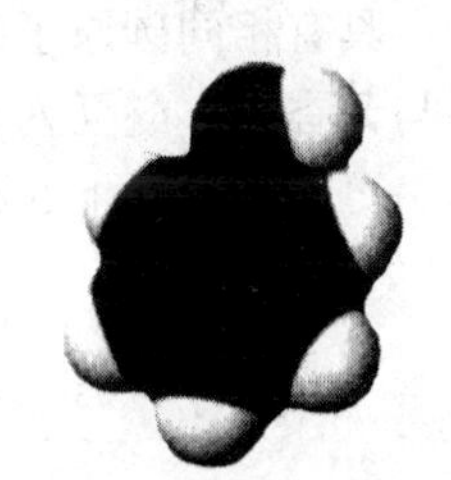

图14-2　苯酚的结构模型

## 一、酚的分类、命名和同分异构现象

### 1. 酚的分类

按芳环的不同，酚可分为苯酚、萘酚、蒽酚等；按分子中羟基数目多少，又可分为一元酚和多元酚。例如：

OH　　　　OH　　　　OH OH　　　　OH HO OH

苯酚（一元酚）　*β*-萘酚（一元酚）　邻苯二酚（多元酚）　均苯三酚（多元酚）

### 2. 酚的命名

酚的命名一般是在“酚”字前面加上芳环的名称。当芳环上有—X、—R、$—NO_2$等取代基时，在“酚”字前写上取代基的位次、数目和名称。例如：

OH $CH_3$　　　OH Br　　　OH $NO_2$

邻甲苯酚　　间溴苯酚　　间硝基苯酚（3-硝基苯酚）

当芳环上有—COOH、—$SO_3H$、—CHO 等基团时，则把羟基作为取代基来命名。例如：

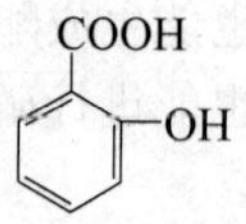

邻羟基苯甲酸 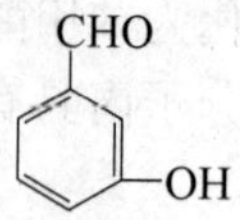 间羟基苯甲醛 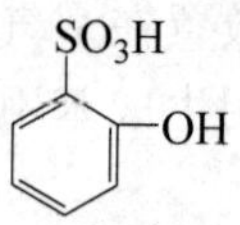 邻羟基苯磺酸

多元酚则需要表示出羟基的位次和数目。例如：

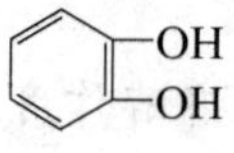

邻苯二酚 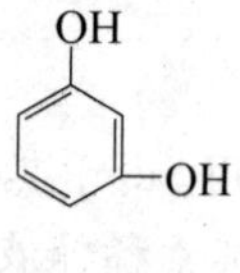 间苯二酚  对苯二酚

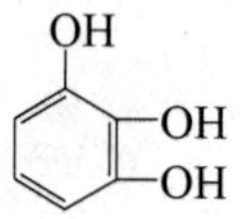

1,2,3-苯三酚（连苯三酚） 1,2,4-苯三酚（偏苯三酚） 1,3,5-苯三酚（均苯三酚）

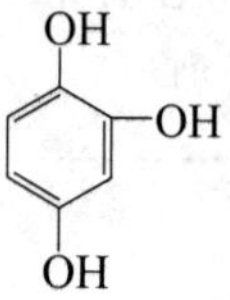

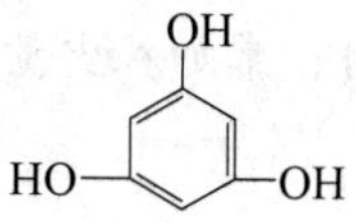

### 3. 酚的同分异构现象

具有相同碳原子的酚类化合物，既有碳链异构（芳烃侧链）、位置异构（羟基位置不同），还与芳香醇、醚互为官能团异构。例如含有 7 个碳原子的甲苯酚，由于位置异构和官能团异构，可以产生以下 5 种同分异构体。

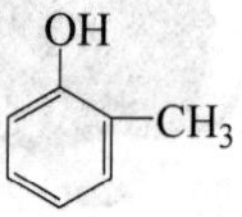

邻甲苯酚 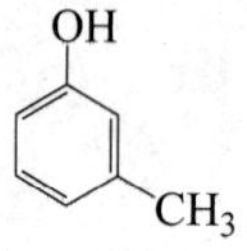 间甲苯酚 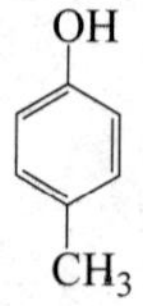 对甲苯酚 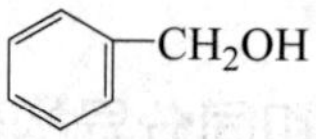 苯甲醇 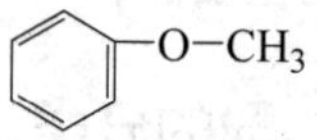 苯甲醚

## 二、酚的性质

### （一）物理性质

除少数烷基酚为高沸点液体外，多数酚为结晶固体。酚本身无色，但因易被氧化成氧化物而呈粉红色或红色。酚常具有特殊气味。酚类物质的熔点和沸点比相应的芳烃高。大多数酚微溶或不溶于水，但溶于乙醇、乙醚等有机溶剂。一些常见酚的物理常数见表 14-2。

表 14-2 常见酚的物理常数

| 名称 | 熔点/℃ | 沸点/℃ | 溶解度/(g/100g 水) | $pK_a$ |
|---|---|---|---|---|
| 苯酚 | 43.0 | 182.0 | 8(溶于热水) | 9.98 |
| 邻甲苯酚 | 30.0 | 191.0 | 2.5 | 10.28 |
| 间甲苯酚 | 11.9 | 202.0 | 2.6 | 10.08 |
| 对甲苯酚 | 34.5 | 202.5 | 2.3 | 10.14 |
| 邻硝基苯酚 | 44.9 | 216.0 | 0.2 | 7.23 |

续表

| 名称 | 熔点/℃ | 沸点/℃ | 溶解度/(g/100g 水) | p$K_a$ |
| --- | --- | --- | --- | --- |
| 间硝基苯酚 | 96.0 | 194.0 | 2.2 | 8.40 |
| 对硝基苯酚 | 114.9 | 295.0 | 1.3 | 7.15 |
| 2,4-二硝基苯酚 | 113.0 | 升华 | 0.6 | 4.00 |
| 2,4,6-三硝基苯酚 | 122.5 | 升华 | 1.2 | 0.71 |
| 邻苯二酚 | 105.0 | 245.0 | 45.1 | 9.48 |
| 对苯二酚 | 170.0 | 286.0 | 8.0 | 9.96 |
| *α*-萘酚 | 94.0 | 179.0 | 难溶 | 9.31 |
| *β*-萘酚 | 123.0 | 286.0 | 0.1 | 9.35 |
| 1,2,3-苯三酚 | 133.0 | 309.0 | 62.0 | 7.00 |

### （二）化学性质

酚由羟基和苯环组成，所以与醇和芳烃具有一些共同的特性。但由于酚羟基和芳环之间的相互影响，又使酚具有与醇和芳烃不同的化学性质。

#### 1. 酸性

由于受苯环影响，酚羟基中的氢原子较活泼，在水溶液中能微弱解离生成氢离子和苯氧负离子，而使苯酚具有弱酸性。苯酚的酸性比醇、水强，但比碳酸弱。因此，苯酚能与氢氧化钠水溶液作用生成苯酚钠，但不能与碳酸氢钠作用；苯酚也不能使紫色的石蕊试液变色。若在苯酚钠水溶液中通入二氧化碳或加入其他无机酸，则可游离出苯酚。

$$C_6H_5OH + NaOH \longrightarrow C_6H_5ONa + H_2O$$

$$C_6H_5ONa + CO_2 + H_2O \longrightarrow C_6H_5OH + NaHCO_3$$

视频扫一扫
酚的性质

根据酚能溶于碱，而又可用酸将它从碱性溶液中游离出来的性质，工业上常用碱来回收和处理含酚的污水。

#### 2. 与氯化铁的显色反应

大多数酚与氯化铁溶液作用能生成具有特殊颜色的配合物。例如：

$$6C_6H_5OH+FeCl_3 \longrightarrow H_3[Fe(OC_6H_5)_6]+3HCl$$

不同的酚与氯化铁作用呈现不同的颜色。这种特殊的显色反应，可用来检验酚羟基的存在。酚与氯化铁的显色如表 14-3 所示。

表 14-3 酚与氯化铁的显色

| 化合物 | 显色 | 化合物 | 显色 | 化合物 | 显色 |
| --- | --- | --- | --- | --- | --- |
| 苯酚 | 紫 | 邻硝基苯酚 | 红-棕 | 间苯二酚 | 蓝-紫 |
| 邻甲苯酚 | 红 | 对硝基苯酚 | 棕 | 1,2,3-苯三酚 | 紫-棕红 |
| 间甲苯酚 | 紫 | 邻苯二酚 | 绿 | *α*-萘酚 | 紫 |
| 对甲苯酚 | 紫 | 对苯二酚 | 暗绿结晶 | *β*-萘酚 | 黄-绿 |

### 3. 氧化反应

酚容易被氧化，如苯酚能逐渐被空气中的氧氧化，颜色逐渐变深，氧化产物很复杂，这种氧化称为自动氧化。食品、石油、橡胶和塑料工业常利用某些酚的自动氧化性质，加进少量酚作抗氧化剂。

苯酚与空气中的氧接触，容易被氧化生成醌类化合物。苯酚被氧化成对苯醌，也能被氧化成邻苯醌。对苯醌是黄色，邻苯醌是红色。

苯酚的氧化很复杂，在空气中常先被氧化成粉红色，进而变成红色或深褐色，所以保存时应尽可能不和空气接触。

苯酚与重铬酸钾及硫酸作用也生成黄色的对苯醌。多元酚则更易被氧化。

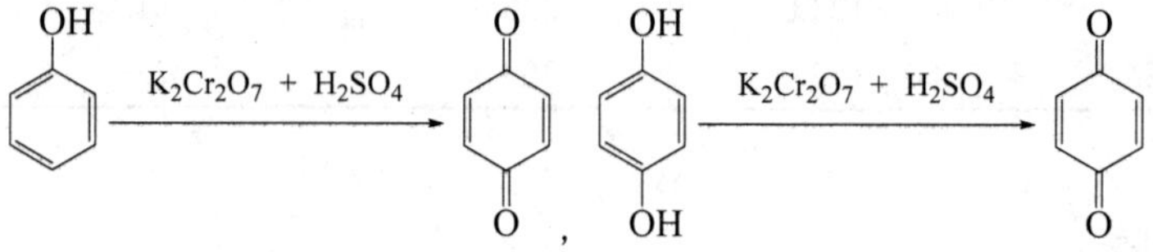

$$\xrightarrow{K_2Cr_2O_7\ +\ H_2SO_4} \qquad , \qquad \xrightarrow{K_2Cr_2O_7\ +\ H_2SO_4}$$

### 4. 芳环上的取代反应

除酸性外，苯酚最突出的化学性质是能发生取代反应。羟基的存在使苯酚邻、对位的取代反应更易进行。所以酚的卤代、硝化反应不但容易进行，而且还可生成多元取代物。

（1）卤代　苯酚的卤代反应非常容易发生。例如在常温下将溴水滴入苯酚稀溶液中，羟基邻位和对位的氢原子会立即被溴原子取代，生成2,4,6-三溴苯酚白色沉淀。

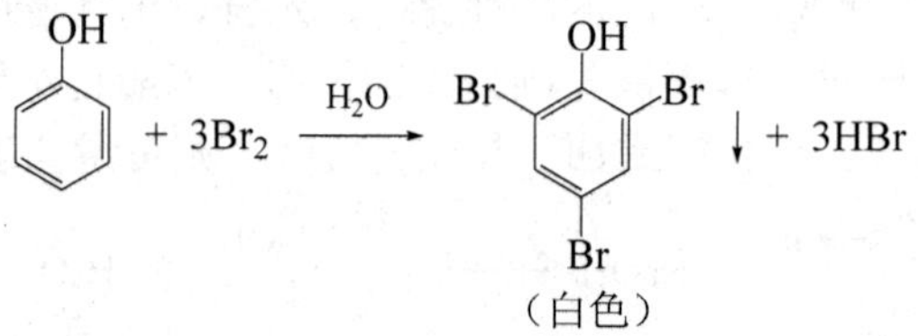

$$+\ 3Br_2 \xrightarrow{H_2O} \quad \downarrow +\ 3HBr$$

（白色）

此反应极为灵敏。2,4,6-三溴苯酚的溶解度很小，十万分之一的苯酚溶液与溴水作用也能生成2,4,6-三溴苯酚沉淀，因而这个反应可用于苯酚的定性检验和定量测定。若溴水过量，则转变为四溴化物黄色沉淀。

（2）硝化　苯酚在室温下与稀硝酸作用，生成邻硝基苯酚和对硝基苯酚的混合物。因酚易被硝酸氧化而有较多副产物，故产率较低。

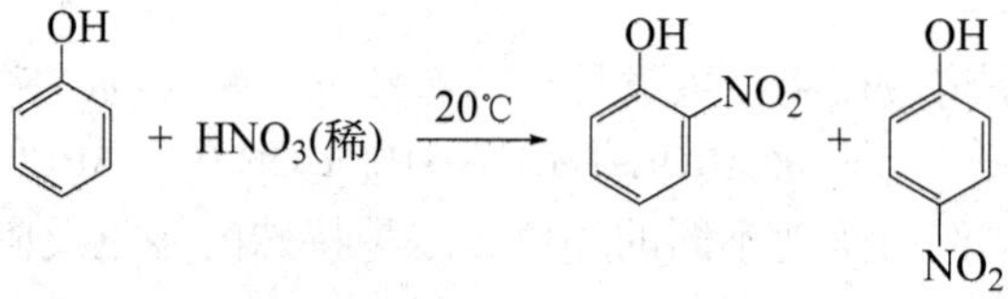

$$+\ HNO_3(\text{稀}) \xrightarrow{20℃} \quad + $$

苯酚与浓 $HNO_3$ 作用，可以生成三硝基苯酚。

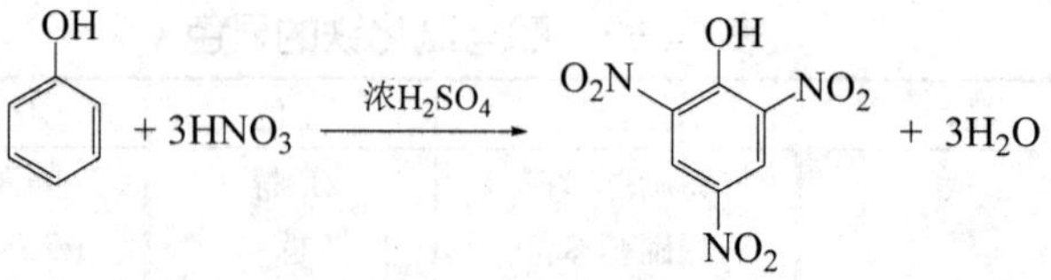

$$+\ 3HNO_3 \xrightarrow{\text{浓}H_2SO_4} \quad +\ 3H_2O$$

2,4,6-三硝基苯酚是黄色晶体，熔点为122℃，有苦味，可溶于乙醇、乙醚及热水。它的水溶液酸性很强，故俗称苦味酸。苦味酸和其盐都极易爆炸，可用作炸药及制造染料。

## 三、重要的酚

### 1. 苯酚

苯酚可以从煤焦油分馏而得，因具有酸性故俗称石炭酸。纯净的苯酚是无色透明针状晶体，有特殊刺激性的气味，因易被空气所氧化而带粉红色乃至深褐色。熔点为43℃，沸点为182℃。在常温下苯酚微溶于水，在65℃以上可与水任意混溶，易溶于乙醇、乙醚等有机溶剂。

苯酚有毒性，能使蛋白质变性，故有杀菌效力，过去在医药上常用作消毒剂和防腐剂，因对皮肤有腐蚀性现已不用。

苯酚是重要的化工原料，大量用于制造酚醛树脂及其他高分子材料、染料、炸药、医药、农药、尼龙-66等。

若用氯化铁或氯化铝为催化剂，苯酚可与氯作用得到五氯苯酚。五氯苯酚是无色晶体，熔点为190℃，酸性很强，主要用于除草和木材防腐。五氯酚钠可用来消灭血吸虫宿主——钉螺和防治白蚁。

### 2. 甲苯酚

甲苯酚也存在于煤焦油中。有邻、对、间三种异构体，它们的沸点很接近，不易分离，因此一般使用它们的混合物。

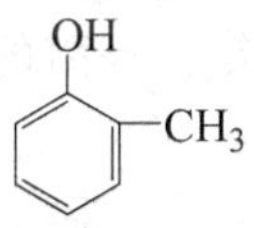

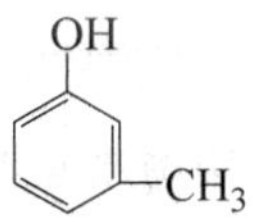

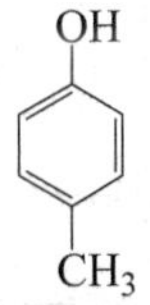

| | OH, $CH_3$（邻） | OH, $CH_3$（间） | OH, $CH_3$（对） |
|---|---|---|---|
| 沸点 | 191℃ | 202℃ | 201.8℃ |

甲苯酚是几乎无色或淡棕黄色的液体，气味和苯酚相似，也容易被氧化变色。稍溶于水，能溶于肥皂液，和有机溶剂能混溶。它的杀菌能力比苯酚更强，可作木材、铁路枕木的防腐剂。医药上用作消毒剂的“煤皂酚”，俗名“来苏儿”，就是含47%～53%三种甲苯酚的肥皂水溶液，实际应用的是稀释至3%～5%的溶液。甲苯酚还是制备染料、炸药、农药、电木的原料。

### 3. 苯二酚

苯二酚有三种异构体：邻苯二酚、间苯二酚和对苯二酚。

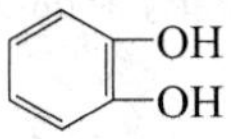

邻苯二酚 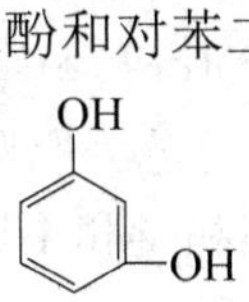　　间苯二酚 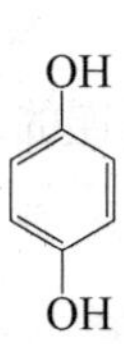　　对苯二酚

邻苯二酚存在于许多植物中，又叫儿茶酚。它是无色晶体，熔点为105℃；易溶于水、乙醇、乙醚；有毒，能引起持续性高血压、贫血和白细胞减少等；与皮肤接触，可导致湿疹性皮炎。邻苯二酚在工业上可由苯酚氯化，再水解制得。它是有机合成原料，可用于合成医药黄连素、肾上腺素等；也用于照相显影剂和分析试剂。

**知识探究**

间苯二酚最初由干馏天然树脂得到，因此又称树脂酚。它是无色针状晶体，熔点为110℃；易溶于水、乙醇、乙醚。工业上用间苯二酚磺酸碱熔法制取。它是重要的有机合成中间体，可用于制造多种染料，特种涂料，感光材料，塑料的稳定剂、增塑剂，医药雷锁辛以及雷管引爆剂等。

对苯二酚在工业上由苯醌加氢还原得到，因此又称氢醌。它是白色或浅灰色针状晶体，熔点为 175℃；稍溶于热水和乙醇、乙醚等，难溶于苯；有毒，可通过皮肤渗透引起中毒，其蒸气对眼睛损害较大。对苯二酚是重要的有机化工原料，可用于合成医药、染料、橡胶防老剂、单体阻聚剂、石油抗凝剂、油脂抗氧化剂及氮肥工业的催化脱硫剂等；此外，还大量用于照相显影剂，广泛应用于照相、电影胶片及 X 光片的显影；也用作化学分析试剂。

# 第三节 醚

醇或酚羟基上的氢原子被烃基取代后所生成的化合物叫做醚，也可以看作水分子的两个氢原子被烃基取代的化合物。可用通式 R—O—R′表示。醚分子中的 $-\overset{|}{\underset{|}{C}}-O-\overset{|}{\underset{|}{C}}-$ 称为醚键，是醚的官能团。其代表物为乙醚，乙醚的结构模型见图 14-3。

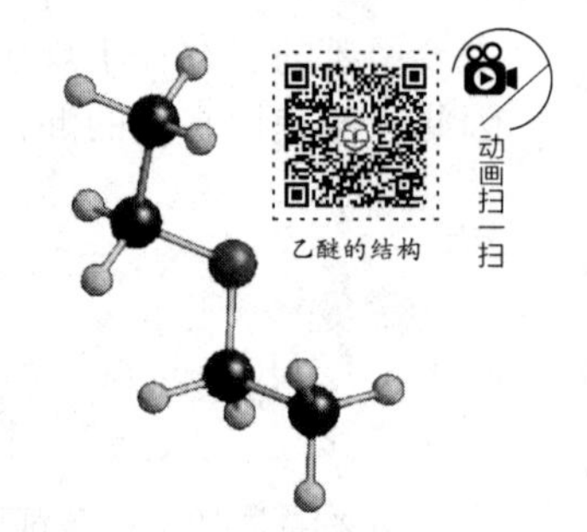


图 14-3 乙醚的结构模型

## 一、醚的分类、命名和同分异构现象

### 1. 醚的分类

醚一般按照醚键所连接的烃基的结构及连接方式的不同，进行分类。

在醚分子中，与氧原子相连的两个烃基相同的叫简单醚，两个烃基不同的叫混合醚。例如：

| $CH_3-O-CH_3$ | $C_6H_5-O-C_6H_5$ | $CH_3-O-C_2H_5$ | $C_6H_5-OCH_3$ |
|---|---|---|---|
| 甲醚(简单醚) | 二苯醚(简单醚) | 甲乙醚(混合醚) | 苯甲醚(混合醚) |

根据氧原子所连的烃基不同，醚可分为脂肪醚和芳香醚。两个都是脂肪烃基的叫脂肪醚。脂肪醚又可根据烃基是否饱和分为饱和醚和不饱和醚。例如：

| $C_2H_5-O-C_2H_5$ | $CH_3-O-CH=CH_2$ |
|---|---|
| 乙醚（饱和醚） | 甲乙烯醚（不饱和醚） |

如有一个是芳香烃基或两个都是芳香烃基，叫芳香醚。例如：

| $C_6H_5-O-C_6H_5$ | $C_6H_5-OCH_3$ |
|---|---|
| 二苯醚 | 苯甲醚 |

### 2. 醚的命名

结构简单的醚一般用普通命名法命名，即按醚键中氧原子所连接的烃基来命名。简单醚中烃基为烷基时，往往把“二”字省略，不饱和醚和芳醚一般保留“二”字。例如：

$CH_3—O—CH_3$ （二）甲醚

$CH_3CH_2—O—CH_2CH_3$ （二）乙醚

$C_6H_5—O—C_6H_5$ 二苯醚

混合醚命名时将简单的烃基写在前面，复杂的烃基写在后面。含有芳香烃基的混合醚，命名时芳香烃基写在前面，其他烃基写在后面。例如：

$CH_3OCH_2CH_3$ 甲乙醚

$CH_3—O—CH(CH_3)—CH_3$ 甲基异丙基醚

$C_6H_5—OCH_3$ 苯甲醚

结构复杂的醚要用系统命名法命名，即把烃基作母体，烷氧基（—OR）作为取代基。例如：

$CH_3CH(OCH_3)CH_2CH_2CH_3$ 2-甲氧基戊烷

$CH_3CH(OCH_3)CH_2CH(CH_3)CH_3$ 2-甲基-4-甲氧基戊烷

### 3. 醚的同分异构现象

醚分子中的醚键位于两个烃基之间，除碳链异构外还有醚键的位置异构。例如含有四个碳原子的乙醚，由于碳链异构和醚键位置异构，可以产生以下三种同分异构体。

$CH_3CH_2OCH_2CH_3$ 乙醚

$CH_3OCH_2CH_2CH_3$ 甲丙醚

$CH_3OCH(CH_3)CH_3$ 甲基异丙基醚（或甲异丙醚）

另外，同数碳原子的醇（酚）和醚互为同分异构体，例如乙醇和甲醚。醇（酚）的官能团是羟基，醚的官能团是醚键，所以它们是官能团异构体，这种现象称为官能团异构。

## 二、醚的性质

在常温下，除甲醚、甲乙醚为气体外，其他醚为无色有香味、易挥发、易燃烧的液体，相对密度小于 1。醚的沸点比分子量相近的烷烃稍高，比相同分子量的醇低得多。多数醚不溶于水，低分子量的醚稍溶于水，而甲醚能与水混溶。醚是良好的有机溶剂，可用来提取有机化合物。一些常见醚的物理常数见表 14-4。

表 14-4　一些常见醚的物理常数

| 名　称 | 熔点/℃ | 沸点/℃ | 相对密度 | 水中溶解性 |
|---|---|---|---|---|
| 甲醚 | −140.0 | 24.0 | 0.661 | |
| 乙醚 | −116.0 | −34.5 | 0.713 | |
| 正丙醚 | −12.2 | 91.0 | 0.736 | 微溶 |
| 正丁醚 | −95.0 | 142.0 | 0.773 | 不溶 |
| 正戊醚 | −69.0 | 188.0 | 0.774 | 微溶 |
| 二乙烯醚 | −30.0 | 28.4 | 0.773 | 溶于水 |
| 乙二醇醚 | −58.0 | 82～83 | 0.836 | 不溶 |
| 苯甲醚 | −37.3 | 155.5 | 0.996 | 不溶 |
| 二苯醚 | 28.0 | 259.0 | 1.075 | 不溶 |
| $\beta$-萘甲醚 | 72～73 | 274.0 | | 不溶 |

醚是一类比较稳定的化合物，在常温下与金属钠不发生反应，故可用金属钠作为醚的干燥剂。醚一般不与氧化剂、还原剂、大多数的酸作用，在碱中稳定。但由于醚键的存在，也可以进行一些特殊反应。

### 1. 与浓氢卤酸反应

在较高温度下，强酸能使醚键断裂。使醚键断裂最有效的试剂是浓的氢卤酸，其中以氢碘酸的作用最强。在常温下就可以使醚键断裂，生成碘代烷与醇（或酚）。醇又可与过量氢碘酸作用形成碘代烷。例如：

$$C_2H_5OC_2H_5 + HI \longrightarrow C_2H_5I + C_2H_5OH \xrightarrow{HI} C_2H_5I + H_2O$$

混合醚与氢碘酸作用时，一般是较小的烷基变成碘代烷，较大的烷基生成醇。例如：

$$CH_3OC_2H_5 + HI \longrightarrow CH_3I + C_2H_5OH$$

带有芳基的混醚与HI反应时，则总是发生烷氧键断裂，通常生成卤代烷和酚。

$$C_6H_5-O-CH_3 + HI \longrightarrow C_6H_5-OH + CH_3I$$

值得注意的是，若醚的两个烃基都是芳基时，不能和浓的HX发生醚的碳氧键断裂反应。

### 2. 过氧化物的生成

醚对氧化剂是惰性的，如 $KMnO_4$、$K_2Cr_2O_7$ 都不能将醚氧化，但含有 $\alpha$-氢原子的醚若在空气中久置或经光照，则可缓慢发生自动氧化反应，形成不易挥发的过氧化物。例如乙醚在放置过程中，因与空气长时间接触，会慢慢被氧化生成过氧化乙醚。

$$CH_3CH_2-O-CH_2CH_3 + O_2 \longrightarrow CH_3CH_2-O-CH(O-O-H)CH_3$$

过氧化乙醚

过氧化乙醚沸点较高，不易挥发。受热或振动会引起猛烈爆炸。因此在实验室蒸馏乙醚时，若乙醚已被空气氧化生成过氧化物，那么过氧化物会残留在瓶底，继续加热就会爆炸，所以醚类化合物应存放在棕色瓶中，在蒸馏之前要检验是否有过氧化物。其方法是用少量乙醚、碘化钾溶液和几滴淀粉溶液一起振荡，若呈现蓝色，则说明有过氧化物存在。

$$I^- \xrightarrow{\text{过氧化物}} I_2 \xrightarrow{\text{淀粉}} \text{蓝色}$$

当乙醚中有过氧化物时，可用硫酸亚铁或亚硫酸钠等还原剂除去。另外，在蒸馏乙醚时不要完全蒸干，以免浓缩的过氧化物受热而引起爆炸。

## 三、重要的醚

### 1. 乙醚

乙醚是无色有特殊气味的液体，不易溶于水，易挥发，易燃烧，沸点为34.5℃。它的蒸气与空气可形成爆炸性混合物，爆炸极限为1.85%～36.5%（体积分数）。因此使用乙醚时应特别小心，远离明火，严防事故发生。

工业上由乙醇脱水制取乙醚，因此乙醚中常含有微量水和乙醇。有些化学反应，如格氏试剂的制备需用绝对乙醚(不含水和醇的乙醚)，可将普通乙醚用无水氯化钙处理(除去乙醇)，再用金属钠干燥（除去水），即可得到无水、无醇的绝对乙醚。

乙醚性质稳定，能溶解许多有机化合物，如生物碱、油类、脂肪、染料、香料以及天然树脂、合成树脂、硝化纤维、石油树脂等，因此是常用的优良溶剂。乙醚具有麻醉作用，可用作外科手术的麻醉剂。大量吸入乙醚蒸气能使人失去知觉，甚至死亡。

### 2. 二苯醚

二苯醚为无色晶体，熔点为 26.8℃，沸点为 258℃，不溶于水、酸及碱，但能溶于醚、苯和冰醋酸，具有特殊气味。

73.5%二苯醚和 26.5%联苯的低共熔混合物（熔点为 12℃，沸点为 260℃）即使在 1MPa 下加热至 400℃也不分解，是工业上常用的载热体。

工业上由苯酚的钾盐或钠盐与氯苯或溴苯在催化剂作用下制备二苯醚。

### 3. 除草醚

除草醚是一种触杀型除草剂。它的学名叫 2,4-二氯苯基-4'-硝基苯基醚，结构式为：

Cl—(2-Cl-C₆H₃)—O—C₆H₄—$NO_2$

除草醚

除草醚是奶黄色针状晶体，熔点为 70～71℃，几乎不溶于水，易溶于乙醇等有机溶剂。商品常是 25%的除草醚可湿性粉剂或乳剂。除草醚在空气中稳定，对金属无腐蚀性。

除草醚除草有一定选择性，它可杀灭多种一年生幼嫩杂草，常用于水田和某些旱田（如棉花、甘蔗、大豆、油菜、甘薯地），以及菜园、果园、茶园、桑园等。除草醚药效高、毒性低，对人畜及鱼贝均无药害。

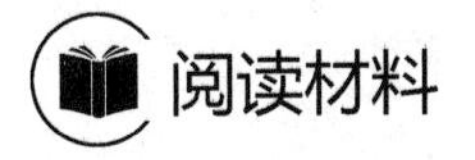

## 阅读材料

### 燃料乙醇

燃料乙醇，是以生物物质为原料通过生物发酵等途径获得的可作为燃料用的乙醇。一般其体积分数达到 99.5%以上。燃料乙醇是燃烧清洁的高辛烷值燃料，是可再生、清洁的能源。

燃料乙醇生产技术主要有第一代和第二代两种。第一代燃料乙醇技术是以糖质和淀粉质作物为原料生产乙醇。其工艺流程一般分为五个阶段，即液化、糖化、发酵、蒸馏、脱水。第二代燃料乙醇技术是以木质纤维素作为原料生产乙醇。与第一代技术相比，第二代燃料乙醇技术首先要进行预处理，即脱去木质素，增加原料的疏松性，以增加各种酶与纤维素的接触，提高酶效率。待原料分解为可发酵糖类后，再进入发酵、蒸馏和脱水。

我国燃料乙醇的主要原料是陈化粮、木薯、甜高粱、地瓜等淀粉质或糖质非粮作物。今后研发的重点主要集中在以木质纤维素为原料的第二代燃料乙醇技术 。国家发改委已核准了广西的木薯燃料乙醇、内蒙古的甜高粱燃料乙醇和山东的木糖渣燃料乙醇等非粮试点等项目，以农林废弃物等木质纤维素原料制取乙醇燃料技术也已进入年产万吨级规模的中试阶段。

最近几年，由于石油价格的波动，燃料乙醇的消费增长也在提速。中国燃料乙醇产业起步较晚，但发展迅速，燃料乙醇在中国具有广阔前景。随着国内石油需求的进一步提高，以乙醇等替代能源为代表的能源供应多元化战略，已成为中国能源政策的一个方向。中国已成为世界上继巴西、美国之后第三大生物燃料乙醇生产国和应用国。

燃料乙醇作为新的燃料替代品，将燃料乙醇经变性后与汽油按一定比例混合制成车用乙醇汽油，减少了对不可再生能源——石油的依赖，保障国家能源的安全。我国使用的乙醇汽油是用 90%的普通汽油与 10%的燃料乙醇调和而成。它可以改善油品的性能和质量，降低一氧化碳、烃类化合物等主要污染物排放。因此，其环保性令人称道。在 9 个城市调查报告中，使用乙醇汽油期间，城市空气中的二氧化氮、一氧化碳季均值与使用普通汽油比较，二氧化氮下降了 8%，一氧化碳下降 5%。这对减少大气污染及抑制温室效应意义重大。

## 习题

### 一、填空题

1. 现有苯、甲苯、乙醇、溴乙烷、苯酚几种有机物，其中常温下能与 NaOH 溶液反应的有______；常温下能与溴水反应的有______；常温下能与高锰酸钾溶液反应的有______；能与金属钠反应放出氢气的有______；能与 $FeCl_3$ 溶液反应呈现紫色的是______。

2. 写出下列化合物的俗名：甲醇______；乙醇______；丙三醇______；苯酚______；47%～53%甲苯酚的肥皂液______。

### 二、选择题

1. 下列说法正确的是（　　）。
   A. 羟基与链烃基直接相连的化合物属于醇类
   B. 含有羟基的化合物属于醇类
   C. 酚类和醇类具有相同的官能团，因而具有相同的化学性质
   D. 分子内含有苯环和羟基的化合物都属于酚类

2. 禁止用工业酒精配制饮用酒，是因为工业酒精中含有（　　）。
   A. 甲醇　　B. 乙二醇　　C. 丙三醇　　D.乙醇

3. 皮肤上若沾有少量的苯酚，正确的处理方法是（　　）。
   A. 用 70℃热水洗　　B. 用酒精洗
   C. 用稀 NaOH 溶液洗　　D. 不必冲洗

4. 鉴别乙醇和苯酚稀溶液，正确的方法是（　　）。
   A. 加盐酸溶液，观察是否变澄清　　B. 加 $FeCl_3$ 溶液，观察是否呈紫色
   C. 加紫色石蕊试液，观察是否变红色　　D. 加金属钠，观察是否产生气体

5. 下列物质中，与苯酚互为同系物的是（　　）。
   A. $CH_3CH_2OH$　　B. $(CH_3)_3C—OH$　　C. （苯环上邻位分别连有 $CH_3$ 和 OH）　　D. （苯环—$CH_2$—OH）

6. 下列各组物质中，只能用溴水来鉴别的是（　　）。

A. 苯、乙烷、乙醇　　B.乙烯、乙烷、乙炔
C. 乙烯、苯、苯酚　　D.乙烷、乙苯、乙炔

7. 某有机物分子式为$C_7H_8O$，则该有机物的含苯环的同分异构体数目为（　　）。

A. 4 种　　B. 5 种　　C. 6 种　　D. 3 种

## 三、命名下列化合物

1. $(CH_3)_2CHCH_2CH_2OH$

2. $CH_3CH{=}CH\underset{OH}{\underset{|}{C}}HCH_2CH_3$

3. 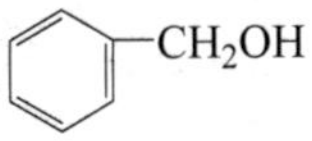 ⌬—$CH_2OH$

4. 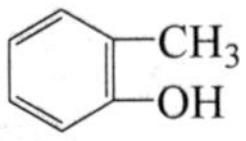 ⌬（邻位）—$CH_3$，—$OH$

5. 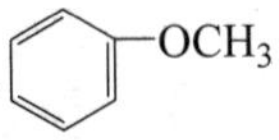 ⌬—$OCH_3$

6. $CH_3\underset{OH}{\underset{|}{C}}CH_2CH_3$

## 四、写出下列化合物的结构简式

1. 甘油　　2. 3-甲基-4-乙基-2-己醇
3. 2-甲基-3-戊烯-2-醇　　4. 苦味酸
5. 间硝基苯酚　　6. 对苯二酚
7. 苯乙醚　　8. 甲乙醚

## 五、完成下列反应式

1. $CH_3-\underset{CH_3}{\underset{|}{CH}}-\underset{OH}{\underset{|}{CH}}-CH_3 \xrightarrow[\triangle]{\text{浓硫酸}}$

2. $CH_3OH + CH_3COOH \xrightarrow[\triangle]{\text{浓硫酸}}$

3. $CH_3CH_2\underset{OH}{\underset{|}{C}}HCH_2CH_3 + HBr \longrightarrow$

4. $CH_3OC_3H_7 + HI \longrightarrow$

5. $CH_3CH_2CH_2OH + Na \longrightarrow$

6. $2CH_3OH \xrightarrow[\triangle]{\text{浓硫酸}}$

7. 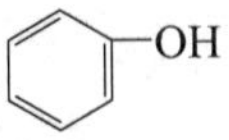 ⌬—$OH$ $+ NaOH \longrightarrow$

8. 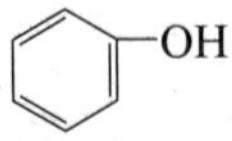 ⌬—$OH$ $+ Br_2 \xrightarrow{H_2O}$

## 六、用化学方法鉴别下列各组化合物

1. 苯甲醚、苯酚、苄醇
2. 1-丙醇、甘油、乙醚

## 七、写出 $C_4H_{10}O$ 的所有可能的同分异构体，并按系统命名法命名。

## 八、推断题

1. 化学式为 $C_5H_{12}O$ 的 A 与 B 两种醇，A 与 B 氧化后均得酸性产物。两种醇脱水之后再氢化得同一种烃。A 脱水之后氧化得一种羧酸和 $CO_2$；B 脱水之后再氧化得一种酮和 $CO_2$。试推断 A 与 B 的结构简式，并写出有关的反应式。

2. 芳香化合物 A，化学式为 $C_7H_8O$。A 与金属钠不反应，与浓的 HI 作用生成 B 与 C 两种产物。B 能溶于 NaOH 溶液，与 $FeCl_3$ 作用生成紫色。C 与 $AgNO_3$ 的乙醇溶液共热生成黄色 AgI 沉淀。试推断 A、B、C 的结构简式，并写出各步反应式。

# 第十五章 醛、酮

## 思维导图

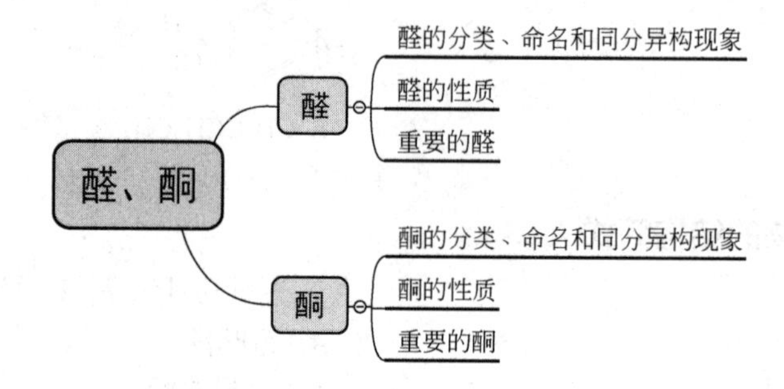


## 知识与技能目标

1. 厘清醛、酮的结构特点。
2. 会用系统命名法对简单的醛、酮进行命名。
3. 能理解醛、酮的同分异构现象。
4. 能写出醛、酮的主要化学性质。
5. 了解醛、酮在生产及科研中的应用。

## 素质目标

引导学生认识到“自信自强，守正创新”的重要性，激发学生爱国热情。

碳原子以双键和氧原子相连而形成的原子团叫羰基。结构为$-\overset{O}{\overset{\|}{C}}-$。醛和酮分子中都含有羰基，因此，称它们为羰基化合物。下面将分别学习这两类重要的有机物。

## 第一节 醛

在醛的分子中，羰基连接一个氢原子构成的“$-\overset{O}{\overset{\|}{C}}-H$”（简写成—CHO）原子团，叫做醛基。所以醛是烃基和醛基相结合的化合物（甲醛例外）。醛基是醛的官能团。醛的通式是：

$$R-\overset{\overset{\large O}{\|}}{C}-H \quad (R-CHO)（甲醛分子中的 R 是 H）$$

醛的代表物为乙醛，其结构模型如图 15-1 所示。

## 一、醛的分类、命名和同分异构现象

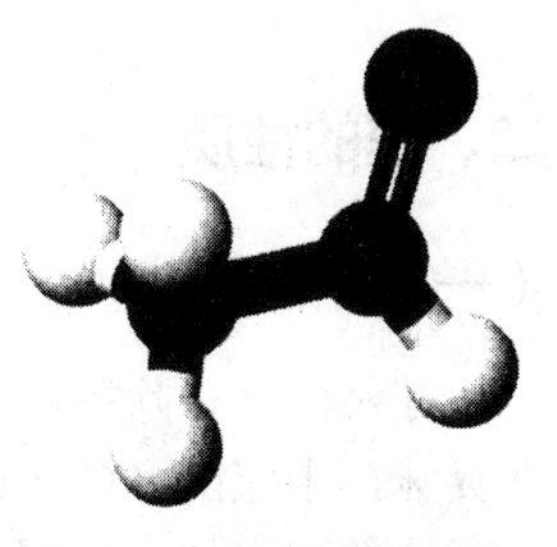

图 15-1 乙醛的结构模型

### 1. 醛的分类

根据醛基所连的烃基不同，醛可分为脂肪醛和芳香醛，其中脂肪醛又分为饱和醛和不饱和醛；根据分子中所含醛基的数目不同，醛可分为一元醛和多元醛。

### 2. 醛的命名

饱和醛系统命名时，选择含有醛基碳在内的最长碳链为主链，按照主链的碳原子数称为“某醛”。从醛基碳开始对主链碳原子进行编号，醛基碳在 1 号位。主链碳原子的位次也可以用希腊字母 $\alpha$，$\beta$，$\gamma$…来表示，与醛基相邻的碳为 $\alpha$-碳原子，其余依次为 $\beta$，$\gamma$…。例如：

$CH_3-CH_2-CHO$ 丙醛

$CH_3-CH_2-\underset{\underset{\large CH_3}{|}}{CH}-CHO$ 2-甲基丁醛（$\alpha$-甲基丁醛）

$\overset{\delta}{\underset{5}{CH_3}}-\overset{\gamma}{\underset{4}{CH}}(CH_3)-\overset{\beta}{\underset{3}{CH}}(CH_2CH_3)-\overset{\alpha}{\underset{2}{CH_2}}-\underset{1}{CHO}$ 4-甲基-3-乙基戊醛（$\gamma$-甲基-$\beta$-乙基戊醛）

不饱和醛系统命名时，应选择同时含有羰基和不饱和键在内的最长碳链为主链，仍从醛基开始给主链碳原子编号，称为“某烯醛”，并在名称中标明不饱和键的位置。例如：

$CH_3-CH=CH-CHO$ 2-丁烯醛

$CH_3-\underset{\underset{\large CH_3}{|}}{C}=\underset{\underset{\large CH_3}{|}}{C}-CH_2-CHO$ 3,4-二甲基-3-戊烯醛

对于芳香醛，则把芳香烃基作为取代基来命名。例如：

$C_6H_5-CHO$ 苯甲醛

$C_6H_5-\overset{\beta}{\underset{3}{CH}}=\overset{\alpha}{\underset{2}{CH}}\underset{1}{CHO}$ 3-苯基丙烯醛（$\beta$-苯基丙烯醛）

$C_6H_5-\underset{\underset{\large CH_3}{|}}{CH}CH_2CHO$ 3-苯基丁醛

### 3. 醛的同分异构现象

醛分子中的醛基总是在碳链的一端，可因碳链异构引起同分异构现象。如含有四个碳原子的丁醛，由于碳链异构，可以产生以下两种同分异构体。

$$\underset{\text{丁醛}}{CH_3CH_2CH_2CHO} \qquad \underset{\text{2-甲基丙醛}}{CH_3\overset{\overset{\displaystyle CH_3}{|}}{C}HCHO}$$

## 二、醛的性质

### （一）醛的物理性质

在常温下，除甲醛是气体外，$C_{12}$以下的醛是液体，高级醛是固体。低级醛具有强烈刺激性臭味，中级醛（$C_8$～$C_{12}$）则具有果香味，常用于香料工业。

醛的沸点比分子量相近的烃及醚高，但比分子量相近的醇低。低级醛能溶于水，如甲醛和乙醛能与水混溶，但随着分子量增大而溶解度减小，高级醛则不溶于水。醛都溶于一般的有机溶剂。一些常见醛的物理常数如表 15-1 所示。

**表 15-1 一些常见醛的物理常数**

| 名　称 | 熔点/℃ | 沸点/℃ | 名　称 | 熔点/℃ | 沸点/℃ |
|---|---|---|---|---|---|
| 甲醛 | −92 | −21 | 正丁醛 | −99 | 76 |
| 乙醛 | −121 | 20 | 丙烯醛 | −87 | 52 |
| 丙醛 | −81 | 49 | 苯甲醛 | −56 | 178 |

### （二）醛的化学性质

醛基中的碳氧双键与碳碳双键相似，也是由一个 σ 键和一个 π 键组成，所以碳氧双键也能发生加成反应。由于受醛基的影响，*α*-氢原子较活泼，易发生取代反应。此外，醛基中的氢也容易被氧化。醛的反应部位如下所示：

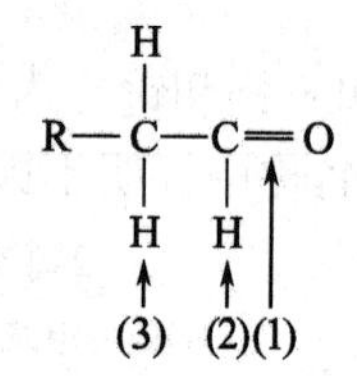


(1) C═O双键的加成反应
(2) 醛基碳上氢原子的反应
(3) *α*-H的反应

#### 1. 氧化反应

因为醛分子中醛基上有一个氢原子，而且醛基位于碳链的末端，所以醛很容易被氧化生成相应的羧酸。例如：

$$2CH_3CHO + O_2 \longrightarrow 2CH_3COOH$$

由于空气中的氧能将醛氧化，所以在存放时间较长的醛中常含有少量的羧酸。

不仅强氧化剂（如 $KMnO_4$、$K_2Cr_2O_7$、$H_2O_2$ 等）能使醛氧化，弱氧化剂也能使醛氧化。常用的弱氧化剂有托伦（Tollens）试剂和斐林（Fehling）试剂。

托伦试剂是硝酸银的氨溶液（又叫银氨溶液）。它与醛共热时，醛即氧化成羧酸（铵盐形式），而银离子还原成金属银，并附着在管壁上形成银镜，这个反应叫做银镜反应。此反应常用来检验醛基的存在。例如：

$$AgNO_3 + 3NH_3\cdot H_2O \longrightarrow \underset{\text{氢氧化二氨合银}}{Ag(NH_3)_2OH} + NH_4NO_3 + 2H_2O$$

$$CH_3CHO + 2Ag(NH_3)_2OH \xrightarrow{温热} CH_3COONH_4 + 2Ag\downarrow + 3NH_3 + H_2O$$

银镜

斐林试剂分为A液和B液，A液是硫酸铜溶液，B液是氢氧化钠和酒石酸钾钠溶液，使用时将两者等体积混合，就得到深蓝色的斐林试剂（氢氧化钠溶解在酒石酸钾钠溶液中）。当醛和斐林试剂共煮时，醛被氧化成羧酸，同时有砖红色的氧化亚铜沉淀生成，这个反应叫做斐林反应。此反应也常用来检验醛基的存在。例如：

$$CuSO_4 + 2NaOH \longrightarrow Cu(OH)_2 + Na_2SO_4$$

$$CH_3CHO + 2Cu(OH)_2 \xrightarrow{\triangle} CH_3COOH + Cu_2O\downarrow + 2H_2O$$

砖红色

芳香醛不能还原斐林试剂，加热才发生银镜反应。

## 2. 还原反应

醛分子中的碳氧双键能与氢原子加成生成伯醇。常用的金属催化剂有Ni、Pt、Pd等。例如：

$$RCHO + H_2 \xrightarrow{Ni} RCH_2OH$$

$$CH_3CHO + H_2 \xrightarrow{Ni} CH_3CH_2OH$$

若分子中含不饱和键，也能催化加氢还原为饱和醇。例如：

$$CH_3CH{=}CHCHO \xrightarrow[Ni]{H_2} CH_3CH_2CH_2CH_2OH$$

## 3. 卤代反应

醛分子中的α-氢原子较活泼，能被卤素（氯、溴、碘）取代生成卤代醛。例如：乙醛在水存在下和氯气作用生成氯代乙醛，其中主要是二氯乙醛和三氯乙醛。

$$\underset{乙醛}{CH_3CHO} \xrightarrow{Cl_2} \underset{氯乙醛}{CH_2ClCHO} \xrightarrow{Cl_2} \underset{二氯乙醛}{CHCl_2CHO} \xrightarrow{Cl_2} \underset{三氯乙醛}{CCl_3CHO}$$

不含有α-氢原子的醛，则不发生上述反应。

## 4. 与醇缩合

在干燥氯化氢催化下，醛能与一分子醇发生加成反应形成半缩醛。

$$R{-}CHO + H{-}OR' \xrightleftharpoons{HCl} \underset{半缩醛}{R{-}\overset{\overset{OH \ \longleftarrow \ 半缩醛羟基}{|}}{\underset{\underset{H}{|}}{C}}{-}OR'}$$

在半缩醛分子中，同一碳原子上既有羟基（半缩醛羟基），又有烷氧基，这样的结构是不稳定的，一般很难分离出来。但它可与另一分子醇进一步缩合，生成稳定的缩醛。

$$R{-}\overset{\overset{OH}{|}}{\underset{\underset{OR'}{|}}{C}}{-}H + H{-}OR' \xrightleftharpoons{HCl} \underset{缩醛}{R{-}\overset{\overset{OR'}{|}}{\underset{\underset{OR'}{|}}{C}}{-}H}$$

缩醛可看成是同碳双二醚，性质与醚相似，它对碱和氧化剂都是相当稳定的，但在稀酸中易水解为原来的醛。所以缩醛反应必须在无水条件下进行。

醛基是相当活泼的基团，特别对碱极为敏感，在碱性溶液中更容易被氧化。所以在有机合成中常利用缩醛的生成和水解来保护醛基。

半缩醛、缩醛的结构和性质与糖类化合物有密切关系。

## 三、重要的醛

### 1. 甲醛

甲醛又叫蚁醛，在常温下是无色的有刺激性气味的气体，易溶于水。工业上常用甲醇氧化制甲醛。

$$CH_3OH \xrightarrow{[O]} HCHO+H_2O$$

甲醛是强还原剂，易被氧化生成甲酸。

$$HCHO \xrightarrow{[O]} HCOOH$$

甲醛还容易发生聚合反应，它的水溶液在储存较久时，常聚合生成白色絮状沉淀，这种聚合体就是多聚甲醛，加热时可解聚又生成甲醛。

$$nHCHO \longrightarrow \underset{\text{多聚甲醛}}{\text{[} CH_2O \text{]}_n}$$

为了防止甲醛聚合，可在它的水溶液中加入少量的甲醇或乙醇。

 知识探究

甲醛能使蛋白质凝固而具有杀菌防腐能力，甲醛的37%～40%水溶液叫福尔马林，是常用的重要消毒剂和防腐剂。农业上常用于浸种杀菌（如防治小麦黑穗病、稻瘟病等）和仓库、厩舍、蚕室等的消毒，也广泛用于制作生物标本防腐剂。在工业上，甲醛是重要的化工原料，常制成聚合体（白色固体粉末）以便储存和出售，多用于制造药物、酚醛树脂、脲醛树脂和合成纤维等。

### 2. 乙醛

乙醛是无色有刺激性气味的液体，沸点为21℃，可溶于水、乙醇及乙醚。易氧化、易聚合，在少量硫酸存在下，室温就能聚合成三聚乙醛。三聚乙醛是一种有香味的液体，沸点为124℃，不溶于水。在硫酸存在下加热，即发生解聚。所以乙醛多以三聚体形式保存。

工业上用乙炔水合法生产乙醛。近年来随着石油化工的发展，又创造了乙烯氧化法的新技术。这种方法是在一定温度和压力下，用氯化钯和氯化铜作催化剂，使乙烯被氧气直接氧化成乙醛。

$$CH_2{=\!=}CH_2+O_2 \xrightarrow[120℃,1MPa]{CuCl_2\text{-}PdCl_2} CH_3CHO$$

乙醛是有机合成的重要原料，可用于合成乙酸、乙醇、三氯乙醛等。

### 3. 苯甲醛

苯甲醛是无色液体，沸点为 179℃，有浓厚的苦杏仁气味。在自然界常与葡萄糖、氢氰

酸等结合而存在于杏、桃、李等许多果实的种仁内，尤以苦杏仁中含量较高，所以苯甲醛又称苦杏仁醛。

苯甲醛易被空气氧化而成苯甲酸，加入 0.001%对苯二酚可以防止这种氧化作用。在工业上苯甲醛用于制造香料、染料及其他芳香族化合物。

# 第二节 酮

在酮的分子中，羰基连接两个烃基，所以酮是羰基和两个烃基连接的化合物。酮分子中的羰基，也常叫做酮基。酮基是酮的官能团。酮的通式是：

$$R-\overset{\overset{O}{\|}}{C}-R' \quad 或 \quad R-CO-R'$$（R 与 R′可以相同，也可以不同）

酮的代表物为丙酮，其结构模型如图 15-2 所示。

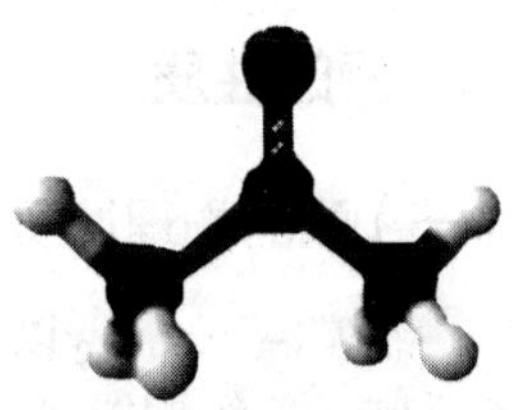
图 15-2 丙酮的结构模型

## 一、酮的分类、命名和同分异构现象

### 1. 酮的分类

根据酮基所连的烃基不同，酮可分为脂肪酮和芳香酮，脂肪酮又可根据烃基是否饱和分为饱和酮和不饱和酮；还可根据分子中所含酮基的数目分为一元酮和多元酮等。一元酮中酮基连的烃基相同的叫简单酮，不相同的叫混合酮。

### 2. 酮的命名

饱和酮的系统命名是选择含有酮基碳在内的最长碳链为主链，按照主链的碳原子数称为“某酮”。从离酮基最近的一端开始，依次给主链碳原子编号。命名时注明酮基所在的位置。例如：

$$\underset{\underset{O}{\|}}{CH_3CCH_3}$$
丙酮

$$CH_3\underset{\underset{O}{\|}}{C}CH_2CH_3$$
丁酮

$$CH_3CH_2\underset{\underset{O}{\|}}{C}CH_2CH_3$$
3-戊酮

$$CH_3\underset{\underset{O}{\|}}{C}CH_2\underset{\underset{CH_3}{|}}{CH}CH_3$$
4-甲基-2-戊酮

不饱和酮系统命名时，应选择同时含有酮基和不饱和键在内的最长碳链为主链，称为“某烯酮”（或“某炔酮”），并从靠近酮基的一端开始给主链碳原子编号。例如：

$$CH_3\underset{\underset{O}{\|}}{C}CH_2CH{=}CH_2$$
4-戊烯-2-酮

对于芳香酮，则把芳香烃基作为取代基来命名。例如：

$$C_6H_5-\overset{\overset{O}{\|}}{C}-C_6H_5 \qquad\qquad C_6H_5-\overset{\overset{O}{\|}}{C}-CH_3$$

二苯酮　　　　　　　　　　苯乙酮（习惯上不叫苯甲酮）

$$\mathrm{C_6H_5\overset{4(\beta)}{C}H_2\overset{3(\alpha)}{C}H_2\overset{2}{C}(=O)\overset{1}{C}H_3}$$

4-苯基-2-丁酮
（$\beta$-苯基丁酮）

3. 酮的同分异构现象

酮分子中的酮基位于两个烃基之间，除碳链异构外，还有酮基的位置异构。例如：含有五个碳原子的戊酮，由于碳链异构和酮基位置异构，可以产生以下三种同分异构体。

$$CH_3-\overset{O}{\overset{\|}{C}}-CH_2CH_2CH_3 \qquad CH_3CH_2-\overset{O}{\overset{\|}{C}}-CH_2CH_3 \qquad CH_3-\overset{O}{\overset{\|}{C}}-\overset{CH_3}{\overset{|}{C}}HCH_3$$

2-戊酮　　　　3-戊酮　　　　3-甲基丁酮（或 3-甲基-2-丁酮）

另外，含有同数碳原子的醛和酮，它们互为官能团异构体，如丙醛和丙酮。

## 二、酮的性质

### （一）酮的物理性质

在常温下，$C_{12}$ 以下的酮是液体，高级酮是固体。低级酮具有令人愉快的气味，中级酮具有香味。低级酮能溶于水，如丙酮可与水混溶，但随分子量增大而溶解性减小，高级酮则不溶于水。酮可溶于一般的有机溶剂。酮的沸点比分子量相近的烃及醚高，但较相应的醇低。一些常见酮的物理常数如表 15-2 所示。

表 15-2　一些常见酮的物理常数

| 名　称 | 熔点/℃ | 沸点/℃ | 名　称 | 熔点/℃ | 沸点/℃ |
|---|---|---|---|---|---|
| 乙烯酮 | -151 | -56 | 二苯酮 | 48 | 306 |
| 丙酮 | -95 | 56 | 环己酮 | -31 | 156 |
| 苯乙酮 | 21 | 202 | | | |

### （二）酮的化学性质

酮基中的碳氧双键与碳碳双键相似，也能发生加成反应。由于受酮基的影响，$\alpha$-氢原子较活泼，易发生取代反应。此外，酮也能被强氧化剂氧化。酮基的反应部位如下所示：

$$R-\underset{\underset{(2)\uparrow}{H}}{\overset{H}{\overset{|}{C}}}-\underset{\underset{}{R'}}{C}=O$$

(1) C═O双键的加成反应
(2) $\alpha$-H的反应

1. 还原反应

酮分子中的碳氧双键都能与氢原子加成而被还原成仲醇。常用的金属催化剂有 Ni、Pt、Pd 等。例如：

$$CH_3—\underset{\underset{O}{\|}}{C}—CH_3 \xrightarrow[\triangle]{H_2/Pt} CH_3—\underset{\underset{OH}{|}}{CH}—CH_3$$

## 2. 卤代反应和碘仿反应

酮分子中的 α-氢原子易被卤素取代，生成 α-卤代酮。例如：

$$C_6H_5—COCH_3 + Br_2 \longrightarrow C_6H_5—COCH_2Br + HBr$$

苯乙酮　　　　α-溴代苯乙酮

用酸催化时，可以通过控制反应条件，使得到的产物主要是一卤代、二卤代或三卤代产物。用碱催化时，卤代反应速率很快，一般不能使反应停止在一卤代或二卤代阶段。当 α-碳原子上有三个氢原子时，即具有 $—\overset{\overset{O}{\|}}{C}—CH_3$ 结构的醛（乙醛）、酮（甲基酮）与碘的氢氧化钠溶液（即次碘酸钠溶液）作用时，甲基上的三个氢原子都被取代而生成碘仿（$CHI_3$），又称碘仿反应。例如：

$$CH_3CHO + 3I_2 + 4NaOH \longrightarrow CHI_3\downarrow + HCOONa + 3NaI + 3H_2O$$

$$CH_3COCH_3 + 3I_2 + 4NaOH \longrightarrow CHI_3\downarrow + CH_3COONa + 3NaI + 3H_2O$$

碘仿是不溶于水的亮黄色晶体，熔点为 119℃，常利用碘仿反应来鉴定乙醛和甲基酮。

乙醇和含有 $—\overset{\overset{OH}{|}}{CH}—CH_3$ 结构的醇也可以被碘的氢氧化钠溶液氧化成乙醛和甲基酮，故具有上述结构的醇也能发生碘仿反应。

## 知识拓展

### 有机化学家——黄鸣龙

Wolff-Kishner-黄鸣龙还原反应，是一种将醛类或酮类在碱性条件下与肼作用，羰基被还原为亚甲基的反应。这是有机化学史上迄今唯一一个用中国人名字命名的反应。该反应经黄鸣龙改进在常压下即可完成，反应时先将反应物与氢氧化钠、肼和高沸点醇类的水溶液混合加热，生成腙后，将水和过量肼蒸出，待温度达到 195～200℃时回流 3～4h 后完成。

黄鸣龙出生在江苏扬州一个清贫的书香门第。1919 年，从浙江省立医药专科学校（现为浙江医科大学）毕业的黄鸣龙出国深造。

1949 年，新中国诞生，已是天命之年的黄鸣龙激动万分，报效祖国之心再次强烈跳动——他冲破美国政府的重重阻挠，借道去欧洲讲学摆脱跟踪，辗转回国。他避开阻挠而绕道归国，可见爱国之诚。

回国后，黄鸣龙应邀担任解放军医学科学院化学系主任，随后又任职中科院有机化学所研究员。其间，他多次致信海外友人，鼓励他们回国。在黄鸣龙的鼓励下，一些优秀的医学家、化学家先后从国外归来。他的儿子、女儿也相继归国，投入祖国建设的洪流。

他在一封信中写道，在美国时，虽然生活好，但也会时常觉得沉闷，因为那个时候的工作与自己的理想和国家的建设毫无关系。他写道：“我在国内现在生活水平不是很高，但是心情舒畅，有热情、有目标，工作情绪挺高。”

从这些距今60多年的已经泛黄的信件的字里行间，依旧可以体会到黄鸣龙先生当年投身新中国建设的喜悦之情和拳拳爱国之心。

## 三、重要的酮——丙酮

丙酮是无色液体，有愉快的香味，沸点为56.2℃，易挥发、易燃烧，可与水、乙醇、乙醚、氯仿等混溶，是工业和实验室中最常用的有机溶剂之一。它又是重要的有机合成原料，用于合成有机玻璃、环氧树脂、氯仿、碘仿等。

生物体的新陈代谢中常有丙酮产生，代谢不正常的糖尿病患者的尿中，则含有较多的丙酮等。

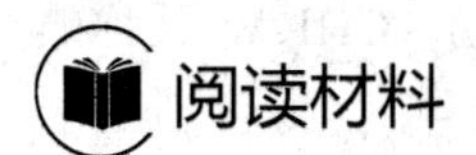

### 肉桂醛在医药方面的应用

肉桂醛通常称为桂醛，桂醛有顺式和反式两种异构体，现商用的桂醛，都是反式体，称$\beta$-苯丙烯醛。肉桂醛的分子式为$C_9H_8O$，结构式为$C_6H_5CHCHCHO$。肉桂醛在医药方面的应用如下：

（1）杀菌、消毒、防腐，特别是对真菌有显著疗效。肉桂醛对大肠杆菌、枯草杆菌及金黄色葡萄球菌、白色葡萄球菌、志贺氏痢疾杆菌、伤寒和副伤寒杆菌、肺炎球菌、产气杆菌、变形杆菌、炭疽杆菌、肠炎沙门菌、霍乱弧菌等有抑制作用。且对革兰阳性菌杀菌效果显著，可用于治疗多种因细菌感染引起的疾病。最小抑制浓度（MIC）为0.02～0.07μL/mL，对深部致病真菌，MIC为0.1～0.3μL/mL。日本医学专家研究发现，肉桂醛对真菌有显著疗效，对22种条件致病性真菌进行肉桂醛抗真菌作用研究表明，肉桂醛是抗真菌的活性物质，主要是通过破坏真菌细胞壁，使药物渗入真菌细胞内，破坏细胞器而起到杀菌作用。

（2）抗溃疡，加强胃、肠道运动　其作用机制是由于溃疡活性因素（胃液与胃蛋白酶）的抑制与防御因素（胃黏膜血流速率）的加强，以及抑制胃黏膜电位降低和对黏膜保护作用所致。除此之外，肉桂醛能降低胰酶活性。肉桂醛系芳香性健胃祛风剂，对肠胃有缓和的刺激作用，可促进唾液及胃液分泌，增强消化功能，解除胃肠平滑肌痉挛，缓解肠道痉挛性疼痛。用于治疗胃痛、胃肠胀气绞痛，有显著的健胃、祛风效果。

（3）脂肪分解作用　肉桂醛具有抑制肾上腺素及ACTH对脂肪酸的游离，促进葡萄糖的脂肪合成作用，肉桂酸也有这类作用，但肉桂醛作用远大于肉桂酸。因而，肉桂醛可以用于血糖控制药中，加强胰岛素替换葡萄糖的性能，防治糖尿病。

（4）抗病毒作用　对流感病毒作用较大。

（5）抗癌作用　可抑制肿瘤的发生，并具抗诱变作用和抗辐射作用。

（6）扩张血管及降压作用　对肾上腺皮质性高血压有降压作用。

（7）壮阳作用　美国芝加哥治疗研究中心的一份研究表明，肉桂醛对男性壮阳有一定的功效。

（8）常用于外用药、合成药中　肉桂醛应用于按摩液、美容产品中起到散淤血、促进血液循环作用，使皮肤回温，紧实皮肤组织，外用于按摩可使四肢、身体舒畅，改善水分滞留。对皮肤的疤痕、纤维瘤的软化与清除皆具有效果。还用于红花油、清凉油、活络油等跌打外用药中，可以活络筋骨、散淤血，具有镇静、镇痛、解热、抗惊厥、调节中枢神经系统的作用，还可提高白细胞及血小板数。

除此以外，肉桂醛可用于化工方面的有机合成与实验试剂，在食品领域常用于食用香料、保鲜防腐防霉剂，同时也是很好的调味（料）油，用来改善口感风味。

## 习题

### 一、选择题

1. 下列化合物能发生碘仿反应的是（　　）。
   A. 2-甲基丁醛　　B. 异丙醇　　C. 3-戊酮　　D. 丙醇
2. 乙醇和二甲醚是（　　）异构体。
   A. 碳架异构　　B. 位置异构　　C. 官能团异构　　D. 互变异构
3. 下列化合物能发生碘仿反应的是（　　）。
   A. $(CH_3)_2CHCHO$　　B. $CH_3CH_2CH_2OH$
   C. $C_6H_5CHO$　　D. $CH_3COCH_2CH_3$
4. Williamson 合成法主要合成的化合物是（　　）。
   A. 酮　　B. 卤代烃　　C. 混合醚　　D. 醇
5. 下列试剂可将伯醇氧化为醛的是（　　）。
   A. $CrO_3$/吡啶　　B. $K_2Cr_2O_7$　　C. $KMnO_4$　　D. $Ag_2O$
6. 可鉴别 6 碳以下的伯、仲、叔、醇的试剂是（　　）。
   A. 银氨溶液　　B. 三氯化铁
   C. 卢卡斯(Lucas)试剂　　D. 氢氧化钾
7. 下列物质具有缩醛结构的是（　　）。
   A. $CH_3CH(CH_3)OCH_3$　　B. $CH_3CH(OH)OCH_3$
   C. $CH_3CH(OCH_3)_2$　　D. $CH_3CH_2OCH_2CH_3$
8. 既能与三氯化铁显色，又能发生碘仿反应的是（　　）。
   A. HO—$C_6H_4$—$COCH_3$　　B. $H_3CO$—$C_6H_4$—CHO
   C. $H_3CO$—$C_6H_4$—$COCH_3$　　D. HO—$C_6H_4$—CHO

### 二、写出化学式为 $C_5H_{10}O$ 的醛和酮的所有同分异构体，并命名。

### 三、命名下列化合物

1. $CH_3—CH(CH_2CH_3)—CH_2—CHO$

2. $CH_3—C(CH_3)=C(CH_3)—CH_2—CH_2—CHO$

3. 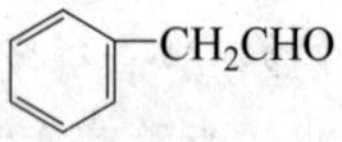 $C_6H_5CH_2CHO$（苯环—$CH_2CHO$）

4. 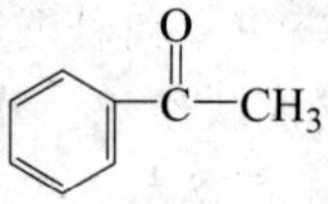 $C_6H_5-\overset{O}{\overset{\|}{C}}-CH_3$

5. $(CH_3)_2CH-\overset{O}{\overset{\|}{C}}-CH_2CH_3$

6. $CH_3-\overset{O}{\overset{\|}{C}}-CH_2-\overset{CH_3}{\overset{|}{C}}=CH_2$

## 四、写出下列化合物的结构简式

1. 4,4-二甲基-3-乙基戊醛
2. 3-甲基-2-丁烯醛
3. 2-甲基-4-苯基己醛
4. 4-甲基-2-戊酮

## 五、完成下列反应式

1. $CH_3CH_2CHO + Ag(NH_3)_2OH \xrightarrow{\text{温热}}$
2. $CH_3CHO + Cu(OH)_2 \xrightarrow{\triangle}$
3. $CH_3CH_2CHO + CH_3OH \xrightarrow{\text{干燥HCl}}$
4. $CH_3CHO + I_2 + NaOH \longrightarrow$
5. $CH_3COCH_2CH_2CH_3 + I_2 + NaOH \longrightarrow$
6. $CH_3CH_2COCH_3 + H_2 \xrightarrow{Ni}$

## 六、用化学方法鉴别下列各组化合物

1. 丙醛、丙酮、丙醇
2. 乙醇、乙醚、乙醛

## 七、推断题

1. 某化合物 $A(C_5H_{12}O)$氧化后得 $B(C_5H_{10}O)$，B 能与碘的碱性溶液共热有黄色碘仿生成。A 和浓硫酸共热得 $C(C_5H_{10})$，C 经氧化后生成丙酮与乙酸。试推测 A、B、C 的结构简式，并用反应式表示推导过程。

2. 有 A 和 B 两个化合物，它们的化学式都为 $C_3H_6O$。A 和 B 都能加氢生成醇，但 A 能发生银镜反应，而 B 不能。B 可发生碘仿反应，而 A 不能。试推测 A 和 B 的结构简式，并写出各反应的方程式。

# 第十六章　羧酸、取代酸、酯

## 思维导图

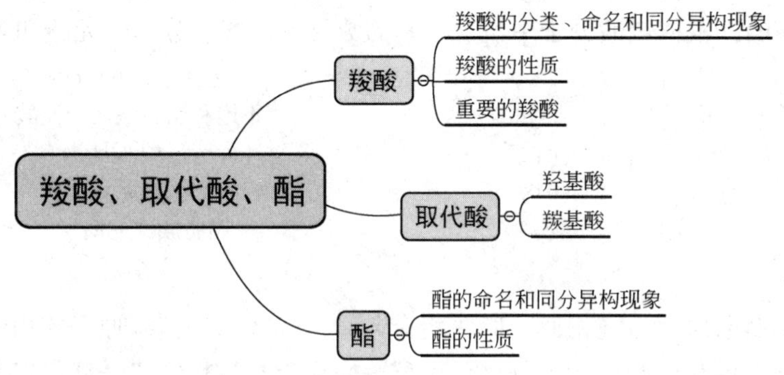


## 知识与技能目标

1. 厘清羧酸、酯的结构特点。
2. 厘清重要取代酸的结构。
3. 会对简单的羧酸、取代酸、酯进行命名。
4. 能理解羧酸和酯的同分异构现象。
5. 能写出羧酸、酯的主要的化学性质。
6. 了解羧酸、酯、重要取代酸在生产、生活中的应用。

## 素质目标

激励学生学习传承老一辈科学家的奉献精神，激发学生的创新意识。

烃分子中氢原子被羧基（—COOH）取代后生成的化合物叫羧酸，可用通式 R—COOH 和 Ar—COOH 表示。羧酸的官能团是羧基（—COOH）。羧酸分子中羧基里的羟基被烃氧基（—OR′）取代的产物叫酯。羧酸分子中烃基上的氢原子被卤素、羟基、羰基及氨基等取代所得的产物叫取代酸。

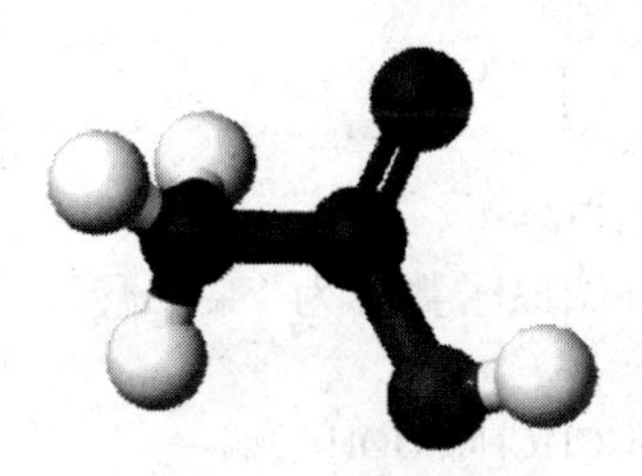

图 16-1　乙酸的结构模型

羧酸、酯及取代酸广泛存在于自然界，它们中的许多化合物是动植物代谢中的重要物质，有的化合物也是农药、医药以及有机合成极为重要的原料。羧酸的代表物为乙酸，其结构模型如图 16-1 所示。

# 第一节 羧酸

## 一、羧酸的分类、命名和同分异构现象

### 1. 羧酸的分类

根据羧酸分子中烃基的不同，羧酸可分为脂肪酸和芳香酸，其中脂肪酸又分为饱和脂肪酸和不饱和脂肪酸；根据羧酸分子中所含羧基的数目，羧酸可分为一元酸和多元酸。例如：

饱和脂肪酸（一元酸） 不饱和脂肪酸（一元酸）

芳香族二元酸 脂肪族二元酸

### 2. 羧酸的命名

羧酸的系统命名原则与醛相似。脂肪酸命名时，选择含羧基碳原子在内的最长碳链（有不饱和键的包括不饱和键）作为主链，根据主链碳原子数目称为“某酸”（“某烯酸”或“某炔酸”）。从羧基碳原子开始用 1，2，3…给主链碳原子编号；也可从羧基的邻位开始，用希腊字母 $\alpha$，$\beta$，$\gamma$，$\delta$…给主链碳原子编号。例如：

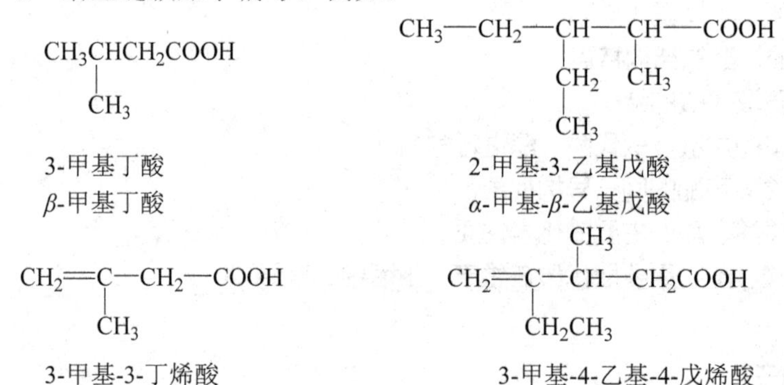


3-甲基丁酸
$\beta$-甲基丁酸

2-甲基-3-乙基戊酸
$\alpha$-甲基-$\beta$-乙基戊酸

3-甲基-3-丁烯酸

3-甲基-4-乙基-4-戊烯酸

对于芳香酸，则把芳香烃基作为取代基来命名。例如：

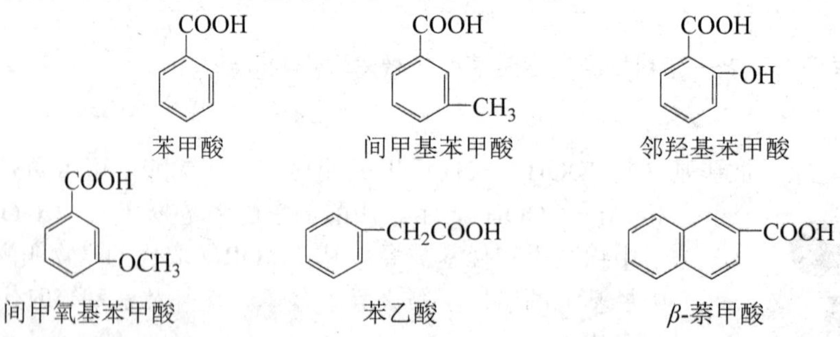


苯甲酸 间甲基苯甲酸 邻羟基苯甲酸

间甲氧基苯甲酸 苯乙酸 $\beta$-萘甲酸

二元脂肪酸的命名，是选含两个羧基的最长链碳为主链，按主链碳原子数称为“某二酸”。芳香族二元羧酸需注明两个羧基的位置。例如：

COOH
|
COOH

乙二酸（草酸）

$HOOC(CH_2)_4COOH$

己二酸

$HOOCCHCH_2COOH$
|
$CH_3$

2-甲基丁二酸

COOH
COOH
1,2-苯二甲酸
（邻苯二甲酸）

COOH
COOH
1,3-苯二甲酸
（间苯二甲酸）

COOH
COOH
1,4-苯二甲酸
（对苯二甲酸）

### 3. 羧酸的同分异构现象

羧酸分子中的羧基总是在碳链的末端，可因碳链异构引起异构现象。例如含有四个碳原子的丁酸由于碳链异构，可以产生以下两种同分异构体。

$CH_3CH_2CH_2COOH$
丁酸

$CH_3$
$CH_3CHCOOH$
2-甲基丙酸

羧酸与后面介绍的酯也构成同分异构体。

## 二、羧酸的性质

### （一）物理性质

在室温下，直链饱和一元脂肪酸中，$C_1$～$C_3$的酸为具有酸味的刺激性液体，$C_4$～$C_6$的酸为有腐败气味的油状液体，$C_{10}$以上的酸为无味的蜡状固体。脂肪族二元酸和芳香酸均为晶体，固态羧酸基本上没有气味。

直链饱和脂肪酸的沸点随着分子量的增加而逐渐升高，比相应的醇要高。$C_1$～$C_4$的酸与水混溶，从戊酸开始，在水中的溶解度迅速减小，$C_{10}$以上的酸不溶于水。芳香酸和高级脂肪酸不溶于水，而易溶于醇、醚等有机溶剂。

饱和一元羧酸的熔点随着分子中碳原子数的增加呈齿状变化。含偶数碳原子羧酸的熔点较其相邻的两个含奇数碳原子羧酸的熔点高。常见羧酸的物理常数如表16-1所示。

表16-1 常见羧酸的物理常数

| 名称 | 熔点/℃ | 沸点/℃ | 溶解度/(g/100g水) | 名称 | 熔点/℃ | 沸点/℃ | 溶解度/(g/100g水) |
|---|---|---|---|---|---|---|---|
| 甲酸 | 8.4 | 100.7 | ∞ | 十八酸（硬脂酸） | 69.9 | — | 不溶 |
| 乙酸 | 16.6 | 118 | ∞ | 苯甲酸 | 121.7 | — | 0.34 |
| 丙酸 | −21.0 | 141 | ∞ | 邻苯二甲酸 | 213.0 | — | 0.7 |
| 正丁酸 | −7.9 | 162.5 | ∞ | 间苯二甲酸 | 349.0 | — | 0.01 |
| 正戊酸 | −59.0 | 187 | 3.7 | 对苯二甲酸 | 300（升华） | — | 0.02 |
| 正己酸 | −9.5 | 205 | 1.0 | 乙二酸 | 189.5 | 8.6 | 1.27 |
| 十六酸（软脂酸） | 62.9 | — | 不溶 | | | | |

### （二）羧酸的化学性质

羧酸由烃基和羧基组成，其化学反应主要发生在羧基上。羧酸分子中易发生化学反应的主要部位如下表示：

```
    H       O
    |       ‖
R—CH—C—O—H
    ↑       ↑ ↑       ↑
   (4)   (3)(2)   (1)
```

(1) 羟基中的氢原子的酸性和成盐反应
(2) 羟基被取代的反应
(3) 羰基的还原和脱羧反应
(4) $\alpha$-H的取代反应

## 1. 酸性

羧酸在水溶液中能部分解离出 $H^+$，而显弱酸性，但比碳酸和苯酚的酸性要强。

$$RCOOH \rightleftharpoons RCOO^- + H^+$$

羧酸具有酸的通性，能使紫色石蕊试液变红，能与活泼金属、碱、碱性氧化物和盐发生反应。例如：

羧酸的酸性

视频扫一扫

$$2CH_3COOH + 2Na \longrightarrow 2CH_3COONa + H_2\uparrow$$

$$CH_3COOH + NaOH \longrightarrow CH_3COONa + H_2O$$

$$2CH_3COOH + CaO \longrightarrow (CH_3COO)_2Ca + H_2O$$

$$2CH_3COOH + Na_2CO_3 \longrightarrow 2CH_3COONa + CO_2\uparrow + H_2O$$

羧酸的碱金属盐和铵盐都溶于水，它们遇强酸又可析出原来的羧酸。利用这一性质可分离精制羧酸，也可将不溶于水的羧酸变成盐以便使用。例如某些医药或食品用的防腐剂苯甲酸不易溶于水，但利用其钠盐就方便多了；还有植物生长调节剂 $\alpha$-萘乙酸也是先变成钠盐，然后配成所需浓度以备使用。

低级二元羧酸的酸性比饱和一元酸强，其中乙二酸的酸性最强，丙二酸和丁二酸则依次减弱。

## 2. 酯化反应

酯化反应的本质是羧酸分子中的羟基和醇羟基中的氢原子结合成一分子水而脱去，生成酯，这已由下列实验所证明，当用含 $^{18}O$ 的醇与羧酸反应时，$^{18}O$ 进入了酯的分子中，而并不生成含 $^{18}O$ 的水分子。例如：

酯化反应

视频扫一扫

$$HCOOH + CH_3CH_2\overset{18}{O}H \underset{\triangle}{\overset{浓硫酸}{\rightleftharpoons}} HCO\overset{18}{O}CH_2CH_3 + H_2O$$

酯化反应是一个可逆反应，其逆反应叫做酯的水解反应。酯化反应速率极为缓慢，必须在催化剂存在下加热回流才易进行。通常使用的催化剂有浓 $H_2SO_4$、无水 HCl、$BF_3$ 等，目前工业上已逐渐使用阳离子交换树脂。

## 3. 脱羧反应

从羧酸分子的羧基中脱去一分子二氧化碳而生成少一个碳原子的化合物的反应叫脱羧反应。在通常情况下，羧酸中的羧基比较稳定，但在强热条件下可发生脱羧反应。例如无水乙酸钠与碱石灰共熔，则脱羧生成甲烷。

$$CH_3COONa + NaOH \xrightarrow[\triangle]{CaO} CH_4\uparrow + Na_2CO_3$$

在生物体内，脱羧作用在酶的催化下进行。例如：

$$CH_3COOH \xrightarrow{酶} CO_2\uparrow + CH_4\uparrow$$

这也是发酵产生沼气的反应之一。

低级二元羧酸受热后容易脱羧。

$$\begin{matrix}COOH\\|\\COOH\end{matrix} \xrightarrow{\triangle} HCOOH + CO_2\uparrow$$

脱羧反应在动植物的生理生化过程中是常见的。

### 4. $\alpha$-H 的取代反应

羧基和羰基一样能使 $\alpha$-H 活性增加，但羧基的致活作用比羰基小得多。因此用卤素取代羧酸中的 $\alpha$-H 比取代醛、酮中的 $\alpha$-H 困难。反应需在碘、硫或红磷催化下才能进行。例如：

$$CH_3COOH \xrightarrow[P]{Cl_2} \underset{\displaystyle Cl}{\underset{|}{CH_2}}COOH \xrightarrow[P]{Cl_2} \underset{\displaystyle Cl}{\underset{|}{\overset{\displaystyle Cl}{\overset{|}{CH}}}}COOH \xrightarrow[P]{Cl_2} Cl-\underset{\displaystyle Cl}{\underset{|}{\overset{\displaystyle Cl}{\overset{|}{C}}}}-COOH$$

一氯乙酸简称氯乙酸，为有机合成的重要中间体。氯乙酸继续和氯气反应，可生成二氯乙酸，终至三氯乙酸。

## 三、重要的羧酸

### 1. 甲酸

甲酸又叫蚁酸，存在于蜜蜂、蚂蚁及毛虫的分泌物中，也存在于松叶及某些果实中。它是无色有刺激性气味的液体，沸点为 100.7℃，有毒，能刺激皮肤肿痛，有很强的腐蚀性。

甲酸的羧基直接与氢原子相连，所以有较强的酸性，酸性比乙酸强；同时分子内还含有醛基，是一个具有双官能团的化合物。

$$\underset{\text{甲酸}}{HCOOH} \qquad \text{醛基}\ H-\overset{\displaystyle O}{\overset{\|}{C}}-OH\ \text{羧基}$$

从上述结构看出，甲酸既具有羧酸的一般通性，也具有醛类的某些性质。例如甲酸有还原性，不仅容易被高锰酸钾氧化，还能被弱氧化剂如托伦试剂、斐林试剂氧化而发生银镜反应和斐林反应，这也是甲酸的鉴定反应。

$$HCOOH + 2Ag(NH_3)_2OH + 2H_2O \longrightarrow CO_2 + 2Ag\downarrow + 4NH_3\cdot H_2O$$

甲酸可用于染料工业和橡胶的凝聚剂，也可用作还原剂、消毒剂及防腐剂。

### 2. 乙酸

乙酸习惯称为醋酸，是食醋的重要成分（6%～8%）。乙酸广泛存在于自然界，常以盐或酯的形式存在于植物果实和液汁中，也少量存在于动物的尿液和胆汁中。由于许多微生物可将不同的有机物转化为乙酸，所以某些腐败的有机体、变酸的牛奶、发馊的食物等都含有由微生物发酵而产生的乙酸。

目前工业上是由乙醛在催化剂醋酸锰存在条件下，用空气氧化而制得。

$$CH_3CHO \xrightarrow[60\sim80℃]{(CH_3COO)_2Mn/O_2} CH_3COOH$$

纯乙酸是无色有刺激性的液体，沸点为 118℃，熔点为 16.6℃。室温低于 16℃时能凝结成冰状固体，故无水乙酸又叫冰醋酸。乙酸既能与水混溶，也能溶于乙醇和乙醚。普通醋酸是 36%～37%的醋酸水溶液，它本身是一种酸性溶剂，同时也是染料和香料工业中不可缺少的原料。

### 3. 乙二酸（草酸）

乙二酸常以盐的形式存在于植物细胞壁中，所以俗名草酸。它是含两分子结晶水的无色柱状晶体，加热到101℃失水而得无水草酸，熔点为189℃。草酸分子因两个羧基直接相连，因而除了具有羧酸的通性外，还表现出其他同系物所没有的一些特性。如在酸性溶液中，草酸能还原高锰酸钾，并使之褪色。草酸容易精制，在空气中稳定，所以在分析化学中常用于标定高锰酸钾溶液。

$$5\begin{array}{c}COOH\\ |\\ COOH\end{array} + 2KMnO_4 + 3H_2SO_4 \longrightarrow K_2SO_4 + 2MnSO_4 + 10CO_2\uparrow + 8H_2O$$

草酸的酸性比乙酸强，能发生一元羧酸的一些反应。在草酸或草酸盐溶液中，加入可溶性钙盐，则生成白色的草酸钙沉淀。这个反应很灵敏，分析上常用来相互检验钙离子和草酸根离子。

$$C_2O_4^{2-} + Ca^{2+} \longrightarrow CaC_2O_4\downarrow$$

此外，草酸的配位能力很强，它的重金属盐一般不溶于水，但有的因形成配合离子而溶于水。所以草酸可用来除去铁锈或蓝墨水污迹，也大量用来抽提稀有元素。工业上则用草酸作媒染剂和漂白剂。

### 4. 苯甲酸

苯甲酸常以酯的形式存在于安息香胶和树脂中，所以俗名叫安息香酸。它是白色有光泽的鳞片或针状结晶，熔点为122℃，易升华，难溶于冷水而溶于沸水、乙醇、氯仿和乙醚。

苯甲酸有抑制霉菌生长的作用。故其钠盐常用作食品和某些药物制剂的防腐剂。苯甲酸的某些衍生物在农业上用作除草剂及植物生长调节剂。

### 5. 高级脂肪酸

在一元羧酸中，有些酸分子的烃基含有较多的碳原子，常把这一类脂肪酸叫做高级脂肪酸。例如：

| $C_{15}H_{31}COOH$ | $C_{17}H_{35}COOH$ | $CH_3(CH_2)_7CH{=}CH(CH_2)_7COOH$ |
|---|---|---|
| 软脂酸（十六酸） | 硬脂酸（十八酸） | 油酸（9-十八碳烯酸） |

油酸的烃基中含有一个双键，是不饱和脂肪酸，常温下呈液态。软脂酸和硬脂酸是饱和脂肪酸，常温下呈固态。高级脂肪酸不溶于水，易溶于乙醚、乙醇等有机溶剂。

高级脂肪酸具有酸的通性，如能与碱反应生成盐和水等，高级脂肪酸的钠盐是肥皂的有效成分。工业上常用它们作润滑剂、防水剂和光泽剂。

## 第二节 取代酸

取代酸按分子中取代基的不同，可分为卤代酸、羟基酸、羰基酸和氨基酸等。属于多官能团化合物。本节只着重讨论羟基酸和羰基酸。

## 一、羟基酸

羟基酸是分子中含有羟基的羧酸，简称羟酸。重要的羟酸如下。

### 1. 乳酸

乳酸的化学名称叫 $\alpha$-羟基丙酸，它的结构式是：

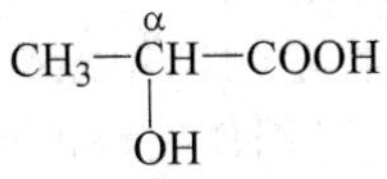

$$\begin{array}{c}\quad\ \ \alpha\\ CH_3-\underset{\displaystyle OH}{\underset{|}{CH}}-COOH\end{array}$$

乳酸

乳酸因存在于酸牛奶中而得名。饲料和泡菜中含有乳酸，肌肉中也有乳酸。特别是在剧烈运动后，肌肉中的乳酸含量增加，因此感到肌肉酸疼。工业上由糖经乳酸菌发酵而制得。

乳酸是晶体，有很强的吸湿性，易溶于水，所以通常见到的乳酸为无色或黄色糖浆状黏稠液体。熔点为 18℃，可溶于醇、醚和甘油，不溶于氯仿和油脂。

乳酸具有酸性，但分子中还含有羟基，所以又具有醇的性质，能被氧化生成丙酮酸。

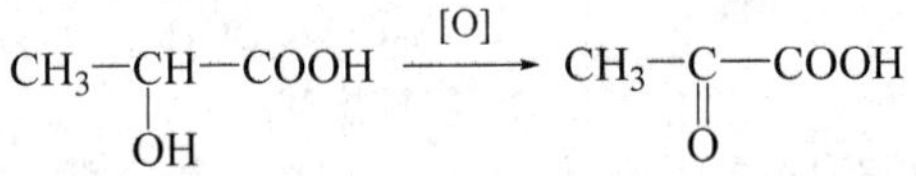

$$CH_3-\underset{\displaystyle OH}{\underset{|}{CH}}-COOH \xrightarrow{[O]} CH_3-\underset{\displaystyle O}{\underset{\|}{C}}-COOH$$

乳酸与苯酚的氯化铁溶液反应，能使溶液的紫色褪去而呈亮黄色。利用这个反应可检验乳酸的存在。

乳酸的钙盐不溶于水，工业上常用乳酸作除钙剂；印染业也用作媒染剂；医药上则用作消毒防腐剂，也可用乳酸钙治疗佝偻病等一般缺钙症。

### 2. 苹果酸

苹果酸即 $\alpha$-羟基丁二酸，它的结构式是：

$$HO-\underset{\displaystyle CH_2-COOH}{\underset{|}{CH}}-COOH$$

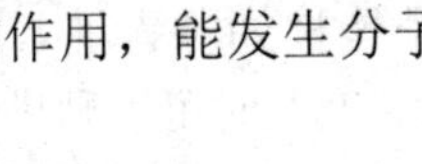

苹果酸

苹果酸是熔点为 100℃的无色针状结晶，易溶于水和乙醇，微溶于乙醚。人工合成的苹果酸是熔点为 133℃的无色结晶。因在未成熟的苹果中含量较多，所以叫苹果酸。其他果实如山楂、杨梅、葡萄、番茄等也含有苹果酸。苹果酸常用于制药和食品工业。

苹果酸在生物体内受延胡索酸酶的作用，能发生分子内脱水生成烯酸类化合物——延胡索酸（反丁烯二酸）。

$$HO-\underset{\displaystyle CH_2-COOH}{\underset{|}{CH}}-COOH \xrightleftharpoons{\text{延胡索酸酶}} \begin{array}{c}H-CH_2COOH\\ \|\\ HOOC-C-H\end{array} + H_2O$$

苹果酸　　　　延胡索酸

苹果酸和延胡索酸都是生物体内糖代谢的重要中间产物。

### 3. 酒石酸

酒石酸即 $\alpha,\beta$-二羟基丁二酸或 2,3-二羟基丁二酸，它的结构式是：

$$\mathop{HOOC}^{1}-\mathop{\underset{\displaystyle OH}{\underset{|}{CH}}}^{\overset{\alpha}{2}}-\mathop{\underset{\displaystyle OH}{\underset{|}{CH}}}^{\overset{\beta}{3}}-\mathop{COOH}^{4}$$

酒石酸

酒石酸存在于多种水果的果汁中，尤以葡萄汁中含量最多，常以游离态或盐的形式存在。酿制葡萄酒时，析出的主要是酒石酸氢钾晶体，酒石酸由此而得名。

酒石酸的熔点为170℃，为无色半透明结晶或结晶粉末，易溶于水，不溶于有机溶剂。酒石酸的盐类用途广泛，如酒石酸钾钠可用作发酵的原料、泻药和配制斐林试剂。

$$KOOC-\underset{\displaystyle OH}{\underset{|}{CH}}-\underset{\displaystyle OH}{\underset{|}{CH}}-COONa$$

酒石酸钾钠

### 4. 柠檬酸

柠檬酸又叫枸橼酸，即3-羟基-3-羧基戊二酸或$\beta$-羟基-$\beta$-羧基戊二酸。它的结构式是：

$$\begin{array}{l} \quad\ \ H_2C-COOH \\ \qquad\ \ | \\ HO-C-COOH \\ \qquad\ \ | \\ \quad\ \ H_2C-COOH \end{array}$$

柠檬酸

柠檬酸的结构模型如图16-2所示。

柠檬酸主要存在于柑橘类果实中，尤以柠檬中含量最多，故名柠檬酸。其纯品是无色晶体，含结晶水的样品熔点为100℃，不含结晶水的为153℃。柠檬酸易溶于水和醇，有爽口的酸味，所以食品工业中可用作糖果及清凉饮料的调味剂。在医药上用柠檬酸铁铵作补血剂；其钠盐为抗凝血剂；钾盐为祛痰剂和利尿剂；镁盐为温和的泻剂。

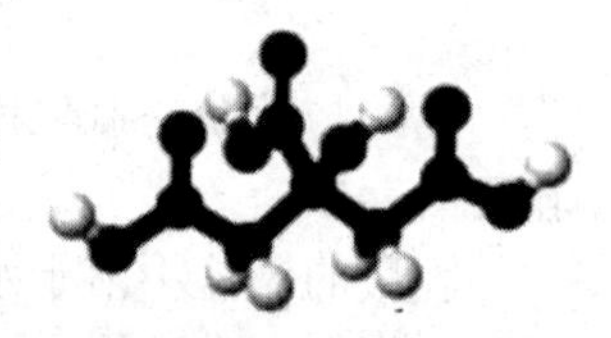

图16-2　柠檬酸的结构模型

### 5. 水杨酸

水杨酸又叫柳酸，是重要的芳香羟酸（酚酸），化学名称叫邻羟基苯甲酸。它的结构式为：

（苯环，邻位取代：—OH，—COOH）

水杨酸

水杨酸存在于水杨树和柳树等植物的皮、叶中。水杨酸甲酯是冬青油的主要成分，含量高达96%～99%，因此常将水杨酸甲酯称为冬青油。

水杨酸是白色晶体，熔点为159℃。76℃时可以升华，加热到200℃以上可脱羧生成苯酚。水杨酸微溶于冷水，能溶于沸水、乙醇、氯仿和乙醚。它是典型的酚酸，与氯化铁溶液作用呈紫红色。

### 知识探究

水杨酸的盐或衍生物在医药上用途广泛。例如水杨酸钠是抗风湿症药物；乙酰水杨酸俗称阿司匹林，是常用的解热、止痛和抗风湿症药物；水杨酸甲酯为无色液体，有特殊香味，可作扭伤时的外擦药，也用于牙膏、糖等作香精。

6. 没食子酸和鞣酸

没食子酸又叫五倍子酸，化学名称是3,4,5-三羟基苯甲酸。其结构式为：

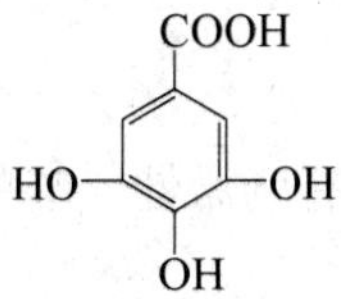

没食子酸

没食子酸是植物中分布最广的一种有机酸，以游离态或结合成鞣酸存在于没食子、槲树皮、茶叶和其他植物中，尤其以没食子中的含量最多，故而得名没食子酸。

没食子酸为白色闪光晶体，熔点为253℃，难溶于冷水，能溶于热水、乙醇和乙醚。加热到210℃以上，即脱羧生成没食子酚。

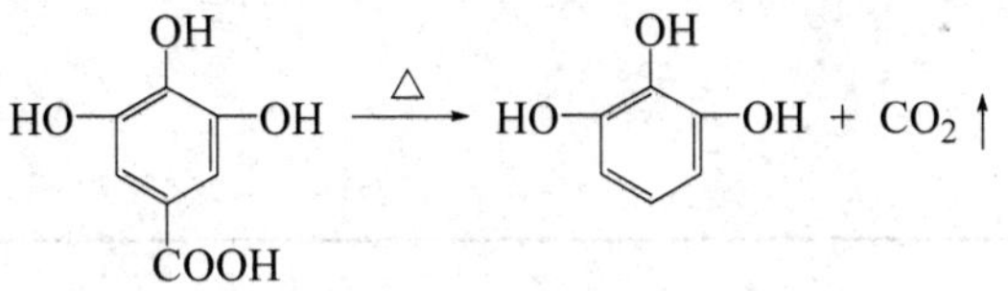

$$\xrightarrow{\triangle} + CO_2\uparrow$$

没食子酚（连苯三酚）

没食子酸是强还原剂，在空气中能被迅速氧化成暗褐色，故可作抗氧剂；其水溶液遇氯化铁溶液生成蓝色沉淀，因此可用来制造蓝墨水；在医药上可作收敛剂。

鞣酸又叫单宁，其成分和结构都很复杂，而且从不同植物提取到的鞣酸，它们的成分也不一致，但它们都是没食子酸的衍生物。我国产的五倍子鞣酸是由没食子酸和葡萄糖组成的。

鞣酸遇到铁盐也能产生蓝色沉淀，并可沉淀蛋白质，所以可用来制造蓝黑墨水和鞣制皮革等；在医药上主要用于止血、止泻、治疗烧伤等。

鞣酸能与许多生物碱和重金属盐生成不溶于水的沉淀，所以也用作生物碱和重金属中毒的解毒剂。

## 二、羰基酸

羰基酸是分子中含有羰基的羧酸，羰基在碳链一端的是醛酸，居于碳链当中的是酮酸。例如：

$$H—\overset{O}{\overset{\|}{C}}—COOH$$

乙醛酸

$$H—\overset{O}{\overset{\|}{C}}—CH_2—COOH$$

丙醛酸

$$CH_3—\overset{O}{\overset{\|}{C}}—COOH$$

丙酮酸

（$\alpha$-丙酮酸）

$$CH_3—\overset{O}{\overset{\|}{C}}—CH_2—COOH$$

3-丁酮酸

（$\beta$-丁酮酸或乙酰乙酸）

1. 乙醛酸

乙醛酸是最简单的醛酸，存在于未成熟的水果和动物组织中，是生物代谢过程中的重要中间产物。

乙醛酸是无色的黏稠液体。它的水合物是晶体，易溶于水，具有醛和羧酸的典型反应。

$$\begin{array}{l} CHO \cdot H_2O \\ | \\ COOH \end{array} \quad 或 \quad \begin{array}{l} CH(OH)_2 \\ | \\ COOH \end{array}$$

水合乙醛酸

2. 丙酮酸

丙酮酸是最简单的酮酸，是无色有刺激性气味的液体，沸点为 165℃，易溶于水、乙醇和乙醚。

丙酮酸除具有羧酸和酮的反应外，还具有 $\alpha$-酮酸特有的性质，如脱羧而生成少一个碳原子的醛。丙酮酸脱羧则生成乙醛。

$$CH_3—CO—COOH \xrightarrow[\triangle]{稀H_2SO_4} CH_3—CHO+CO_2\uparrow$$

丙酮酸是动植物体内糖和蛋白质代谢的中间产物，它可由乳酸脱氢氧化制得。

# 第三节 酯

酯是羧酸分子中羧基里的羟基被烃氧基（—OR′）所取代的一类化合物。它是羧酸的衍生物，所以也叫羧酸酯。它的通式是：

$$R—\overset{\overset{\large O}{\|}}{C}—O—R' \quad 或 \quad RCOOR'$$

乙酸乙酯的结构 动画扫一扫

式中，R 与 R′代表相同或不同的烃基。$—\overset{\overset{O}{\|}}{C}—O—$ 原子团叫酯键，是酯的官能团。

酯在自然界广泛存在，就其类别大致来说，低级脂肪酸和低级醇的酯广泛分布于各种水果中；高级脂肪酸和高级醇的酯构成许多植物蜡；高级脂肪酸和甘油形成的酯，则是动植物油脂。酯的代表物为乙酸乙酯，其结构模型如图 16-3 所示。

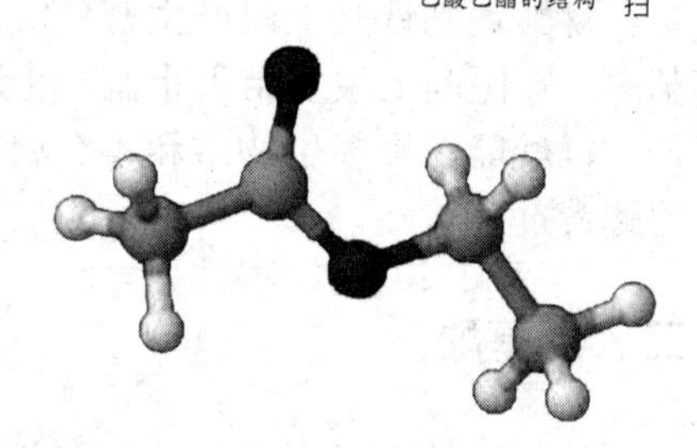

图 16-3 乙酸乙酯的结构模型

## 一、酯的命名和同分异构现象

1. 酯的命名

酯类命名时，根据组成它的羧酸和醇（酚）的名称，称为“某酸某酯”。例如：

$$H—\overset{\overset{O}{\|}}{C}—OCH_2CH_3$$

甲酸乙酯

$$CH_3—\overset{\overset{O}{\|}}{C}—OCH_2CH_3$$

乙酸乙酯

$$CH_3—\overset{\overset{O}{\|}}{C}—O—C_6H_5$$

乙酸苯酯

$$C_6H_5—\overset{\overset{O}{\|}}{C}—OCH_2CH_3$$

苯甲酸乙酯

$$\begin{array}{l} COOCH_2CH_3 \\ | \\ COOCH_2CH_3 \end{array}$$

乙二酸二乙酯

### 2. 酯的同分异构现象

酯分子中的酯键位于两个烃基之间，除碳链异构外还有酯键的位置异构。例如：含有四个碳原子的酯，由于碳链异构和酯键位置异构，可以产生以下三种同分异构体。

| $CH_3COOC_2H_5$ | $HCOOCH_2CH_2CH_3$ | $HCOOCHCH_3$（$CH_3$ 连于 CH 上） |
|---|---|---|
| 乙酸乙酯 | 甲酸丙酯 | 甲酸异丙酯 |

另外，含同数碳原子的羧酸和酯，它们互为官能团异构体。例如乙酸和甲酸甲酯。

## 二、酯的性质

### （一）酯的物理性质

在室温下，低级酯都是易挥发，并且具有水果香味的液体。如乙酸异戊酯有浓厚的香蕉香味，异戊酸异戊酯有苹果香味，乙酸丁酯有梨香，丁酸戊酯有杏香，丁酸甲酯有菠萝香，因此酯可用作食品或化妆品的香料。

高级酯多是蜡状固体，有的是油状液体，一般没有香味。

低级酯在水中有一定的溶解度，例如在室温时，100g 水能溶解甲酸甲酯 30g，乙酸乙酯 8.5g 等；高级酯都难溶于水或不溶于水。各种酯都易溶于有机溶剂，而低级酯本身就是良好的溶剂。

### （二）酯的化学性质

酯的重要化学性质是水解和醇解。

#### 1. 水解

酯水解时生成羧酸和醇，反应需有酸或碱催化并加热方能加速进行。用酸催化的水解是酯化反应的逆反应，水解不完全；而碱催化水解生成的羧酸能被碱中和生成盐，所以当碱过量时，水解反应可以进行到底。例如：

$$CH_3COOCH_3 + H_2O \underset{\triangle}{\overset{浓H_2SO_4}{\rightleftharpoons}} CH_3COOH + CH_3OH$$

$$CH_3COOCH_3 + NaOH \longrightarrow CH_3COONa + CH_3OH$$

#### 2. 醇解

酯的醇解仍为可逆反应，并需无水 HCl、浓 $H_2SO_4$ 或醇钠的催化方能进行，其结果是醇分子的烷氧基和酯的烷氧基进行了交换，生成新的酯和醇。因此酯的醇解又叫酯交换反应。例如：

$$CH_3COOC_2H_5 + CH_3OH \overset{浓H_2SO_4}{\rightleftharpoons} CH_3COOCH_3 + C_2H_5OH$$

酯交换反应也常用来制取较高级醇的酯。

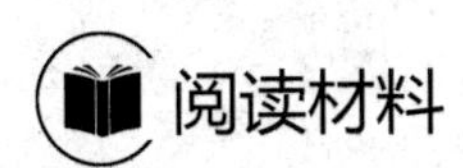

**环境友好材料——聚乳酸**

聚乳酸（PLA）是一种新型的生物降解材料，使用可再生的植物资源（如玉米）所提出的淀粉原料制成。淀粉原料经由发酵过程制成乳酸，再通过化学合成转换成聚乳酸。它具有良好的生物可降解性，使用后能被自然界中微生物完全降解，最终生成二氧化碳和水，不造成污染环境，这对保护环境非常有利，是公认的环境友好材料。

普通塑料的处理方法依然是焚烧火化，造成大量温室气体排入空气中。而聚乳酸塑料则是掩埋在土壤里降解，产生的二氧化碳直接进入土壤有机质或被植物吸收，不会排入空气中，不会造成温室效应。

聚乳酸力学性能及物理性能良好，且拥有良好的光泽性和透明度，和利用聚苯乙烯所制的薄膜相当。聚乳酸适用于吹塑、热塑等各种加工方法，加工方便，应用十分广泛。可用于加工从工业到民用的各种塑料制品、包装食品、快餐饭盒、无纺布、工业及民用布。进而加工成农用织物、保健织物、抹布、卫生用品、室外防紫外线织物、帐篷布、地垫面等，市场前景十分看好。

聚乳酸对人体有高度安全性并可被组织吸收，加之其优良的物理机械性能，广泛应用在生物医药领域。如一次性输液工具、免拆型手术缝合线、药物缓解包装剂、人造骨折内固定材料、组织修复材料、人造皮肤等。分子量较高的聚乳酸有非常高的力学性能，在欧美等国已被用来替代不锈钢，作为新型的骨科内固定材料如骨钉、骨板而被大量使用，其可被人体吸收代谢的特性使病人免收了二次开刀之苦。其技术附加值高，是医疗行业发展前景的高分子材料。

## 习题

### 一、选择题

1. 下列化合物酸性最强的是（　　）。
   A. 氟乙酸　　B. 氯乙酸　　C. 溴乙酸　　D. 碘乙酸
2. 下列化合物酸性最强的是（　　）。
   A. $C_6H_5OH$　　B. $CH_3COOH$　　C. $F_3CCOOH$　　D. $ClCH_2COOH$
3. 下列化合物酸性最强的是（　　）。
   A. 苯酚　　B. 醋酸　　C. 苯甲酸　　D. 草酸
4. 下列物质水解活性最强的是（　　）。
   A. 乙酸乙酯　　B. 乙酰胺　　C. 乙酸酐　　D. 乙酰氯
5. 能使高锰酸钾溶液褪色的是（　　）。
   A. $HOOCCH_2CH_2COOH$　　B. $HOOCCOOH$
   C. $CH_3COOH$　　D. $C_6H_5COOH$
6. 羧酸衍生物发生亲核取代反应的相对活性是（　　）。
   A. 酸酐>酯>酰氯>酰胺　　B. 酰氯>酸酐>酰胺> 酯
   C. 酰氯>酸酐>酯>酰胺　　D. 酯>酰氯>酸酐>酰胺
7. 下列物质在水中溶解度最大的是（　　）。
   A. 苯甲酸钠　　B. 苯甲酸　　C. 甲苯　　D. 对甲基苯甲酸
8. 下列化合物酸性最大的是（　　）。
   A. 2-氯丙酸　　B. 2, 2-二氯丙酸　　C. 丙酸　　D. 3-氯丙酸

## 二、写出 $C_4H_8O_2$ 的所有可能的同分异构体，并按系统命名法命名。

## 三、命名下列化合物

1. 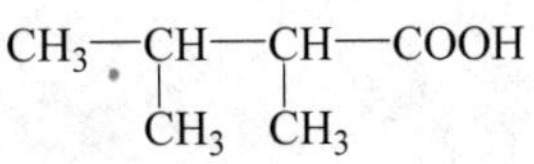 $CH_3-\underset{\underset{CH_3}{|}}{CH}-\underset{\underset{CH_3}{|}}{CH}-COOH$

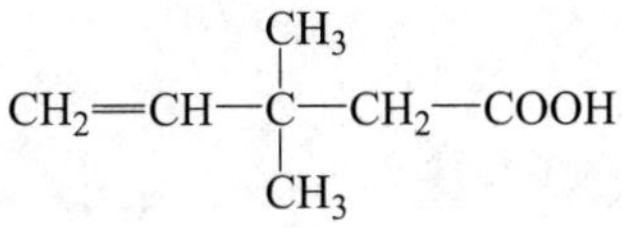

2. $CH_2=CH-\overset{\overset{CH_3}{|}}{\underset{\underset{CH_3}{|}}{C}}-CH_2-COOH$

3. $CH_3-CH_2-\underset{\underset{OH}{|}}{CH}-COOH$

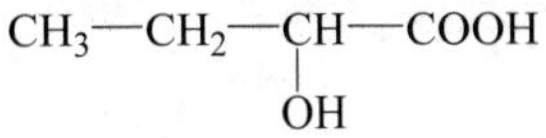

4. $HCOOC_3H_7$

5. $C_{17}H_{35}COOH$

6. 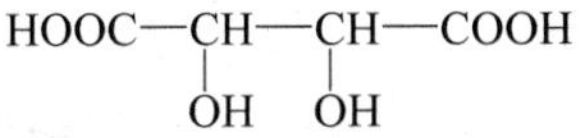 $HOOC-\underset{\underset{OH}{|}}{CH}-\underset{\underset{OH}{|}}{CH}-COOH$

7. 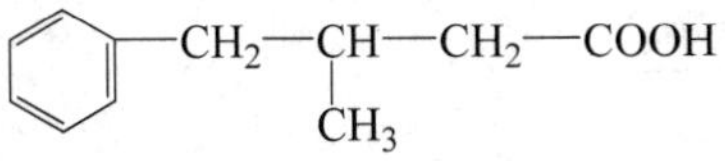 $C_6H_5-CH_2-\underset{\underset{CH_3}{|}}{CH}-CH_2-COOH$

8. 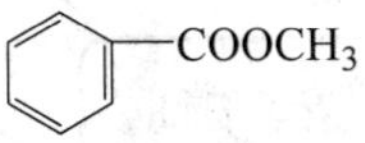 $C_6H_5-COOCH_3$

## 四、写出下列化合物的结构简式

1. 草酸
2. 软脂酸
3. 3-甲基-2-丁烯酸
4. 对苯二甲酸
5. 丙酮酸
6. 乳酸
7. 苯甲酸乙酯
8. 乙酸甲酯

## 五、完成下列反应式

1. $CH_3CH_2COOH+Na \longrightarrow$

2. $CH_3COOCH_3+NaOH \longrightarrow$

3. $CH_3COOH+CH_3OH \underset{\triangle}{\overset{浓硫酸}{\rightleftharpoons}}$

4. $CH_3COOH \xrightarrow{LiAlH_4}$

5. $HCOOC_2H_5+NH_3 \longrightarrow$

6. $CH_3CH_2COOCH_3+H_2O \underset{\triangle}{\overset{浓H_2SO_4}{\rightleftharpoons}}$

## 六、用化学方法鉴别下列各组化合物

1.甲酸、乙酸和甲醛
2.乳酸、丙酮酸和丙酮
3.乙酸、乙酸乙酯和甲酸乙酯

## 七、推断题

1. 化合物 A、B、C 的分子式均为 $C_3H_6O_2$，只有 A 能与 $Na_2CO_3$ 作用放出 $CO_2$，B 和 C 在 NaOH 溶液中水解，B 的水解产物之一能发生碘仿反应。试推测 A、B 和 C 的结构简式。

2. 某化合物分子式为 $C_7H_6O_3$，能溶于 NaOH 溶液及 $Na_2CO_3$ 溶液，它与 $FeCl_3$ 有颜色反应，与甲醇作用生成香料物质 $C_8H_8O_3$，$C_8H_8O_3$ 硝化后可得两种一元硝基化合物。试推测该化合物的结构简式，并写出各步反应方程式。

# 第十七章　胺、酰胺

## 思维导图

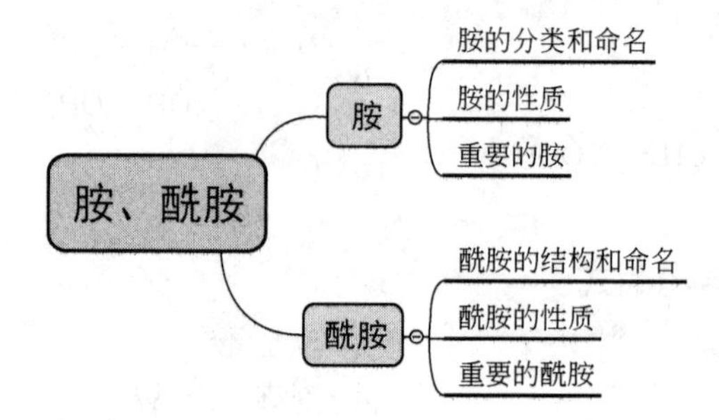


## 知识与技能目标

1. 能描述胺、酰胺的结构特点。
2. 能进行伯胺、仲胺、叔胺的鉴别。
3. 了解胺、酰胺的重要化学性质。
4. 了解胺、酰胺在生产、生活中的应用。

## 素质目标

引入可持续发展的绿色化学理念，培养学生的社会责任感和时代使命感。

含氮有机化合物广泛存在于自然界，并在各种生命活动中起着重要作用。它的种类很多，本章重点讨论胺和酰胺。

## 第一节　胺

### 一、胺的分类和命名

胺可以看作是氨分子中的氢原子被烃基取代后生成的化合物。如 $CH_3NH_2$、$CH_3CH_2CH_2NH_2$ 等都属于胺类。

1. 胺的分类

根据胺分子中氮原子上所连烃基数目不同，可将胺分为伯胺、仲胺和叔胺。例如：

| $CH_3CH_2NH_2$ | $(CH_3CH_2)_2NH$ | $(CH_3CH_2)_3N$ |
| --- | --- | --- |
| 乙胺（伯胺） | 二乙胺（仲胺） | 三乙胺（叔胺） |

根据胺分子中氮原子上所连烃基的种类不同，可分为脂肪胺和芳香胺。例如：

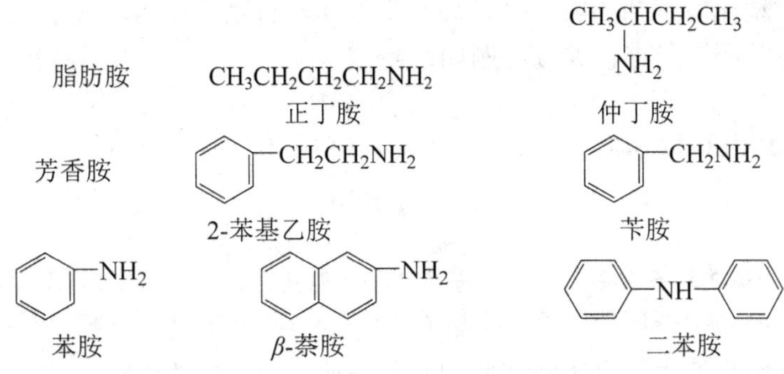


在伯、仲、叔胺中，还可根据分子中所含氨基的数目分为一元胺和多元胺。例如：

| $H_2NCH_2CH_2NH_2$ | $H_2NCH_2CH_2CH_2CH_2NH_2$ | $H_2N-C_6H_4-NH_2$ |
| --- | --- | --- |
| 乙二胺 | 1,4-丁二胺 | 对苯二胺 |

以上 3 个化合物都为二元胺。

注意：伯、仲、叔胺的含义与伯、仲、叔醇不同。伯、仲、叔醇是根据直接与羟基相连的碳原子类型而划分；伯、仲、叔胺则是按氮原子上所连烃基的数目而定。例如：

| $CH_3CH(OH)CH_3$ | $CH_3CH(NH_2)CH_3$ | $(CH_3)_3C-OH$ | $(CH_3)_3C-NH_2$ |
| --- | --- | --- | --- |
| 异丙醇（仲醇） | 异丙胺（伯胺） | 叔丁醇（叔醇） | 叔丁胺（伯胺） |

还有季铵碱和季铵盐。例如：

| $(CH_3)_4N^+OH^-$ | $(CH_3)_4N^+Br^-$ |
| --- | --- |
| 氢氧化四甲铵（季铵碱） | 溴化四甲铵（季铵盐） |

## 2. 胺的命名

（1）简单的胺根据氨基所连的烃基命名为“某胺”。例如：

| $CH_3NH_2$ | $CH_3CH_2CH_2NH_2$ | $H_2NCH_2CH_2NH_2$ |
| --- | --- | --- |
| 甲胺 | 1-丙胺 | 乙二胺 |

（2）氮原子上连有两个或两个以上相同的烃基时，需表示出烃基的数目。若氮原子上所连的烃基不同，则将简单的烃基写在前，复杂的烃基写在后。例如：

| $CH_3-NH-CH_3$ | $CH_3-NH-CH_2CH_3$ |
| --- | --- |
| 二甲胺 | 甲乙胺 |
| $CH_3-NH-CH(CH_3)CH_3$ | $(CH_3)_2CH-N(CH_3)-CH_2CH_3$ |
| 甲异丙胺 | 甲乙异丙胺 |

（3）当氮原子上同时连有芳香烃基和脂肪烃基时，则以芳胺为母体，并在脂肪烃基前冠以“*N*”，以表示这个基团是连在氮上，而不是连在芳环上。例如：

$C_6H_5$—NH—$CH_2CH_3$　　　$C_6H_5$—N($CH_3$)—$CH_3$　　　$C_6H_5$—N($CH_3$)—$CH_2CH_3$

N-乙基苯胺　　　N,N-二甲基苯胺　　　N-甲基-N-乙基苯胺

（4）对于结构比较复杂的胺，是以烃基为母体，将氨基作为取代基，从靠近氨基最近的一端开始，对主链碳原子进行编号。例如：

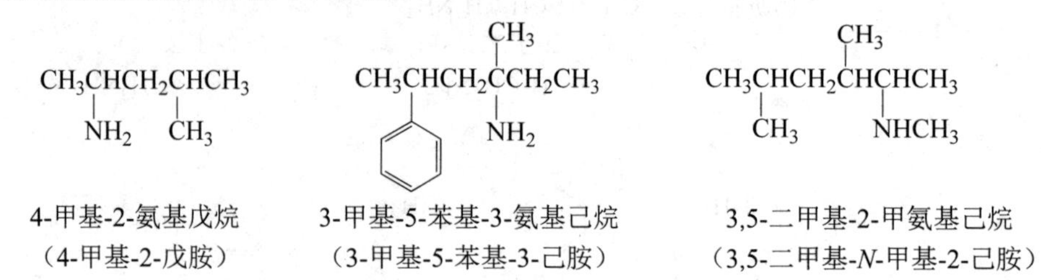

4-甲基-2-氨基戊烷（4-甲基-2-戊胺）　　3-甲基-5-苯基-3-氨基己烷（3-甲基-5-苯基-3-己胺）　　3,5-二甲基-2-甲氨基己烷（3,5-二甲基-N-甲基-2-己胺）

动物尸体腐败后产生的腐肉胺和腐尸胺都是恶臭而有毒的液体，它们分子中含有两个氨基，属于二元胺。其结构式为：

$H_2N$—$CH_2$—$CH_2$—$CH_2$—$CH_2$—$NH_2$　　　$H_2N$—$CH_2$—$CH_2$—$CH_2$—$CH_2$—$CH_2$—$NH_2$

腐肉胺（1,4-丁二胺）　　　腐尸胺（1,5-戊二胺）

在众多的胺类化合物中，典型的胺是伯胺，它的通式为 R—$NH_2$。

由于氨基中氮原子上具有未共用电子对（—$\ddot{N}H_2$），能接受一个质子，而使胺表现碱性，所以氨基（—$NH_2$）是胺的官能团。

## 二、胺的性质

### （一）物理性质

分子量较低的胺如甲胺、二甲胺、三甲胺和乙胺等在常温下均是无色气体，丙胺及以上为液体，高级胺为固体。

$C_6$ 以下的低级胺可溶于水，这是因为氨基可与水形成氢键。但随着胺中烃基碳原子数的增多，水溶性减小，高级胺难溶于水。胺有难闻的气味，许多脂肪胺有鱼腥臭，丁二胺与戊二胺有腐烂肉的臭味。

伯胺和仲胺可以形成分子间氢键，而叔胺的氮原子上不连氢原子，分子间不能形成氢键，故伯胺和仲胺的沸点要比碳原子数目相同的叔胺高。同样的道理，伯胺和仲胺的沸点较分子量相近的烷烃高。但是，由于氮的电负性不如氧强，胺分子间的氢键比醇分子间的氢键弱，所以胺的沸点低于分子量相近的醇的沸点。常见的胺的物理常数见表 17-1。

表 17-1　常见的胺的物理常数

| 名　称 | 结构简式 | 熔点/℃ | 沸点/℃ |
|---|---|---|---|
| 甲胺 | $CH_3NH_2$ | −92 | −7.5 |
| 二甲胺 | $(CH_3)_2NH$ | −96 | 7.5 |
| 三甲胺 | $(CH_3)_3N$ | −117 | 3.0 |
| 乙胺 | $C_2H_5NH_2$ | −81 | 17 |

续表

| 名　称 | 结构简式 | 熔点/℃ | 沸点/℃ |
|---|---|---|---|
| 二乙胺 | $(C_2H_5)_2NH$ | −39 | 55 |
| 三乙胺 | $(C_2H_5)_3N$ | −115 | 89 |
| 苯胺 | $C_6H_5NH_2$ | −6 | 184 |
| *N*-甲基苯胺 | $C_6H_5NHCH_3$ | −57 | 196 |
| *N*,*N*-二甲基苯胺 | $C_6H_5N(CH_3)_2$ | −3 | 194 |
| 邻甲苯胺 | $o$-$CH_3C_6H_4NH_2$ | −28 | 200 |
| 间甲苯胺 | $m$-$CH_3C_6H_4NH_2$ | −30 | 203 |
| 对甲苯胺 | $p$-$CH_3C_6H_4NH_2$ | 44 | 200 |
| 邻硝基苯胺 | $o$-$NO_2C_6H_4NH_2$ | 71 | 284 |
| 间硝基苯胺 | $m$-$NO_2C_6H_4NH_2$ | 114 | 307（分解） |
| 对硝基苯胺 | $p$-$NO_2C_6H_4NH_2$ | 148 | 332 |

## （二）化学性质

胺的化学性质主要取决于它的官能团。当然，不同类型的胺因氮原子所连烃基的种类和数目不同，性质也有差异。

### 1. 碱性

由于胺分子中含有氨基，所以和氨相似，能与水形成水合分子并进而生成铵离子和氢氧根离子，使得水溶液呈碱性。例如：

$$\underset{\text{甲胺}}{CH_3NH_2} + H_2O \rightleftharpoons CH_3NH_2 \cdot H_2O \rightleftharpoons CH_3NH_3^+ + OH^-$$

同理，胺能与无机酸生成和铵盐类似的盐。例如：

$$CH_3NH_2 + HCl \longrightarrow CH_3NH_3^+\ Cl^-$$

甲胺盐酸盐（一般不叫氯化甲铵）

胺是弱碱性物质，在它的盐溶液中加入强碱时，胺即游离出来。例如：

$$CH_3NH_3^+Cl^- + NaOH \longrightarrow CH_3NH_2\uparrow + NaCl + H_2O$$

脂肪胺的碱性比氨强，而芳香胺的碱性比脂肪胺弱得多。尽管如此，芳香胺仍能和酸作用生成盐类。例如：

$$C_6H_5NH_2 + HCl \longrightarrow C_6H_5NH_3^+Cl^-$$

苯胺盐酸盐（氯化苯胺）

同样，芳香胺盐和强碱作用，也能使芳香胺游离出来。

$$C_6H_5NH_3^+Cl^- + NaOH \longrightarrow C_6H_5NH_2 + NaCl + H_2O$$

利用上述反应可用来分离和精制胺类。对于许多天然含氮碱性化合物，也可应用上述原理进行提取。

### 2. 烷基化反应

卤代烷的氨解反应使 $NH_3$ 被烷基化生成胺。

$$NH_3+R—X \xrightarrow{OH^-} R—NH_2 \cdot HX \longrightarrow RNH_2 + HX$$

胺与氨相似，由于氮原子上有孤电子对，可以与卤代烷发生取代反应，得到进一步烷基化的产物，其反应可简单表示如下：

$$R—NH_2 + R—X \longrightarrow R_2NH + HX$$
$$R_2NH + R—X \longrightarrow R_3N + HX$$
$$R_3N + R—X \longrightarrow R_4N^+X^-$$

脂肪胺的碱性比氨强，取代反应更易进行。因此，氨和脂肪胺进行烷基化反应时，往往难以停留在某一步，产物通常是各种胺及季铵盐的混合物。

季铵盐与无机铵盐相似，是离子化合物，能溶于水，水溶液可导电。若用湿的 $Ag_2O$ 处理季铵盐就转变为季铵碱。

$$\underset{\text{碘化四乙铵}}{2(C_2H_5)_4N^+I^-} + Ag_2O + H_2O \longrightarrow \underset{\text{氢氧化四乙铵}}{2(C_2H_5)_4N^+OH^-} + 2AgI$$

季铵碱是一种强碱，其碱性与氢氧化钠相当，某些性质也与氢氧化钠相似。例如，它有很强的吸湿性，能吸收空气中的水分和 $CO_2$，其浓溶液对玻璃有腐蚀性。

### 3. 酰基化反应

氨、伯胺和仲胺能与酰卤、酸酐等酰化试剂反应生成酰胺。例如：

$$C_2H_5NHCH_3 + C_6H_5—\overset{O}{\overset{\|}{C}}—Cl \longrightarrow C_6H_5—\overset{O}{\overset{\|}{C}}—\overset{C_2H_5}{\overset{|}{N}}CH_3 + HCl$$

$$C_6H_5—NH_2 + (CH_3CO)_2O \xrightarrow{\triangle} C_6H_5—NH—\overset{O}{\overset{\|}{C}}—CH_3 + CH_3COOH$$

叔胺分子中的氮原子上没有连接氢原子，所以不能进行酰化反应。

能够进行酰化反应的伯胺、仲胺经酰化反应后得到具有一定熔点的结晶固体，因此酰化反应可以鉴别伯胺和仲胺。

在有机合成上，利用酰化反应来保护氨基。如苯胺进行硝化时，硝酸能使苯胺氧化成苯醌，如果用乙酸酐将苯胺中的氨基进行酰化保护起来后，再进行硝化反应，最后将产物水解，便可得硝基苯胺。

$$C_6H_5—NH_2 \xrightarrow{\text{乙酸酐}} C_6H_5—NH—\overset{O}{\overset{\|}{C}}—CH_3 \xrightarrow[5\sim10℃]{HNO_3,H_2SO_4} O_2N—C_6H_4—NH—\overset{O}{\overset{\|}{C}}—CH_3 \xrightarrow[H^+]{H_2O} O_2N—C_6H_4—NH_2$$

酰化反应在药物合成上也有重要应用。

### 4. 芳香胺的特殊反应

芳胺的氨基与羟基一样，对芳环有较强的致活作用，因此芳胺表现出一些特殊的性质。

（1）卤代反应　苯胺极容易发生取代反应，如苯胺与溴水反应，立即会生成2,4,6-三溴苯胺。

$$C_6H_5—NH_2 + 3Br_2 \xrightarrow{H_2O} 2,4,6\text{-}Br_3C_6H_2NH_2\downarrow + 3HBr$$

这个反应能非常快地定量完成，得到不溶于水的白色沉淀，常用于芳胺的鉴别和定量分析。

（2）磺化反应　苯胺在 180℃时与浓硫酸共热脱水，先生成不稳定的苯胺磺酸，然后重排生成对氨基苯磺酸。

$$C_6H_5\overset{+}{N}H_3\cdot SO_4H^- \xrightarrow[180℃]{-H_2O} [C_6H_5NHSO_3H] \longrightarrow p\text{-}H_3\overset{+}{N}C_6H_4SO_3^-$$

对氨基苯磺酸是一个内盐，也是合成染料的中间体。

（3）氧化反应　胺很容易氧化，特别是芳香胺，大多数氧化剂都能将胺氧化成焦油状的复杂产物，但用 $H_2O_2$ 或 $CH_3COOOH$ 能将叔胺氧化为氧化胺。

$$C_6H_5N(CH_3)_2 \xrightarrow{H_2O_2} C_6H_5N(CH_3)_2\rightarrow O$$

如用温和的氧化剂二氧化锰和硫酸氧化苯胺时，主要产物是对苯醌。

$$C_6H_5NH_2 \xrightarrow{MnO_2,H_2SO_4} O{=}C_6H_4{=}O$$

铵盐很稳定，所以有时将芳胺成盐后再保存。

## 三、重要的胺

### 1. 乙二胺

乙二胺是最简单的脂肪族二元胺，为无色黏稠状液体，沸点为 117℃，易溶于水和醇，是制取药物、胶黏剂等化工产品的重要原料。

乙二胺的衍生物乙二胺四乙酸简称 EDTA，可与多种金属离子配合，形成稳定的五元环螯合物，是化学分析中常用的配合剂。

### 2. 苯胺

苯胺的结构式为：

$$C_6H_5-NH_2$$

苯胺又名阿尼林，为油状液体，微溶于水，易溶于有机溶剂，沸点为 184℃，新蒸馏的苯胺无色透明，长时间放置则因氧化而变黄、红以至棕色。苯胺有毒，应避免触及皮肤或吸入蒸气。

苯胺是合成染料、药物等化工产品的重要原料。农业除草剂苯胺灵（IPC）和氯苯胺灵（CIPC）就是由苯胺及其衍生物合成的。

### 3. 胆胺和胆碱

胆胺和胆碱都是以结合状态分布于动植物体内的胺类化合物，它们的结构式为：

$HO—CH_2CH_2—NH_2$
胆胺
（氨基乙醇）

$[HO—CH_2CH_2—N^+(CH_3)_3]OH^-$
胆碱
（氢氧化三甲基羟乙基铵）

胆胺是一种羟基胺，为无色黏稠液体，是生物体内脑磷脂水解产物之一，并与脂肪代谢有关。

胆碱是胆胺的衍生物，属于季铵碱类，为无色结晶，吸湿性很强，易溶于水和乙醇，不溶于氯仿、乙醚等非极性溶剂。胆碱广泛分布于生物体内，动物的卵和脑髓组织中含量较多，胆碱能调节肝脏的脂肪代谢。它的盐酸盐——一氯化胆碱$[(CH_3)_3NCH_2CH_2OH]^+Cl^-$就是治疗脂肪肝及肝硬化的药物。

氯原子取代胆碱中的羟基，就成为氯代胆碱。目前农业上使用的一种植物生长调节剂——矮壮素就是氯代胆碱的盐酸盐（氯化氯代胆碱），其结构式为：

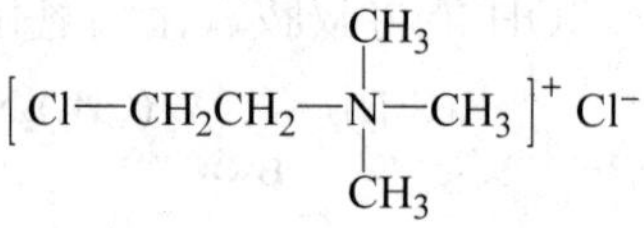

$$\left[Cl—CH_2CH_2—N(CH_3)_3\right]^+ Cl^-$$

它有抑制细胞伸长而不抑制细胞分裂的作用，因而能使作物矮而壮，常用于防止作物倒伏。

4. 新洁尔灭

新洁尔灭又称溴化苄烷胺，是淡黄色胶状体，吸湿性强，有芳香味，易溶于水和醇。新洁尔灭消毒剂表现温和、毒性低、无刺激性、不着色、不损坏物品、使用安全，因此可广泛应用于家庭物品消毒。

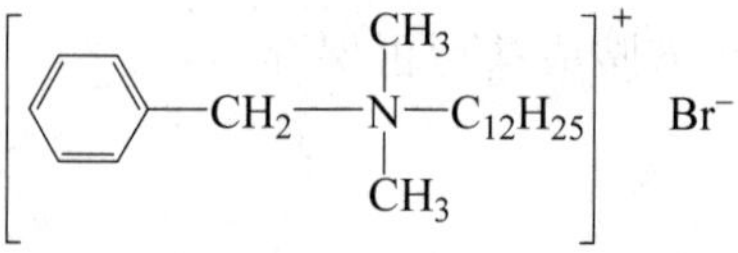

$$\left[C_6H_5—CH_2—N(CH_3)_2—C_{12}H_{25}\right]^+ Br^-$$

新洁尔灭

# 第二节 酰胺

## 一、酰胺的结构和命名

酰胺是酰基与氨基或烃氨基结合而成的化合物。按照酰胺分子中酰基所连基团不同，可分为伯酰胺、仲酰胺和叔酰胺三类，它们的通式是：

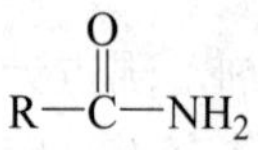

$R—CO—NH_2$ 伯酰胺

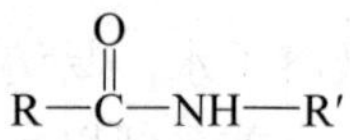

$R—CO—NH—R'$ 仲酰胺

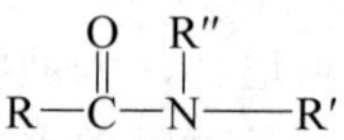

$R—CO—N(R'')—R'$ 叔酰胺

酰胺的命名一般是根据组成它的酰基和氨基叫做“某酰胺”或“某酰某胺”。例如：

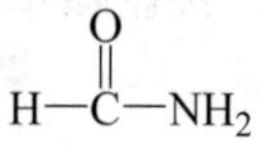

$H—CO—NH_2$ 甲酰胺

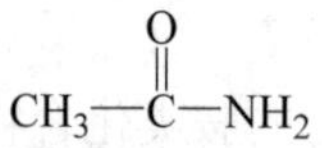

$CH_3—CO—NH_2$ 乙酰胺

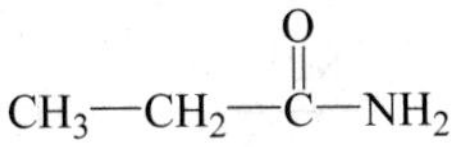

$$CH_3-CH_2-\overset{O}{\overset{\|}{C}}-NH_2$$ 丙酰胺

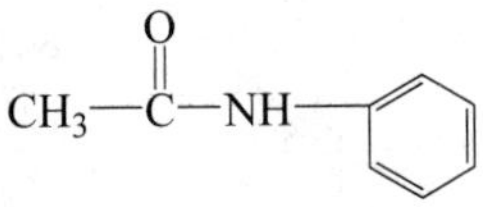

$$CH_3-\overset{O}{\overset{\|}{C}}-NH-C_6H_5$$ 乙酰苯胺

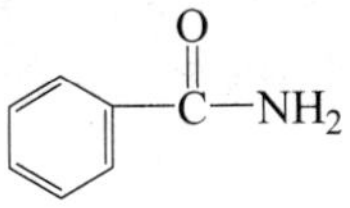

$$C_6H_5-\overset{O}{\overset{\|}{C}}-NH_2$$ 苯甲酰胺

氨基上连有几个烃基时，在“某酰胺”名称前指明氮上所连的烃基。例如：

$$CH_3\overset{O}{\overset{\|}{C}}-NHCH_2CH_3$$
*N*-乙基乙酰胺

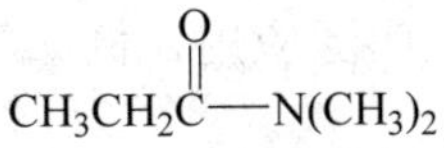

$$CH_3CH_2\overset{O}{\overset{\|}{C}}-N(CH_3)_2$$
*N*,*N*-二甲基丙酰胺

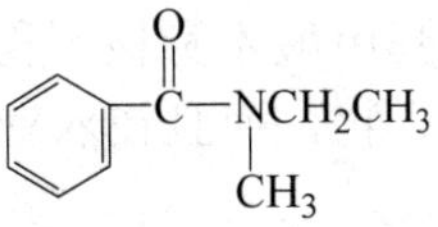

$$C_6H_5-\overset{O}{\overset{\|}{C}}-\underset{CH_3}{\underset{|}{N}}CH_2CH_3$$
*N*-甲基-*N*-乙基苯甲酰胺

## 二、酰胺的性质

### 1. 物理性质

除甲酰胺是液体外，大部分酰胺都是白色晶体。低级酰胺能溶于水，其他都难溶于水。液体的酰胺是有机物及无机物的优良溶剂。常使用的是 *N*,*N*-二甲基甲酰胺（DMF），它不但可以溶解有机物，也可以溶解无机物，是一种性能极为优良的溶剂。

酰胺的沸点比相应的羧酸高。氨基上的氢原子被烃基取代时，使沸点降低，两个氢原子都被取代时，沸点降低更多。

### 2. 化学性质

（1）酸碱性　酰胺一般是中性或接近中性的化合物。但在一定条件下，也表现很弱的碱性，与强酸生成不稳定的盐，遇水立即分解。例如：

$$CH_3CH_2\overset{O}{\overset{\|}{C}}-NH_2 + HCl \longrightarrow CH_3CH_2\overset{O}{\overset{\|}{C}}-NH_2\cdot HCl$$

（2）水解反应　在酸性或碱性溶液中，酰胺均可发生水解反应。加酸水解时生成相应的羧酸和铵盐；加碱水解时生成相应的羧酸盐和氨气。例如：

$$CH_3CONH_2 + H_2O + HCl \longrightarrow CH_3COOH + NH_4Cl$$

$$CH_3CONH_2 + NaOH \longrightarrow CH_3COONa + NH_3\uparrow$$

（3）与亚硝酸反应　酰胺也能与亚硝酸反应而放出氮气，这是因为酰胺分子中存在氨基。

$$RCONH_2 + HNO_2(NaNO_2 + HCl) \longrightarrow RCOOH + H_2O + N_2\uparrow$$

（4）霍夫曼降级反应　酰胺和次氯（或溴）酸钠溶液共热时，酰胺分子失去羰基转变为伯胺（$RNH_2$）。这个反应称为霍夫曼降级反应。例如：

$$CH_3CH_2\overset{O}{\overset{\|}{C}}-NH_2 \xrightarrow[\triangle]{NaOH/Br_2} CH_3CH_2NH_2$$

乙胺

$$CH_3-\underset{\underset{CH_3}{|}}{CH}-\overset{\overset{O}{\|}}{C}-NH_2 \xrightarrow[\triangle]{NaOH/Br_2} \underset{\text{异丙胺}}{CH_3\underset{\underset{NH_2}{|}}{C}HCH_3}$$

取代酰胺不能发生霍夫曼降级反应。

## 三、重要的酰胺

### 1. 氨基甲酸酯

氨基甲酸本身极不稳定，一般条件下即分解成 $CO_2$ 和 $NH_3$。但是，氨基甲酸酯却是稳定的化合物，而且在农业和医药上广泛应用，例如氨基甲酸乙酯（$NH_2COOC_2H_5$）可用作镇静剂。

在农业上，氨基甲酸酯是一类有机氮农药。在杀虫、除草方面都有一些较好的品性，残毒小、专一性强。如西维因（*N*-甲基氨基甲酸-1-萘酯）是白色晶体，难溶于水及醇，碱性条件下易水解，能消灭多种农业害虫；灭草灵[*N*-(3,4-二氨苯基）氨基甲酸甲酯]是白色晶体，熔点为 112～114℃，用作广谱性除草剂。

### 2. 尿素

尿素又称脲，是碳酸的二酰胺。

尿素是哺乳动物体内蛋白质代谢的最终产物，存在于动物的尿中。许多含氮化合物在代谢过程中所释放的氨是有毒的，通过转变为尿素从尿中排出而使氨的浓度降低。正常成人每天排泄的尿中约含尿素 30g。尿素本身也是药物，对降低脑颅内压和眼内压有显著疗效。

工业上通常用二氧化碳和氨气在高温高压下合成尿素。

$$CO_2 + 2NH_3 \xrightarrow{\text{高压}} H_2N-CO-NH_2+H_2O$$

尿素是白色晶体，熔点为 133°C，易溶于水和乙醇，难溶于乙醚等有机溶剂。它的主要化学性质如下。

（1）弱碱性　酰胺一般呈中性，但尿素分子中含两个氨基，比一般的酰胺多一个氨基，其中一个氨基仍可与酸反应生成盐而表现弱碱性，但碱性很弱，不能用石蕊试纸测出。例如：

$$H_2N-CO-NH_2 + HNO_3 \longrightarrow \underset{\text{硝酸脲}}{H_2N-CO-NH_3^+NO_3^-}\downarrow$$

硝酸脲和草酸脲都是良好的晶体，不易溶于水和酸。利用这个性质，可从尿中提取尿素。

（2）水解反应　在酸或碱溶液中，尿素能迅速发生水解。例如：

$$H_2N-CO-NH_2 + H_2O + 2HCl \longrightarrow 2NH_4Cl + CO_2\uparrow$$

$$H_2N-CO-NH_2 + 2NaOH \longrightarrow 2NH_3\uparrow + Na_2CO_3$$

在土壤中，尿素受脲酶的作用而水解生成碳酸铵。

$$H_2N-CO-NH_2 + 2H_2O \xrightarrow{\text{脲酶}} (NH_4)_2CO_3$$

这样就使尿素转变为可以被植物吸收的铵态氮和碳酸根离子。

（3）二缩脲反应　把尿素加热到 150～160℃，则两分子尿素之间脱去一分子氨而生成二缩脲。

$$H_2N—CO—NH_2 + H_2N—CO—NH_2 \xrightarrow{150\sim160℃} H_2N—CO—NH—CO—NH_2 + NH_3\uparrow$$

二缩脲是无色针状晶体，熔点为190℃，难溶于水而易溶于碱溶液。

在二缩脲的碱性溶液中加入少量稀硫酸铜溶液，则溶液呈现紫红色，这个显色反应叫做二缩脲反应。

二缩脲分子中的“—CONH—”原子团叫做酰胺键（或肽键）。凡分子中含有两个或两个以上酰胺键的化合物，都能发生二缩脲反应。

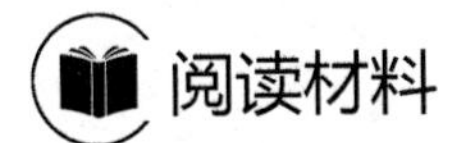

## 阅读材料

### 左旋肉碱

左旋肉碱，音译卡尼丁，别称L-肉毒碱、维生素BT，化学名称：*β*-羟基-*γ*-三甲铵丁酸。其化学结构类似于胆碱。

$$(CH_3)_3N^+—CH_2—CH(OH)—CH_2—COOH\quad Cl^-$$

左旋肉碱是一种促使脂肪转化为能量的类氨基酸。

在细胞内，左旋肉碱的基本功能是作为载体把脂肪酸从线粒体外运入线粒体内膜。

实验表明左旋肉碱是一种必需营养素，目前左旋肉碱已应用于医药、保健和食品等领域，并已被瑞士、法国、美国和世界卫生组织规定为法定的多用途营养剂。我国食品添加剂卫生标准GB 2760—1996规定了左旋肉碱酒石酸盐为食品营养强化剂，可应用于咀嚼片、饮液、胶囊、乳粉及乳饮料等。

服用左旋肉碱能够在减少身体脂肪、降低体重的同时，不减少水分和肌肉。2003年被国际肥胖健康组织认定为安全、无副作用的减肥营养补充品。

## 习题

### 一、选择题

1. 在水溶液中，下列化合物碱性最强的是（　　）。

A. 乙酰胺　　B. 甲胺　　C. 氨　　D. 苯胺

2. 与$HNO_2$反应能放出氮气的是（　　）。

A. 伯胺　　B. 仲胺　　C. 叔胺　　D. 都可以

3. 下列化合物中为季铵盐的是（　　）

A. $(CH_3CH_2)_3NHCl$　　B. $C_6H_5N_2^+Cl^-$

C. $(CH_3)_3N^+CH_2CH_3\ Cl^-$　　D. $(CH_3CH_2)_4N^+OH^-$

4. 不与重氮盐生成偶氮化合物的是（　　）。

A. 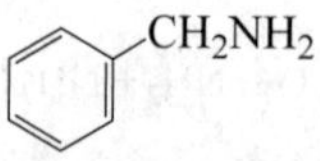 $CH_2NH_2$ B. 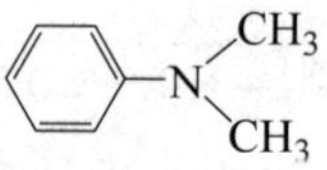 $N(CH_3)_2$ C. 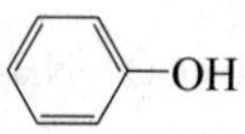 OH D. 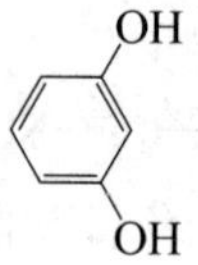 OH OH

5. 下列化合物碱性比氨弱的是（　　）。

A. $CH_3CH_2NH_2$　B. $CH_3CONH_2$　C. $(CH_3)_2NH$　D. $(CH_3)_4N^+OH^-$

## 二、写出化学式为 $C_4H_{11}N$ 的所有胺的异构体，并指明它们属于伯胺、仲胺还是叔胺。

## 三、命名下列化合物

1. $CH_3CH_2CH_2NH_2$

2. $CH_3CH_2CONHCH_3$

3.  $CH_3$——$NH_2$

4. 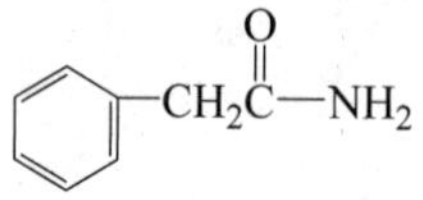 $CH_2\overset{O}{\overset{\|}{C}}$—$NH_2$

5. 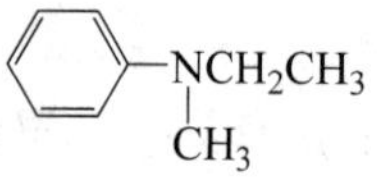 $NCH_2CH_3$ $CH_3$

6. 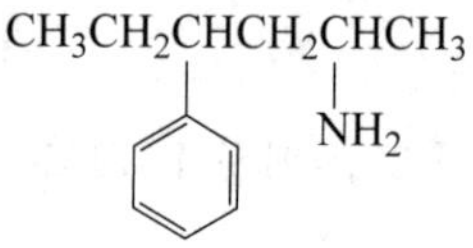 $CH_3CH_2CHCH_2CHCH_3$ $NH_2$

## 四、写出下列化合物的结构式

1. 1,3-丁二胺　2.对氨基-*N*-甲基苯胺　3. *N*,*N*-二甲基苯胺

4. 苯乙酰胺　5.乙酰苯胺　6.尿素

## 五、按碱性递增顺序排列下列化合物

乙酸、乙酰胺、乙胺和苯胺

## 六、完成下列反应方程式

1. $CH_3CH_2NH_2+HCl \longrightarrow$

2. $CH_3NH_2+HNO_2 \longrightarrow$

3. 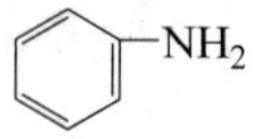 $NH_2$ + $Br_2$ $\longrightarrow$

4. $CH_3CONH_2+H_2O+HCl \longrightarrow$

5. $H_2N—CO—NH_2+H_2N—CO—NH_2 \xrightarrow{150\sim160℃}$

## 七、用化学方法鉴别下列各组化合物

1. 乙醛、乙酸和乙胺

2. 甲苯、苯酚和苯胺

## 八、推断题

1. 化合物 A 的分子式为 $C_6H_{15}N$，能溶于稀盐酸，与亚硝酸在室温时作用放出氮气并得到化合物 B，B 能发生碘仿反应，B 与浓硫酸共热得到 C，C 能使高锰酸钾溶液褪色，并氧化分解为乙酸和 2-甲基丙酸。试推测 A、B、C 的结构简式，并写出有关反应式。

2. 某有机化合物的分子式为 $C_3H_6ON$，加氢氧化钠溶液煮沸，则水解生成羧酸盐，并放出某种气体。将此气体通入盐酸溶液后，得含氮量为 52.6%的盐，写出这个化合物的结构简式、名称以及水解反应式。

# *第十八章　杂环化合物和生物碱

## 思维导图

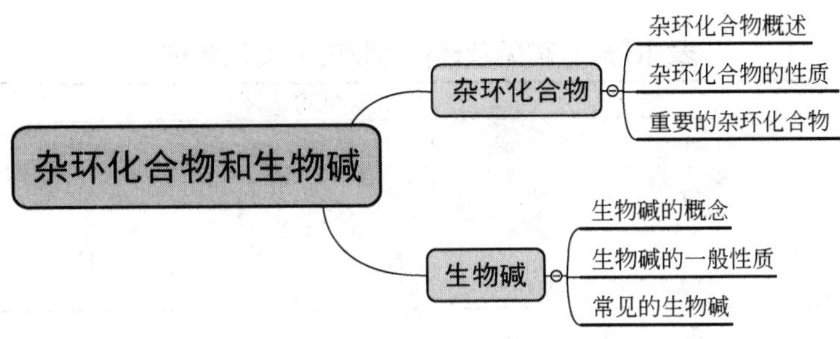


## 知识与技能目标

1. 了解杂环化合物的分类。
2. 能描述出重要杂环化合物的结构特点。
3. 了解生物碱的一般性质。
4. 能列举出生物碱的重要应用。

## 素质目标

通过我国天然药物科学成果的介绍，厚植爱国主义情怀，提升学生民族自豪感。

杂环化合物在自然界分布很广，其数量几乎占已知有机化合物的1/3。许多重要的物质如叶绿素、血红素、核酸以及临床应用的一些有显著疗效的天然药物和合成药物等，都含有杂环化合物的结构。生物碱是中草药的有效成分，绝大多数是含氮的杂环化合物，这些物质在生物体中有着重要的生理作用。

## 第一节　杂环化合物

### 一、杂环化合物概述

在环状有机化合物中，组成环的原子除碳原子外，还有其他非碳原子，这类化合物称为杂环化合物。这些非碳原子叫做杂原子，常见的杂原子有氮、氧、硫等。

根据以上定义，杂环化合物似乎应包括内酯、交酯和环状酸酐等，但由于它们与相应的开链化合物性质相似，又容易开环变成开链化合物，所以不包括在杂环化合物之内。本章主要讨论那些环系比较稳定，并且有不同程度芳香性的杂环化合物。所谓芳杂环化合物是保留芳香结构即 6π 电子闭合共轭体系的杂环化合物，这类化合物比较稳定，不易开环，而且它们的结构和反应活性与苯有相似之处，即有不同程度的芳香性，所以称为芳杂环化合物。

杂环化合物可按杂环的骨架分为单杂环和稠杂环。单杂环又按环的大小分为五元杂环和六元杂环。表 18-1 列出了常见杂环化合物的分类及名称。

表 18-1　常见杂环化合物的分类及名称

| 杂环的种类 | | 重要的杂环 | | | | | |
|---|---|---|---|---|---|---|---|
| 单杂环 | 五元杂环 | 呋喃 | 噻吩 | 吡咯 | 噻唑 | 吡唑 | 咪唑 |
| | 六元杂环 | 吡啶 | 哒嗪 | 嘧啶 | 吡嗪 | 吡喃 | |
| 稠杂环 | | 喹啉 | 异喹啉 | 吲哚 | | | |
| | | 吖啶 | 嘌呤 | 喋啶 | | | |

杂环化合物的命名主要采用外文译音法，把杂环化合物的英文名称的汉字译音加“口”字旁表示。例如：如表 18-1 中的呋喃、吡咯等。

外文译音法是根据国际通用名称译音的，使用方便，缺点是名称和结构之间没有任何联系。

## 二、杂环化合物的性质

### （一）物理性质

大部分杂环化合物难溶于水，易溶于有机溶剂。常见的杂环化合物为液体或固体。它们都具有特殊的气味。

### （二）化学性质

#### 1. 取代反应

五元杂环的取代反应容易进行，而六元杂环如吡啶，较难发生取代反应，一般要在较强烈的条件下才能发生反应。

（1）卤代反应　五元杂环化合物可以直接发生卤代反应，卤原子主要取代 $\alpha$ 位上的氢原子。例如：

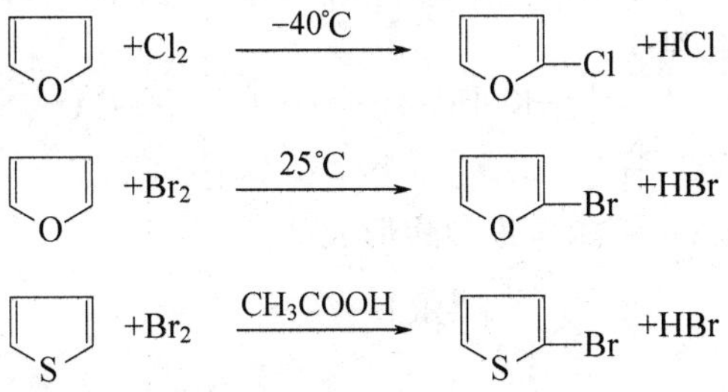

$$\text{O} + Cl_2 \xrightarrow{-40℃} \text{O}\text{—Cl} + HCl$$

$$\text{O} + Br_2 \xrightarrow{25℃} \text{O}\text{—Br} + HBr$$

$$\text{S} + Br_2 \xrightarrow{CH_3COOH} \text{S}\text{—Br} + HBr$$

吡啶的卤代反应不但需要催化剂，而且要在较高的温度下才能进行，且发生在 $\beta$ 位上。

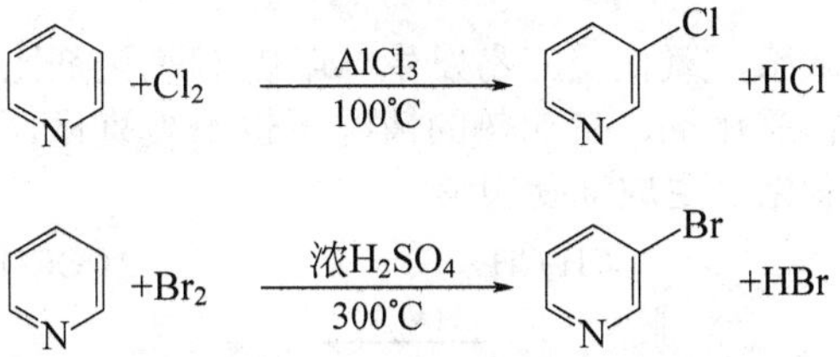

$$\text{N} + Cl_2 \xrightarrow[100℃]{AlCl_3} \text{N (Cl)} + HCl$$

$$\text{N} + Br_2 \xrightarrow[300℃]{浓H_2SO_4} \text{N (Br)} + HBr$$

（2）硝化反应　五元杂环的硝化反应一般不用硝酸作硝化剂（吡咯、呋喃在酸性条件下易氧化导致环的破裂或聚合物的生成），而是用温和的硝化剂（乙酰基硝酸酯）在低温下进行。

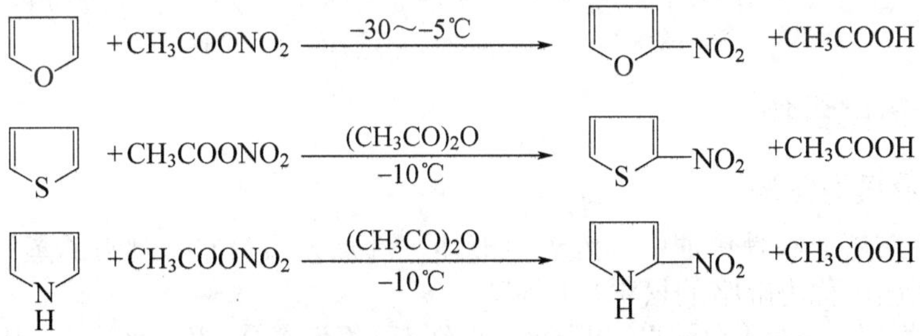

$$\text{O} + CH_3COONO_2 \xrightarrow{-30\sim-5℃} \text{O}\text{—}NO_2 + CH_3COOH$$

$$\text{S} + CH_3COONO_2 \xrightarrow[-10℃]{(CH_3CO)_2O} \text{S}\text{—}NO_2 + CH_3COOH$$

$$\text{NH} + CH_3COONO_2 \xrightarrow[-10℃]{(CH_3CO)_2O} \text{NH}\text{—}NO_2 + CH_3COOH$$

吡啶的硝化反应要在浓酸和高温条件下才能进行。

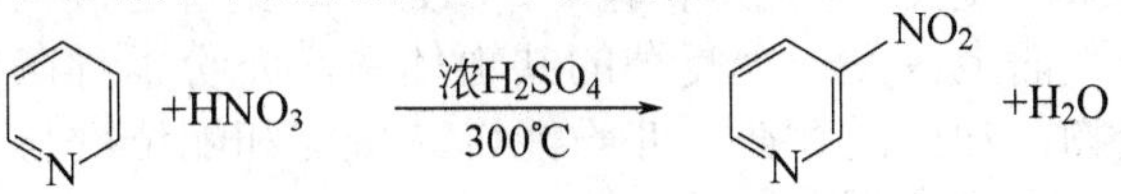

$$\text{N} + HNO_3 \xrightarrow[300℃]{浓H_2SO_4} \text{N } (NO_2) + H_2O$$

## 2. 加成反应

杂环化合物都比苯容易发生加成反应，如它们都可以进行催化氢化反应。

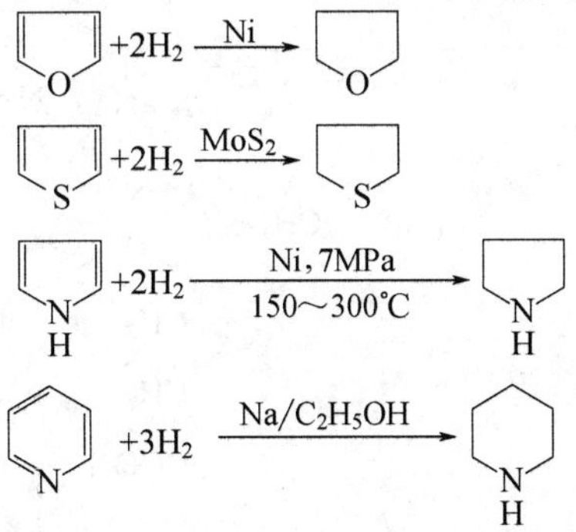

$$\text{O} + 2H_2 \xrightarrow{Ni} \text{O}$$

$$\text{S} + 2H_2 \xrightarrow{MoS_2} \text{S}$$

$$\text{NH} + 2H_2 \xrightarrow[150\sim300℃]{Ni, 7MPa} \text{NH}$$

$$\text{N} + 3H_2 \xrightarrow{Na/C_2H_5OH} \text{NH}$$

### 3. 吡咯和吡啶的酸碱性

吡咯由于其氮原子上的孤电子对参与共轭，使氮原子的电子云密度降低，N—H 键的极性增强，所以它的碱性（$pK_b$=13.6）不但比苯胺（$pK_b$=9.4）弱得多，而且显微弱的酸性（$pK_a$=15），能与氢氧化钾作用生成吡咯钾盐。

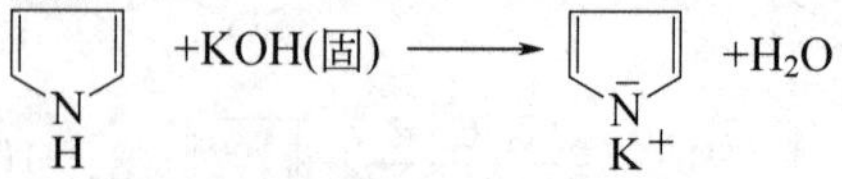

+KOH(固) ⟶ +$H_2O$

N H　　$\bar{N}$ $K^+$

吡啶显弱碱性（$pK_b$=8.64），能与各种酸形成盐。

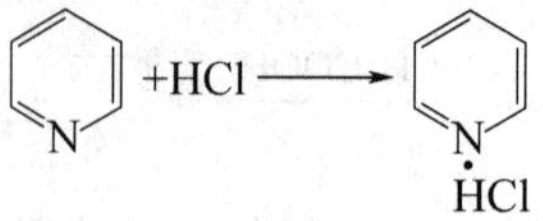

+HCl ⟶

N　　N · HCl

### 4. 氧化反应

五元杂环对氧化剂敏感，氧化反应易发生。吡啶对氧化剂比苯还稳定很难氧化，即使用浓硫酸或酸性高锰酸钾作氧化剂，在加热的情况下也不被氧化，吡啶的烃基衍生物在强氧化剂的作用下只发生侧链氧化，生成吡啶甲酸。

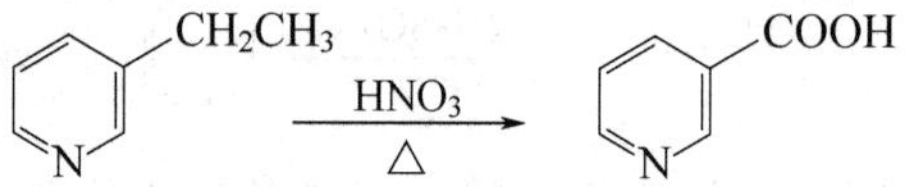

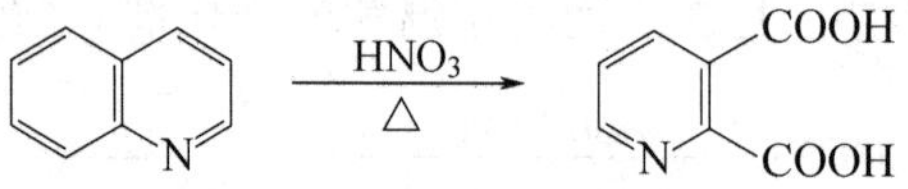

$CH_2CH_3$　$\xrightarrow[\triangle]{HNO_3}$　COOH

N　　N

$\xrightarrow[\triangle]{HNO_3}$　COOH

N　　N COOH

## 三、重要的杂环化合物

### 1. 吡咯、咪唑及其衍生物

吡咯存在于煤焦油和骨焦油中，为无色液体，沸点为 131℃。吡咯的蒸气可使浸有盐酸的松木片产生红色，称为吡咯的松木片反应。

吡咯的衍生物广泛分布于自然界，叶绿素、血红素、维生素 $B_{12}$ 及许多生物碱中都含有吡咯环。

四个吡咯环的 $\alpha$-碳原子通过四个次甲基（—CH═）交替连接构成的大环叫卟吩环。卟吩的成环原子都在同一平面上，是一个复杂的共轭体系。卟吩本身在自然界中不存在，它的取代物称为卟啉类化合物，却广泛存在。卟吩能以共价键和配位键与不同的金属离子结合，如血红素的分子结构中结合的是亚铁离子。

血红素与蛋白质结合成为血红蛋白，存在于哺乳动物的红细胞中，是运输氧气的物质。

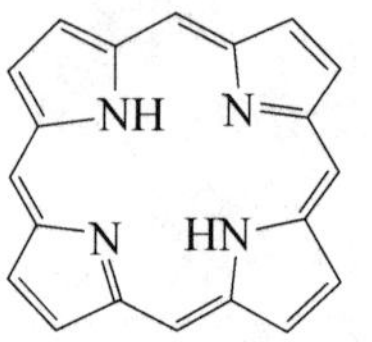

NH N N HN

卟吩

CH═$CH_2$ $CH_3$

$CH_3$ N N CH═$CH_2$

Fe

$CH_3$ N N $CH_3$

$CH_2$ $CH_2$

$CH_2$ $CH_2$

COOH COOH

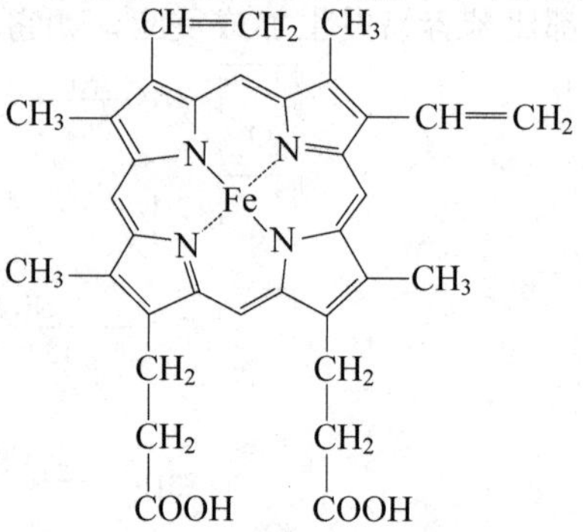

血红素

咪唑的衍生物广泛存在于自然界，如蛋白质组成成分之一的组氨酸。组氨酸经酶的作用或体内分解，可脱羧变成组胺。

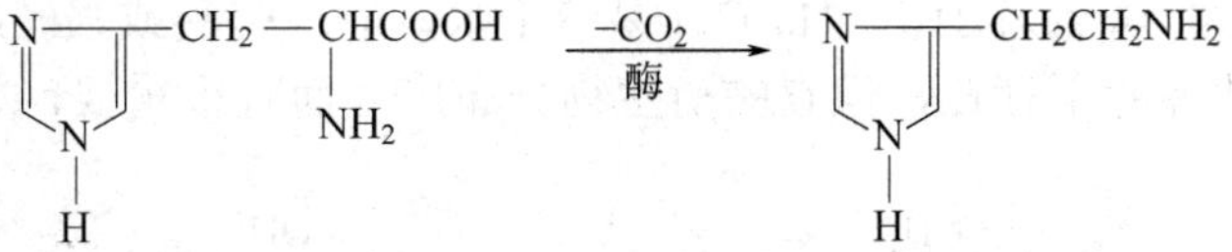

$\xrightarrow[\text{酶}]{-CO_2}$

组氨酸　　　组胺

组胺有收缩血管的作用，人体内组胺含量过多时会发生过敏反应。

## 2. 吡啶的重要衍生物

吡啶的重要衍生物有烟酸、烟酰胺、异烟肼等，其结构式如下：

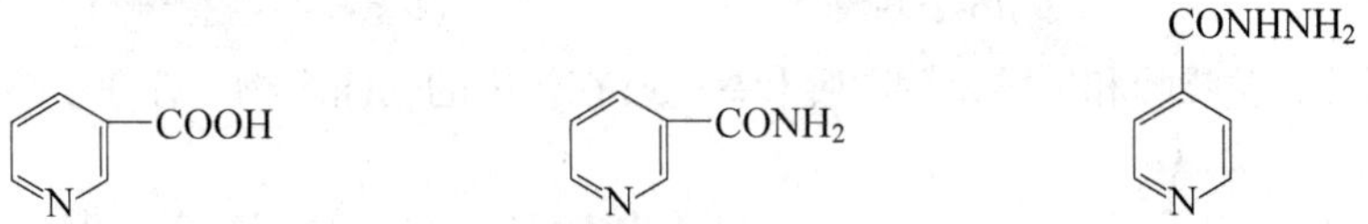

烟酸
($\beta$-吡啶甲酸)

烟酰胺
($\beta$-吡啶甲酰胺)

异烟肼
($\gamma$-吡啶甲酰肼)

烟酸和烟酰胺两者组成维生素 PP。它们是 B 族维生素之一，体内缺乏时能引起糙皮病。烟酸还具有扩张血管及降低血胆固醇的作用。

异烟肼又叫雷米封，为无色晶体或粉末，易溶于水，微溶于乙醇而不溶于乙醚。异烟肼具有较强的抗结核作用，是常用治疗结核病的口服药。

## 3. 嘧啶及其衍生物

嘧啶是含有两个氮原子的六元杂环化合物。它是无色固体，熔点为 22℃，易溶于水，具有弱碱性。

嘧啶可以单独存在，也可与其他环系稠合而存在于维生素、生物碱及蛋白质中。许多合成药物如巴比妥类药物、磺胺嘧啶等，都含有嘧啶环。

嘧啶的衍生物如胞嘧啶，尿嘧啶和胸腺嘧啶是核酸的组成成分。

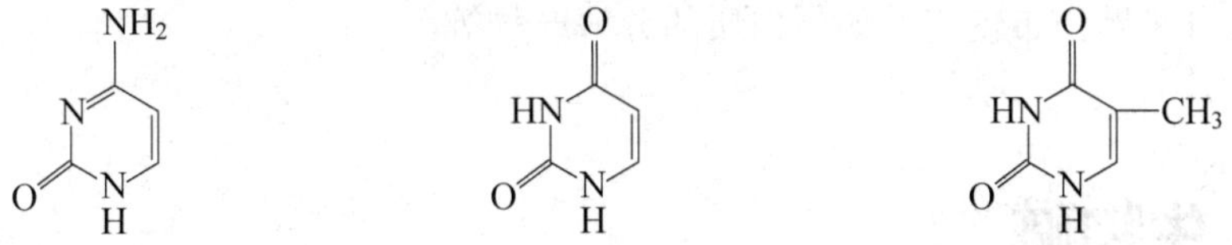

胞嘧啶
(4-氨基-2-氧嘧啶)

尿嘧啶
(2,4-二氧嘧啶)

胸腺嘧啶
(5-甲基-2,4-二氧嘧啶)

## 4. 嘌呤及其衍生物

嘌呤是咪唑环和嘧啶环稠合而成的稠杂环。嘌呤环共有四个氮原子，环的编号比较特殊，它有两种互变异构体，常用标氢法区别。

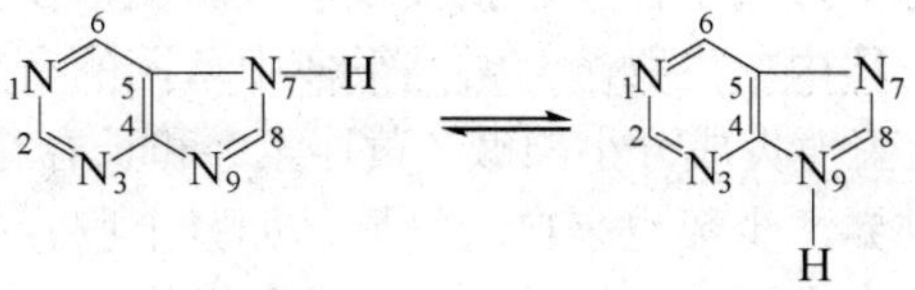

$\rightleftharpoons$

7*H*-嘌呤
(Ⅰ)

9*H*-嘌呤
(Ⅱ)

结晶态嘌呤为（Ⅰ）式，在水溶液中（Ⅰ）式与（Ⅱ）式则以等比例共存。药物分子中一般多为 7*H*-嘌呤衍生物，生物体中则 9*H*-嘌呤更为常见。

嘌呤为无色晶体，熔点为 216～217℃，易溶于水，能与强酸或强碱成盐。

嘌呤本身在自然界并不存在，但它的衍生物分布广，而且很重要，如腺嘌呤、鸟嘌呤等都是核酸的组成成分。

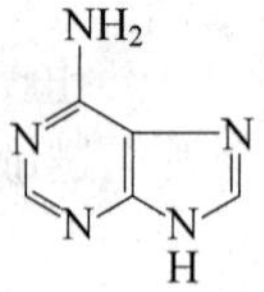

腺嘌呤
(6-氨基嘌呤)

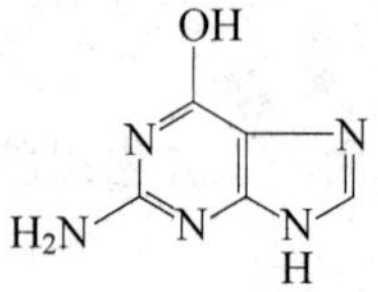

鸟嘌呤
(2-氨基-6-羟基嘌呤)

次黄嘌呤、黄嘌呤和尿酸是腺嘌呤和鸟嘌呤在体内的代谢产物，存在于哺乳动物的尿和血中。

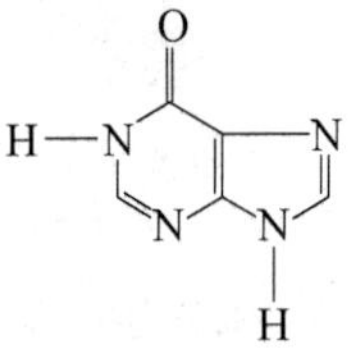

次黄嘌呤
(6-氧嘌呤)

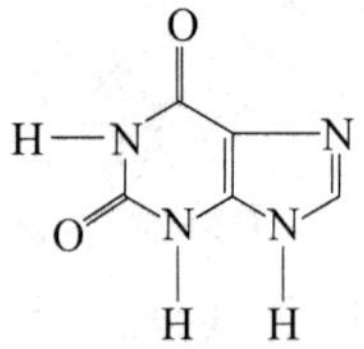

黄嘌呤
(2,6-二氧嘌呤)

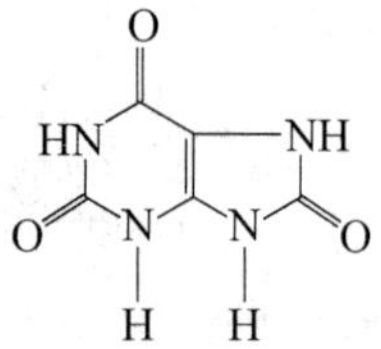

尿酸
(2,6,8-三氧嘌呤)

尿酸为无色晶体，极难溶于水，有弱酸性。健康的人每天尿酸的排泄量为 0.5～1g。如代谢紊乱而致尿酸含量过高时，可能沉积形成尿结石。当血中的尿酸含量过高时，可能沉积在关节等处，形成痛风石。

5. 吲哚

纯净的吲哚是无色片状晶体，不溶于水，溶于有机溶剂和热水中，结构为。吲哚的衍生物在自然界分布较广。如蛋白质的分解产物等。

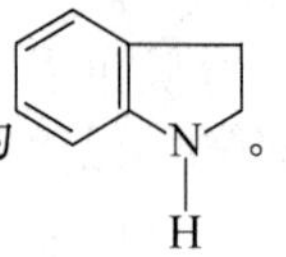

# 第二节 生物碱

## 一、生物碱的概念

生物碱是一类存在于生物（主要是植物）体内，对人和动物有强烈生理作用的含氮的碱性物质。生物碱的分子构造多数属于仲胺、叔胺或季铵碱类，少数为伯胺类。它们的结构中常含有杂环，并且氮原子在环内。生物碱常常是很多中草药的有效成分，例如，麻黄中的平喘成分麻黄碱、黄连中的抗菌消炎成分小檗碱（黄连素）和长春花中的抗癌成分长春新碱等。

生物碱大多数来自植物界，少数也来自动物界，如肾上腺素等。生物体内生物碱的含量一般较低。至今分离出来的生物碱已有数千种，其中用于临床的近百种。

生物碱的分类方法有多种。较常用和比较合理的分类方法是根据生物碱的化学构造进行分类，如麻黄碱属有机胺类，一叶萩碱、苦参碱属吡啶衍生物类，莨菪碱属莨菪烷衍生物类，喜树碱属喹啉衍生物类，常山碱属喹唑酮衍生物类，茶碱属嘌呤衍生物类，小檗碱属异喹啉衍生物类，利血平、长春新碱属吲哚衍生物类等。

生物碱多根据它所来源的植物命名，例如，麻黄碱是由麻黄中提取得到而得名，烟碱是由烟草中提取得到而得名。生物碱的名称又可采用国际通用名称的译音，例如烟碱又叫尼古丁。

## 二、生物碱的一般性质

### 1. 一般性状

游离的生物碱为结晶形或非结晶形的固体，也有液体，如烟碱。多数生物碱无色，但有少数例外，如小檗碱和一叶萩碱为黄色。多数生物碱味甚苦，具有旋光性，左旋体常有很强的生理活性。

### 2. 酸碱性

大多数生物碱具有碱性，这是由于它们的分子结构中都含有氮原子，而氮原子上又有一对未共用电子对，能与酸结合成盐，所以呈碱性。各种生物碱的分子结构不同，特别是氮原子在分子中存在状态不同，所以碱性强弱也不一样。分子中的氮原子大多数结合在环状结构中，以仲胺、叔胺及季铵碱三种形式存在，均具有碱性，以季铵碱的碱性最强。若分子中氮原子以酰胺形式存在时，碱性几乎消失，不能与酸结合成盐。有些生物碱分子中除含碱性氮原子外，还含有酚羟基或羧基，所以既能与酸反应，也能与碱反应生成盐。

### 3. 溶解性

游离生物碱极性较小，一般不溶或难溶于水，能溶于氯仿、二氯乙烷、乙醚、乙醇、丙酮、苯等有机溶剂，在稀酸水溶液中溶解而成盐。生物碱的盐类极性较大，大多易溶于水及醇，不溶或难溶于苯、氯仿、乙醚等有机溶剂；其溶解性与游离生物碱恰好相反。

生物碱及其盐类的溶解性也有例外的情况。季铵碱如小檗碱、酰胺型生物碱和一些极性基团较多的生物碱则一般能溶于水，习惯上常将能溶于水的生物碱叫做水溶性生物碱。中性生物碱则难溶于酸。含羧基、酚羟基或含内酯环的生物碱等能溶于稀碱溶液中。某些生物碱的盐类如盐酸小檗碱则难溶于水，另有少数生物碱的盐酸盐能溶于氯仿。

生物碱的溶解性对提取、分离和精制生物碱十分重要。

### 4. 沉淀反应

生物碱或生物碱的盐类水溶液，能与一些试剂生成不溶性沉淀，这种试剂称为生物碱沉淀剂。此种沉淀反应可用以鉴定或分离生物碱。常用的生物碱沉淀剂有碘化汞钾（$HgI_2 \cdot 2KI$）试剂（与生物碱作用多生成黄色沉淀）、碘化铋钾（$BiI_3 \cdot KI$）试剂（与生物碱作用多生成黄褐色沉淀）；碘试剂、鞣酸试剂、苦味酸试剂分别与生物碱作用，多生成棕色、白色、黄色沉淀。

### 5. 显色反应

生物碱与一些试剂反应，呈现各种颜色，也可用于鉴别生物碱。例如，钒酸铵-浓硫酸溶液与吗啡反应显棕色，与可待因反应显蓝色，与莨菪碱反应则显红色。此外，钼酸铵的浓硫酸溶液、浓硫酸中加入少量甲醛的溶液、浓硫酸等都能使各种生物碱呈现不同的颜色。

## 三、常见的生物碱

### 1. 莨菪碱和阿托品

莨菪碱和阿托品属莨菪烷衍生物类生物碱。莨菪烷的构造式如下：

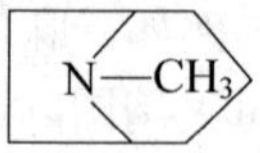

莨菪烷

莨菪碱是由莨菪酸和莨菪醇缩合形成的酯，莨菪醇是由四氢吡咯环和六氢吡啶环稠合而成的双环构造。其结构为：

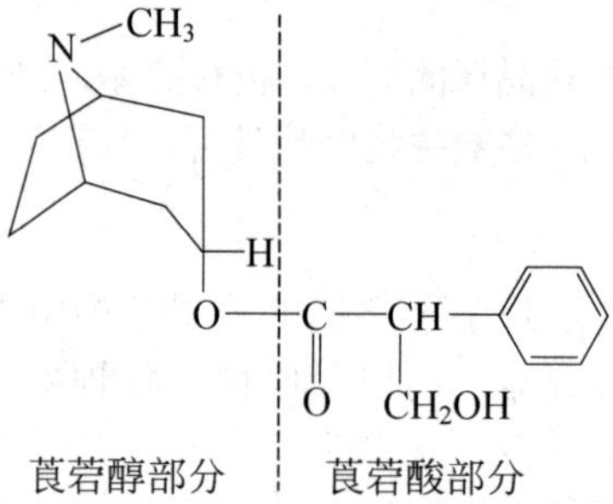

莨菪醇部分　莨菪酸部分

莨菪碱

莨菪碱是左旋体，由于莨菪酸构造中的手性碳原子上的氢与羰基相邻，是 $\alpha$ 活泼氢，容易发生酮式-烯醇式互变异构而外消旋。当莨菪碱在碱性条件下或受热时均可发生消旋作用，变成消旋的莨菪碱，即阿托品，又叫颠茄碱。

医疗上常用硫酸阿托品作抗胆碱药，能抑制唾液、汗腺等多种腺体的分泌，并能扩散瞳孔；还用于平滑肌痉挛、胃和十二指肠溃疡病；也可用作有机磷、锑剂中毒的解毒剂。

### 2. 吗啡、可待因和海洛因

吗啡和可待因的结构式为：

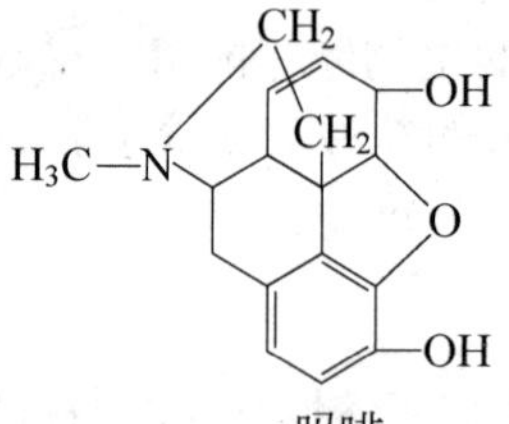

吗啡 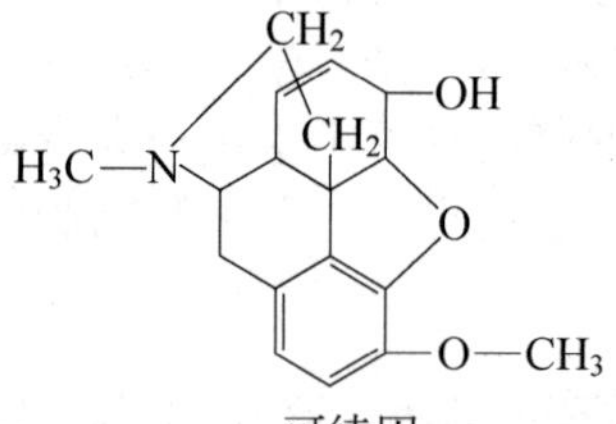　　可待因

罂粟科植物鸦片中含有 20 多种生物碱，其中比较重要的有吗啡、可待因等。这两种生物碱属于异喹啉衍生物类，可看作为六氢吡啶环（哌啶环）与菲环相稠合而成的基本结构。

吗啡对中枢神经有麻醉作用，有极快的镇痛效力，但易成瘾，不宜常用。

可待因是吗啡的甲基醚（甲基取代吗啡分子中酚羟基的氢原子）。可待因与吗啡有相似的生理作用，可用以镇痛，但可待因主要用作镇咳剂。

麻醉剂海洛因是吗啡的二乙酰基衍生物，即二乙酰基吗啡（两个乙酰基分别取代吗啡分子中两个羟基的氢原子）。其结构为：

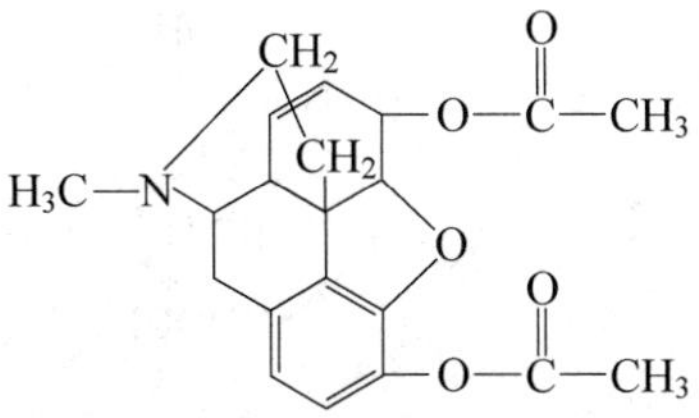

海洛因

海洛因镇痛作用较大，并产生欣快和幸福的虚假感觉，但毒性和成瘾性极大，过量能致死。海洛因被列为禁止制造和出售的毒品。

### 3. 麻黄碱

麻黄碱是含于中药麻黄中的一种主要生物碱，又叫麻黄素。一般常用的麻黄碱系指左旋麻黄碱，它与右旋的伪麻黄碱互为旋光异构体。它们在苯环的侧链上都有两个手性碳原子，应有四种旋光异构体，但在中药麻黄植物中只存在（−）-麻黄碱和（+）-伪麻黄碱两种，并且二者是非对映异构体。其结构为：

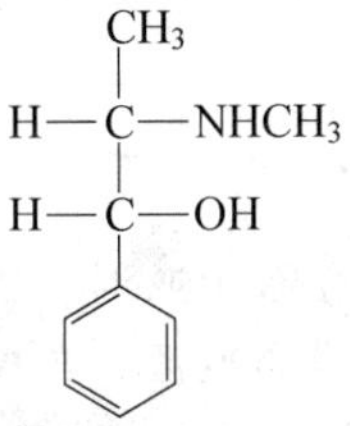

(−)-麻黄碱 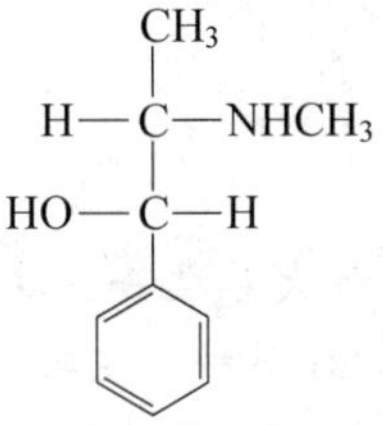　　(+)-伪麻黄碱

麻黄碱和伪麻黄碱都是仲胺类生物碱，不具含氮杂环，因此它们的性质与一般生物碱不尽相同，与一般的生物碱沉淀剂也不易发生沉淀。

(−)-麻黄碱具有兴奋中枢神经、升高血压、扩大支气管、收缩鼻黏膜及止咳作用，也有散瞳作用，临床上常用盐酸麻黄碱（即盐酸麻黄素）治疗气喘等症。

### 4. 小檗碱

小檗碱又名黄连素，存在于小檗属植物黄柏、黄连和三颗针中，它属于异喹啉衍生物类生物碱，是一种季铵碱化合物。其结构为：

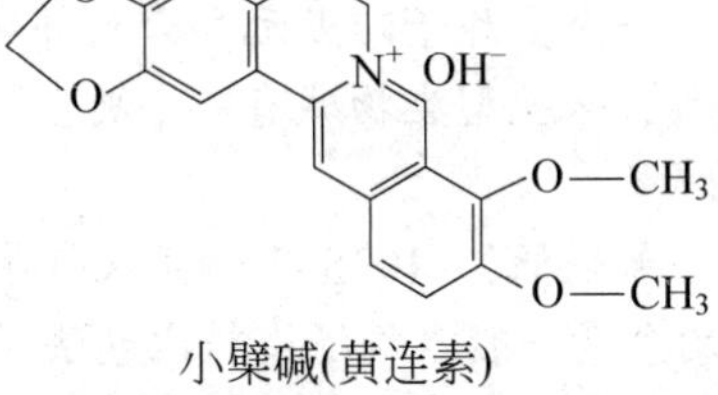

小檗碱(黄连素)

黄连素具有较强的抗菌作用，在临床上常用盐酸黄连素治疗菌痢、胃肠炎等疾病。

### 5. 长春新碱

长春新碱又名醛基长春碱，存在于夹竹桃科植物长春花中，属于二聚吲哚类生物碱。其结构为：

长春新碱

长春新碱对白血病、癌症均有效，且毒性较低。

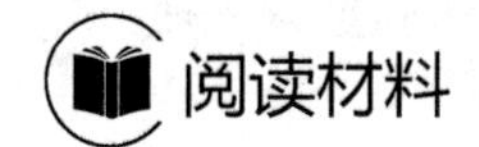

## 阅读材料

### 石斛中的生物碱

石斛属为兰科最大属之一，共有1500多种，广泛分布于亚洲、欧洲及大洋洲等热带及亚热带地区。我国有80多种，主要分布于西南、华东及华南地区。在我国传统医学中，石斛为常用贵重药材，它具有滋阴清热、益胃生津、润肺止咳等功效，常用于热病伤津、口干烦渴、病后虚热等多种病症。现代药理研究证明石斛具有抗衰老、抗肿瘤、降低血糖等作用，在治疗胃肠道疾病、白内障、关节炎、血栓闭塞性脉管炎及慢性咽炎等疾病有很好的疗效。几十年来，中外学者对石斛属植物的化学成分和药理作用进行了大量的研究，发现石斛属植物中化学成分多种多样，其主要有效成分为生物碱及石斛类多糖。

1.石斛属植物生物碱的分类

生物碱是石斛药材中最重要的活性成分之一，也是最早分离并进行结构确认的化合物。1932年，日本人在中药金钗石斛中首次分离获得一种生物碱，命名为石斛碱。迄今为止，已经从16种石斛属植物分离得到32种生物碱，主要骨架共分为四大类，即石斛碱型、八氢中氮茚型、四氢吡咯型和咪唑型。石斛碱型石斛碱是石斛属植物中存在最多的一类重要生物碱，共有19种；八氢中氮茚类石斛碱是一种含有一个氮原子的五元和六元并环体系的生物碱，该类生物碱共有6种。四氢吡咯型生物碱共有5种，咪唑型生物碱有一个典型的咪唑环结构，该类生物碱有2种。

2.生物碱的含量

石斛属植物生物碱的含量一般较低， 1935年研究人员年首次测定金钗石斛的总生物碱的含量为0.52%。石斛中总生物碱的含量一般以酸性染料比色法测定。不同石斛属植物生物碱的含量差别很大，研究发现凡性别鉴定时具苦味的石斛中总生物碱的含量较高，其中金钗石斛中总生物碱含量，远较其它品种高，四川产的金钗石斛茎的总生物碱的含量为0.376%，而铁皮石斛茎的总生物碱的含量为0.105%。有文献报道以总生物碱含量高低作为评价中药石斛的品质的重要指标，传统认为质重、嚼之粘牙、味甘、无渣者为优品，其生物碱及多糖含量较高。

3.石斛属植物生物碱的药理作用

石斛属植物生物碱的药理作用主要表现在抗肿瘤、对心血管和胃肠道抑制作用及止痛退热等作用。1995年韩国学者报道金钗石斛的乙酸乙酯提取物对肿瘤细胞株有显著的细胞毒性作用。1994年研究者发现粉花石斛的甲醇提取物可明显抑制兔血小板凝集的作用，并且大剂量的石斛碱可降低兔、豚鼠的心肌收缩力，降低血压并抑制呼吸。石斛碱对猫血压有类似毒蕈碱作用及烟碱的兴奋作用。不论浓度高低，石斛浸膏对离体蟾蜍的心脏均有抑制作用。石斛是中医治疗胃脘痛和上腹胀满的常用中药，金钗石斛的提取物能直接刺激胃壁G细胞，增加胃泌素的释放，使胃壁血清浓度升高；胃泌素刺激壁细胞，使胃酸分泌增加。这可能是石斛具有益胃作用的主要原因。石斛碱还有一定的止痛解热作用，与非那西汀相似。

## 习题

### 一、选择题

1. 叶绿素中的杂环是（　　）。
   A. 吡啶　　B. 嘧啶　　C. 吡咯　　D. 喹啉
2. 下列化合物中碱性最弱的是（　　）。
   A. 吡咯　　B. 吡啶　　C. 苯胺　　D. 四氢吡咯
3. 樟脑具有愉快的香气，可用作衣服的防虫剂，它属于（　　）。
   A. 单萜　　B. 倍半萜　　C. 二萜　　D. 三萜

### 二、命名下列有机化合物

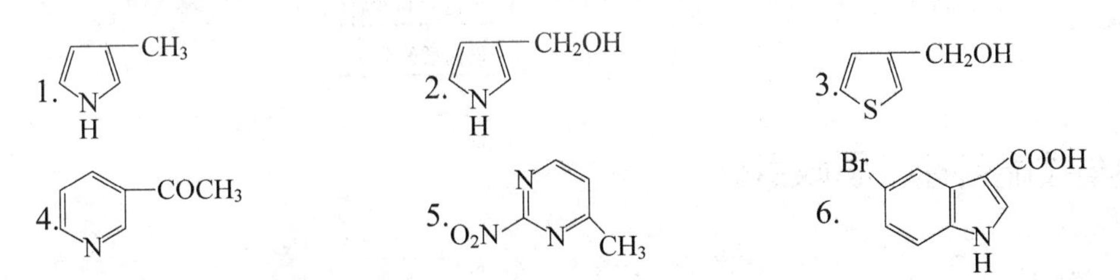


### 三、写出下列化合物的结构式

1. 六氢吡啶　　2. 2-溴呋喃　　3. 3-甲基吲哚　　4. 2-氨基噻吩
5. *N*,*N*-二甲基四氢吡咯　　6. 胸腺嘧啶　　7. 尿嘧啶　　8. 鸟嘌呤

### 四、完成下列反应式

1. (O) $\xrightarrow[-40℃]{Cl_2}$

2. (S) + $CH_3COONO_2$ $\xrightarrow{-10℃}$

3. (N) + HCl $\longrightarrow$

4. (N) + $HNO_3$ $\xrightarrow[\triangle]{浓H_2SO_4}$

5. (N) $\xrightarrow[\triangle]{HNO_3}$ $\xrightarrow[\triangle]{P_2O_5}$

### 五、简答题

1. 如何从麻黄草中提取麻黄碱？
2. 组成核酸的嘧啶有哪些？
3. 毒品有哪几类？它的危害有哪些？

# 第十九章 生物体中的重要有机物

## 思维导图

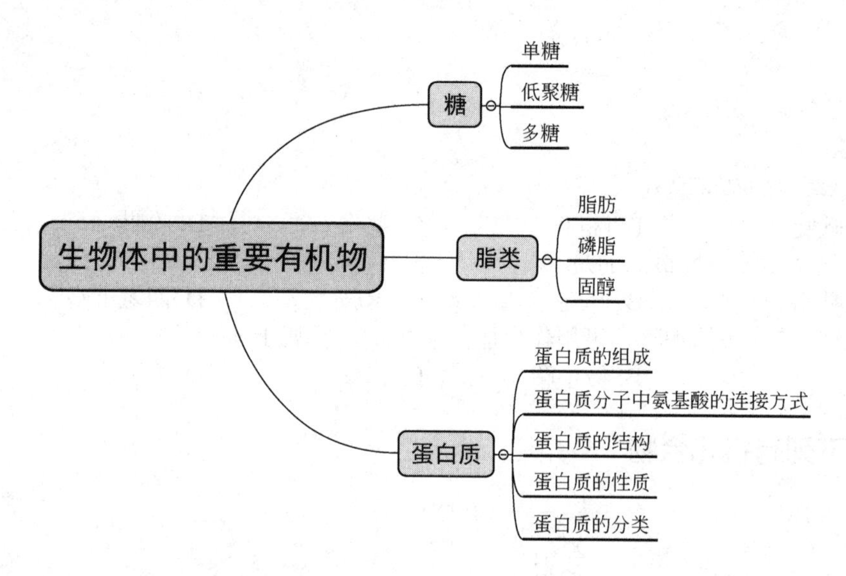


## 知识与技能目标、思政目标

1. 能说出葡萄糖、麦芽糖、淀粉、纤维素、脂肪酸、脂肪、氨基酸和蛋白质的基本结构。
2. 能理解蛋白质、酶的空间结构，并解析结构和功能的关系。
3. 能运用糖、脂肪、蛋白质的性质解释化学现象。
4. 培养学生脚踏实地、百折不挠的精神及民族自豪感。

生物体除含有水、无机物外，还含有大量的由碳、氢、氧、氮、磷等组成的有机化合物。本章主要讨论与生物体组成和生命活动密切相关的几类化合物：糖、脂类、蛋白质。

## 第一节 糖

糖类是生物界中分布极广，含量较多的一类有机物，几乎存在于所有的生命机体中，其中以植物界为最多。植物体含糖量约占干重的 80%，微生物中占菌体干重的 10%～30%，人和动物中含量较少，不超过其干重的 2%。植物通过光合作用把太阳能转化为化学能储存在糖类化合物中，生物体内的糖类又通过氧化反应为生命活动提供能量，因此糖是一切生物体维持生命活动所需能量的主要来源。从结构上看，糖类是含多羟基的醛类或多羟基酮类化合物。它主要由碳、氢、氧三种元素组成，大多数糖分子中氢和氧的原子个数比为 2∶1。

## 一、单糖

单糖是不能再水解成更小分子的多羟基醛或多羟基酮，是构成糖类物质的基本结构单位。根据羰基在分子中的位置，可分为醛糖和酮糖。根据碳原子数目，可分为丙糖、丁糖、戊糖、己糖和庚糖等。

### （一）单糖的结构

#### 1. 开链式结构

单糖的骨架采用链式结构表示时就称为开链式。为了能够正确表示单糖分子中氢原子和羟基的空间排布情况，开链式一般采用费歇尔投影式或其简化式表示。如己醛糖中的 D-葡萄糖，分子组成为 $C_6H_{12}O_6$，其开链式结构的费歇尔投影式如图 19-1 所示。

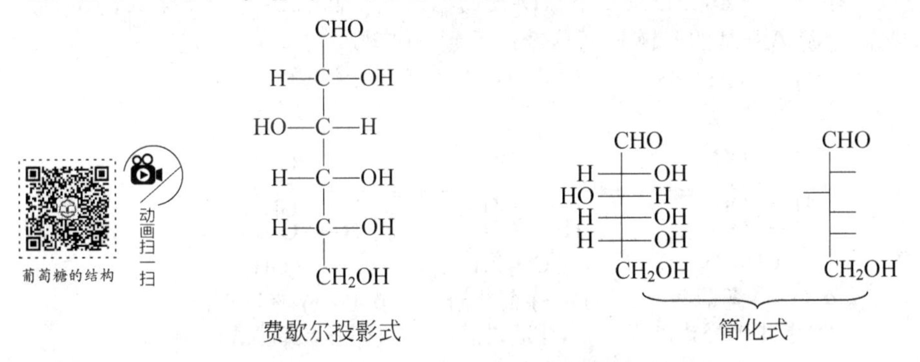


图 19-1 D-葡萄糖的费歇尔投影式

**知识探究**

费歇尔投影式是德国化学家赫尔曼·埃米尔·费歇尔为使得书写含手性碳原子的有机物变得更为简洁，于 1891 年提出的一种化学结构式。费歇尔投影式用两条交叉的线表示含碳化合物的四面体结构。

除丙酮糖外，单糖分子中均含有手性碳原子，都有旋光异构体。单糖的构型采用 D/L 标记，它以甘油醛为标准来确定。人们规定右旋的一种构型（—OH 写在右边的）为 D-(+)-甘油醛；另一种左旋的构型（—OH 写在左边的）为 L-(−)-甘油醛。将单糖的构型与甘油醛比较，考虑与羰基相距最远的手性碳原子的构型，此构型若与 D-(+)-甘油醛的相同，则称为 D 型；若与 L-(−)-甘油醛的相同，则称为 L 型。广泛分布于自然界的单糖绝大部分都是 D 型，因此“D”前缀常被省略。

D-(+)-甘油醛　　L-(−)-甘油醛

D-(+)-甘油醛　D-(+)-核糖　D-(+)-葡萄糖　D-(+)-果糖

## 2. 环状结构

葡萄糖是多羟基醛，应显示醛的特性反应，但实际上它不如简单醛类的特性那样显著。人们经过对糖结构的大量研究发现，单糖分子中的羰基和羟基可以在分子内生成半缩醛或半缩酮，而以环状结构存在。对戊糖和己糖来说，一般是末位羟甲基邻位碳原子上的羟基中的氧与羰基的碳原子连接成环，羟基中的氢原子加到羰基中的氧原子上，形成新的羟基，这个新羟基叫做半缩醛羟基。半缩醛羟基的性质活泼，糖的还原性一般是指半缩醛羟基的还原性。这样所形成的环一般是五元环或六元环。五元环叫呋喃环，六元环叫吡喃环。因此糖结构可以链式和环式两种状态存在。例如，在31℃下，D-葡萄糖溶液平衡后 *α*-D-葡萄糖约占36%，*β*-D-葡萄糖约占64%，含游离醛基的开链式葡萄糖占不到0.024%。

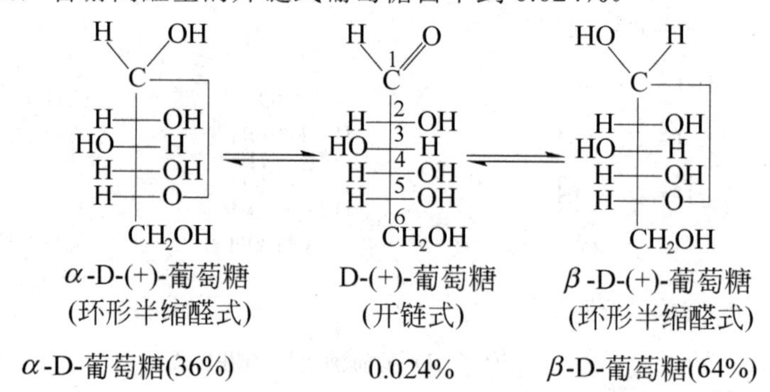

*α*-D-(+)-葡萄糖（环形半缩醛式）　D-(+)-葡萄糖（开链式）　*β*-D-(+)-葡萄糖（环形半缩醛式）

*α*-D-葡萄糖(36%)　0.024%　*β*-D-葡萄糖(64%)

当一个单糖经过缩合反应形成环状结构后，如果羰基碳原子上的—OH在环上与手性碳原子上的—$CH_2OH$基团在环的同一侧的，叫 *α*-型；在异侧的，叫 *β*-型。

## 3. 哈沃斯式结构

糖的环状结构无法反映出分子中的原子和基团在空间的排布。为了更形象地表示糖的环状结构，常将其写成哈沃斯透视式。哈沃斯将直立环式改写成平面的环式时规定：将直立环式右边的—OH写在平面的环式下方，左边的—OH写在平面的环式上方；环外多余的碳原子，如果直链环（氧桥）在右侧，则将未成环的碳原子写在环上方，反之写在环下方。

*α*-D-(+)-葡萄糖　*β*-D-(+)-葡萄糖

## （二）单糖的物理性质

单糖在常温下均为无色或白色结晶，具有甜味，吸湿性强，易溶于极性溶剂而难溶于非极性溶剂，在热水中的溶解度非常大，常可形成过饱和溶液——糖浆。

## （三）单糖的化学性质

单糖是多羟基醛或多羟基酮，它能发生醛、酮和醇的许多反应。同时由于分子内各基团间的相互影响，使它具有某些特性。

### 1. 氧化反应

单糖具有还原性，属还原性糖，可被多种氧化剂氧化生成糖酸。例如：

$$\begin{array}{c} CHO \\ H-\!\!\!-\!\!\!-OH \\ HO-\!\!\!-\!\!\!-H \\ H-\!\!\!-\!\!\!-OH \\ H-\!\!\!-\!\!\!-OH \\ CH_2OH \\ \text{D-葡萄糖} \end{array} \xrightarrow{Br_2,\,H_2O} \begin{array}{c} COOH \\ H-\!\!\!-\!\!\!-OH \\ HO-\!\!\!-\!\!\!-H \\ H-\!\!\!-\!\!\!-OH \\ H-\!\!\!-\!\!\!-OH \\ CH_2OH \\ \text{D-葡萄糖酸} \end{array}$$

酮糖不能被溴水所氧化，以此可区别醛糖和酮糖。醛糖还能够被托伦试剂、斐林试剂这样的弱氧化剂所氧化，发生银镜反应和斐林反应，分别得到光亮的银镜和砖红色氧化亚铜沉淀。

但酮糖也可以被托伦试剂或斐林试剂所氧化，分别生成银镜或氧化亚铜沉淀。这是由于酮糖的 $\alpha$-碳原子上连有羟基，故在托伦试剂或斐林试剂的碱性条件下，可以经酮式-烯醇式的互变异构而转变成醛糖，可被这些弱氧化剂氧化。所以不能用托伦试剂、斐林试剂这样的弱氧化剂来区别醛糖和酮糖。

$$\begin{array}{c} CH_2OH \\ =O \\ HO-\!\!\!-\!\!\!-H \\ H-\!\!\!-\!\!\!-OH \\ H-\!\!\!-\!\!\!-OH \\ CH_2OH \end{array} \rightleftharpoons \begin{array}{c} CHOH \\ \| \\ C-OH \\ HO-\!\!\!-\!\!\!-H \\ H-\!\!\!-\!\!\!-OH \\ H-\!\!\!-\!\!\!-OH \\ CH_2OH \end{array} \rightleftharpoons \begin{array}{c} CHO \\ H-\!\!\!-\!\!\!-OH \\ HO-\!\!\!-\!\!\!-H \\ H-\!\!\!-\!\!\!-OH \\ H-\!\!\!-\!\!\!-OH \\ CH_2OH \end{array}$$

### 2. 还原反应

用催化氢化或硼氢化钠等还原剂，可将糖中的羰基还原成羟基，产物为糖醇。以葡萄糖为起始原料，经催化加氢制成 D-葡萄糖醇（或称 D-山梨醇）。D-山梨醇可作为食品添加剂，用于提高食品的甜味和保湿性。它也是合成树脂、炸药、维生素 C、表面活性剂等的原料，存在于许多水果中。

$$\begin{array}{c} CHO \\ H-\!\!\!-\!\!\!-OH \\ HO-\!\!\!-\!\!\!-H \\ H-\!\!\!-\!\!\!-OH \\ H-\!\!\!-\!\!\!-OH \\ CH_2OH \\ \text{D-葡萄糖} \end{array} \xrightarrow[\text{加压，}\triangle]{H_2,\,Ni} \begin{array}{c} CH_2OH \\ H-\!\!\!-\!\!\!-OH \\ HO-\!\!\!-\!\!\!-H \\ H-\!\!\!-\!\!\!-OH \\ H-\!\!\!-\!\!\!-OH \\ CH_2OH \\ \text{D-葡萄糖醇} \end{array}$$

### 3. 成苷反应

单糖的半缩醛羟基与其他化合物的羟基或氨基等反应，失水形成缩醛式衍生物，在糖化学中，通常称为糖苷。例如：

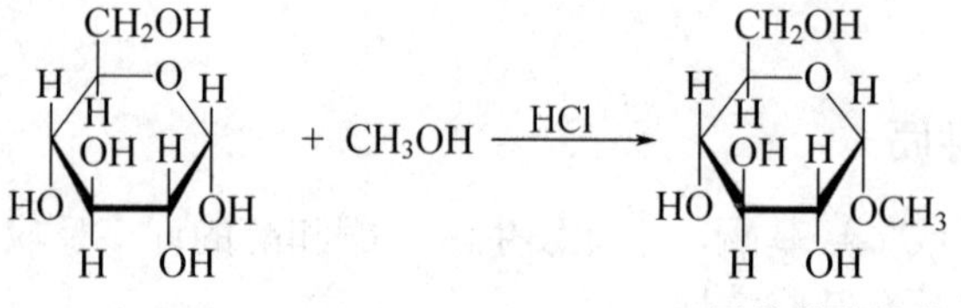

$\alpha$-D-葡萄糖 + $CH_3OH$ $\xrightarrow{HCl}$ $\alpha$-D-甲基葡萄糖苷

上述反应叫做成苷反应。糖苷是由两部分组成的，一部分是糖基，另一部分是配基，两者之间的连接键叫做糖苷键。因此，糖苷又叫做配糖物。糖基是提供半缩醛羟基的糖，配基一般是非糖物质，也可以是糖类物质。如果配基也是单糖，则两个单糖分子缩合成二糖，如麦芽糖、蔗糖等。低聚糖和多糖都是单糖分子以糖苷键相连接而成的。

## 二、低聚糖

视频扫一扫

低聚糖

能够水解成两个、三个或几个单糖分子（一般 2～10 个）的糖称为低聚糖或寡糖。低聚糖多数有甜味，低聚糖中最重要的是二糖，二糖可分为还原性二糖和非还原性二糖。

### 1. 还原性二糖

麦芽糖是比较常见的还原性二糖，它是两分子 $\alpha$-D-葡萄糖以 $\alpha$-1,4-糖苷键连接而成的二糖。其结构为：

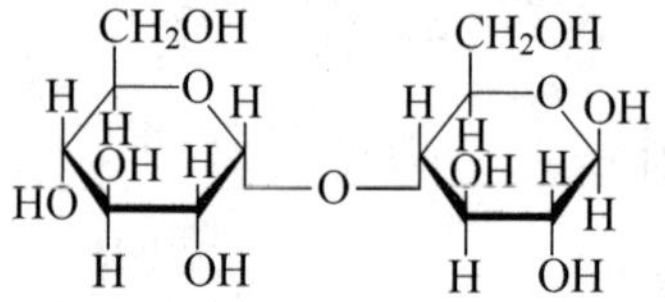

麦芽糖

麦芽糖是无色片状结晶，易溶于水，能吸收空气中的水分形成黏稠的糖浆。麦芽糖是饴糖的主要成分，又称饴糖，甜度为蔗糖的 40%，可用作营养剂和培养基等。它是由大麦芽中的淀粉酶水解淀粉而成。人体的唾液淀粉酶和胰淀粉酶也可使食物中的淀粉水解生成麦芽糖。麦芽糖再经肠液中麦芽糖酶水解成两分子葡萄糖。

$$\text{麦芽糖} + H_2O \xrightarrow[\text{水解}]{\text{麦芽糖酶}} \text{葡萄糖} + \text{葡萄糖}$$

由于麦芽糖分子中还保留着一个半缩醛羟基，仍可转变成开链式，故具有醛基的还原性，能发生银镜反应和斐林反应。

### 2. 非还原性二糖

蔗糖是最常见的非还原性二糖，它是由一分子 $\alpha$-D-葡萄糖与一分子 $\beta$-D-果糖以 1,2-糖苷键连接而成的二糖。其结构为：

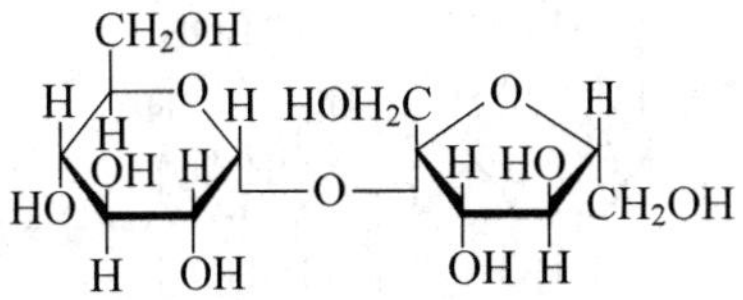

蔗糖

蔗糖的纯品为无色单斜晶体，易溶于水。蔗糖是自然界中存在最广的二糖，在所有的光合作用植物中都含有蔗糖，在甜菜和甘蔗中含量最多，甜味仅次于果糖。蔗糖是植物储藏、积累和运输糖分的主要形式。平时食用的白糖、红糖都是蔗糖。

蔗糖容易被酸水解，水解后产生等量的D-葡萄糖和D-果糖。

蔗糖不能发生银镜反应和斐林反应，原因是蔗糖分子里没有醛基。

## 三、多糖

多糖是一类天然高分子化合物，是由二十个以上到上万个单糖分子或单糖衍生物分子通过糖苷键连接而成的线性或带支链的高分子聚合物。多糖没有还原性，也没有甜味。多糖的分子量都很大，在水中不能形成真溶液，有些多糖能与水形成胶体溶液。

### （一）淀粉

淀粉由D-葡萄糖组成，是植物储存的养料，是人类能量的主要来源。它主要存在于种子（如谷物、豆类等）、块茎（如马铃薯、芋艿等）和块根（如薯类）中。淀粉可分为直链淀粉和支链淀粉两种。天然淀粉呈颗粒状，外层为支链淀粉，占80%～90%，内层为直链淀粉，占10%～20%。这两种淀粉的结构和性质有一定的差异，其比例随植物的品种而异，有的淀粉粒（如糯米）全部为支链淀粉，而豆类淀粉则全是直链淀粉。

#### 1. 直链淀粉

直链淀粉是由D-葡萄糖通过$\alpha$-1,4-糖苷键连接起来的直链状高分子化合物。其链状结构如下：

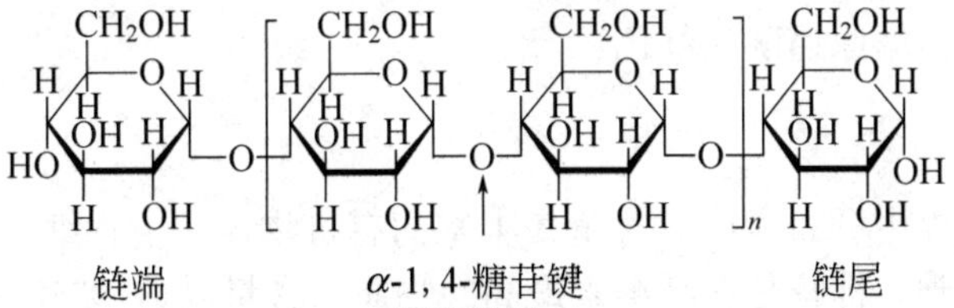

链端　　$\alpha$-1, 4-糖苷键　　链尾

直链淀粉

一般直链淀粉的分子量为$3.2\times10^4$～$1.6\times10^5$，相当于200～980个葡萄糖残基。直链淀粉遇碘显蓝色，溶于热水而形成胶体溶液。

#### 2. 支链淀粉

支链淀粉由1300个或更多的D-葡萄糖组成，比直链淀粉的分子量大，主链上相隔11～12个葡萄糖单位即产生一个分支，分支上又有分支，支链的平均长度为24～32个葡萄糖残基，可形成具有50个以上分支的树枝状结构。其结构如下：

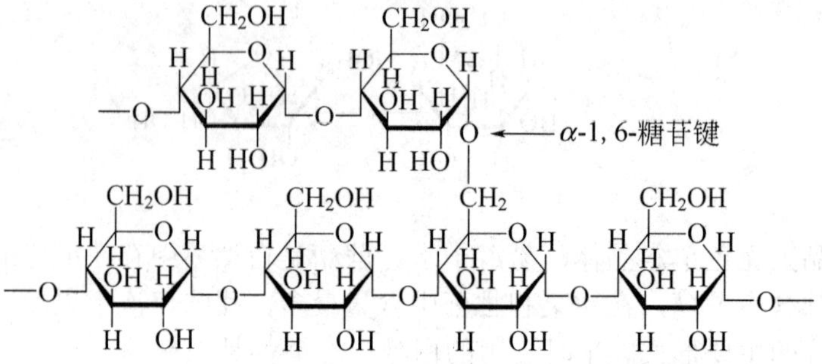

$\alpha$-1, 6-糖苷键

支链淀粉

链上的葡萄糖单位之间以 $\alpha$-1,4-糖苷键相连。在分支点上，直链上的一个葡萄糖单位以其 C6 羟基与另一短链葡萄糖的 C1 半缩醛羟基缩合，形成 $\alpha$-1,6-糖苷键。

支链淀粉遇碘呈紫色。支链淀粉不溶于水，在热水中膨胀而呈糊状，黏性强。用淀粉酶水解支链淀粉时，只有外围的支链可以被水解为麦芽糖，故含支链淀粉的植物较难消化。

淀粉可以在酸或淀粉酶的作用下水解。淀粉的部分水解产物叫糊精，它们的分子虽比淀粉要小，但仍属多糖。淀粉初步水解得到的糊精分子仍较大，遇碘显蓝色，叫蓝糊精；继续水解得到分子较小的糊精，遇碘显红色，叫红糊精；红糊精再经水解变成分子更小的无色糊精，它遇碘不发生颜色反应，无色糊精具有还原性。淀粉逐步水解为葡萄糖的过程如下：

| | 淀粉→ | 蓝糊精→ | 红糊精→ | 无色糊精→ | 麦芽糖→ | 葡萄糖 |
|---|---|---|---|---|---|---|
| 遇碘显色 | 蓝紫色 | 蓝色 | 红色 | 无色 | 不显色 | 不显色 |

淀粉除供食用外，在工业上用途也很广泛，如通过发酵造酒和通过水解制糖等。

## （二）糖原

糖原是动物组织内分布较广的一种多糖，因其结构和作用与植物中的淀粉类似，所以又称动物淀粉。存在于肝脏的称为肝糖原，存在于肌肉的称为肌糖原。

糖原也是由许多个 $\alpha$-D-葡萄糖结合而成的，结构与支链淀粉相似，但分支程度更高，分支支点间的间隔为 3～4 个葡萄糖单位，而且比支链淀粉的支链短，每个支链平均含 12～18 个葡萄糖单位。因此，糖原分子的结构比较紧密。最大的糖原分子由几十万个葡萄糖单元组成，但能溶于水中。糖原遇碘显红色。

## （三）纤维素

纤维素是自然界中分布最广、含量最丰富的有机物，是植物细胞壁的主要组分，是构成植物支持组织的基础。棉花是含纤维素最高的物质，含量高达 97%～99%；木材中纤维素含量约为 50%。纤维素是由 1200～10000 个 $\beta$-D-葡萄糖通过 $\beta$-1,4-糖苷键连接而成的线性（没有分支）聚合物，不溶于水，纤维素彻底水解得到 D-葡萄糖。

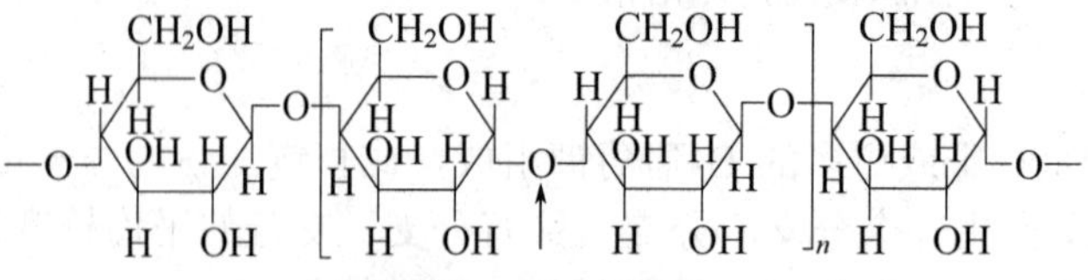

$\beta$-1, 4-糖苷键

纤维素

知识探究

人体内没有水解 $\beta$-1,4-糖苷键的酶，不能以纤维素为营养物质。但纤维素有刺激肠胃蠕动、促进排便、减少胆固醇的吸收等作用，因此，食物中有一定量的纤维素对人体有好处。

### （四）果胶质

果胶质是植物细胞壁的组成成分，它充塞在植物细胞壁之间，使细胞黏合在一起。在植物的果实、种子、根、茎和叶里都含有果胶质，但以水果和蔬菜中含量较多。果胶质一般分为原果胶、可溶性果胶和果胶酸。

#### 1. 原果胶

原果胶存在于未成熟的水果和植物的茎、叶里，不溶于水。未成熟的水果是坚硬的，这直接与原果胶的存在有关。原果胶在稀酸或原果胶酶的作用下可转变为可溶性果胶。

#### 2. 可溶性果胶

可溶性果胶的主要成分是 $\alpha$-D-半乳糖醛酸甲酯以及少量 $\alpha$-D-半乳糖醛酸，是通过 $\alpha$-1,4-糖苷键连接而成的长链高分子化合物。可溶性果胶水解后产生 $\alpha$-D-半乳糖醛酸。

可溶性果胶能溶于水，水果成熟后由硬变软，其原因之一是原果胶转变为水溶性果胶。

#### 3. 果胶酸

果胶酸是由很多个 $\alpha$-D-半乳糖醛酸通过 $\alpha$-1,4-糖苷键结合而成的长链高分子化合物。由于果胶酸分子含有游离的羧基，因而它能与 $Ca^{2+}$ 或 $Mg^{2+}$ 生成不溶性的果胶酸钙或果胶酸镁沉淀，常用这个反应来测定果胶酸的含量。

知识探究

植物的落叶、落花、落果、落铃的原因，与中胶层中的果胶质的变化有关。如中胶层细胞之间的原果胶转变为可溶性果胶，并进一步变成小分子的糖，造成细胞分离，即发生离层，花、果、蕾、铃就会脱落。

## 第二节　脂类

脂类（也称脂质）是生物体内一大类重要的有机化合物。它们有一个共同的物理性质，就是不溶于水，但能溶于有机溶剂（如氯仿、乙醚、丙酮、苯等）。生物体含有的脂质主要有脂肪（三酰甘油）、磷脂、糖脂、固醇等。这些脂类不但化学结构有差异，而且具有不同的生物功能。脂肪是储存能量的主要形式、在机体表面的脂类有防止机械损伤和防止热量散发的作用；磷脂、糖脂、固醇是构成生物膜的重要物质。脂类作为细胞表面的组分与细胞识别有关，如种的特异性、组织免疫性等。有些脂类如萜类、类固醇是具有维生素、激素等生物功能的脂溶性生物分子。

## 一、脂肪

脂肪属于简单酯类，也称三酰甘油、中性脂肪或脂酰甘油，是 1 分子甘油和 3 分子脂肪酸结合而成的酯。其结构通式为：

视频扫一扫

脂肪的结构

```
              O
              ‖
CH2—O—C—R1
|             O
|             ‖
CH—O—C—R2
|             O
|             ‖
CH2—O—C—R3
```

（$R^1$、$R^2$、$R^3$ 可以相同或不同）

上式中 $R^1$、$R^2$ 及 $R^3$ 是脂肪酸的烃基，若相同则称为单纯甘油酯；若不同则称为混合甘油酯。

在天然脂肪酸的碳链中，碳原子的数目绝大多数是双数的，并且大多数含 16 个或 18 个碳原子。脂肪酸又分为饱和及不饱和两种，饱和脂肪酸的碳链完全被氢原子所饱和，如软脂酸、硬脂酸等；不饱和脂肪酸的碳链则含有不饱和的双键，如油酸含 1 个双键、亚油酸含两个双键、亚麻酸含 3 个双键、花生四烯酸含 4 个双键等。

植物油含不饱和脂肪酸比动物油多。在室温下，含不饱和脂肪酸比较多的脂类是液体；含不饱和脂肪酸比较少的是固体。不饱和脂肪酸比饱和脂肪酸容易发生化学反应，所以在生物化学上，不饱和脂肪酸比饱和脂肪酸更为重要。组成常见脂肪的一些重要的脂肪酸见表 19-1。

**表 19-1 组成常见脂肪的一些重要的脂肪酸**

| 类别 | 名　称 | 构　造　式 |
| --- | --- | --- |
| 饱和脂肪酸 | 月桂酸（十二烷酸） | $CH_3(CH_2)_{10}COOH$ |
| | 肉豆蔻酸（十四烷酸） | $CH_3(CH_2)_{12}COOH$ |
| | 棕榈酸（十六烷酸、软脂酸） | $CH_3(CH_2)_{14}COOH$ |
| | 硬脂酸（十八烷酸） | $CH_3(CH_2)_{16}COOH$ |
| | 二十四烷酸 | $CH_3(CH_2)_{22}COOH$ |
| 不饱和脂肪酸 | 棕榈油酸（9-十六碳烯酸） | $CH_3(CH_2)_5CH{=\!=}CH(CH_2)_7COOH$ |
| | 油酸（9-十八碳烯酸） | $CH_3(CH_2)_7CH{=\!=}CH(CH_2)_7COOH$ |
| | 蓖麻油酸（12-羟基-9-十八碳烯酸） | $CH_3(CH_2)_5CHOHCH_2CH{=\!=}CH(CH_2)_7COOH$ |
| | 亚油酸（9,12-十八碳二烯酸） | $CH_3(CH_2)_3(CH_2CH{=\!=}CH)_2(CH_2)_7COOH$ |
| | γ-亚油酸（6,9,12-十八碳三烯酸） | $CH_3(CH_2)_3(CH_2CH{=\!=}CH)_2(CH_2)_4COOH$ |
| | 亚麻酸（9,12,15-十八碳三烯酸） | $CH_3(CH_2CH{=\!=}CH)_3(CH_2)_7COOH$ |
| | 桐油酸（9,11,13-十八碳三烯酸） | $CH_3(CH_2)_3(CH{=\!=}CH)_3(CH_2)_7COOH$ |
| | 花生四烯酸（5,8,11,14-二十碳四烯酸） | $CH_3(CH_2)_3(CH_2CH{=\!=}CH)_4(CH_2)_3COOH$ |

## 二、磷脂

磷脂是细胞膜的重要组分之一，在动物的肝、脑、神经细胞以及植物种子中含量较丰富。

磷脂可分为甘油磷脂及鞘磷脂两类，由甘油构成的磷脂称为甘油磷脂，由神经氨基醇（鞘氨醇）构成的磷脂称为鞘磷脂。

## 1. 甘油磷脂

甘油磷脂由甘油、脂肪酸、磷酸和其他基团（如胆碱、氨基乙醇、丝氨酸、脂性醛基、脂酰基或肌醇等中的一或两种）所组成，是磷脂酸的衍生物。它们的结构可表示如下：

$$
\begin{array}{l}
\mathrm{CH_2OCOR^1} \\
\mathrm{HCOCOR^2} \qquad \mathrm{O^-} \\
\mathrm{CH_2{-}O{-}\overset{|}{\underset{\|}{P}}{-}O{-}X} \\
\qquad\qquad\quad \mathrm{O}
\end{array}
$$

一些甘油磷酸酯见表 19-2。

表 19-2 一些甘油磷酸酯

| X 基团 | 化合物名称 |
|---|---|
| H | 磷酸酯 |
| $-CH_2-CH_2-\overset{+}{N}(CH_3)_3$ | 磷脂酰胆碱（卵磷脂） |
| $-CH_2-CH_2-NH_2$ | 磷脂酰乙醇胺（脑磷脂） |

（1）卵磷脂　卵磷脂分子中的脂肪酸随不同磷脂而异。天然卵磷脂常常是含有不同脂肪酸的几种卵磷脂的混合物。在卵磷脂分子的脂肪酸中，常见的有软脂酸、硬脂酸、油酸、亚油酸、亚麻酸和花生四烯酸等。卵磷脂存在于脑组织、大豆中，尤其禽类蛋黄中最为丰富。新鲜的卵磷脂为白色蜡状固体，在空气中易被氧化变成黄色或棕色。卵磷脂不溶于丙酮，但溶于乙醚及乙醇，在水中形成胶状液。卵磷脂经酸或碱水解后得脂肪酸、磷酸甘油和胆碱。磷酸甘油在体外很难水解，但在生物体内可经酶促降解生成磷酸和甘油。

（2）脑磷脂（氨基乙醇磷脂）　脑磷脂存在于脑、神经组织和大豆中，常与卵磷脂共存。脑磷脂彻底水解后产生脂肪酸、磷酸、甘油与乙醇胺。脑磷脂在空气中易被氧化成棕黑色。它不溶于丙酮及乙醇，而溶于乙醚，故可与卵磷脂分开。脑磷脂的脂肪酸通常有四种，即软脂酸、硬脂酸、油酸及少量二十碳四烯酸。

## 2. 鞘磷脂

鞘磷脂是神经氨基醇（简称神经醇）、脂肪酸、磷酸与氮碱组成的脂类，又称神经磷脂。它不含甘油，这是与甘油磷脂的最主要差异。

$$
\mathrm{CH_3(CH_2)_{12}{-}CH{=}CH{-}\underset{\displaystyle OH}{\underset{|}{CH}}{-}\underset{\displaystyle \underset{\displaystyle \underset{\displaystyle R}{|}}{C{=}O}}{\underset{|}{\underset{\displaystyle NH}{\underset{|}{CH}}}}{-}CH_2{-}O{-}\overset{\displaystyle O}{\overset{\|}{\underset{\displaystyle O^-}{\underset{|}{P}}}}{-}O{-}X}
$$

鞘磷脂通式

鞘磷脂是细胞膜的重要成分之一，大量存在于脑和神经组织中，人的红细胞膜脂质中含20%～30%的鞘磷脂。鞘磷脂是白色结晶，在空气中不易被氧化，不溶于丙酮及乙醚，而溶于热乙醇，这是鞘磷脂与脑磷脂和卵磷脂的不同之处。

## 三、固醇

固醇都是环戊烷多氢菲的衍生物，属脂类化合物。这类化合物广泛分布于生物界。动物中主要有胆固醇、类固醇激素和胆汁酸。其中又以胆固醇最为重要，它是后两类化合物的前身物。

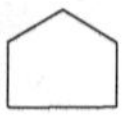

环戊烷 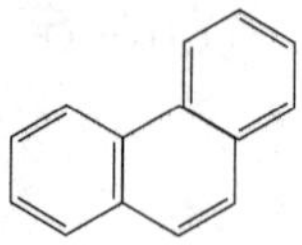　　菲 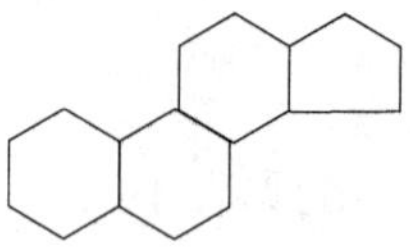　　环戊烷多氢菲

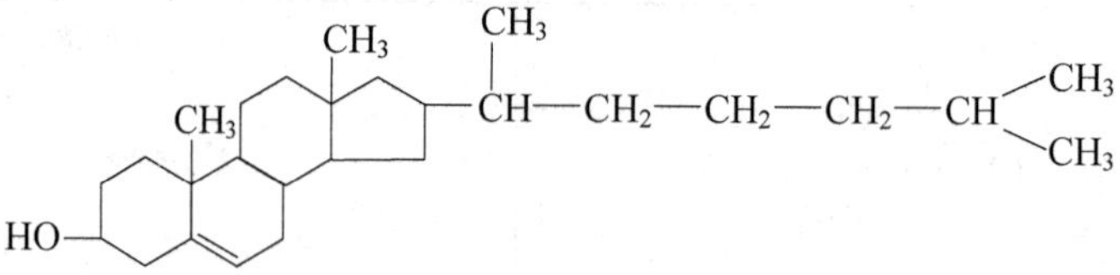

胆固醇

胆固醇及与长链脂肪酸生成的胆固醇酯是动物血浆蛋白和细胞膜的重要成分。植物细胞则含有其他固醇如豆固醇，后者与胆固醇结构的不同在于 $C_{22}$～$C_{23}$ 之间有一双键，胆固醇可转变成类固醇激素（性激素和肾上腺皮质激素）及胆汁酸。

7-去氢胆固醇也是由胆固醇转变的，经紫外光照射后可转变成维生素 $D_3$，所以只要多晒太阳，可以不必摄入维生素 D。动物可从乙酰辅酶 A 合成胆固醇，也可从动物性食物中摄入胆固醇作为生物合成的补充，但植物的胆固醇不能被人类、杂食动物和肉食动物很好地吸收。正常人血浆胆固醇总量为每 100mL 150～250mg，如长期增高，可能诱发胆结石，也是动脉硬化症的致病因素。

# 第三节　蛋白质

蛋白质是一类生物大分子，是生物体最重要的组成成分，是生命的物质基础。以人体来说，蛋白质约占干重的 45%，几乎所有的组织器官都含有蛋白质，皮肤、肌肉、内脏、血液等的主要成分都是蛋白质。以禾谷类种子来说，蛋白质含量占 10%左右，而在豆类和某些油料作物种子中，蛋白质含量则高达 30%～40%。蛋白质与生命活动密切联系，例如，机体新陈代谢过程中的一系列化学反应几乎都依赖于生物催化剂——酶的作用，而酶的本质就是蛋白质；调节物质代谢的激素有许多也是蛋白质或其衍生物；其他诸如肌肉的收缩、血液的凝固、免疫功能、组织修复以及生长、繁殖等主要功能无一不与蛋白质相关。近代分子生物学的研究表明，蛋白质在遗传信息的控制、细胞膜的通透性、神经冲动的发生和传导以及高等动物的记忆等方面都起着重要的作用。

## 一、蛋白质的组成

### （一）蛋白质的元素组成

蛋白质由碳、氢、氧、氮 4 种主要元素组成。此外，大多数蛋白质含有硫，少数还含有微量的磷、铁、铜、锌、锰、钼、碘等元素。各主要元素在蛋白质中的含量为：碳，50%～55%；氢，6%～7%；氧，20%～23%；氮，16%；硫，0～3%。各种蛋白质的含氮量很接近，平均为 16%，因此可以通过测定生物样品中的氮含量，推算出蛋白质的大致含量。

每克样品中含氮克数×6.25×100=100g 样品中蛋白质含量。

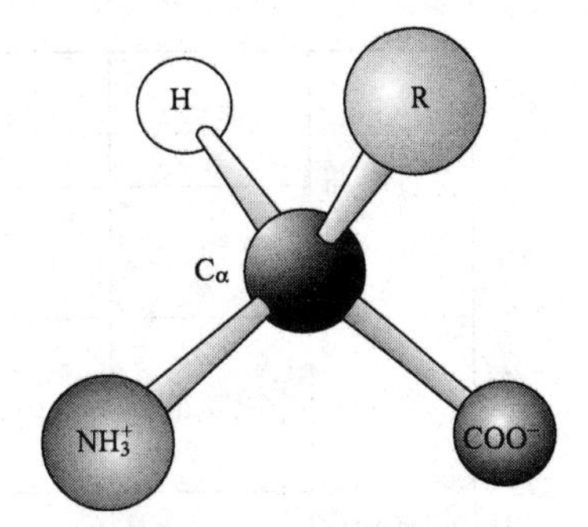


图 19-2 氨基酸的结构模型

### （二）蛋白质的基本组成单位—— *α*-氨基酸

蛋白质可以受酸、碱或酶的作用而水解，水解产物是氨基酸。蛋白质分子的基本组成单位是 *α*-氨基酸，其结构模型如图 19-2 所示。构成天然蛋白质的氨基酸共 20 种。这些氨基酸为 L-*α*-氨基酸，其结构通式如下：

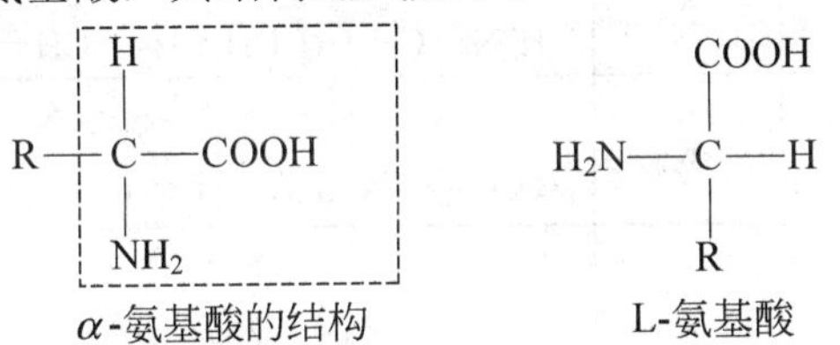


*α*-氨基酸的结构　　　L-氨基酸

生物界中也发现一些 D-氨基酸，主要存在于某些抗生素以及个别植物的生物碱中。L-型氨基酸和 D-型氨基酸在结构上的差别并不大，其生理功能却有很大的不同。在动植物体中的酶系只能促进 L-型氨基酸的代谢变化，一般 D-型氨基酸不能被动植物所利用。

### （三）氨基酸的分类

组成天然蛋白质的氨基酸按其 *α*-碳原子上侧链 R 基团的结构和极性不同分为 20 种（见表 19-3）。

表 19-3 天然氨基酸的分类、名称、代号、结构式和等电点

| 极性状况 | | 氨基酸名称 | 缩写符号 | | | 化学结构式 | p*I* |
|---|---|---|---|---|---|---|---|
| | | | 中文 | 英文 | 字母代号 | | |
| 极性氨基酸 | 不带电荷 | 丝氨酸 | 丝 | Ser | S | $HO—CH_2—CH(NH_3^+)—COO^-$ | 5.68 |
| | | 苏氨酸* | 苏 | Thr | T | $CH_3—CH(OH)—CH(NH_3^+)—COO^-$ | 5.60 |
| | | 天冬酰胺 | 天酰 | Asn | N | $H_2N—C(=O)—CH_2—CH(NH_3^+)—COO^-$ | 5.41 |
| | | 谷氨酰胺 | 谷酰 | Gln | Q | $H_2N—C(=O)—CH_2—CH_2—CH(NH_3^+)—COO^-$ | 5.65 |

续表

| 极性状况 | | 氨基酸名称 | 缩写符号 | | | 化学结构式 | p*I* |
|---|---|---|---|---|---|---|---|
| | | | 中文 | 英文 | 字母代号 | | |
| 极性氨基酸 | 不带电荷 | 酪氨酸 | 酪 | Tyr | Y | $HO-C_6H_4-CH_2-CH(NH_3^+)-COO^-$ | 5.66 |
| | | 半胱氨酸 | 半胱 | Gys | C | $HS-CH_2-CH(NH_3^+)-COO^-$ | 5.07 |
| | | 甘氨酸 | 甘 | Gly | G | $H-CH(NH_3^+)-COO^-$ | 5.97 |
| | 带负电荷 | 天冬氨酸 | 天 | Asp | D | $^-O-C(=O)-CH_2-CH(NH_3^+)-COO^-$ | 2.98 |
| | | 谷氨酸 | 谷 | Glu | E | $^-O-C(=O)-CH_2-CH_2-CH(NH_3^+)-COO^-$ | 3.22 |
| | 带正电荷 | 组氨酸 | 组 | His | H | 咪唑基（N—H）$-CH_2-CH(NH_3^+)-COO^-$ | 7.59 |
| | | 赖氨酸* | 赖 | Lys | K | $H_3N-CH_2CH_2CH_2CH_2-CH(NH_3^+)-COO^-$ | 9.74 |
| | | 精氨酸 | 精 | Arg | R | $H_2N-C(=NH)-NHCH_2CH_2CH_2-CH(NH_3^+)-COO^-$ | 10.76 |
| 非极性氨基酸 | | 丙氨酸 | 丙 | Ala | A | $CH_3-CH(NH_3^+)-COO^-$ | 6.02 |
| | | 缬氨酸* | 缬 | Val | V | $(H_3C)_2CH-CH(NH_3^+)-COO^-$ | 5.97 |
| | | 亮氨酸* | 亮 | Leu | L | $(H_3C)_2CH-CH_2-CH(NH_3^+)-COO^-$ | 5.98 |
| | | 异亮氨酸* | 异亮 | Ile | I | $CH_3-CH_2-CH(CH_3)-CH(NH_3^+)-COO^-$ | 6.02 |
| | | 苯丙氨酸* | 苯 | Phe | F | $C_6H_5-CH_2-CH(NH_3^+)-COO^-$ | 5.48 |
| | | 甲硫氨酸*（蛋氨酸） | 甲 | Met | M | $CH_3-S-CH_2-CH_2-CH(NH_3^+)-COO^-$ | 5.75 |
| | | 脯氨酸 | 脯 | Pro | P | 吡咯烷环（$\overset{+}{N}H_2$）$-COO^-$ | 6.48 |
| | | 色氨酸* | 色 | Trp | W | 吲哚基（N—H）$-CH_2-CH(NH_3^+)-COO^-$ | 5.89 |

注：带“*”号的氨基酸为人体必需氨基酸，它们在人体内不能合成，必须通过食物蛋白质来补充。

这 20 种氨基酸都有各自的遗传密码，它们是生物合成蛋白质的构件，无种属差异。

## （四）氨基酸的性质

### 1. 一般物理性质

（1）晶形和熔点　天然氨基酸都是无色结晶体，各有特殊的晶形。它们的熔点都很高，一般在 200℃以上。

（2）溶解度　氨基酸一般都溶于水，不溶或微溶于醇，不溶于乙醚。但酪氨酸和胱氨酸在水中难以溶解，脯氨酸和羟脯氨酸溶于乙醇。所有氨基酸都溶于强酸和强碱。

（3）味感　D-型氨基酸大多带有甜味，而 L-型氨基酸则有甜、酸、苦、鲜等 4 种不同味感。例如谷氨酸的钠盐俗称味精，具有显著的鲜味；天冬氨酸钠是竹笋等植物性鲜味食物中的主要鲜味物质。

### 2. 两性性质和等电点

氨基酸的氨基是碱性的，羧基是酸性的，故氨基酸既可以与酸反应，也可以与碱反应，表现出两性。它自身也可以发生反应生成内盐。内盐也称为兼性离子或两性离子。

$$\underset{\text{氨基酸}}{\mathrm{R{-}\underset{\substack{|\\NH_2}}{CH}{-}COOH}} \rightleftharpoons \underset{\text{两性离子}}{\mathrm{R{-}\underset{\substack{|\\NH_3^+}}{CH}{-}COO^-}}$$

氨基酸的氨基（$—NH_2$）和羧基（—COOH）的解离受溶液的酸碱度（pH）的影响。在酸性溶液中，两性离子的$—COO^-$阴离子接受 $H^+$成为—COOH，留下$—NH_3^+$阳离子使氨基酸以阳离子形式存在，在电场中向阴极移动；在碱性溶液中，两性离子的$—NH_3^+$阳离子解离出一个 $H^+$与溶液中的 $OH^-$结合生成 $H_2O$，留下$—COO^-$阴离子使氨基酸以阴离子形式存在，在电场中向阳极移动。调节溶液的酸碱度，使氨基酸的净电荷为零时溶液的 pH 值叫做氨基酸的等电点，用符号 p*I* 表示。氨基酸在其等电点时主要以两性离子的形式存在，而净电荷为零的两性离子，既不向负极移动，也不向正极移动。

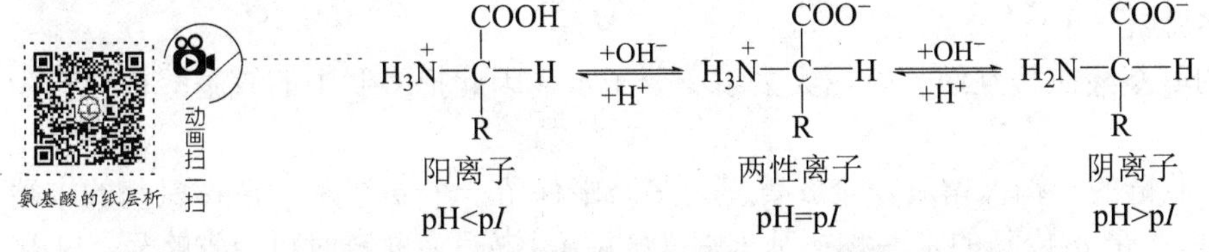


阳离子　　两性离子　　阴离子

pH<p*I*　　pH=p*I*　　pH>p*I*

如果溶液的 pH 大于某一种氨基酸的等电点时，则氨基酸主要以阴离子的形式存在；如果溶液的 pH 小于某一种氨基酸的等电点时，则氨基酸主要以阳离子的形式存在。各种氨基酸的等电点各不相同，因此在相同 pH 的溶液中不同氨基酸所带电荷也就可能不同，在电场中会向不同的方向移动，这种带电粒子在直流电场中发生定向移动的现象叫做电泳。利用不同的移动方向和速度来分离和鉴别氨基酸的方法叫做电泳法。例如丙氨酸的 p*I*=6.02，赖氨酸的 p*I*=9.74，天冬氨酸的 p*I*=2.97，要分离这三种氨基酸，可在 pH=6.02 的缓冲溶液中进行电泳。此时，赖氨酸，pH<p*I*，带正电荷，向负极移动；丙氨酸，pH=p*I*，净电荷为零，不移动；天冬氨酸，pH>p*I*，带负电荷，向正极移动。

不同的氨基酸等电点不同，各种氨基酸在等电点时，其溶解度最小，容易沉淀。利用这一性质，可以从氨基酸的混合物中把各种氨基酸分离开来。

### 3. 氨基酸的化学性质

（1）显色反应 氨基酸与水合茚三酮在溶液中共热，最后生成蓝色或紫色的化合物。而脯氨酸生成黄色化合物。根据这个反应可鉴别氨基酸。

（2）与甲醛反应 氨基酸在溶液中有如下的平衡：

$$\mathrm{{}^{+}H_3N{-}CH_2{-}COO^-} \underset{}{\overset{pK_{a2}}{\rightleftharpoons}} \mathrm{H_2N{-}CH_2{-}COO^-} + \mathrm{H^+}$$

$$\mathrm{H_2N{-}CH_2{-}COO^-} \overset{HCHO}{\rightleftharpoons} \mathrm{HOCH_2NH{-}CH_2{-}COO^-} \overset{HCHO}{\rightleftharpoons} \mathrm{(HOCH_2)_2N{-}CH_2{-}COO^-}$$

当用甲醛处理氨基酸时，反应生成一羟基甲醛和二羟基甲醛，平衡右移，促使—$NH_3^+$释放 $H^+$，使溶液的酸性增加，就可以用 NaOH 滴定来计算氨基酸中氨基的含量。

## 二、蛋白质分子中氨基酸的连接方式

在蛋白质分子中，氨基酸之间是以肽键相连的。肽键就是一个氨基酸的 *α*-羧基与另一个氨基酸的 *α*-氨基脱水缩合形成的键。

$$\mathrm{H_2N{-}CH(R^1){-}C(=O){-}OH + H{-}NH{-}CH(R^2){-}COOH \xrightarrow{-H_2O} H_2N{-}CH(R^1){-}C(=O){-}NH{-}CH(R^2){-}COOH}$$

N-末端 肽键 C-末端

氨基酸之间通过肽键连接起来的化合物称为肽。两个氨基酸形成的肽叫二肽，三个氨基酸形成的肽叫三肽，……，十个氨基酸形成的肽叫十肽，一般将十肽以下的肽称为寡肽，以上者称多肽或称多肽链。

组成多肽链的氨基酸在相互结合时，失去了一分子水，因此把多肽中的氨基酸单位称为氨基酸残基。

在多肽链中，肽链的一端保留着一个 *α*-氨基，另一端保留一个 *α*-羧基。带 *α*-氨基的末端称氨基末端（N 端）；带 *α*-羧基的末端称羧基末端（C 端）。书写多肽链时可用省略号，N 端写于左侧，C 端于右侧。肽详细命名时为××酰××酰……××酸。如下图五肽的命名，从 N→C 端，丝氨酰甘氨酰酪氨酰丙氨酰亮氨酸，写法：从 N→C 端，Ser-Gly-Try-Ala-Leu。

$$\mathrm{{}^{+}H_3N{-}CH(CH_2OH){-}CO{-}NH{-}CH_2{-}CO{-}NH{-}CH(CH_2C_6H_4OH){-}CO{-}NH{-}CH(CH_3){-}CO{-}NH{-}CH(CH_2CH(CH_3)_2){-}COO^-}$$

氨基端(N端) 羧基端(C端)

谷胱甘肽是由谷氨酸、半胱氨酸和甘氨酸三个氨基酸所组成的三肽，全名是γ-谷氨酰半胱氨酰甘氨酸，简称谷胱甘肽（简写GSH）。其中N末端的谷氨酸是通过γ-羧基与半胱氨酸的氨基相连，这是一个例外。谷胱甘肽是某些酶的辅酶，在体内的氧化还原反应中起重要作用。临床上谷胱甘肽用于治疗各种肝病，具有广谱解毒作用，保护机体免受重金属及环氧化合物的毒害。

$$\underbrace{H_2N-\underset{}{\overset{COOH}{\overset{|}{C}H}}-CH_2-CH_2-CO}_{\gamma\text{-谷氨酰}}-\underbrace{NH-\overset{CH_2SH}{\overset{|}{C}H}-CO}_{\text{半胱氨酰}}-\underbrace{NH-CH_2-COOH}_{\text{甘氨酸}}$$

谷胱甘肽

## 三、蛋白质的结构

蛋白质分子是由许多氨基酸以肽键连接形成的生物大分子，分子量为 $10^4$～$10^6$。不同的蛋白质所含的氨基酸种类、数目及排列顺序皆不同，这就是蛋白质种类繁多的原因。每种不同的蛋白质，有其特定的复杂的精细结构。这种结构不仅决定蛋白质的理化性质，而且是生物学功能的基础。

### （一）蛋白质的一级结构

蛋白质的一级结构

蛋白质的一级结构就是蛋白质多肽链中氨基酸残基的排列顺序，也是蛋白质最基本的结构。它是由基因上遗传密码的排列顺序所决定的，各种氨基酸按遗传密码的顺序，通过肽键连接起来，成为多肽链，故肽键是蛋白质结构中的主键。

迄今已有约上千种蛋白质的一级结构被研究确定，胰岛素是世界上第一个被确定一级结构的蛋白质（图19-3），它由51个氨基酸构成，包括A、B两个链，A链有21个氨基酸残基，B链有30个氨基酸残基，两条多肽链之间以两个二硫键连接，A链内有一个二硫键。

图19-3 人胰岛素的一级结构

人体内种类繁多的蛋白质，其一级结构各不相同，一级结构是决定蛋白质空间结构和生物学功能的基础。蛋白质一级结构的研究，对认识遗传性疾病的发病机制和疾病的治疗具有重要的意义。

## （二）蛋白质的空间结构

蛋白质分子的多肽链并非呈线形伸展，而是折叠和盘曲构成特有的比较稳定的空间结构。蛋白质的生物学活性和理化性质主要决定于空间结构的完整。蛋白质的空间结构是指蛋白质的二级、三级和四级结构。

### 1. 蛋白质的二级结构

蛋白质的空间结构

动画扫一扫

蛋白质的二级结构是多肽链主链盘绕折叠而形成的空间结构，并不涉及各 R 侧链的空间位置。蛋白质的二级结构主要有 α-螺旋、β-折叠、β-转角和无规则卷曲。

利用 X-射线衍射技术研究多肽链的结构发现，肽链中的肽键（—CO—NH—）带有双键的性质，不能沿 N—C 键自由旋转。这样参与组成肽键的 6 个原子（$—C_α—CO—NH—C_α—$）处于一个刚性平面，称为肽键平面。而与 α-碳原子相邻的单键可以自由旋转，这是多肽链形成空间结构的基础。

（1）α-螺旋　蛋白质的螺旋构象是多肽链骨架围绕螺旋中心轴盘绕前进而形成的螺旋状构象。螺旋构象有多种类型，其中 α-螺旋结构是蛋白质主链的一种典型结构方式，α-螺旋结构的要点如下：

① 多肽链主链围绕中心轴一圈一圈有规律地螺旋式上升，每 3.6 个氨基酸残基螺旋上升一圈，每个氨基酸残基向上移动 0.15nm，故螺距是 0.54nm。

② 多肽链上所有羰基氧原子与下一层螺旋圈中所有亚氨基的氢原子形成链内氢键，氢键的取向与中心轴平行。氢键是维持 α-螺旋稳定的主要力量。

③ 天然蛋白质的 α-螺旋绝大多数是右手螺旋。到目前为止，左手螺旋仅在高温菌蛋白质等少数几种蛋白质中发现。

α-螺旋的立体模型如图 19-4 所示。

（2）β-折叠　β-折叠结构又称为 β-片层结构，这是继发现 α-螺旋结构后在同年又发现的另一种蛋白质二级结构。β-折叠结构是一种肽链相当伸展的结构，多肽链呈扇面状折叠。β-折叠结构的形成一般需要两条或两条以上的肽段共同参与，即两条或多条几乎完全伸展的多肽链侧向聚集在一起，相邻肽链主链上的氨基和羰基之间形成有规则的氢键，以维持这种结构的稳定。β-折叠结构的特点如下：

① 多肽链几乎完全伸展，并与长轴相互平行。

② 相邻的肽键平面之间彼此折叠成锯齿状结构，侧链的 R 基团在折叠后的上下方。

③ 若干个 β-折叠状结构可顺向平行排列，也可逆向平行排列。

④ 相邻肽链之间以氢键连接，使 β-折叠结构得以稳定。

β-折叠结构如图 19-5 所示。

β-折叠结构也是蛋白质构象中经常存在的一种结构方式，如蚕丝丝心蛋白几乎全部由堆积起来的反平行 β-折叠结构组成；球状蛋白质中也广泛存在这种结构，如溶菌酶、核糖核酸酶、木瓜蛋白酶等球状蛋白质中都含有 β-折叠结构。

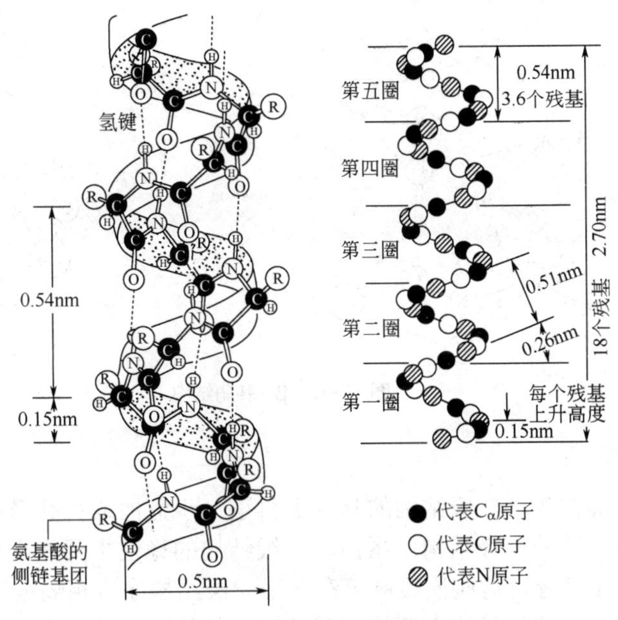


图 19-4 α-螺旋的立体模型

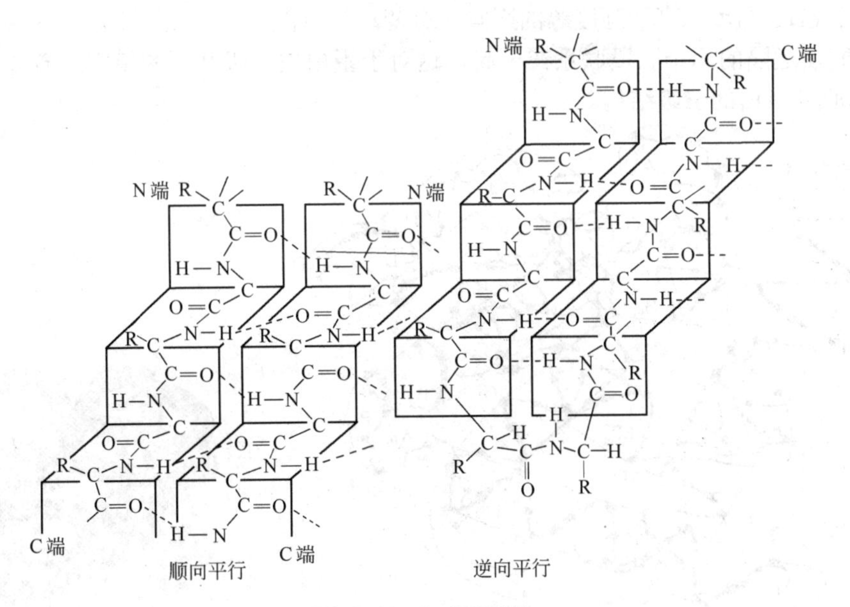


图 19-5 β-折叠结构

（3）β-转角 β-转角是近年来发现在球蛋白分子中广泛存在的一种结构。在球状蛋白质分子的空间结构中，肽链经常会出现 180°的回折，在肽链的这种回折角上就是β-转角结构，又称为β-回转、U 形转折等。它由第一个氨基酸残基的羰基与第四个氨基酸残基的亚氨基之间形成氢键，从而使结构稳定（见图 19-6）。

（4）无规则卷曲 无规则卷曲简称为无规卷曲，是指没有一定规律性构象的那部分肽链结构，又称为自由回转。由于酶的功能部位常常处于这种构象区域里，所以受到人们的重视。

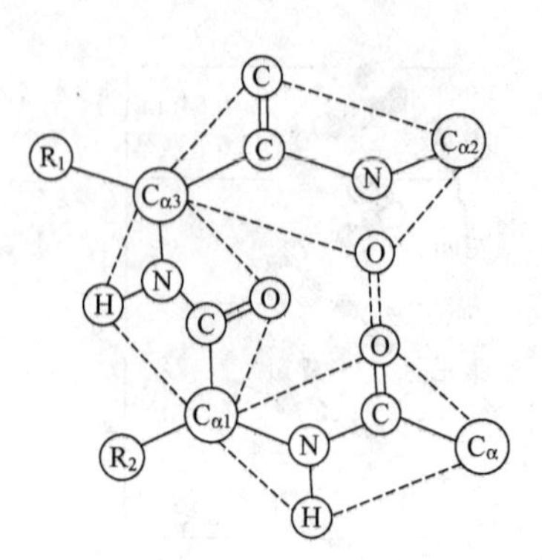


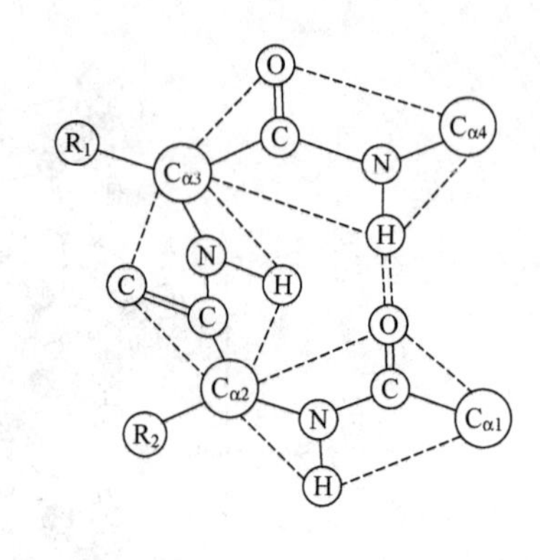


图 19-6 β-转角结构

## 2. 蛋白质的三级结构

蛋白质的多肽链在各种二级结构的基础上再进一步盘曲或折叠形成具有一定规律的三维空间结构，称为蛋白质的三级结构。蛋白质三级结构的稳定主要靠次级键，包括氢键、疏水键、盐键以及范德华力等。这些次级键可存在于一级结构序号相隔很远的氨基酸残基的 R 基团之间，因此蛋白质的三级结构主要指氨基酸残基的侧链间的结合。次级键都是非共价键，易受环境中 pH、温度、离子强度等的影响，有变动的可能性。二硫键不属于次级键，但在某些肽链中能使远隔的两个肽段联系在一起，这对于蛋白质三级结构的稳定起着重要的作用，图 19-7 为肌红蛋白的三级结构。

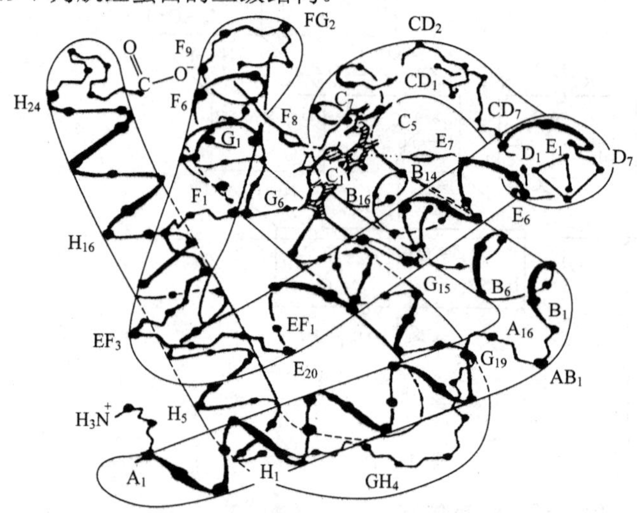


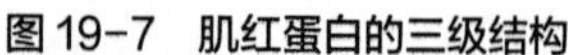
图 19-7 肌红蛋白的三级结构

图 19-8 血红蛋白的四级结构

## 3. 蛋白质的四级结构

具有两条或两条以上独立三级结构的多肽链组成的蛋白质，其多肽链间通过次级键相互组合而形成的空间结构称为蛋白质的四级结构。其中，每个具有独立三级结构的多肽链单位称为亚基。四级结构实际上是指亚基的立体排布、相互作用及接触部位的布局。亚基之间不含共价键，亚基间次级键的结合比二、三级结构疏松，因此在一定的条件下，四级结构的蛋白质可分离为其组成的亚基，而亚基本身构象仍可不变。维持四级结构稳定的主要作用力是疏水键、盐键、二硫键、氢键和范德华力。图 19-8 为血红蛋白的四级结构。

一种蛋白质中，亚基结构可以相同，也可不同。如过氧化氢酶是由 4 个相同的亚基组成；血红蛋白是由 4 个两种不同的亚基（$\alpha$ 亚基和 $\beta$ 亚基）组成。

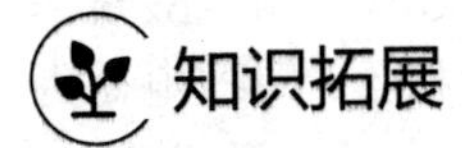


### 牛胰岛素的人工合成

1965 年 9 月，中国人工全合成牛胰岛素，是世界上第一次人工合成与天然胰岛素分子相同化学结构并具有完整生物活性的蛋白质，标志着人类在探索生命奥秘的征途中迈出了重要一步。

胰岛素是胰岛细胞分泌的一种调节糖代谢的蛋白激素。牛胰岛素是第 1 个测定氨基酸序列的蛋白质，含有 51 个氨基酸，是由含有 21 个氨基酸的 A 链和含有 30 个氨基酸的 B 链，用二硫键相连构成的。

人工合成胰岛素，最早是在 1958 年由中国科学院上海生物化学研究所提出的。人工合成胰岛素项目在 1958 年底被列入 1959 年国家科研计划，并获得国家机密研究计划代号“601”，意思是“六十年代第一大任务”。参加的科研人员来自中科院，以及北京大学、复旦大学等单位。

全合成胰岛素的研究策略是分别有机合成 A 肽链和 B 肽链，再进行组合折叠，最后鉴定生物学活性和各种理化性质。在人工合成胰岛素的研究工作中，有太多默默奉献的无名英雄。

我国许多科学家通力合作，经过 6 年努力，在 1965 年 9 月 17 日完成了结晶牛胰岛素的全合成。 经过严格鉴定，它的结构、生物活力、物理化学性质、结晶形状都和天然的牛胰岛素完全一样。这项成果获 1982 年中国自然科学一等奖。

## 四、蛋白质的性质

蛋白质的性质

视频扫一扫

蛋白质是由氨基酸组成的大分子化合物，其理化性质一部分与氨基酸相似，如两性解离、等电点、显色反应等，也有一部分又不同于氨基酸，如分子量较高、胶体性、变性等。

### 1. 蛋白质的胶体性质

蛋白质分子质量较大，其分子的大小为 1～100nm，已达到胶粒范围。球状蛋白质的表面多亲水基团，具有强烈的吸引水分子作用，使蛋白质分子表面常为多层水分子所包围，称水化膜，从而阻止蛋白质颗粒的相互聚集。

与低分子物质比较，蛋白质分子扩散速率慢，不易透过半透膜，黏度大，在分离提纯蛋白质过程中，可利用蛋白质的这一性质，将混有小分子杂质的蛋白质溶液放于半透膜制成的囊内，置于流动水或适宜的缓冲液中，小分子杂质皆易从囊中透出，保留了比较纯化的囊内蛋白质，这种方法称为透析。

## 2. 蛋白质的两性解离和等电点

蛋白质是由氨基酸组成的，其分子中除两端的游离氨基和羧基外，侧链中尚有一些解离基团，如谷氨酸、天冬氨酸残基中的$\gamma$-羧基和$\beta$-羧基，赖氨酸残基中的$\varepsilon$-氨基，精氨酸残基的胍基和组氨酸的咪唑基。当蛋白质溶液处于某一 pH 时，所带的正负电荷相等，即净电荷为零，此时溶液的 pH 称为蛋白质的等电点（p$I$）。蛋白质在等电点时，以两性离子的形式存在，其净电荷为零，这样的蛋白质颗粒在溶液中容易相互碰撞而凝集成大的颗粒，所以最不稳定，溶解度最小，易于沉淀析出。这一性质常在蛋白质的分离提纯时应用，同时在等电点时蛋白质的黏度、渗透压及导电能力均为最小。

$$\mathrm{P}\begin{matrix}\mathrm{COO^-}\\ \mathrm{NH_2}\end{matrix} \underset{\mathrm{OH^-}}{\overset{\mathrm{H^+}}{\rightleftharpoons}} \mathrm{P}\begin{matrix}\mathrm{COO^-}\\ \mathrm{NH_3^+}\end{matrix} \underset{\mathrm{OH^-}}{\overset{\mathrm{H^+}}{\rightleftharpoons}} \mathrm{P}\begin{matrix}\mathrm{COOH}\\ \mathrm{NH_3^+}\end{matrix}$$

负离子（$\mathrm{pH>p}I$）　　两性离子（$\mathrm{pH=p}I$）　　正离子（$\mathrm{pH<p}I$）

各种蛋白质分子由于所含的碱性氨基酸和酸性氨基酸的数目不同，因而有各自的等电点。

## 3. 蛋白质的变性

天然蛋白质的严密结构在某些物理或化学因素作用下，其特定的空间结构被破坏，从而导致理化性质改变和生物学活性的丧失，如酶失去催化活力，激素丧失活性，称之为蛋白质的变性作用。变性蛋白质只有空间构象的破坏，并不涉及一级结构的变化。

变性蛋白质和天然蛋白质最明显的区别是溶解度降低，同时蛋白质的黏度增加，结晶性破坏，生物学活性丧失，易被蛋白酶分解。

引起蛋白质变性的原因可分为物理因素和化学因素两类。物理因素可以是加热、加压、脱水、搅拌、振荡、紫外线照射、超声波的作用等；化学因素有强酸、强碱、尿素、重金属盐、十二烷基磺酸钠（SDS）等。在临床医学上，变性因素常被应用于消毒及灭菌。反之，注意防止蛋白质变性就能有效地保存蛋白质制剂。

变性并非是不可逆的变化，当变性程度较轻时，如去除变性因素，有的蛋白质仍能恢复或部分恢复其原来的构象及功能，变性的可逆变化称为复性。许多蛋白质变性时被破坏严重，不能恢复，称为不可逆性变性。

## 4. 蛋白质的沉淀

蛋白质的水溶液是比较稳定的。如除去其稳定因素，蛋白质就会凝聚下沉，这就是蛋白质的沉淀。使蛋白质沉淀的方法很多，常用的有下列几种。

（1）盐析　在蛋白质溶液中加入大量的中性盐以破坏蛋白质的胶体稳定性而使其析出，这种方法称为盐析。常用的盐有硫酸铵、硫酸钠、氯化钠等。各种蛋白质盐析时所需的盐浓度及 pH 不同，故可用于对混合蛋白质组分的分离。例如，用半饱和的硫酸铵来沉淀出血清中的球蛋白；饱和硫酸铵可以使血清中的白蛋白、球蛋白都沉淀出来。盐析沉淀的蛋白质，经透析除盐，仍保证蛋白质的活性。调节蛋白质溶液的 pH 至等电点后，再用盐析法则蛋白质沉淀的效果更好。

（2）重金属盐沉淀蛋白质　蛋白质可以与重金属离子如汞、铅、铜、银等结合成盐沉淀，沉淀的条件以 pH 稍大于等电点为宜。因为此时蛋白质分子有较多的负离子易与重金属离子结合成盐。重金属沉淀的蛋白质常是变性的，但若在低温条件下，并控制重金属离子浓度，也可用于分离制备不变性的蛋白质。临床上利用蛋白质能与重金属盐结合的这种性质，抢救误服重金属盐中毒的病人，给病人口服大量蛋白质，然后用催吐剂将结合的重金属盐呕吐出来解毒。

（3）生物碱试剂以及某些酸类沉淀蛋白质　蛋白质又可与生物碱试剂（如苦味酸、钨酸、鞣酸）以及某些酸（如三氯乙酸、过氯酸、硝酸）结合成不溶性的盐沉淀，沉淀的条件应当是 pH 小于等电点，这样蛋白质带正电荷易于与酸根负离子结合成盐。临床血液化学分析时常利用生物碱试剂除去血液中的蛋白质，此类沉淀反应也可用于检验尿中蛋白质。

（4）有机溶剂沉淀蛋白质　可与水混合的有机溶剂，如乙醇、甲醇、丙酮等，对水的亲和力很大，能破坏蛋白质颗粒的水化膜，在等电点时使蛋白质沉淀。在常温下，有机溶剂沉淀蛋白质往往引起变性，例如，酒精消毒灭菌就是如此。但若在低温条件下，则变性进行较缓慢，可用于分离制备各种血浆蛋白质。

（5）加热凝固　将接近于等电点附近的蛋白质溶液加热，可使蛋白质发生凝固而沉淀。首先是加热使蛋白质变性，有规则的肽链结构被打开呈松散状不规则的结构，分子的不对称性增加，疏水基团暴露，进而凝聚成凝胶状的蛋白块，如煮熟的鸡蛋，蛋黄和蛋清都凝固。

蛋白质的变性、沉淀、凝固相互之间有很密切的关系。但蛋白质变性后并不一定沉淀，变性蛋白质只在等电点附近才沉淀，沉淀的变性蛋白质也不一定凝固。例如，蛋白质被强酸、强碱变性后由于蛋白质颗粒带着大量电荷，故仍溶于强酸或强碱之中。但若将强酸或强碱溶液的 pH 调节到等电点，则变性蛋白质凝集成絮状沉淀物，若将此絮状物加热，则分子间相互盘缠而变成较为坚固的凝块。

### 5. 蛋白质的显色反应

（1）茚三酮反应　$\alpha$-氨基酸与水合茚三酮（苯丙环三酮戊烃）作用时，产生蓝紫色溶液，由于蛋白质是由许多 $\alpha$-氨基酸组成的，所以也呈此颜色反应。

（2）双缩脲反应　蛋白质在碱性溶液中与硫酸铜作用呈现紫红色，称双缩脲反应。凡分子中含有两个以上—CO—NH—键的化合物都有此反应，蛋白质分子中氨基酸是以肽键相连，因此，所有蛋白质都能与双缩脲试剂发生反应。

（3）米伦反应　蛋白质溶液中加入米伦试剂（亚硝酸汞、硝酸汞及硝酸的混合液），蛋白质首先沉淀，加热则变为红色沉淀，此为酪氨酸的酚核所特有的反应，因此含有酪氨酸的蛋白质均能发生米伦反应。

此外，蛋白质溶液还可与酚试剂、乙醛酸试剂、浓硝酸等发生颜色反应。

## 五、蛋白质的分类

蛋白质的种类繁多，结构复杂，迄今为止没有一个理想的分类方法。着眼的层面不同，分类也就各异。例如从蛋白质形状上，可将它们分为球状蛋白质及纤维状蛋白质。从组成上可分为单纯蛋白质（分子中只含氨基酸残基）及结合蛋白质（分子中除氨基酸外还有非氨基酸物质，后者称辅基）。单纯蛋白质又可根据理化性质及来源分为清蛋白（又名白蛋白）、球蛋白、谷蛋白、醇溶谷蛋白、精蛋白、组蛋白、硬蛋白等；结合蛋白质又可按其辅基的不同分为核蛋白、磷蛋白、金属蛋白、色蛋白等。

此外，还可以按蛋白质的功能将其分为活性蛋白质（如酶、激素蛋白质、运输和储存蛋白质、运动蛋白质、受体蛋白质、膜蛋白质等）和非活性蛋白质（如胶原、角蛋白等）两大类。

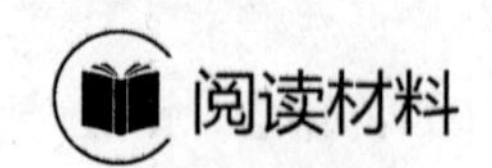

## 反式脂肪酸

反式脂肪酸是脂肪酸的一种，因其化学结构上有一个或多个“非共轭反式双键”而得名，是一种不饱和脂肪酸，含有反式脂肪酸的脂肪就叫反式脂肪。

食品中的反式脂肪酸主要有天然来源和加工来源两种。

天然食物：反刍动物例如牛、羊等的肉、脂肪、乳和乳制品等。

加工来源：产生于植物油的氢化、精炼过程中，如食物在煎炒烹炸过程中，由于油温过高且时间过长，也会产生少量反式脂肪酸。

氢化植物油脂广泛应用于焙烤食品、糖果、煎炸等食品领域，例如常出现在面包、饼干、代可可脂巧克力等食品的夹心、涂层或面饼中。但需要注意的是植物油不完全氢化才会产生反式脂肪酸，如果完全氢化就不是反式脂肪而是饱和脂肪，因此氢化植物油不等同于反式脂肪酸。此外，人造奶油、植脂末、起酥油、代可可脂等也不等同于反式脂肪酸。

反式脂肪酸对健康的危害是长期积累的结果，只要不多吃，对健康的风险是可控的，关键是要控制量。世界卫生组织 2003 年建议反式脂肪酸的供能比应低于 1%。例如，一个每天摄入 8400kJ 能量的成年人，1%的供能比大约相当于吃 2.2g 反式脂肪酸。

### 一、选择题

1. 下列无还原性的糖是（　　）。
   A.麦芽糖　　B.蔗糖　　C.甘露糖　　D.果糖
2. 下列有关葡萄糖的叙述，错误的是（　　）。
   A.显示还原性
   B.在强酸中脱水形成 5-羟甲基糠醛
   C.与苯肼反应生成脎
   D.新配制的葡萄糖水溶液其比旋光度随时间而改变
3. 下列有关甘油三酯的叙述，不正确的是（　　）。
   A.甘油三酯是由一分子甘油与三分子脂肪酸所组成的酯
   B.任何一个甘油三酯分子总是包含三个相同的脂酰基
   C.在室温下，甘油三酯可以是固体，也可以是液体
   D.甘油三酯可以制造肥皂
4. 下列是脂肪酸的是（　　）。
   A.顺丁烯二酸　　B.亚麻酸　　C.苹果酸　　D.琥珀酸
5. 下列是饱和脂肪酸的是（　　）。
   A.油酸　　B.亚油酸　　C.花生四烯酸　　D.棕榈酸
6. 下列氨基酸中，属于酸性氨基酸的是（　　）。

A.甘氨酸　　B.苯丙氨酸　　C.半胱氨酸　　D.谷氨酸

7. 影响蛋白质胶体溶液稳定性的因素是（　　）。

A.水化层与分子结构　　B.表面电荷与分子结构

C.水化层与表面电荷　　D.水化层与分子大小

8. 关于蛋白质变性的描述，说法不正确的是（　　）。

A.天然构象被破坏　　B.一级结构被破坏　　C.生物活性丧失　　D.溶解度降低

9. 组成天然蛋白质的氨基酸共有（　　）。

A.10 种　　B.20 种　　C.30 种　　D.40 种

10. 蛋白质一级结构的主要维持键是（　　）。

A.酯键　　B.氢键　　C.核苷键　　D.肽键

11. 关于蛋白质等电点的正确叙述是（　　）。

A.在等电点处，蛋白质分子所带净电荷为零

B.等电点时蛋白质变性沉淀

C.不同蛋白质的等电点不同

D.在等电点处，蛋白质的稳定性增加

## 二、填空题

1. 糖类是具有_______结构的一大类化合物。根据其分子大小可分为_____、______和_____三大类。

2. 判断一个糖的 D-型和 L-型是以______碳原子上羟基的位置作依据。

3. 糖类物质的主要生物学作用为(1)__________________；(2)____________________；(3)______________。

4. 糖苷是指糖的______和醇、酚等化合物失水而形成的缩醛(或缩酮)等形式的化合物。

5. 蔗糖是由一分子_____和一分子_____组成。

6. 麦芽糖是由两分子______组成,它们之间通过_____糖苷键相连。

7. 糖原和支链淀粉结构上很相似,都由许多_____组成,它们之间通过_____和_____两种糖苷键相连。两者在结构上的主要差别在于糖原分子比支链淀粉______、_______和______。

8. 纤维素是由_____组成,它们之间通过_______糖苷键相连。

9. 常用定量测定还原糖的试剂为_____试剂和_____试剂。

10. 淀粉遇碘呈_____色。

11. 脂类是由__________和_________等所组成的酯类及其衍生物。

12. 当溶液 pH 大于 $pI$ 时，氨基酸分子带________电荷，在电场中向正极移动。

13. 氨基酸处于等电点状态时，主要是以______ 离子形式存在。

## 三、简答与问答题

1. 写出葡萄糖的开链式结构、氧环式结构和哈沃斯式结构。

2. 写出由软脂酸构成的脂肪的结构。

3. 简述蛋白质的结构层次及其作用力。

4. 简述蛋白质二级结构的含义及其主要类型。

5. 什么是蛋白质的变性？

# 附　录

## 一、弱酸、弱碱在水中的解离常数

| 弱　酸 | 分子式 | 温度/℃ | 分　级 | $K_a$ | $pK_a$ |
|---|---|---|---|---|---|
| 砷酸 | $H_3AsO_4$ | 18 | 1 | $5.62\times10^{-3}$ | 2.25 |
| | | 18 | 2 | $1.70\times10^{-7}$ | 6.77 |
| | | 18 | 3 | $2.95\times10^{-12}$ | 11.53 |
| 亚砷酸 | $H_3AsO_3$ | 25 | | $6.0\times10^{-10}$ | 9.22 |
| 硼酸 | $H_3BO_3$ | 20 | | $7.3\times10^{-10}$ | 9.14 |
| 乙酸 | $CH_3COOH$ | 25 | | $1.76\times10^{-5}$ | 4.75 |
| 甲酸 | HCOOH | 20 | | $1.77\times10^{-4}$ | 3.75 |
| 碳酸 | $H_2CO_3$ | 25 | 1 | $4.2\times10^{-7}$ | 6.38 |
| | | 25 | 2 | $5.61\times10^{-11}$ | 10.25 |
| 铬酸 | $H_2CrO_4$ | 25 | 1 | $1.8\times10^{-1}$ | 0.74 |
| | | 25 | 2 | $3.20\times10^{-7}$ | 6.49 |
| 氢氟酸 | HF | 25 | | $3.53\times10^{-4}$ | 3.45 |
| 氢氰酸 | HCN | 25 | | $4.93\times10^{-10}$ | 9.31 |
| 氢硫酸 | $H_2S$ | 18 | 1 | $9.1\times10^{-8}$ | 7.04 |
| | | 18 | 2 | $1.1\times10^{-12}$ | 11.96 |
| 次氯酸 | HClO | 18 | | $2.95\times10^{-8}$ | 7.53 |
| 次溴酸 | HBrO | 25 | | $2.06\times10^{-9}$ | 8.69 |
| 次碘酸 | HIO | 25 | | $2.3\times10^{-11}$ | 10.64 |
| 碘酸 | $HIO_3$ | 25 | | $1.69\times10^{-1}$ | 0.77 |
| 亚硝酸 | $HNO_2$ | 25 | | $4.6\times10^{-4}$ | 3.33 |
| 高碘酸 | $HIO_4$ | 18.5 | | $2.3\times10^{-2}$ | 1.64 |
| 磷酸 | $H_3PO_4$ | 25 | 1 | $7.52\times10^{-3}$ | 2.12 |
| | | 25 | 2 | $6.23\times10^{-8}$ | 7.20 |
| | | 25 | 3 | $2.2\times10^{-13}$ | 12.66 |
| 一氯乙酸 | $ClCH_2COOH$ | 25 | | $1.6\times10^{-13}$ | 2.85 |
| 硫酸 | $H_2SO_4$ | 25 | 2 | $1.20\times10^{-2}$ | 1.92 |
| 亚硫酸 | $H_2SO_3$ | 18 | 1 | $1.54\times10^{-2}$ | 1.81 |
| | | 18 | 2 | $1.02\times10^{-7}$ | 6.99 |
| 草酸 | $H_2C_2O_4$ | 25 | 1 | $5.90\times10^{-2}$ | 1.23 |
| | | 25 | 2 | $6.40\times10^{-5}$ | 4.19 |
| 苯甲酸 | $C_6H_5COOH$ | 25 | | $6.2\times10^{-5}$ | 4.21 |

续表

| 弱碱 | 分子式 | 温度/℃ | 分级 | $K_b$ | $pK_b$ |
|---|---|---|---|---|---|
| 氨水 | $NH_3 \cdot H_2O$ | 25 | | $1.76\times10^{-5}$ | 4.75 |
| 羟氨 | $NH_2OH$ | 25 | | $1.07\times10^{-8}$ | 7.97 |
| 六亚甲基四胺 | $(CH_2)_6N_4$ | 25 | | $1.4\times10^{-9}$ | 8.85 |
| 三乙醇胺 | $(HOCH_2CH_2)_3N$ | 25 | | $5.8\times10^{-7}$ | 6.24 |
| 乙二胺 | $H_2NCH_2CH_2NH_2$ | 25 | 1 | $8.5\times10^{-5}$ | 4.07 |
| | | 25 | 2 | $7.1\times10^{-8}$ | 7.15 |
| 氢氧化钙 | $Ca(OH)_2$ | 25 | 1 | $3.74\times10^{-3}$ | 2.43 |
| | | 30 | 2 | $4.0\times10^{-2}$ | 1.40 |

## 二、难溶电解质的溶度积（298.15K）

| 难溶化合物 | $K_{sp}$ | 难溶化合物 | $K_{sp}$ | 难溶化合物 | $K_{sp}$ |
|---|---|---|---|---|---|
| $AgBr$ | $5.0\times10^{-13}$ | $Co(OH)_2$ | $1.6\times10^{-15}$ | $Ni(OH)_2$ | $2.0\times10^{-15}$ |
| $AgCl$ | $1.8\times10^{-10}$ | $Co(OH)_5$ | $2\times10^{-44}$ | $NiS$ | $1.4\times10^{-24}$ |
| $AgI$ | $8.3\times10^{-17}$ | $Cr(OH)_3$ | $6.3\times10^{-31}$ | $PbCl_2$ | $1.6\times10^{-5}$ |
| $AgOH$ | $2.0\times10^{-8}$ | $CuI$ | $1.1\times10^{-12}$ | $PbF_2$ | $2.7\times10^{-8}$ |
| $Ag_2S$ | $6.3\times10^{-50}$ | $Cu_2S$ | $2\times10^{-48}$ | $PbS$ | $8.0\times10^{-28}$ |
| $Ag_2SO_4$ | $1.4\times10^{-5}$ | $CuSCN$ | $4.8\times10^{-16}$ | $PbSO_4$ | $1.6\times10^{-8}$ |
| $Ag_2CrO_4$ | $1.1\times10^{-12}$ | $Cu(OH)_2$ | $2.2\times10^{-20}$ | $PbCrO_4$ | $2.8\times10^{-13}$ |
| $Ag_2CO_3$ | $8.1\times10^{-12}$ | $CuS$ | $6.3\times10^{-36}$ | $PbCO_3$ | $7.4\times10^{-14}$ |
| $Ag_3PO_4$ | $1.4\times10^{-16}$ | $FeCO_3$ | $3.2\times10^{-11}$ | $Pb(OH)_2$ | $1.2\times10^{-15}$ |
| $AgCN$ | $1.2\times10^{-16}$ | $Fe(OH)_2$ | $8.0\times10^{-16}$ | $Pb_3(PO_4)_2$ | $8.0\times10^{-43}$ |
| $AgSCN$ | $1.0\times10^{-12}$ | $FeS$ | $3.7\times10^{-19}$ | $Sb(OH)_3$ | $4\times10^{-42}$ |
| $Al(OH)_3$ | $1.3\times10^{-33}$ | $Fe(OH)_3$ | $4.0\times10^{-39}$ | $SnS$ | $1.0\times10^{-25}$ |
| $As_2S_3$ | $2.1\times10^{-22}$ | $FePO_4$ | $1.3\times10^{-22}$ | $Sn(OH)_2$ | $1.4\times10^{-28}$ |
| $BaSO_4$ | $1.1\times10^{-10}$ | $Hg_2Cl_2$ | $1.3\times10^{-18}$ | $Sn(OH)_4$ | $1.0\times10^{-56}$ |
| $BaCrO_4$ | $1.2\times10^{-10}$ | $Hg_2I_2$ | $4.5\times10^{-29}$ | $SrF_2$ | $2.5\times10^{-9}$ |
| $BaCO_3$ | $5.1\times10^{-9}$ | $Hg_2S$ | $1.0\times10^{-47}$ | $SrSO_4$ | $3.2\times10^{-7}$ |
| $BaF_2$ | $1.0\times10^{-6}$ | $HgS$(红) | $4.0\times10^{-53}$ | $SrC_2O_4$ | $5.61\times10^{-8}$ |
| $Bi(OH)_3$ | $4\times10^{-31}$ | $HgS$(黑) | $1.6\times10^{-52}$ | $SrCO_3$ | $1.1\times10^{-10}$ |
| $CaCO_3$ | $2.8\times10^{-9}$ | $Hg_2(CN)_2$ | $5\times10^{-40}$ | $Sr_3(PO_4)_2$ | $4.0\times10^{-28}$ |
| $CaF_2$ | $2.7\times10^{-11}$ | $MgF_2$ | $6.5\times10^{-9}$ | $SrCrO_4$ | $2.2\times10^{-5}$ |
| $CaC_2O_4 \cdot H_2O$ | $4\times10^{-9}$ | $MgCO_3$ | $3.5\times10^{-8}$ | $ZnCO_3$ | $1.4\times10^{-11}$ |
| $Ca_3(PO_4)_2$ | $2.0\times10^{-29}$ | $Mg(OH)_2$ | $1.8\times10^{-11}$ | $Zn(OH)_2$ | $1.2\times10^{-17}$ |
| $CaSO_4$ | $9.1\times10^{-6}$ | $MgNH_4PO_4$ | $2.5\times10^{-13}$ | $Zn_3(PO_4)_2$ | $9.0\times10^{-33}$ |
| $Cd(OH)_2$ | $2.5\times10^{-14}$ | $Mn(OH)_2$ | $1.9\times10^{-13}$ | $ZnS$ | $1.2\times10^{-23}$ |
| $CdS$ | $8.0\times10^{-27}$ | $MnCO_3$ | $1.8\times10^{-11}$ | | |

## 三、配离子的稳定常数（298.15K）

| 配 离 子 | $K_f$ | $\lg K_f$ | 配 离 子 | $K_f$ | $\lg K_f$ |
|---|---|---|---|---|---|
| $[AgCl_2]^-$ | $1.74\times10^5$ | 5.24 | $[Hg(SCN)_4]^{2-}$ | $7.75\times10^{21}$ | 21.89 |
| $[AgBr_2]^-$ | $2.14\times10^7$ | 7.33 | $[Ni(CN)_4]^{2-}$ | $1.0\times10^{22}$ | 22.0 |
| $[Ag(NH_3)_2]^+$ | $1.6\times10^7$ | 7.20 | $[Ni(NH_3)_6]^{2+}$ | $5.5\times10^8$ | 8.74 |
| $[Ag(S_2O_3)_2]^{3-}$ | $2.88\times10^{13}$ | 13.46 | $[Ni(en)_2]^{2+}$ | $6.31\times10^{13}$ | 13.80 |
| $[Ag(CN)_2]^-$ | $1.26\times10^{21}$ | 21.10 | $[Ni(en)_3]^{2+}$ | $1.15\times10^{18}$ | 18.06 |
| $[Ag(SCN)_2]^-$ | $3.72\times10^7$ | 7.57 | $[SnCl_4]^{2-}$ | 30.2 | 1.48 |
| $[AgI_2]^-$ | $5.5\times10^{11}$ | 11.7 | $[SnCl_6]^{2-}$ | 6.6 | 0.82 |
| $[AlF_6]^{3-}$ | $6.9\times10^{19}$ | 19.84 | $[Zn(CN)_4]^{2-}$ | $5.0\times10^{16}$ | 16.70 |
| $[Al(C_2O_4)_3]^{3-}$ | $2.0\times10^{16}$ | 16.30 | $[Zn(NH_3)_4]^{2+}$ | $2.88\times10^9$ | 9.46 |
| $[Au(CN)_2]^-$ | $2.0\times10^{38}$ | 38.30 | $[Zn(OH)_4]^{2-}$ | $1.4\times10^{15}$ | 15.15 |
| $[CdCl_4]^{2-}$ | $3.47\times10^2$ | 2.54 | $[Zn(SCN)_4]^{2-}$ | 20 | 1.30 |
| $[Cd(CN)_4]^{2-}$ | $1.1\times10^{16}$ | 16.04 | $[Zn(C_2O_4)_3]^{4-}$ | $1.4\times10^8$ | 8.15 |
| $[Cd(NH_3)_4]^{2+}$ | $1.3\times10^7$ | 7.11 | $[Zn(en)_2]^{2+}$ | $6.76\times10^{10}$ | 10.83 |
| $[Cd(NH_3)_6]^{2+}$ | $1.4\times10^5$ | 5.15 | $[Zn(en)_3]^{2+}$ | $1.29\times10^{14}$ | 14.11 |
| $[CdI_4]^{2-}$ | $1.26\times10^6$ | 6.10 | $[AgY]^{3-}$ | $2.09\times10^7$ | 7.32 |
| $[Co(SCN)_4]^{2-}$ | $1.0\times10^3$ | 3.00 | $[AlY]^-$ | $2.0\times10^{16}$ | 16.30 |
| $[Co(NH_3)_6]^{2+}$ | $1.29\times10^5$ | 5.11 | $[BaY]^{2-}$ | $7.24\times10^7$ | 7.86 |
| $[Co(NH_3)_6]^{3+}$ | $1.58\times10^{35}$ | 35.20 | $[BiY]^-$ | $8.71\times10^{27}$ | 27.94 |
| $[CuCl_2]^-$ | $3.6\times10^5$ | 5.56 | $[CaY]^{2-}$ | $4.90\times10^{10}$ | 10.69 |
| $[CuCl_4]^{2-}$ | $4.17\times10^5$ | 5.62 | $[CoY]^{2-}$ | $2.04\times10^{16}$ | 16.31 |
| $[CuI_2]^-$ | $5.7\times10^8$ | 8.76 | $[CoY]^-$ | $1.0\times10^{36}$ | 36.00 |
| $[Cu(CN)_2]^-$ | $1.0\times10^{24}$ | 24.00 | $[CdY]^{2-}$ | $2.88\times10^{16}$ | 16.46 |
| $[Cu(CN_4)]^{2-}$ | $2.0\times10^{27}$ | 27.30 | $[CrY]^-$ | $2.5\times10^{23}$ | 23.40 |
| $[Cu(NH_3)_2]^+$ | $7.4\times10^{10}$ | 10.87 | $[CuY]^{2-}$ | $6.31\times10^{18}$ | 18.80 |
| $[Cu(NH_3)_4]^{2+}$ | $2.08\times10^{13}$ | 13.32 | $[FeY]^{2-}$ | $2.09\times10^{14}$ | 14.32 |
| $[Cu(en)_2]^+$ | $1.0\times10^{18}$ | 18.00 | $[FeY]^-$ | $1.26\times10^{25}$ | 25.10 |
| $[Cu(en)_3]^{2+}$ | $1.0\times10^{21}$ | 21.00 | $[HgY]^{2-}$ | $5.01\times10^{21}$ | 21.70 |
| $[Fe(CN)_6]^{4-}$ | $1.0\times10^{35}$ | 35.00 | $[MgY]^{2-}$ | $5.0\times10^8$ | 8.70 |
| $[Fe(CN)_6]^{3-}$ | $1.0\times10^{42}$ | 42.00 | $[MnY]^{2-}$ | $7.41\times10^{13}$ | 13.87 |
| $[FeF_6]^{3-}$ | $1.0\times10^{16}$ | 16.00 | $[NiY]^{2-}$ | $4.17\times10^{18}$ | 18.62 |
| $[Fe(C_2O_4)_3]^{4-}$ | $1.66\times10^5$ | 5.22 | $[PbY]^{2-}$ | $1.1\times10^{18}$ | 18.04 |
| $[Fe(C_2O_4)_3]^{3-}$ | $1.59\times10^{20}$ | 20.20 | $[PdY]^{2-}$ | $3.16\times10^{18}$ | 18.50 |
| $[Fe(SCN)_6]^{3-}$ | $1.5\times10^3$ | 3.18 | $[ScY]^{2-}$ | $1.26\times10^{23}$ | 23.10 |
| $[HgCl_4]^{2-}$ | $1.2\times10^{15}$ | 15.08 | $[SrY]^{2-}$ | $5.37\times10^8$ | 8.73 |
| $[HgI_4]^{2-}$ | $6.8\times10^{20}$ | 20.83 | $[SnY]^{2-}$ | $1.29\times10^{22}$ | 22.11 |
| $[Hg(CN)_4]^{2-}$ | $3.3\times10^{41}$ | 41.52 | $[ZnY]^{2-}$ | $3.16\times10^{16}$ | 16.50 |

## 四、标准电极电势表（298.15K）

### （一）在酸性溶液中（酸表）

| 电对 | 电极反应 | $E^{\ominus}$/V |
|---|---|---|
| $Li^{+}/Li$ | $Li^{+}+e \rightleftharpoons Li$ | −3.045 |
| $Rb^{+}/Rb$ | $Rb^{+}+e \rightleftharpoons Rb$ | −2.925 |
| $K^{+}/K$ | $K^{+}+e \rightleftharpoons K$ | −2.924 |
| $Cs^{+}/Cs$ | $Cs^{+}+e \rightleftharpoons Cs$ | −2.923 |
| $Ba^{2+}/Ba$ | $Ba^{2+}+2e \rightleftharpoons Ba$ | −2.90 |
| $Ca^{2+}/Ca$ | $Ca^{2+}+2e \rightleftharpoons Ca$ | −2.87 |
| $Na^{+}/Na$ | $Na^{+}+e \rightleftharpoons Na$ | −2.714 |
| $Mg^{2+}/Mg$ | $Mg^{2+}+2e \rightleftharpoons Mg$ | −2.375 |
| $[AlF_6]^{3-}/Al$ | $[AlF_6]^{3-}+3e \rightleftharpoons Al+6F^{-}$ | −2.07 |
| $Al^{3+}/Al$ | $Al^{3+}+3e \rightleftharpoons Al$ | −1.66 |
| $Mn^{2+}/Mn$ | $Mn^{2+}+2e \rightleftharpoons Mn$ | −1.182 |
| $Zn^{2+}/Zn$ | $Zn^{2+}+2e \rightleftharpoons Zn$ | −0.763 |
| $Cr^{3+}/Cr$ | $Cr^{3+}+3e \rightleftharpoons Cr$ | −0.74 |
| $Ag_2S/Ag$ | $Ag_2S+2e \rightleftharpoons 2Ag+S^{2-}$ | −0.69 |
| $CO_2/H_2C_2O_4$ | $2CO_2+2H^{+}+2e \rightleftharpoons H_2C_2O_4$ | −0.49 |
| $S/S^{2-}$ | $S+2e \rightleftharpoons S^{2-}$ | −0.48 |
| $Fe^{2+}/Fe$ | $Fe^{2+}+2e \rightleftharpoons Fe$ | −0.44 |
| $Co^{2+}/Co$ | $Co^{2+}+2e \rightleftharpoons Co$ | −0.277 |
| $Ni^{2+}/Ni$ | $Ni^{2+}+2e \rightleftharpoons Ni$ | −0.257 |
| $AgI/Ag$ | $AgI+e \rightleftharpoons Ag+I^{-}$ | −0.152 |
| $Sn^{2+}/Sn$ | $Sn^{2+}+2e \rightleftharpoons Sn$ | −0.136 |
| $Pb^{2+}/Pb$ | $Pb^{2+}+2e \rightleftharpoons Pb$ | −0.126 |
| $Fe^{3+}/Fe$ | $Fe^{3+}+3e \rightleftharpoons Fe$ | −0.036 |
| $AgCN/Ag$ | $AgCN+e \rightleftharpoons Ag+CN^{-}$ | −0.02 |
| $H^{+}/H_2$ | $2H^{+}+2e \rightleftharpoons H_2$ | 0.000 |
| $AgBr/Ag$ | $AgBr+e \rightleftharpoons Ag+Br^{-}$ | +0.071 |
| $S_4O_6^{2-}/S_2O_3^{2-}$ | $S_4O_6^{2-}+2e \rightleftharpoons 2S_2O_3^{2-}$ | +0.08 |
| $S/H_2S$ | $S+2H^{+}+2e \rightleftharpoons H_2S(aq)$ | +0.141 |
| $Sn^{4+}/Sn^{2+}$ | $Sn^{4+}+2e \rightleftharpoons Sn^{2+}$ | +0.154 |
| $Cu^{2+}/Cu^{+}$ | $Cu^{2+}+e \rightleftharpoons Cu^{+}$ | +0.159 |
| $SO_4^{2-}/SO_2$ | $SO_4^{2-}+4H^{+}+2e \rightleftharpoons SO_2(aq)+2H_2O$ | +0.17 |
| $AgCl/Ag$ | $AgCl+e \rightleftharpoons Ag+Cl^{-}$ | +0.2223 |
| $Hg_2Cl_2/Hg$ | $Hg_2Cl_2+2e \rightleftharpoons 2Hg+2Cl^{-}$ | +0.2676 |
| $Cu^{2+}/Cu$ | $Cu^{2+}+2e \rightleftharpoons Cu$ | +0.337 |
| $[Fe(CN)_6]^{-3}/[Fe(CN)_6]^{4-}$ | $[Fe(CN)_6]^{3-}+e \rightleftharpoons [Fe(CN)_6]^{4-}$ | +0.36 |
| $[Ag(NH_3)_2]^{+}/Ag$ | $[Ag(NH_3)_2]^{+}+e \rightleftharpoons Ag+2NH_3$ | +0.373 |

续表

| 电　　对 | 电 极 反 应 | $E^{\ominus}$ / V |
|---|---|---|
| $H_2SO_3/S_2O_3^{2-}$ | $2H_2SO_3+2H^++4e \rightleftharpoons S_2O_3^{2-}+3H_2O$ | +0.40 |
| $O_2/OH^-$ | $O_2+2H_2O+4e \rightleftharpoons 4OH^-$ | +0.41 |
| $H_2SO_3/S$ | $H_2SO_3+4H^++4e \rightleftharpoons S+3H_2O$ | +0.45 |
| $Cu^+/Cu$ | $Cu^++e \rightleftharpoons Cu$ | +0.52 |
| $I_2/I^-$ | $I_2+2e \rightleftharpoons 2I^-$ | +0.535 |
| $H_2AsO_4/HAsO_2$ | $H_3AsO_4+2H^++2e \rightleftharpoons HAsO_2+2H_2O$ | +0.559 |
| $MnO_4^-/MnO_4^{2-}$ | $MnO_4^-+e \rightleftharpoons MnO_4^{2-}$ | +0.564 |
| $O_2/H_2O_2$ | $O_2+2H^++2e \rightleftharpoons H_2O_2$ | +0.682 |
| $[PtCl_4]^{2-}/Pt$ | $[PtCl_4]^{2-}+2e \rightleftharpoons Pt+4Cl^-$ | +0.73 |
| $(CNS)_2/CNS^-$ | $(CNS)_2+2e \rightleftharpoons 2CNS^-$ | +0.77 |
| $Fe^{3+}/Fe^{2+}$ | $Fe^{3+}+e \rightleftharpoons Fe^{2+}$ | +0.771 |
| $Hg_2^{2+}/Hg$ | $Hg_2^{2+}+2e \rightleftharpoons 2Hg$ | +0.793 |
| $Ag^+/Ag$ | $Ag^++e \rightleftharpoons Ag$ | +0.7995 |
| $Hg^{2+}/Hg$ | $Hg^{2+}+2e \rightleftharpoons Hg$ | +0.854 |
| $Cu^{2+}/Cu_2I_2$ | $2Cu^{2+}+2I^-+2e \rightleftharpoons Cu_2I_2$ | +0.86 |
| $Hg^{2+}/Hg_2^{2+}$ | $2Hg^{2+}+2e \rightleftharpoons Hg_2^{2+}$ | +0.920 |
| $HNO_2/NO$ | $HNO_2+H^++e \rightleftharpoons NO+H_2O$ | +0.99 |
| $NO_2/NO$ | $NO_2+2H^++2e \rightleftharpoons NO+H_2O$ | +1.03 |
| $Br_2/Br^-$ | $Br_2(l)+2e \rightleftharpoons 2Br^-$ | +1.065 |
| $Br_2/Br^-$ | $Br_2(aq)+2e \rightleftharpoons 2Br^-$ | +1.087 |
| $Cu^{2+}/[Cu(CN)_2]^-$ | $Cu^{2+}+2CN^-+e \rightleftharpoons [Cu(CN)_2]^-$ | +1.12 |
| $ClO_3^-/ClO_2$ | $ClO_3^-+2H^++e \rightleftharpoons ClO_2+H_2O$ | +1.15 |
| $IO_3^-/I^2$ | $2IO_3^-+12H^++10e \rightleftharpoons I_2+6H_2O$ | +1.20 |
| $MnO_2/Mn^{2+}$ | $MnO_2+4H^++2e \rightleftharpoons Mn^{2+}+2H_2O$ | +1.208 |
| $ClO_3^-/HClO_2$ | $ClO_3^-+3H^++2e \rightleftharpoons HClO_2+H_2O$ | +1.21 |
| $O_2/H_2O$ | $O_2+4H^++4e \rightleftharpoons 2H_2O$ | +1.229 |
| $Cr_2O_7^{2-}/Cr^{3+}$ | $Cr_2O_7^{2-}+14H^++6e \rightleftharpoons 2Cr^{3+}+7H_2O$ | +1.33 |
| $Cl_2/Cl^-$ | $Cl_2+2e \rightleftharpoons 2Cl^-$ | +1.36 |
| $Au^{3+}/Au$ | $Au^{3+}+3e \rightleftharpoons Au$ | +1.42 |
| $BrO_3^-/Br^-$ | $BrO_3^-+6H^++6e \rightleftharpoons Br^-+3H_2O$ | +1.44 |
| $ClO_3^-/Cl^-$ | $ClO_3^-+6H^++6e \rightleftharpoons Cl^-+3H_2O$ | +1.45 |
| $PbO_2/Pb^{2+}$ | $PbO_2+4H^++2e \rightleftharpoons Pb^{2+}+2H_2O$ | +1.455 |
| $ClO_3^-/Cl_2$ | $2ClO_3^-+12H^++10e \rightleftharpoons Cl_2+6H_2O$ | +1.47 |
| $MnO_4^-/Mn^{2+}$ | $MnO_4^-+8H^++5e \rightleftharpoons Mn^{2+}+4H_2O$ | +1.51 |
| $MnO_4^-/MnO_2$ | $MnO_4^-+4H^++3e \rightleftharpoons MnO_2+2H_2O$ | +1.695 |
| $H_2O_2/H_2O$ | $H_2O_2+2H^++2e \rightleftharpoons 2H_2O$ | +1.776 |
| $S_2O_8^{2-}/SO_4^{2-}$ | $S_2O_8^{2-}+2e \rightleftharpoons 2SO_4^{2-}$ | +2.01 |
| $O_3/O_2$ | $O_3+2H^++2e \rightleftharpoons O_2+H_2O$ | +2.07 |
| $F_2/F^-$ | $F_2+2e \rightleftharpoons 2F^-$ | +2.87 |
| $F_2/HF$ | $F_2+2H^++2e \rightleftharpoons 2HF$ | +3.06 |

## （二）在碱性溶液中（碱表）

| 电　　对 | 电极反应 | $E^{\ominus}$ / V |
|---|---|---|
| $Ca(OH)_2/Ca$ | $Ca(OH)_2+2e \rightleftharpoons Ca+2OH^-$ | −3.02 |
| $Mg(OH)_2/Mg$ | $Mg(OH)_2+2e \rightleftharpoons Mg+2OH^-$ | −2.69 |
| $H_2AlO_3^-/Al$ | $H_2AlO_3^- +H_2O+3e \rightleftharpoons Al+4OH^-$ | −2.35 |
| $Mn(OH)_2/Mn$ | $Mn(OH)_2+2e \rightleftharpoons Mn+2OH^-$ | −1.56 |
| $ZnS/Zn$ | $ZnS+2e \rightleftharpoons Zn+S^{2-}$ | −1.44 |
| $[Zn(CN)_4]^{2-}/Zn$ | $[Zn(CN)_4]^{2-}+2e \rightleftharpoons Zn+4CN^-$ | −1.26 |
| $ZnO_2^{2-}/Zn$ | $ZnO_2^{2-} +2H_2O+2e \rightleftharpoons Zn+4OH^-$ | −1.216 |
| $As/AsH_3$ | $As+3H_2O+3e \rightleftharpoons AsH_3+3OH^-$ | −1.21 |
| $[Zn(NH_3)_4]^{2+}/Zn$ | $[Zn(NH_3)_4]^{2+}+2e \rightleftharpoons Zn+4NH_3$ | −1.04 |
| $[Sn(OH)_6]^{2-}/HSnO_2^-$ | $[Sn(OH)_6]^{2-}+2e \rightleftharpoons HSnO_2^- +3OH^-+H_2O$ | −0.96 |
| $H_2O/H_2$ | $2H_2O+2e \rightleftharpoons H_2+2OH^-$ | −0.8277 |
| $Ag_2S/Ag$ | $Ag_2S+2e \rightleftharpoons 2Ag+S^{2-}$ | −0.69 |
| $AsO_4^{3-}/AsO_2^-$ | $AsO_4^{3-} +2H_2O+2e \rightleftharpoons AsO_2^- +4OH^-$ | −0.67 |
| $SO_3^{2-}/S$ | $SO_3^{2-} +3H_2O+4e \rightleftharpoons S+6OH^-$ | −0.66 |
| $Fe(OH)_3/Fe(OH)_2$ | $Fe(OH)_3+e \rightleftharpoons Fe(OH)_2+OH^-$ | −0.56 |
| $S/S^{2-}$ | $S+2e \rightleftharpoons S^{2-}$ | −0.48 |
| $Cu(OH)_2/Cu$ | $Cu(OH)_2+2e \rightleftharpoons Cu+2OH^-$ | −0.224 |
| $Cu(OH)_2/Cu_2O$ | $2Cu(OH)_2+2e \rightleftharpoons Cu_2O+2OH^-+H_2O$ | −0.09 |
| $O_2/HO_2^-$ | $O_2+H_2O+2e \rightleftharpoons HO_2^- +OH^-$ | −0.076 |
| $MnO_2/Mn(OH)_2$ | $MnO_2+2H_2O+2e \rightleftharpoons Mn(OH)_2+2OH^-$ | −0.05 |
| $NO_3^-/NO_2^-$ | $NO_3^- +H_2O+2e \rightleftharpoons NO_2^- +2OH^-$ | +0.01 |
| $S_4O_6^{2-}/S_2O_3^{2-}$ | $S_4O_6^{2-} +2e \rightleftharpoons 2S_2O_3^{2-}$ | +0.09 |
| $[Co(NH_3)_6]^{3+}/[Co(NH_3)_4]^{2+}$ | $[Co(NH_3)_6]^{3+}+e \rightleftharpoons [Co(NH_3)_6]^{2+}$ | +0.1 |
| $IO_3^-/I$ | $IO_3^- +3H_2O+6e \rightleftharpoons I^-+6OH^-$ | +0.26 |
| $ClO_3^-/ClO_2^-$ | $ClO_3^- +H_2O+2e \rightleftharpoons ClO_2^- +2OH^-$ | +0.33 |
| $[Ag(NH_3)_2]^+/Ag$ | $[Ag(NH_3)_2]^++e \rightleftharpoons Ag+2NH_3$ | +0.373 |
| $O_2/OH^-$ | $O_2+2H_2O+4e \rightleftharpoons 4OH^-$ | +0.401 |
| $IO^-/I^-$ | $IO^-+H_2O+2e \rightleftharpoons I^-+2OH^-$ | +0.49 |
| $BrO_3^-/BrO^-$ | $BrO_3^- +2H_2O+4e \rightleftharpoons BrO^-+4OH^-$ | +0.54 |
| $IO_3^-/IO^-$ | $IO_3^- +2H_2O+4e \rightleftharpoons IO^-+4OH^-$ | +0.56 |
| $MnO_4^-/MnO_4^{2-}$ | $MnO_4^- +e \rightleftharpoons MnO_4^{2-}$ | +0.564 |
| $MnO_4^-/MnO_2$ | $MnO_4^- +2H_2O+3e \rightleftharpoons MnO_2+4OH^-$ | +0.588 |
| $BrO_3^-/Br^-$ | $BrO_3^- +3H_2O+6e \rightleftharpoons Br^-+6OH^-$ | +0.61 |
| $ClO_3^-/Cl^-$ | $ClO_3^- +3H_2O+6e \rightleftharpoons Cl^-+6OH^-$ | +0.62 |
| $BrO^-/Br^-$ | $BrO^-+H_2O+2e \rightleftharpoons Br^-+2OH^-$ | +0.76 |
| $HO_2^-/OH^-$ | $HO_2^- +H_2O+2e \rightleftharpoons 3OH^-$ | +0.88 |
| $ClO^-/Cl^-$ | $ClO^-+H_2O+2e \rightleftharpoons Cl^-+2OH^-$ | +0.90 |
| $O_3/OH^-$ | $O_3+H_2O+2e \rightleftharpoons O_2+2OH^-$ | +1.24 |

## 五、国际单位制（SI）

### （一）SI 基本单位

| 量 | | 单位 | |
|---|---|---|---|
| 名称 | 符号 | 名称 | 符号 |
| 长度 | $l$ | 米 | m |
| 质量 | $m$ | 千克 | kg |
| 时间 | $t$ | 秒 | s |
| 电流 | $I$ | 安[培] | A |
| 热力学温度 | $T$ | 开[尔文] | K |
| 物质的量 | $n$ | 摩[尔] | mol |
| 发光强度 | $I_v$ | 坎[德拉] | cd |

### （二）常用 SI 导出单位

| 量 | | 单位 | | |
|---|---|---|---|---|
| 名称 | 符号 | 名称 | 符号 | 定义式 |
| 频率 | $v$ | 赫[兹] | Hz | $s^{-1}$ |
| 能量 | $E$ | 焦[耳] | J | $kg \cdot m^2/s^2$ |
| 力 | $F$ | 牛[顿] | N | $kg \cdot m/s^2=J/m$ |
| 压力 | $p$ | 帕[斯卡] | Pa | $kg/(m \cdot s^2)=N/m^2$ |
| 功率 | $P$ | 瓦[特] | W | $kg \cdot m^2/s^3=J/s$ |
| 电荷量 | $Q$ | 库[仑] | C | $A \cdot s$ |
| 电位，电压，电动势 | $U$ | 伏[特] | V | $kg \cdot m^2/(s^3 \cdot A)=J/(A \cdot s)$ |
| 电阻 | $R$ | 欧[姆] | Ω | $kg \cdot m^2/(s^3 \cdot A^2)=V/A$ |
| 电导 | $G$ | 西[门子] | S | $s^3 \cdot A^2/(kg \cdot m^2)=\Omega^{-1}$ |
| 电容 | C | 法[拉] | F | $A^2 \cdot s^4/(kg \cdot m^2)=(A \cdot s)/V$ |
| 磁通量 | $\Phi$ | 韦[伯] | Wb | $kg \cdot m^2/(s^2 \cdot A)=V \cdot s$ |
| 电感 | $L$ | 亨[利] | H | $kg \cdot m^2/(s^2 \cdot A^2)=V \cdot s/A$ |
| 磁通量密度(磁感应强度) | $B$ | 特[斯拉] | T | $kg/(s^2 \cdot A)=(V \cdot s)/m^2$ |

### （三）用于构成十进倍数和分数单位的词头

| 因数 | 词头名称 | 符号 | 因数 | 词头名称 | 符号 |
|---|---|---|---|---|---|
| $10^{-1}$ | 分 | d | 10 | 十 | da |
| $10^{-2}$ | 厘 | c | $10^2$ | 百 | h |
| $10^{-3}$ | 毫 | m | $10^3$ | 千 | k |
| $10^{-6}$ | 微 | μ | $10^6$ | 兆 | M |
| $10^{-9}$ | 纳[诺] | n | $10^9$ | 吉[咖] | G |
| $10^{-12}$ | 皮[可] | p | $10^{12}$ | 太[拉] | T |
| $10^{-15}$ | 飞[母托] | f | $10^{15}$ | 拍[它] | P |
| $10^{-18}$ | 阿[托] | a | $10^{16}$ | 艾[可萨] | E |

# 参 考 文 献

[1] 赵玉娥. 基础化学. 3 版. 北京：化学工业出版社，2015.
[2] 游文章. 基础化学. 2 版. 北京：化学工业出版社出版，2019.
[3] 刘志红. 基础化学. 北京：中国医药科技出版社，2019.
[4] 高职高专化学教材编写组. 无机化学. 5 版. 北京：高等教育出版社，2020.
[5] 奚立民. 无机及分析化学. 2 版. 杭州：浙江大学出版社，2020.
[6] 刘霞. 基础化学: 无机及分析化学. 3 版. 北京：科学出版社，2020.
[7] 叶芬霞. 无机及分析化学. 3 版.北京：高等教育出版社，2019.
[8] 吴华. 无机及分析化学. 北京：化学工业出版社，2021.
[9] 和玲. 无机及分析化学. 西安：西安交通大学出版社，2020.
[10] 侯士聪. 有机化学. 北京：高等教育出版社，2015.
[11] 高职高专化学教材编写组. 有机化学. 5 版. 北京：高等教育出版社，2019.
[12] 刘斌. 有机化学. 北京：人民卫生出版社，2018.
[13] 董宪武. 有机化学. 3 版. 北京：化学工业出版社，2021.
[14] 赵国芬. 基础生物化学. 北京：中国农业大学出版社，2014.
[15] 徐敏. 生物化学. 2 版. 北京：人民卫生出版社，2020.
[16] 陈惠. 基础生物化学. 2 版. 北京：中国农业出版社，2020.
[17] 丛方地. 生物化学. 北京：中国农业出版社，2018.
[18] 陈惠. 基础生物化学. 北京：中国农业出版社，2014.

扫码做练习

# 元素周期表

IUPAC 2013

氧化态(单质的氧化态为0，未列入；常见的为红色)

以 $^{12}C$=12为基准的原子量(注✦的是半衰期最长同位素的原子量)

图例（以95号元素为例）：+2 +3 +4 +5 +6 ｜ 95 ｜ Am ｜ 镅▲ ｜ $5f^77s^2$ ｜ 243.06138(2)✦

- 95 —— 原子序数
- Am —— 元素符号(红色的为放射性元素)
- 镅▲ —— 元素名称(注▲的为人造元素)
- $5f^77s^2$ —— 价层电子构型

s区元素　p区元素　d区元素　ds区元素　f区元素　稀有气体

| 周期＼族 | 1 IA | 2 IIA | 3 IIIB | 4 IVB | 5 VB | 6 VIB | 7 VIIB | 8 VIIIB(VIII) | 9 VIIIB(VIII) | 10 VIIIB(VIII) | 11 IB | 12 IIB | 13 IIIA | 14 IVA | 15 VA | 16 VIA | 17 VIIA | 18 VIIIA(0) | 电子层 |
|---|---|---|---|---|---|---|---|---|---|---|---|---|---|---|---|---|---|---|---|
| 1 | −1 +1<br>1 H 氢<br>$1s^1$<br>1.008 | | | | | | | | | | | | | | | | | 2 He 氦<br>$1s^2$<br>4.002602(2) | K |
| 2 | +1<br>3 Li 锂<br>$2s^1$<br>6.94 | +2<br>4 Be 铍<br>$2s^2$<br>9.0121831(5) | | | | | | | | | | | +3<br>5 B 硼<br>$2s^22p^1$<br>10.81 | −4 +2 +4<br>6 C 碳<br>$2s^22p^2$<br>12.011 | −3 −2 −1 +1 +2 +3 +4 +5<br>7 N 氮<br>$2s^22p^3$<br>14.007 | −2 −1<br>8 O 氧<br>$2s^22p^4$<br>15.999 | −1<br>9 F 氟<br>$2s^22p^5$<br>18.998403163(6) | 10 Ne 氖<br>$2s^22p^6$<br>20.1797(6) | L K |
| 3 | −1 +1<br>11 Na 钠<br>$3s^1$<br>22.98976928(2) | +2<br>12 Mg 镁<br>$3s^2$<br>24.305 | | | | | | | | | | | +3<br>13 Al 铝<br>$3s^23p^1$<br>26.9815385(7) | −4 +4<br>14 Si 硅<br>$3s^23p^2$<br>28.085 | −3 +1 +3 +5<br>15 P 磷<br>$3s^23p^3$<br>30.973761998(5) | −2 +4 +6<br>16 S 硫<br>$3s^23p^4$<br>32.06 | −1 +1 +3 +5 +7<br>17 Cl 氯<br>$3s^23p^5$<br>35.45 | 18 Ar 氩<br>$3s^23p^6$<br>39.948(1) | M L K |
| 4 | −1 +1<br>19 K 钾<br>$4s^1$<br>39.0983(1) | +2<br>20 Ca 钙<br>$4s^2$<br>40.078(4) | +3<br>21 Sc 钪<br>$3d^14s^2$<br>44.955908(5) | −1 0 +2 +3 +4<br>22 Ti 钛<br>$3d^24s^2$<br>47.867(1) | 0 ±1 +2 +3 +4 +5<br>23 V 钒<br>$3d^34s^2$<br>50.9415(1) | −3 0 ±1 ±2 +3 +4 +5 +6<br>24 Cr 铬<br>$3d^54s^1$<br>51.9961(6) | −2 0 ±1 +2 +3 +4 +5 +6 +7<br>25 Mn 锰<br>$3d^54s^2$<br>54.938044(3) | −2 0 ±1 +2 +3 +4 +5 +6<br>26 Fe 铁<br>$3d^64s^2$<br>55.845(2) | 0 ±1 +2 +3 +4 +5<br>27 Co 钴<br>$3d^74s^2$<br>58.933194(4) | 0 ±1 +2 +3 +4<br>28 Ni 镍<br>$3d^84s^2$<br>58.6934(4) | +1 +2 +3 +4<br>29 Cu 铜<br>$3d^{10}4s^1$<br>63.546(3) | +1 +2<br>30 Zn 锌<br>$3d^{10}4s^2$<br>65.38(2) | +1 +3<br>31 Ga 镓<br>$4s^24p^1$<br>69.723(1) | +2 +4<br>32 Ge 锗<br>$4s^24p^2$<br>72.630(8) | −3 +3 +5<br>33 As 砷<br>$4s^24p^3$<br>74.921595(6) | −2 +4 +6<br>34 Se 硒<br>$4s^24p^4$<br>78.971(8) | −1 +1 +3 +5 +7<br>35 Br 溴<br>$4s^24p^5$<br>79.904 | +2 +4<br>36 Kr 氪<br>$4s^24p^6$<br>83.798(2) | N M L K |
| 5 | −1 +1<br>37 Rb 铷<br>$5s^1$<br>85.4678(3) | +2<br>38 Sr 锶<br>$5s^2$<br>87.62(1) | +3<br>39 Y 钇<br>$4d^15s^2$<br>88.90584(2) | +1 +2 +3 +4<br>40 Zr 锆<br>$4d^25s^2$<br>91.224(2) | 0 ±1 +2 +3 +4 +5<br>41 Nb 铌<br>$4d^45s^1$<br>92.90637(2) | 0 ±1 ±2 +3 +4 +5 +6<br>42 Mo 钼<br>$4d^55s^1$<br>95.95(1) | 0 ±1 +2 +3 +4 +5 +6 +7<br>43 Tc 锝▲<br>$4d^55s^2$<br>97.90721(3)✦ | 0 +1 +2 +3 +4 +5 +6 +7 +8<br>44 Ru 钌<br>$4d^75s^1$<br>101.07(2) | 0 ±1 +2 +3 +4 +5 +6<br>45 Rh 铑<br>$4d^85s^1$<br>102.90550(2) | 0 +1 +2 +3 +4<br>46 Pd 钯<br>$4d^{10}$<br>106.42(1) | +1 +2 +3<br>47 Ag 银<br>$4d^{10}5s^1$<br>107.8682(2) | +1 +2<br>48 Cd 镉<br>$4d^{10}5s^2$<br>112.414(4) | +1 +3<br>49 In 铟<br>$5s^25p^1$<br>114.818(1) | +2 +4<br>50 Sn 锡<br>$5s^25p^2$<br>118.710(7) | −3 +3 +5<br>51 Sb 锑<br>$5s^25p^3$<br>121.760(1) | −2 +2 +4 +6<br>52 Te 碲<br>$5s^25p^4$<br>127.60(3) | −1 +1 +3 +5 +7<br>53 I 碘<br>$5s^25p^5$<br>126.90447(3) | +2 +4 +6 +8<br>54 Xe 氙<br>$5s^25p^6$<br>131.293(6) | O N M L K |
| 6 | −1 +1<br>55 Cs 铯<br>$6s^1$<br>132.90545196(6) | +2<br>56 Ba 钡<br>$6s^2$<br>137.327(7) | 57~71<br>La~Lu<br>镧系 | +1 +2 +3 +4<br>72 Hf 铪<br>$5d^26s^2$<br>178.49(2) | 0 ±1 +2 +3 +4 +5<br>73 Ta 钽<br>$5d^36s^2$<br>180.94788(2) | 0 ±1 ±2 +3 +4 +5 +6<br>74 W 钨<br>$5d^46s^2$<br>183.84(1) | 0 ±1 +2 +3 +4 +5 +6 +7<br>75 Re 铼<br>$5d^56s^2$<br>186.207(1) | 0 +1 +2 +3 +4 +5 +6 +7 +8<br>76 Os 锇<br>$5d^66s^2$<br>190.23(3) | 0 ±1 +2 +3 +4 +5 +6<br>77 Ir 铱<br>$5d^76s^2$<br>192.217(3) | 0 +2 +3 +4 +5 +6<br>78 Pt 铂<br>$5d^96s^1$<br>195.084(9) | +1 +2 +3 +5<br>79 Au 金<br>$5d^{10}6s^1$<br>196.966569(5) | +1 +2 +3<br>80 Hg 汞<br>$5d^{10}6s^2$<br>200.592(3) | +1 +3<br>81 Tl 铊<br>$6s^26p^1$<br>204.38 | +2 +4<br>82 Pb 铅<br>$6s^26p^2$<br>207.2(1) | −3 +3 +5<br>83 Bi 铋<br>$6s^26p^3$<br>208.98040(1) | −2 +2 +4 +6<br>84 Po 钋<br>$6s^26p^4$<br>208.98243(2)✦ | −1 +1 +5 +7<br>85 At 砹<br>$6s^26p^5$<br>209.98715(5)✦ | +2<br>86 Rn 氡<br>$6s^26p^6$<br>222.01758(2)✦ | P O N M L K |
| 7 | +1<br>87 Fr 钫▲<br>$7s^1$<br>223.01974(2)✦ | +2<br>88 Ra 镭<br>$7s^2$<br>226.02541(2)✦ | 89~103<br>Ac~Lr<br>锕系 | 104 Rf 𬬻▲<br>$6d^27s^2$<br>267.122(4)✦ | 105 Db 𬭊▲<br>$6d^37s^2$<br>270.131(4)✦ | 106 Sg 𬭳▲<br>$6d^47s^2$<br>269.129(3)✦ | 107 Bh 𬭛▲<br>$6d^57s^2$<br>270.133(2)✦ | 108 Hs 𬭶▲<br>$6d^67s^2$<br>270.134(2)✦ | 109 Mt 鿏▲<br>$6d^77s^2$<br>278.156(5)✦ | 110 Ds 𫟼▲<br>281.165(4)✦ | 111 Rg 𬬭▲<br>281.166(6)✦ | 112 Cn 鿔▲<br>285.177(4)✦ | 113 Nh 鿭▲<br>286.182(5)✦ | 114 Fl 𫓧▲<br>289.190(4)✦ | 115 Mc 镆▲<br>289.194(6)✦ | 116 Lv 𫟷▲<br>293.204(4)✦ | 117 Ts 鿬▲<br>293.208(6)✦ | 118 Og 鿫▲<br>294.214(5)✦ | Q P O N M L K |

| | | | | | | | | | | | | | | | |
|---|---|---|---|---|---|---|---|---|---|---|---|---|---|---|---|
| ★ 镧系 | +3<br>57 La★ 镧<br>$5d^16s^2$<br>138.90547(7) | +2 +3 +4<br>58 Ce 铈<br>$4f^15d^16s^2$<br>140.116(1) | +3 +4<br>59 Pr 镨<br>$4f^36s^2$<br>140.90766(2) | +2 +3 +4<br>60 Nd 钕<br>$4f^46s^2$<br>144.242(3) | +3<br>61 Pm 钷▲<br>$4f^56s^2$<br>144.91276(2)✦ | +2 +3<br>62 Sm 钐<br>$4f^66s^2$<br>150.36(2) | +2 +3<br>63 Eu 铕<br>$4f^76s^2$<br>151.964(1) | +3<br>64 Gd 钆<br>$4f^75d^16s^2$<br>157.25(3) | +3 +4<br>65 Tb 铽<br>$4f^96s^2$<br>158.92535(2) | +3 +4<br>66 Dy 镝<br>$4f^{10}6s^2$<br>162.500(1) | +3<br>67 Ho 钬<br>$4f^{11}6s^2$<br>164.93033(2) | +3<br>68 Er 铒<br>$4f^{12}6s^2$<br>167.259(3) | +2 +3<br>69 Tm 铥<br>$4f^{13}6s^2$<br>168.93422(2) | +2 +3<br>70 Yb 镱<br>$4f^{14}6s^2$<br>173.045(10) | +3<br>71 Lu 镥<br>$4f^{14}5d^16s^2$<br>174.9668(1) |
| ★ 锕系 | +3<br>89 Ac★ 锕<br>$6d^17s^2$<br>227.02775(2)✦ | +3 +4<br>90 Th 钍<br>$6d^27s^2$<br>232.0377(4) | +3 +4 +5<br>91 Pa 镤<br>$5f^26d^17s^2$<br>231.03588(2) | +2 +3 +4 +5 +6<br>92 U 铀<br>$5f^36d^17s^2$<br>238.02891(3) | +3 +4 +5 +6 +7<br>93 Np 镎<br>$5f^46d^17s^2$<br>237.04817(2)✦ | +3 +4 +5 +6 +7<br>94 Pu 钚<br>$5f^67s^2$<br>244.06421(4)✦ | +2 +3 +4 +5 +6<br>95 Am 镅▲<br>$5f^77s^2$<br>243.06138(2)✦ | +3 +4<br>96 Cm 锔▲<br>$5f^76d^17s^2$<br>247.07035(3)✦ | +3 +4<br>97 Bk 锫▲<br>$5f^97s^2$<br>247.07031(4)✦ | +2 +3 +4<br>98 Cf 锎▲<br>$5f^{10}7s^2$<br>251.07959(3)✦ | +2 +3<br>99 Es 锿▲<br>$5f^{11}7s^2$<br>252.0830(3)✦ | +2 +3<br>100 Fm 镄▲<br>$5f^{12}7s^2$<br>257.09511(5)✦ | +2 +3<br>101 Md 钔▲<br>$5f^{13}7s^2$<br>258.09843(3)✦ | +2 +3<br>102 No 锘▲<br>$5f^{14}7s^2$<br>259.1010(7)✦ | +3<br>103 Lr 铹▲<br>$5f^{14}6d^17s^2$<br>262.110(2)✦ |